〈개정 증보판〉

4차 산업 혁명을 위한

자작 드론 설계와 제작

이병욱 지음

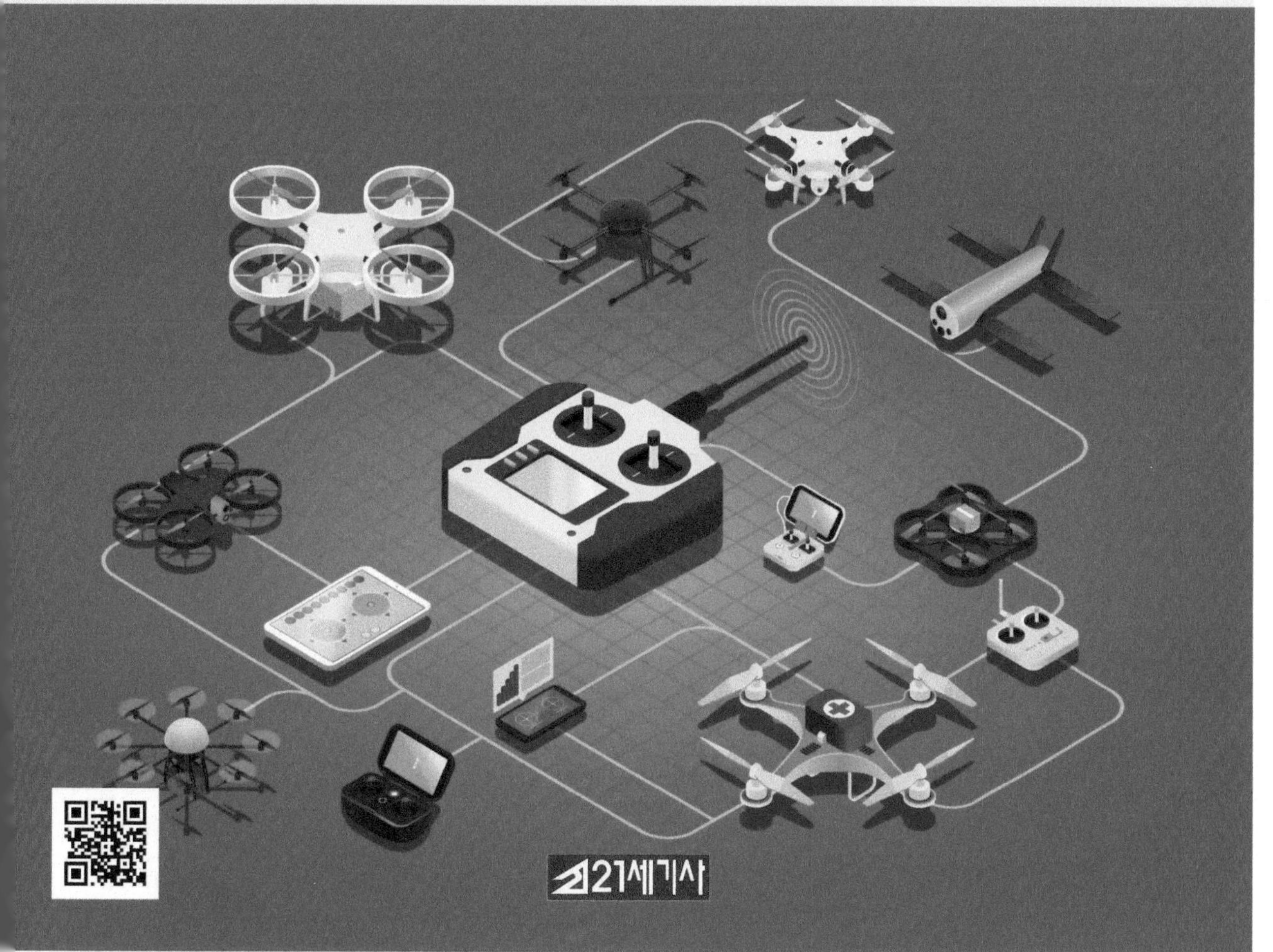

PREFACE

시장에서 완제품 드론을 구매하여 조종기로 날리다 보면 너무나 신기하고 재미가 있다. 처음에는 날리는 재미만 있었지만 날리다 보면 점차 드론을 직접 만들어서 날려 보고 싶은 마음이 든다. 그러면 그 다음에는 인터넷에서 드론 키트를 구입하여 집에서 설명서를 보면서 조립하여 날려본다. 조립하는 과정에서 여러 가지 옵션들이 있어서 새로운 기능을 추가하기도 하고 수정하면서 날리는 즐거움을 얻을 수 있다. 키트를 구입하여 만든 드론을 날리다 보면 점차 직접 설계를 해서 날려보고 싶은 마음이 든다. 드론을 직접 만들려면 여러 가지 어려움이 따른다. 원하는 형태의 드론을 만드는 설계 기술을 배워야 하고, 기체를 만드는 소재를 사서 재단해야 한다. 소재를 재단해서 기체를 만들기 위해서는 정밀한 톱과 드릴과 같은 공작용 공구들이 필요하다. 기체를 만들었다고 해도 모터와 변속기와 비행제어기와 프로펠러들을 잘 편성해서 기체에 부착해야 하고 비행제어 소프트웨어를 구하여 설치해야 한다. 모든 부품들이 조화롭게 동작하도록 프로그램과 부품들을 조정하려면 오실로스코프 같은 정밀한 측정 공구들도 필요하다. 하지만 직접 설계하여 만든 드론을 날리는 기쁨은 그 무엇과도 바꿀 수 없다. 더구나 이 세상에 하나밖에 없는 나만의 드론을 만드는 것은 고유한 창의성을 고양시켜준다.

드론을 스스로 만들기 위해서는 다양한 기술과 지식이 필요하다. 드론을 자작하는데 필요한 기술과 지식은 새로운 제품을 발명할 수 있는 창의성과 사고력을 키워준다. 아두이노를 만든 분들은 하드웨어와 소프트웨어를 조합하여 새로운 제품을 쉽게 만들 수 있는 수단을 제공하였다. 주어진 장비와 제품을 잘 이용하는 것도 중요하지만 새로운 아이디어를 창출하고 새로운 제품을 만들 수 있는 능력을 경험하는 것은 더욱 중요하다. 설명서대로 조립하는 경험과 이 세상에 없는 것을 만드는 경험의 차이는 다른 차원의 교육과 기쁨이다. 창의적인 아이디어는 스스로 무엇인가를 만들고 개선하면서 성장한다.

이 책의 주제는 드론을 설계하고 제작하는 것이지만 대상을 바꾸면 얼마든지 다른 분야의 새로운 제품들을 설계하고 제작할 수 있다. 이것은 과학적인 사고를 고양하고 발명하고 싶은 의욕을 키워준다. 이 책이 새로운 제품을 제작 하려는 사람들에게 작은 도움이 되기 바라는 마음이다. 이 책을 출판하도록 애써주신 21세기사에 깊은 감사를 드린다.

2020년 6월

저자

CONTENTS

CHAPTER 1

자작 드론 개요

하늘을 날아가는 비행기를 보면서 꿈을 키우는 사람들이 있다. 어릴 때 비행기를 보면 타고 싶은 생각이 들고, 성장해서 실제로 비행기를 타고 여행을 다니다보면 비행기를 조종해보고 싶은 마음이 든다. 실제 비행기를 조종할 수 없는 사람들은 모형 항공기를 구입해서 날리면서 작은 꿈을 실현한다. 실제로 상업용 비행기를 조종하는 조종사들도 마음대로 비행기를 몰고 싶으면 모형 항공기를 날리면서 꿈을 해결한다. 모형 드론 키트를 사서 조립하여 날리다가 보면 직접 설계해서 만들고 싶은 욕망이 솟는다. 라이트 형제도 하늘을 나는 꿈을 그리다가 세계 최초로 비행기를 하늘에 띄운 사람이 되었다. 꿈꾸는 자에게 꿈은 이루어지는 것이다

1.1 자작 개요

비행기에 관심을 갖고 활동하는 사람들은 많이 있다. 비행기를 제작하는 회사에 근무하는 사람들도 있고, 비행기를 운항하는 항공회사에 근무하는 사람들도 있고, 취미로 비행기를 다루는 사람들도 있다. 그중에서도 비행기를 만들어보고 싶은 꿈을 가진 사람들이 있다. 이 책은 비행기 중에서도 드론을 직접 만들고 싶은 사람들을 위해서 만들었다.

1.1.1 드론 비행과 제작

드론을 제작하거나 비행을 즐기는 동호인들은 〈표 1.1〉과 같이 크게 네 가지 부류로 나눌 수 있다. 첫째, 드론 날리는 것을 취미로 하는 사람들이 있다. 드론을 비행하는 기술 자체가 난이도가 높고 스릴이 있기 때문에 상당히 심취할 수 있는 분야이다. 완성된 드론이나 반쯤 완성된 것을 구매하여 조립한 다음에 비행 기술을 숙달하는 사람들이다. 둘째, 자신의 손으로 드론을 직접 만들어서 날리는 사람들이 있다. 드론 키트를 구매하거나, 프레임 키트를 구입하고 날개의 부품들을 구매해서 직접 조립하여 날리는 사람들이다. 비행제어 소프트웨어는 오픈 소스를 설치하여 사용한다. 셋째, 드론 기체를 직접 설계해서 프레임을 재단하고 부품을 설계한 대로 구입하여 제작하는 사람들이다. 비행제어 소프트웨어는 오픈 소스를 설치하여 사용한다. 넷째, 드론 하드웨어뿐만

아니라 비행제어 소프트웨어를 만드는 것이므로 드론 전체를 자신의 힘으로 설계하고 제작하는 것이다. 자신이 만든 비행제어 소프트웨어를 자신이 만든 드론에 설치하고 비행하는 것이다. 이 책은 두 번째와 세 번째에 해당하는 사람들을 위하여 작성되었다.

〈표 1.1〉 드론 관련 기술자

구분	내 용	적 요	관련 기술
1	비 행	완제품을 구매하여 비행하기	비행 기술
2	조 립	키트 또는 부품을 구매해서 드론 조립하기	조립 기술
3	기체 제작	기체를 설계하고 부품을 구매하여 제작하기	기체 설계/제작 기술
4	SW 제작	비행제어 소프트웨어를 설계하고 제작하기	제어 SW 기술

드론을 시작하는 사람들은 처음에 시장에서 완성된 드론 제품을 구입해서 날리다가 점차 관심이 높아지면 직접 부품들을 구매해서 조립하고 싶어진다. 드론을 조립하는 것은 드론과 각 부품들의 기능과 이해를 높이는 좋은 방법이다. 드론을 조립하는 방법은 인기가 있는 키트를 구매해서 조립하는 방법이 가장 편리하고 쉽다. 전문가가 잘 설계해서 여러 가지 시험 과정을 거쳐서 안전성과 상품성이 인정된 것들이기 때문에 드론에 대한 이해가 부족해도 조립 설명서대로 잘 조립하면 된다. 키트로 조립된 드론을 날려보면 당연히 잘 비행할 것이다. 키트를 이용하여 단순하게 조립하는 것으로 만족하지 못하는 사람들은 스스로 드론을 설계해서 날려보고 싶은 욕망이 생길 수 있다. 이 책은 이런 분들을 위하여 작성되었다. 이 단계에서 만족하지 못하는 사람들은 비행제어 소프트웨어를 직접 만들거나 기존의 것을 개조하여 만들고 싶은 것이다. 비행제어 소프트웨어를 만드는 일은 드론과 관련된 업무에서 가장 높은 수준의 일이다.

드론을 조립하는 사람들은 조립 경험이 쌓이면 자신이 직접 드론을 설계해서 만들고 싶은 욕구가 있을 수 있다. 드론을 설계하는 것은 조립하는 것과 상당한 기술적 차이가 있으므로 매우 흥미 있는 일이다. 자작은 매우 재미있는 일이지만 드론 자체가 하늘 위에서 비행하는 물체이기 때문에 항상 위험성이 따른다. 드론이 추락하면 드론을 손실하는 것 이외에 다른 사람들에게 피해를 주는 사고를 야기할 수 있다. 드론을 만드는 일은 사고 야기를 방지하기 위하여 엄격한 설계 절차와 제작 절차를 지켜야 한다.

드론을 취미로 비행하는 것부터 완전한 드론을 제작하여 비행하는 것까지는 [그림 1.1]과 같이 4가지 종류가 있다. 첫째 [그림 1.1](a)는 100% 완성된 드론을 구매하여 비행을 하는 것이다. 즉시 날아갈 수 있는 RTF(Ready to Fly) 드론으로 비행하는 것 자체에 가치를 두고 즐기는 사람들이 경우이다. 따라서 매우 어려운 비행 기술을 익히고 비행 대회에 참여하기도 한다.

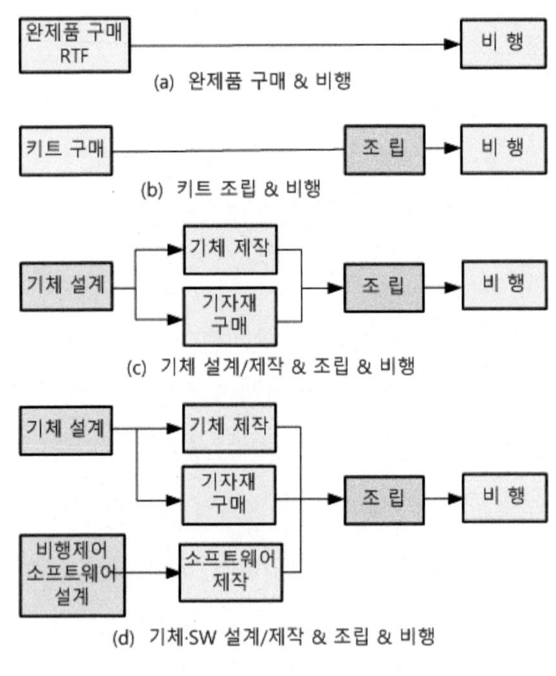

[그림 1.1] 드론 제작 유형

둘째 [그림 1.1](b)같이 전문가들이 잘 설계하여 만든 드론 키트를 구매하여 조립하여 비행하는 경우가 있다. 세계 2차 대전 때 사용했던 무스탕 전투기 등 역사적으로 실존 했던 항공기들을 축소 설계하여 만든 키트로 조립하여 비행하는 것이다. 셋째 [그림 1.1](c)같이 남들이 만들어준 비행기에 만족하지 않고 스스로 설계하여 기체를 제작하고 기자재들을 구매하여 조립한 다음에 비행을 즐기는 경우이다. 제작을 좋아하는 사람들은 다양한 제작 공구를 이용하여 자신이 새롭게 설계한 비행기를 만들기 위하여 목재와 금속과 플라스틱 등을 깎고 다듬어서 기체를 제작한다. 모터와 비행제어기와 센서 등은 시장에서 적절하게 구매하여 하드웨어를 조립한 다음에 기존에 만들어진 비행제어 소프트웨어(FC SW, Flight Control Software)를 설치하여 비행하는 것이다.

여기에 사용되는 FC SW는 오픈 소스인 Multiwii, APM, Pixhawk 등이 사용된다. 넷째 [그림 1.1](d)같이 비행기의 하드웨어와 소프트웨어를 모두 설계하고 제작하여 비행을 하는 경우이다. 비행기 하드웨어를 설계하고 만드는 것은 눈에 보이는 것들을 다루는 것이므로 크게 어려운 일이 아니지만 비행제어 소프트웨어를 개발하는 것은 대단한 실력이 요구는 것이므로 이 책에서는 다루지 않고 다른 책에서 별도로 취급한다. 따라서 이 책에서는 개인이 자신이 마음에 드는 기체를 설계하여 제작하고 기존의 FC SW를 설치하여 비행기를 만드는 방법을 기술한다.

1.2 제작 기술

키트를 이용해서 드론을 조립할 때 필요한 것은 키트와 함께 따라온 조립 설명서이다. 드론의 원리를 이해하지 못해도 조립 설명서만 잘 읽고 따라하면 드론을 만들 수 있고 잘 날릴 수도 있다. 그러나 드론을 자작할 때는 전혀 상황이 달라진다. 드론을 설계하고 관련 부품들을 선정하려면 관련된 지식을 잘 알아야 가능한 일이다. 우선 드론 제작을 기획하는 일부터 스스로 해야 하기 때문에 시작부터 많은 지식이 요구된다.

〈표 1.2〉 드론 자작에 필요한 지식과 기술

구분	지 식	내 용	비 고
1	항공 역학	공기 역학과 비행 원리	기체, 날개, 프로펠러
2	항공 기계	엔진, 모터, 변속기, 프로펠러	
3	항공 전자공학	전기 회로, 레이더, 통신	avionic system
4	자동제어	자동제어 원리, PID 제어	센서
5	전기 화학	전력, 발전, 충전,	배터리
6	컴퓨터 SW	컴퓨터 프로그래밍 비행제어 프로그램 프로그램 개발 도구	C, C++ 언어 Multiwii, Pixhawk Eclipse
7	설계도 작성	설계도면 작성 도구	Visio, AutoCAD
8	공구	제작 공구, 측정 장치, 조립 공구 등	테이블톱, 멀티미터, 드릴,

1.2.1 드론 관련 지식

항공기는 항공기 기체, 항공기관, 항공 장비로 이루어진다. 항공기 기체는 항공 역학에 의하여 만들어진 동체, 날개, 조종면 등으로 구성되고, 항공 기관은 동력을 발생하는 엔진과 동력전달장치 등으로 이루어지고, 항공장비는 항공기를 비행하기 위하여 사용하는 자세 제어, 조종 제어, 통신 제어 등을 위한 장비들이다. 드론을 자작하기 위해서는 〈표 1.2〉와 같은 지식들이 기본적으로 필요하다.

(1) 항공 역학 Aerodynamics

항공 역학은 유체를 지나는 물체와 유체 사이의 관계를 연구하는 학문이다. 항공기, 미사일 등 공기 중에서 이동하는 물체의 비행 원리를 설명하고자 한다. 이동체가 아니더라도 공기 흐름의 영향을 많이 받는 선박, 고층 건물, 대형 다리 등의 물체가 받는 공기의 영향을 연구한다. 가장 대표적인 비행원리는 비행기 날개와 프로펠러와 관련된 베르누이 정리(Bernoulli's theorem)이다. 날개에서 사용하는 에어포일(airfoil)[1], 받음각(Angle of Attack)[2], 상반각(dihedral angle)[3] 등은 베르누이의 정리를 이용한 기술들이다.

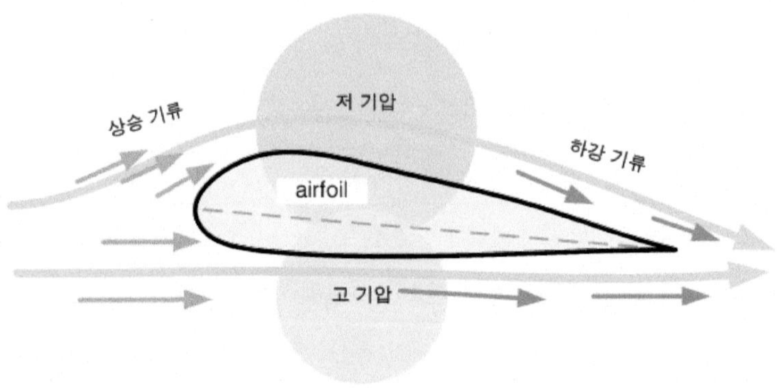

[그림 1.2] 에어포일(날개)에 흐르는 바람의 차이

1 에어포일(airfoil) : 양력을 최대화하고 항력을 최소화하도록 만든 유선형의 날개 단면. 베르누이 정리를 이용하여 날개 위로 양력을 받기 위하여 윗면을 곡면으로 만든 날개의 형상.

2 받음각(Angle of Attack) : 비행기의 날개를 절단한 면의 기준선(시위선)과 기류가 이루는 각도.

3 상반각(dihedral angle) : 비행기의 날개가 동체 쪽에서 날개 끝으로 갈수록 위로 올라간 각도. 비행기가 좌로 혹은 우로 기울었을 때 수평으로 복원하는데 도움을 준다.

[그림 1.2]에서 곡선의 날개 위로 부는 바람은 빨리 흐르고 직선에 가까운 날개 아래로 부는 바람은 천천히 흐르기 때문에 날개에서 양력이 생긴다. 이것은 베르누이가 1738년에 그의 저서 '유체 역학'에서 발표한 내용이다. 이와 같이 윗면은 곡선이고 아랫면은 직선으로 만들어진 형상을 에어포일(airfoil)이라고 한다. 에어포일이 유체 안에서 운동을 하면 공력이 생기는 것을 응용한 것이 비행기 날개와 프로펠러이고 헬리콥터의 로터 날개(rotor blade)이다.

[그림 1.3]과 같이 날개의 앞을 약간 들어 올려서 생기는 받음각을 주면 양력이 증가하는 원리는 모두 항공 역학에 속한다. 항공기가 고속으로 비행할 때는 날개에서 양력을 충분히 얻지만 활주로에서 이륙하려는 저속일 때는 받음각이 있어야 추가적으로 양력을 얻어서 이륙할 수 있다.

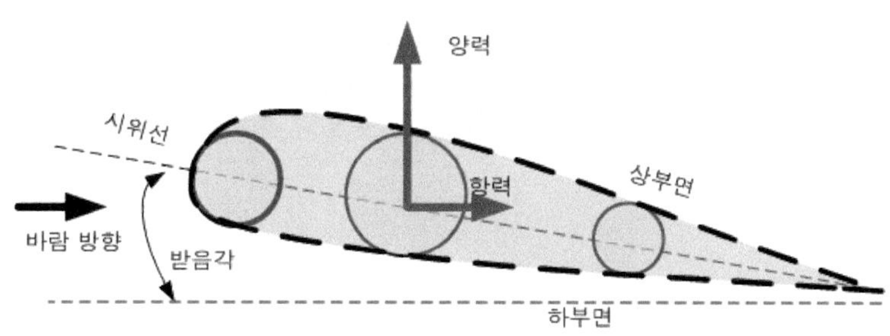

[그림 1.3] 항공기 날개의 받음각(Angle of Attack)

[그림 1.4] 날개 끝에서 위로 구부러진 작은 날개(winglet)

비행기 날개 끝이 [그림 1.4]와 같이 위로 구부러져 있는 이유는 무엇일까? 만약 구부러져 있지 않고 직선이라면 날개 위의 공기 압력은 낮고 날개 아래의 공기압은 높아서 아래에서 위로 공기가 급속하게 올라가서 돌풍이 발생한다. 이 돌풍에 의하여 날개 끝 부분에서 양력이 상실된다. 양력 손실을 만회하려면 날개 길이를 더 늘려야 하는 부담이 있다. 대형 비행기의 경우에는 돌풍의 크기가 너무 커서 뒤에 따라오는 작은 비행기를 추락시킬 수도 있다. 그림과 같이 윙랫(winglet)을 만들어주면 양력이 상실되는 것을 막아 줄 뿐만 아니라 돌풍을 발생하지 않는다. 윙랫과 비슷하게 위와 아래로 작은 날개를 부착한 윙팁 펜스(wingtip fence)도 있다.

(2) 항공 기계 Aerospace machinery

항공 기계는 항공기관과 동력전달장치 등 항공기에서 비행을 목적으로 사용되는 기계장치이다. 항공기 엔진은 왕복엔진과 제트엔진으로 구분된다. 최신 항공기 제작비용의 1/3이 엔진이고, 1/3이 기체이고, 1/3이 전자장비와 소프트웨어라고 한다.

배터리를 사용하는 드론들은 석유 엔진 대신 전기 모터와 변속기, 프로펠러 제어장치, 착륙장치 등이 여기에 속한다. 항공 기계에는 비행을 위한 것이 아니고 승객들을 위하여 사용하는 공기압장치, 공기조화장치, 영상장치 등의 각종 고객 서비스용 장치도 여기에 속한다.

(3) 항공 전자공학 Avionics

항공 전자공학은 항공기의 전자 장비를 설계, 생산, 설치, 운용을 다루는 기술이다. 항공기를 통합 관리하는 컴퓨터 기술이라고도 한다. 항공기가 비행하기 위하여 사용되는 항법장치, 비행제어장치, 통신 장치 등 각종 제어장치들이 여기에 속한다. 항공 전자공학(avionics : aviation + electronics)은 항공기와 전자공학의 합성어로서 두 분야가 융합한 학문이다. 항공 전자공학은 드론에서는 특히 더 중요해서 다음 절에서 독립적으로 다룬다.

(4) 자동제어 Automatic control

자동제어는 기계 스스로 어떤 물리량을 목적 상태로 유지하려는 행위이다. 예를 들어 보일러가 물의 온도를 특정 온도로 유지하려고 스스로 발열 장치를 조작하는 행위가 자동제어이다. 비행기의 안전은 기체의 균형에 있으며 균형을 유지하는 수단이 자동제어 기술이다. 항공기는 하늘을 날고 있기 때문에 자세 균형을 잡지 못하면 순식간에 사고로 이어질 수 있으므로 항공기 스스로 자세를 제어하는 능력이 매우 중요하다.

자동제어는 기계 스스로 어떤 물리량을 목적 상태로 유지하는 행위이다. 자동제어를 달성하는 개념은 제어 대상에 설정한 목표 값을 부여하고 실제 값을 계속 측정하여 오차를 자동으로 제거하는 방식이다. 자동제어의 기법들 중에서 PID 기법을 많이 사용하므로 이를 잘 활용하는 것이 중요하다.

(5) 전기 화학 Electrochemistry

전기화학은 전기와 화학 반응의 관계를 연구하는 학문이다. 산화는 전자를 잃는 것이고 환원은 전자를 얻는 과정이므로 산화-환원 과정은 산화되는 쪽에서 환원되는 쪽으로 전자(전기)가 흐르는 과정이다. 배터리가 전기를 충전해두었다가 필요할 때 방전시키는 에너지 저장장치이다. 비행 동력을 배터리로 사용하는 드론은 전력관리가 매우 중요하다. 배터리 전력이 부족하면 드론이 추락할 수 있고 배터리 전력을 과용하면 발열하거나 화재가 발생할 수 있다. 환경의 중요성 때문에 자동차, 선박, 비행기 등에 전기 에너지 비중이 높아지는 만큼 전기 화학에 대한 이해가 중요해지고 있다.

(6) 컴퓨터 소프트웨어

컴퓨터 소프트웨어는 알고리즘을 수행하는 명령어를 처리하는 프로그램과 관련된 기술이다. 드론을 움직이는 물리적인 에너지는 배터리에서 나오지만 비행제어를 실행하는 힘은 컴퓨터 프로그램에서 나온다. 멀티콥터가 출현하기 이전에는 상대적으로 컴퓨터의 중요성이 낮았지만 이후에는 컴퓨터의 비중이 크게 증가하였다. 고속으로 회전하는 여러 개의 모터들을 조종사의 손가락으로 제어하는 것은 불가능하기 때문이다. 멀티콥터 필요성을 절감하고도 그동안 전혀 발전하지 못했던 이유도 초소형 컴퓨터가 없었기 때문이었다. 컴퓨터 소프트웨어로 여러 개의 모터 속도를 자유자재로 제어하면서부터 멀티콥터가 실용화되었다. 컴퓨터 소프트웨어는 비행제어기로 발전되어 멀티콥터뿐만 아니라 모든 항공기의 비행을 제어하는 핵심 장비로 부상하였다.

비행제어 소프트웨어를 다루기 위해서는 이 분야의 프로그래밍 언어부터 잘 알아야 한다. 아두이노 계열의 비행제어기는 C, C++ 언어를 사용하고, Pixhawk 제어기는 C++언어를 사용한다. 가장 쉽게 접근할 수 있는 비행제어 SW는 Multiwii, Pixhawk 등이다. 비행제어 소프트웨어처럼 큰 프로그램을 개발하고 관리하기 위해서는 Eclipse[4] 같은 관리 도구를 활용해야 한다.

(7) 설계도 작성

설계도(design of drawing)란 객체를 만들기 위하여 그 객체의 기능과 구조와 배치를 그린 그림이다. 자작 드론을 만들기 위해서는 프레임 재료를 구입하여 드론의 기체를 만들어야 한다. 기체를 만들기 위해서는 설계 도면을 작성해야 하므로 도면을 그리는 소프트웨어가 필요하다. 도면 작성 프로그램은 2D와 3D가 있는데 멀티콥터 설계는 복잡하지 않으므로 2D로 작성해도 무난하다. 2차원 설계 도면을 작성하려면 Visio[5] 같은 프로그램으로 충분하지만 3차원의 도면을 작성하려면 AutoCAD[6] 같은 복잡한 프로그램을 이용해야 한다.

(8) 공구

공구(tools)는 기계공작을 하는 과정에서 보조적인 역할을 하는 도구이다. 드론 기체를 제작하기 위해서는 기체 재료를 재단해야 하므로 재료에 따라서 다양한 공구들이 필요하다. 알루미늄으로 기체를 만들면 알루미늄을 가공할 수 있는 금속 절단기, 드릴 등이 필요하고, 목재로 만들려면 탁상용 테이블 톱, 탁상용 드릴과 바이스 등이 필요하고 이들을 잘 다룰 수 있는 기능이 필요하다. 여유가 있다면 금속용 또는 목공용 선반과 벤치 드릴이 필요하지만 이들을 다룰 수 있는 숙련된 기술을 연마해야 하는 부담이 있다.

모터, 변속기, 비행제어기, 수신기, 센서, 배터리 등으로 전기 회로를 구성하려면 다양한 측정 장비들이 필요하다. 드론을 제작하거나 정비하려면 전압, 저항, 전류 등을 측정하는 오실로스코프, 멀티미터, 서보 테스터, 출력 시험기 등이 필요하다. 아울러 이들을 잘 사용할 수 있는 지식과 기술도 필요하다.

---

4 Eclipse : IBM에 의해 개발된 통합 개발 환경(IDE)으로 오픈소스. 주로 자바 언어로 작성. 가장 많이 이용되는 IDE.

5 Visio : MicroSoft 사가 개발한 2차원의 도표, 그래픽 등을 작성하는 프로그램.

6 AutoCAD : 미국의 Autodesk 사에서 개발한 2차원과 3차원 디자인 제도를 위하여 개발한 응용 소프트웨어. IBM PC에서 실행 가능한 최초의 CAD 프로그램.

1.2.2 항공 전자공학

비행기가 처음 제작되어 비행할 때는 순전히 물리적인 기계들만 동작하였다. 비행기 조종면을 움직이는 제어장치들은 모두 강선, 도르래 등의 간단한 장치였다. 전기가 보급되자 전기장치가 사용되었고 전자공학이 발전하자 전자제어장치들이 사용되었고, 컴퓨터가 보급되자 비행기 자체가 컴퓨터 시스템으로 진화하였다. 항공 전자공학(avionics)은 항공기와 전자공학이 맞물려서 새롭게 등장한 학문이다.

1) 항공 전자장치

라이트 형제가 항공기가 처음 만들어 보급되던 시기에는 하드웨어만으로 제작되고 비행하였다. 비행사가 조종 핸들을 움직여서 강선으로 연결된 조종면들을 도르래를 통하여 조작하였다. 당시에는 비행사의 팔 힘으로 조종면을 움직였으므로 비행기가 커지고 무거워지면서 근력에 의한 조종이 점차 어려워졌다. 유압기가 동원되고 모터가 동원되고 전기/전자장치가 동원되면서 점차 항공기들은 항공 전자공학의 도움을 받게 되었다. 처음에는 엔진을 사람 손으로 돌려서 시동을 걸었으나 배터리를 이용하게 되었고, 지상과 연락을 위하여 통신장치를 사용하게 되었다. 이제는 항공기에서 전자장치의 비중이 가격 면에서 수십% 이상 차지하게 되었다.

항공 전자장치의 대표적인 기술들은 다음과 같다.

(1) 자동조종장치 Autopilot

자동조종장치는 비행 정보가 입력된 대로 항공기 스스로 목적지까지 항공기를 조종해주는 장치이다. 항공기의 자동조종장치는 장거리 비행에서 오는 비행사들의 피로를 감소시키기 위해서 비행 보조 장치로 시작되었다. 처음에는 일정한 고도에서 직선으로 항공기를 비행시키는 기계장치였다. 이것이 발전되어 목적지, 고도 등의 비행 정보를 입력하면 조종사들이 조종간을 놓고 있어도 항공기가 원하는 방향과 고도를 유지할 수 있게 자동적으로 보조익, 방향타, 승강타를 조작하는 장치이다. 이 장치의 정식 명칭은 자동비행제어시스템(Auto Flight Control System)이다. 이 장치는 위성 항법과 관성 항법을 모두 이용하고 있다. 이 장치의 목적은 비행을 자동으로 제어하고, 안정하게 제어하고, 다른 장치들과 연동하는 자동 유도에 있다. 자동조종장치는 선박의 자동조타장치에서 시작되어 비행기와 차량에 적용되기 시작하였다.

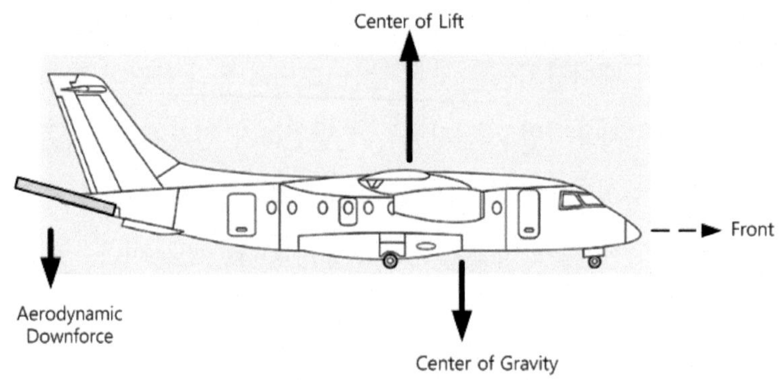

(a) 앞과 뒤 수평 자세

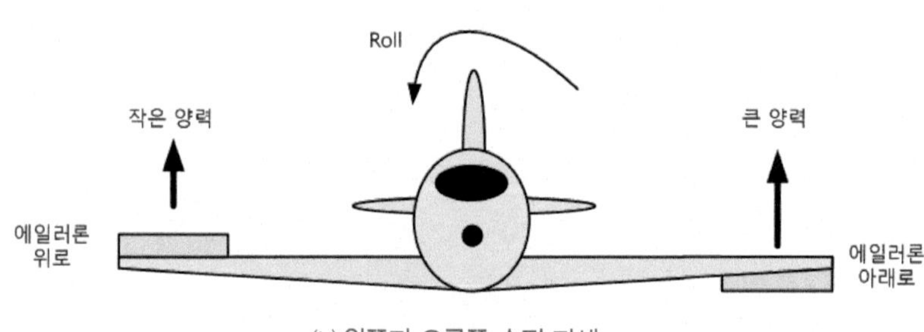

(b) 왼쪽과 오른쪽 수평 자세

[그림 1.5] 자동조종장치와 수평 자세

■ 기수와 꼬리의 수평 자세

비행기의 무게 중심(CG, Center of Gravity)은 [그림 1.5](a)와 같이 비행기 중앙보다 앞에 있으며, 양력의 중심((CL, Center of Lift)은 무게 중심보다 약간 뒤에 있다. 비행기는 중력에 의하여 기수가 아래로 내려가려는 힘이 작용하기 때문에 앞과 뒤의 수평 자세를 유지하기 위하여 승강타를 약간 올려서 꼬리가 아래로 작용하는 공기역학적인 힘(Aerodynamic DownForce)을 만든다. 비행기에 사람과 짐을 실어서 무게 중심이 변화하면 꼬리에서 공기역학적으로 하강하는 힘을 바꾸어야 한다. 비행기 양력의 중심은 주 날개의 중심에 있으므로 양력의 중심을 이동할 수 없다.

■ 왼쪽 날개와 오른쪽 날개의 수평 자세

비행기 좌우 수평자세는 [그림 1.5](b)와 같이 주 날개 끝에 있는 에일러론을 조작하여 유지한다. 비행기가 오른쪽으로 기울면 오른쪽 에일러론을 내리고 왼쪽 에일러론을 올려서 오른쪽 날개가 올라가도록 한다.

■ 고도 유지와 방향유지

항공기는 고도계를 이용하여 고도를 유지하고 나침판을 이용하여 방향을 유지한다. GY-86과 같은 대부분의 관성측정장치들은 자이로와 가속도계와 함께 고도계와 전자 나침판을 하나의 칩 안에 내장하고 있어서 활용하기 편리하다. 자이로와 가속도계가 항공기의 수평 자세도 제어한다.

자동조종장치의 역할은 비행기가 이륙하여 비행 고도에 이르면 일정한 고도를 유지하면서 스스로 수평 자세를 유지하면서 목적지를 향하여 직선 비행을 하는 것이다. 자동조종장치가 비행기를 조종하는 것이 아니고 조종사가 자동조종장치를 이용하여 비행하는 것이다. 자동조종장치에 이상이 생기면 조종사들은 즉시 자동조종장치를 해제하고 수동으로 조종한다. 조종사들은 모든 조종장치들을 수동으로 운전하는 능력을 항상 갖추고 있다. 조종사들은 일정 시간 이상 비행을 하지 못하면 비행 면허가 취소된다.

승객이 20인 이상 되는 비행기들은 항공법규에 의하여 자동조종장치를 설치해야 한다. 자동조종장치가 없는 항공기들은 20인승 이하의 자가용 비행기들이다.

(2) **자동착륙장치** Automatic landing system

자동착륙장치는 항공기가 착륙할 때 하강, 진입, 접지 등의 조작을 자동으로 제어하는 장치이다. 항공기는 비행 과정에서 이륙과 착륙이 가장 어렵고 힘든 작업인데 특히 착륙이 어렵기 때문에 자동착륙장치가 먼저 개발되었다. 제트기나 군용 전투기들은 왕복엔진 항공기에 비하여 자기안정성이 떨어지므로 현대의 항공기들은 대부분 설치하고 있다. 고익기가 저익기보다 비행 안전성이 높기 때문에 경량 비행기들은 주로 고익기이고 대형 여객기와 전투기들은 모두 저익기이다.

자동착륙장치에는 계기착륙장치(ILS, instrument landing system)와 마이크로파착륙장치(MLS, Microwave landing system)가 있다. ILS는 초단파와 극초단파를 사용하므로 정밀도에 한계가 있다. MLS는 마이크로웨이브를 사용하므로 전파의 직진성과 안정성에서 상대적으로 우수하다는 평가를 받고 있다. 조종사들은 실제 상황에서 이륙할 때는 거의 수동으로 이륙하고 착륙할 때는 100% 수동으로 착륙한다.

(3) 공중충돌방지장치 Traffic Collision Avoidance System

공중충돌방지장치는 비행 과정에서 다른 항공기나 물체와 충돌하는 것을 항공기 스스로 방지하는 장치이다. 항공기는 비행하는 동안 공중충돌을 방지하기 위하여 주변의 항공기에게 지속적으로 전파를 발신하여 해당 항공기의 운항 정보를 요청한다. 전파를 수신한 항공기는 거리, 고도 및 방위 등을 분석하여 조종사에게 정보를 제공한다. 항공기가 24km 이내부터 충돌방지를 위하여 주의를 기울인다.

(4) 비행기록장치 flight data recorder 일명 블랙박스

항공기 사고가 발생했을 때 사고 원인을 규명하기 위하여 항공기 안에 장치한 기록 장치이다. 사고 직전까지 기록된 음성 정보와 비행 기록이 있으면 사고 규명과 대책 수립에 매우 유용하기 때문에 대부분의 국가에서 상업용 항공기들에게 의무적으로 장착하게 한다. 보통 금속판에 자국을 내어 기록하거나 디지털로 기록하며 최소 기록 시간은 25시간 정도이다.

1.3 제작 절차

드론을 제작하기 위하여 여러 사람들이 참여하므로 서로 간의 의사소통과 정확한 업무 진행을 위하여 계획을 세우고 설계서와 보고서를 작성한다. 이 과정에서 필요한 문서 형식과 절차를 살펴본다.

1.3.1 드론 자작

비행기 조립 키트를 구입하여 드론을 만드는 것은 전문가가 설계를 하고 제작에 성공한 것을 단순하게 조립하는 것이므로 많은 지식을 필요로 하지 않는다. 드론을 자작하려면 기체와 드론 시스템을 설계하고, 프레임 부품을 재단하고, 제작해야 하기 때문에 많은 지식과 기술이 요구된다. 하지만 이 과정에서 많은 공부를 할 수 있다는 장점이 있다.

(1) 설계와 제작

드론을 자작하는 업무는 [그림 1.6]과 같이 크게 설계 단계와 제작 단계로 구분된다. 설계 단계는 기획과 설계로 나누어 추진되고, 제작 단계는 제작과 시험으로 나누어 추진된다. 설계는 제작 규모에 따라서 개념 설계, 기본 설계, 상세 설계의 3단계로 구분된다. 규모가 크면 3단계 설계 과정을 수행하지만 규모가 크기 않으면 기본 설계와 상세 설계를 수행하고, 규모가 아주 작으면 상세 설계만 수행한다.

기획(plan)이란 목적을 달성하기 위하여 수행해야 할 일들을 중요한 단위로 나누고 자원을 할당하는 일이다. 따라서 드론 기획은 제작하려는 드론의 목적과 비용과 기간 등을 규정하고 해야 할 일의 종류를 중요한 단위로 나누는 것이다.

설계(design)는 목적을 달성하기 위하여 해야 할 일들을 명확하게 설정하고 정의하는 일이다. 드론을 설계하는 것은 드론을 제작할 수 있도록 구체적인 작업의 내용과 함께 설계 도면들을 작성하는 단계이다. 항공기를 설계하는 것은 매우 높은 수준의 기술이 필요하다. 설계 작업이 중요한 것은 드론 제작의 실패를 사전에 막기 위한 문서 작업이기 때문이다.

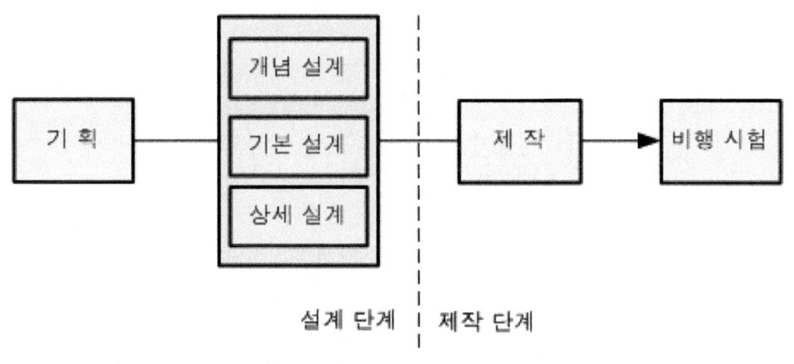

[그림 1.6] 드론 제작 절차

제작이란 설계서에 정의된 사물을 정확하게 현실에서 구현하는 작업이다. 드론 제작은 드론 설계서대로 재료를 재단하고 기자재를 조달하여 재단, 가공, 조립을 통하여 드론을 완성하는 작업이다. 드론은 물리적으로 제작한 후에도 비행제어 소프트웨어를 설치하고 성능을 확인하는 작업이 필요하다.

시험이란 일정한 조건하에서 목적물의 강도, 특성, 수행 능력 등을 측정하는 과정이다. 드론 시험은 제작된 드론이 설계 목적을 어느 정도로 달성했는지를 확인하는 일이다. 비행기를 만들면 비행 승인을 받기 위하여 정부 당국으로부터 여러 가지 엄격한 시험 과정을 거쳐야 한다. 다른 이동체와 달리 비행기는 비행 중에 이상이 발생하면 추락하여 큰 사고가 날 수 있다. 따라서 항공기 시험은 다른 어떤 이동체들보다 기준이 엄격하다.

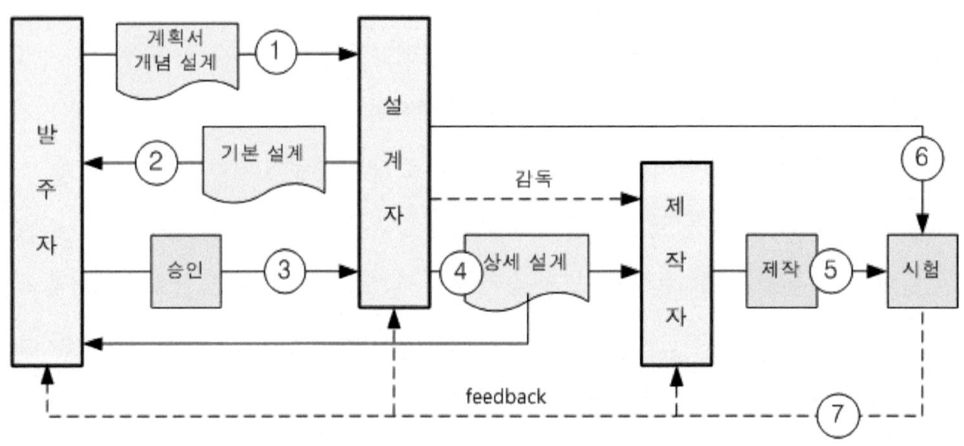

[그림 1.7] 드론 개발자 관계

(2) 개발자와 설계

드론을 개발하는 참여하는 개발자 그룹에는 드론 발주자, 설계자, 제작자 등으로 구성된다. [그림 1.7]과 같이 드론 발주자가 드론 제작을 기획하여 계획서, 개념 설계서 등을 설계자에게 제시하고 설계를 요구한다. 설계자는 이들 서류를 검토하여 설계에 반드시 반영되어야 하는 기본적인 사항들을 중심으로 기본 설계서를 작성하여 발주자에게 제출한다. 발주자가 기본 설계서를 승인하면 설계자는 상세 설계를 수행하고 결과물을 제작자와 발주자에게 제출한다. 기본 설계서가 승인되면 설계자는 상세 설계를 하고 제작자는 제작을 하지만 승인이 나지 않으면 제작이 보류된다. 제작자는 상세 설계대로 드론 시제품을 제작하고, 설계자의 시험을 받는다. 시험 결과에 따라서 제작을 수정할 수도 있고, 설계를 수정할 수도 있고, 발주자의 드론 개념을 수정할 수도 있다.

여기서 발주자와 설계자와 제작자는 각각 다른 회사일수도 있고, 한 회사의 다른 부서일 수도 있고, 한 회사의 한 부서일 수도 있고, 한 사람일 수도 있다. 한 사람이 다 맡아서 하더라도 설계 절차와 서류는 모두 지키고 작성해야 한다. 드론을 성공적으로 제작하기 위해서는 제작 절차 과정들을 사전에 세밀하게 규정하고 지켜야한다.

1.3.2 기획과 설계

탐색 개발이란 새로운 제작을 결정하기 위하여 기획하고 개념 설계와 기본 설계까지 수행하는 작업이다. 즉 탐색 개발의 목적은 새로운 사업의 추진 여부를 결정하기 위한 작업이다. 따라서 기획이 성공적이라고 평가되면 이어서 개념 설계를 추진하고, 개념 설계가 성공적이라고 판단되면 기본 설계를 추진하려는 것이다. 만약에 기본 설계가 성공적이라면 상세 설계를 추진하고 이어서 제작까지 완성하게 된다. 따라서 기본 설계를 완성하면 항공기 제작을 위한 추진 여부를 결정되는 것이다. 이와 같이 탐색 개발 과정은 기획, 개념 설계, 기본 설계의 각 단계마다 사업성을 평가하고 추진 여부를 결정한다. 드론을 성공적으로 개발하기 위해서는 무엇보다도 우수한 설계가 필요하므로 설계서 작성법에 대한 이해를 갖는 것이 중요하다.

1) 설계 문서 Design Document

설계 문서는 목표를 달성하기 위하여 필요한 조건과 내용과 절차와 방법들을 기술한 문서이다. 따라서 설계서에 설계도가 포함된다.

사업을 수행하는 과정에서 설계서를 작성하는 이유는 다음과 같이 크게 세 가지이다.

첫째, 목표 달성을 위하여 업무 내용을 명확하게 이해한다.
둘째, 사업 참여자들 사이의 의사소통을 원활하게 한다.
셋째, 사업 참여자들이 설계 문서들과 버전을 공유한다.

혼자 설계 업무를 추진하더라도 추진 과정에서 업무 내용을 확인하고 명확하게 규정하기 위해서 설계 문서는 반드시 필요하다. 혼자 개발하더라도 시간이 지나서 참조하기 위하여 문서가 필요하다. 작업이 진행되는 동안 설계 문서가 계속 수정되는 경우에 문서 관리를 위하여 필요하다.

설계 업무를 성공적으로 수행하기 위하여 기획, 계획, 관리, 설계 등에 개념을 다음과 같이 살펴본다.

(1) 기획 Planning

기획을 정의하면 다음과 같다.

- 기획이란 목적을 세우고 목적을 달성하기 위해서 해야 할 일들을 설계하는 것이다.
- 기획이란 목표를 달성하기 위하여 해야 할 일들을 중요한 단위로 구분하는 일이다.
- 기획이란 목표를 달성하기 위하여 수행해야 할 일들을 중요한 단위로 나누고 일의 순서와 자원을 중요한 단위별로 할당하는 일이다.

(2) 계획 Plan

- 계획이란 수행해야 할 일들의 절차와 방법을 결정하는 일이다.
- 계획이란 목표를 달성하기 위하여 해야 할일의 종류와 순서와 방법을 결정하고 문제점에 대한 대책을 수립하는 일이다.
- 계획이란 해야 할 일들을 규정하고 순서를 정하고 준비하는 일이다.
- 기획의 결과물이 계획이다. 계획은 기획을 구체화하는 일이다.

(3) 관리 Management

관리란 목표를 달성하기 위하여 계획을 세우고 자원의 분배와 실행 과정을 확인하고 조정하는 일이다.

(4) 설계 Design

- 설계란 목표를 달성하기 위하여 필요한 조건과 내용을 규정하는 일이다.
- 설계란 목적을 달성하기 위하여 목적 자체와 해야 할 일들을 명확하게 설정하고 기술하는 일이다.
- 설계란 작업을 실행하는 방법과 절차를 정의하는 일이다.

설계 문서의 종류에는 각종 설계도와 함께 계획서, 개념 설계서, 기본 설계서, 상세 설계서, (사용자, 정비)설명서, 부품 명세서, 비용 명세서 등이 포함된다.

2) 설계도 Blueprint

설계도는 객체를 만들기 위하여 객체의 기능과 구조와 배치 등을 그린 그림이다. 개념 설계도는 객체의 가장 중요한 개념을 나타낼 수 있도록 대략적으로 작성한 그림이고, 기본 설계도는 완전한 설계도를 만들기 위하여 들어가야 하는 기본적인 사항들을 기술한 그림이다. 상세 설계도(실시 설계도)는 목표물을 제작할 수 있도록 구조와 구성과 배치를 상세하게 작성한 그림이다. 설계도의 종류는 다양하지만 드론을 설계하는데 필요한 대표적인 설계 도면들은 다음과 같다.

(1) 대략적인 도면

장치나 시스템을 대략적으로 나타내기 위해서 작성하는 도면은 아래와 같이 다양하게 사용되고 있다.

① Sketch 약도 : 본격적인 작품을 제작하기 전에 예비적인 착상을 기록해두기 위하여 그리는 그림이다. 대상물을 신속하게 그리는 경향이 있다. 연습하는 차원에서 간략하게 그린다고 해서 약도라고도 한다.

② Bird eye view 조감도 : 새가 높은 곳에서 내려다보는 것처럼 전체를 쉽게 파악하도록 작성한 그림이다. 지도는 공중에서 지상을 수직으로 본 것이라면 조감도 비스듬하게 봄으로써 입체성이 강조된다.

③ Block Diagram 구성도 : 장치나 시스템의 대략적인 구성을 상자 모양과 기호로 나타내는 그림이다. 각 부분들이 어떻게 연결되는지를 명확하게 한다. 시스템의 의 각 요소를 상자 모양으로 나타내어 입출력 사이의 관계를 나타내는 그림이다. 장치나 시스템을 구성하는 각 부분을 간단한 상자 모양으로 표시하여 상호간을 선이나 화살표 등으로 연결해서 시스템 전체의 구성을 나타낸 그림이다.

④ Schematic Diagram 계통도 : 시스템을 구성하는 구조를 계통적으로 이해하기 쉽게 작성한 그림이다. Block Diagram과 비슷한 모양과 용도로 사용된다.

⑤ 배치도 Layout : 시스템을 구성하는 각 부분들을 특정한 공간에 배치하는 것을 나타내는 그림이다.

(2) 상세한 도면

장치나 시스템을 제작하거나 수리할 수 있을 정도로 상세하게 작성하는 도면들은 아래와 같다.

① 평면도(Plane Figure) : 물체의 위에서 수직으로 내려다보고 그린 그림이다. 물체를 구성과 배치를 파악하기 용이하다.

② 입면도, 정면도(Elevation) : 물체의 앞에서 보고 그린 그림이다.

③ 측면도(Side View) : 물체의 옆에서 보고 그린 그림이다.

④ 단면도(Sectional View) : 물체의 내부 구조를 명확하게 나타내기 위하여 물체의 중간을 칼로 절단한 것처럼 자른 면을 그린 그림이다.

⑤ 전기 회로도(Electric Circuit Diagram) : 전기 회로의 연결 상태를 간단한 기호를 이용하여 나타내는 그림이다. 회로소자가 연결되어 있는 상태를 나타낸 도면이다. 전기 회로도를 보면 드론의 전기 회로를 제작할 수 있도록 작성해야 한다.

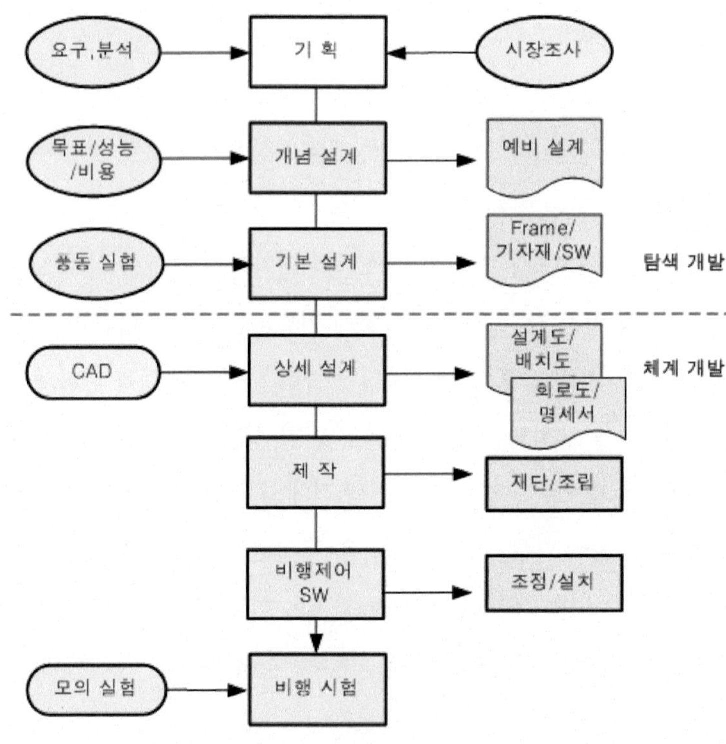

[그림 1.8] 드론 개발 절차

드론을 설계하고 제작하기 위해서 작성하는 도면은 평면도, 정면도(입면도), 측면도가 있으면 충분하다. 이들 세 가지 도면들을 합하여 삼면도라고 부른다. 이외에 전기 회로를 만들기 위해서는 전기 회로도가 필요하다.

1.3.3 드론 제작 절차

드론 제작을 위한 개발 절차는 [그림 1.8]과 같이 기획에서 개념 설계, 기본 설계, 상세 설계, 제작, 비행제어 SW, 비행 시험까지 7단계에 걸쳐서 진행된다. 그림의 중간에 있는 점선의 윗부분은 기획, 개념 설계, 기본 설계는 드론 제작 사업의 추진 여부를 결정하는 단계이므로 탐색 개발이라고 하고, 점선 아래의 상세 설계, 제작, 비행제어 SW, 비행 시험은 탐색 설계 단계에서 설계한 것을 구현하는 단계이므로 체계 개발이라고 부른다. 상세 설계는 단어 자체는 설계지만 실제로는 기본 설계서의 내용을 구현하기 위한 문서 작업이므로 실시 설계라 하고 개발 단계에 속한다.

드론을 개발하는 업무는 다음과 같이 7단계로 구분된다.

(1) 기획

새로운 드론을 제작하기 위하여 목표로 하는 드론을 설정하고 시장 조사와 요구 분석을 통하여 드론 제작을 준비한다.

(2) 개념 설계

개념 설계(conceptual design)는 설계의 첫 단계로서 어떤 드론을 요구하는지 파악하고 드론의 목표와 구성과 기능, 성능, 제작성, 정비성, 시장성 등의 내용을 기술한다.

(3) 기본 설계

기본 설계(preliminary design)는 상세 설계를 수행하기 전에 설계에 포함되어야 하는 기본적인 내용을 작성하는 일이다. 드론의 주요 기능들을 정의하고, 외부 형상과 제작성과 비용을 검토하고, 주요 기자재들의 인터페이스를 제시한다. 기본 설계의 결과로 제작의 계속 여부를 결정한다.

(4) 상세 설계(실시 설계)

상세 설계(detail design)는 제작을 수행할 수 있도록 드론의 모든 내용을 상세하게 기술하는 설계이므로 실시 설계(execution design)라고도 한다. 세부 형상을 설계하고, 모든 구성과 기자재들의 인터페이스를 작성한다.

(5) 제작

제작(manufacturing)은 상세 설계를 토대로 프레임 부품을 재단하고 기체를 조립하면서 부품들을 결박하고 연결한다. 신호선들과 전력선을 물리적으로 연결하고 전기적으로 기능을 점검하고 완료한다.

(6) 비행제어 SW

자작 과정에서는 기존의 오픈 소스 비행제어기를 선택하여 설치한다. 비행제어기만 교환하면 여러 가지 비행제어 소프트웨어를 경험할 수 있다.

(7) 비행 시험

물리적으로 전기적으로 소프트웨어적으로 제작된 드론의 비행 시험을 수행한다. 시험하기 전에 모의실험 훈련을 통하여 시험할 수 있는 비행 능력을 충분히 배양한다.

드론을 성공적으로 자작하기 위해서는 일정 계획을 세우고 계획의 진행과정을 점검하면서 추진하는 것이 중요하다. 일정 계획안에 공정, 업무 분장, 구매, 비용 등의 계획을 포함하면 업무 추진이 용이하다.

요 약

- 자동제어(automatic control)는 기계 스스로 어떤 물리량을 목적 상태로 유지하려는 행위이다.
- 항공역학(aerodynamics)이란 유체를 지나는 물체와 유체 사이의 관계를 연구하는 학문이다.
- 항공 기계(aerospace machinery)는 항공기관과 동력전달장치 등 항공기에서 비행을 목적으로 사용되는 기계장치이다.
- 전기화학은 전기와 화학 반응의 관계를 연구하는 학문이다.
- 항공 전자공학이란 항공기의 설계, 제작, 비행, 유도, 통제를 위한 전자장비에 관한 학문이다.
- 컴퓨터 소프트웨어는 알고리즘을 수행하는 명령어를 처리하는 프로그램과 관련된 기술이다.
- 공구(tools)는 기계공작을 하는 과정에서 보조적인 역할을 하는 도구이다.
- 자동조종장치(autopilot)는 비행 정보가 입력된 대로 항공기 스스로 목적지까지 항공기를 조종해주는 장치이다.
- 설계도(design of drawing)란 객체를 만들기 위하여 그 객체의 기능과 구조와 배치를 그린 그림이다.
- 자동착륙장치는 항공기가 착륙할 때 하강, 진입, 접지 등의 조작을 자동으로 제어하는 장치이다.
- 공중충돌방지장치는 비행 과정에서 다른 항공기나 물체와 충돌하는 것을 항공기 스스로 방지하는 장치이다.
- 기획(plan)이란 목적을 달성하기 위하여 수행해야 할 일들을 중요한 단위로 나누고 자원을 할당하는 일이다.
- 설계(design)는 목적을 달성하기 위하여 해야 할 일들을 명확하게 설정하고 정의하는 일이다.
- 계획은 목표를 달성하기 위하여 할일의 종류와 순서와 방법을 결정하고 문제점에 대한 대책을 수립하는 일이다.
- 기본 설계(preliminary design)는 상세 설계를 수행하기 전에 설계에 포함되어야 하는 기본적인 내용을 작성하는 일이다.

연습문제

1. 다음 용어들을 정의하시오.
   (1) 자동제어
   (2) 항공역학
   (3) autopilot
   (4) 설계도
   (5) 기본 설계

2. 에어포일(airfoil)의 역할을 설명하시오.

3. 비행기 날개에 받음각을 두는 이유는 무엇인가?

4. 윙렛(winglet)이 없으면 어떤 현상이 일어나는지 설명하시오.

5. 드론 제작에 필요한 기술 4가지를 선정하여 설명하시오.

6. 자동조종장치의 역할과 기능을 설명하시오.

7. 항공기의 앞과 뒤의 균형을 이루는 방법과 왼쪽과 오른쪽의 균형을 이루는 방법을 설명하시오.

8. 항공기를 개발하기 위한 절차를 설명하시오.

9. 기획과 계획의 차이를 설명하시오.

10. 탐색 개발과 체계 개발의 차이를 설명하시오.

11. 드론 개발자들 사이의 업무 관계를 설명하시오.

12. 개념 설계, 기본 설계, 상세 설계의 차이점을 설명하시오.

13. 설계 문서를 작성하는 목적을 설명하시오.

CHAPTER 2

항공전자공학

자동차가 전기차로 바뀌고 있고 항공기도 전자제품으로 변모하고 있다. 유럽은 2020년부터 2030년 사이에 자동차를 모두 전기차량으로 바꾸는 계획을 추진하고 있다. 차량을 구동하는 에너지가 석유에서 전기로 바뀌는 것뿐만 아니라 차량을 주행하는 방식도 운전자에서 자율주행으로 바뀌고 있다. 항공기도 무인기 비중이 높아지면서 자율비행의 요구가 증대하고 있다. 자율주행의 핵심은 전자제어에 있으므로 전기·전자공학과 함께 컴퓨터 비중이 증대하고 있다. 항공기를 운용하거나 제작하려면 항공 전자공학(avionics : aviation + electronics)에 대한 이해와 기술력이 높아야 한다.

2.1 개요

항공기가 발전할수록 비중이 높아지는 분야가 항공 전자공학이다. 항공기 기체와 엔진이 중요하지만 같은 기체와 엔진이라도 항공 전자기술에 따라서 항공기의 성능이 크게 달라지기 때문이다.

2.1.1 항공 전자공학

항공 전자공학(avionics)이라는 말은 항공기와 전자공학이 태동한 이후에 출현한 합성어이다. 즉, Aviation과 Electronics가 합성된 말로 정의하면 다음과 같이 다양하다.

- 항공기의 설계, 제작, 비행, 유도, 통제를 위한 전자장치를 연구하는 학문이다.
- 항공기의 전자 장비를 설계, 생산, 설치, 운용하는 기술이다.
- 항공기를 통합 관리하는 컴퓨터 기술이다.
- 항공기에 탑재된 전자장비로부터 받은 자료를 처리하고 시현하는 기술이다.

항공 전자의 비중은 항공기에서 약 20 ~ 30%, 헬리콥터에서 약 50 ~ 60% 정도이다. 항공기보다 헬리콥터에서 항공 전자의 비중이 높은 이유는 헬리콥터의 구조가 복잡하기 때문에 제어도 복잡하고 정교해야 하기 때문이다. 항공기는 엔진이 꺼져도 날개가 양력을 받기 때문에 어느 정도 비행이 가능하다. 하지만 헬리콥터는 엔진이 꺼지면 순전히 엔진과 제어장치의 힘으로 비행하기 때문에 추락으로 이어지기 쉽다. 실제로 글라이더[1]는 엔진과 프로펠러가 없어도 바람을 잘 만나면 성층권까지 비행이 가능하다.

1) 항공 전자의 시작

라이트 형제가 비행기를 처음 만들었을 때는 전기도 없었고 전기전자공학도 발달하지 못했기 때문에 항공 전자장치는 있을 수 없었다. 2차 세계대전부터 전기/전자장치들이 본격적으로 도입되어 레이더를 이용하여 적군 항공기를 탐지하고 전쟁에 활용하기 시작하였다. 한국전쟁 이후에는 초음속 제트 전투기가 개발되어 전자제어장치의 정밀성이 요구되었고, 열 추적 미사일이 개발되어 사격통제장비와 방어장비가 전자장치로 개발되기 시작하였다.

항공 기계장치들의 성능이 향상되어 대륙과 대양을 횡단하는 장거리 비행이 시작되었다. 비행사들이 수십 시간 공중에서 격무에 시달리는 것을 막기 위하여 고성능 비행제어장치들이 요구되었다. 특히 날씨가 나쁘거나 야간이라서 시계 비행(VFR, visual flight rules)이 불가능한 경우에 비행계기를 보고 계기 비행(IFR, instrument flight rule) 하기 위해서는 항공 전자장치의 성능이 우수해야 한다.

2) 항공 전자공학의 범위

항공기에서 전자장비의 역할이 증대되는 과정에서 항공 전자공학에서 다루는 분야도 다음과 같이 다양하게 확장되고 있다.

- 제어분야 : 항공기 자세제어, 충돌방지, 비행제어
- 항법분야 : 관성항법, 전파항법, 위성항법
- 통신분야 : 주파수 통신, 전파 탐지, 방향 탐지
- 전력분야 : 발전기, 배터리, 충전기, 시동장치, 유압기
- 탐지분야 : 레이더, 적외선, 초음파, Lidar
- 촬영분야 : 카메라, 짐벌
- 시현분야 : 디스플레이
- 자율비행 : 자동비행, 자동이착륙, 충돌방지, 비행기록장치

---

1 glider(滑空機) : 엔진이나 프로펠러 같은 추진 장치 없이 바람의 힘을 이용해서 비행하는 항공기.

무인 비행기의 용도가 군사용, 민수용 등으로 다양하게 증가하고 있기 때문에 항공 전자공학의 범위는 계속 확장되고 있다.

2) 항공 전자장치

항공기의 항공 전자 분야에서 운용되는 중요한 전자 장비들은 다음과 같다.

- 항법장치 : 항공기와 목적지의 위치를 파악하고, 항공기를 목적지까지 유도해주는 장치. 관성항법장치, 전파항법장치, 위성항법장치 등이 활용된다.
- 자동조종장치(autopilot) : 비행 정보를 입력하면 비행기 스스로 비행 자세를 제어하고, 항법장치의 정보를 이용하여 항공기를 조종하여 목적지까지 비행시키는 장치이다.
- 비행제어장치 : 항공기의 자세를 제어하고, 방향과 고도를 제어하며 비행하는 장치이다.
- 통신장치 : 항공기의 교통관제업무를 수행하기 위하여 통신을 담당하는 장치이다. 주로 초단파를 이용하여 교신한다.
- 디스플레이장치 : 조종사가 다양한 정보를 체계적으로 활용할 수 있도록 비행 자료를 보여주는 장치이다.
- 기상관측장치 : 대기 온도, 습도, 풍속, 기압 등을 측정하는 장치이다.
- 레이더(Radar, RAdio Detection And Ranging) : 전파를 발신하고 되돌아오는 반송파를 이용하여 물체와의 거리와 모양을 식별하는 장치.
- 촬영장치 : 가시광선, 적외선, 레이저 등의 전자파를 이용하여 물체의 이미지를 촬영하는 장치.
- 임무 컴퓨터 : 항공기를 이륙에서 착륙까지 비행을 지원하는 컴퓨터.
- 무장 컴퓨터 : 전투를 위한 사격 통제와 방어 기능을 수행하는 컴퓨터.

이와 같은 장비들은 상업용 또는 군사용 항공기에서 사용하는 대표적인 항공 전자 장비들이다. 드론을 설계하고 제작하기 위해서는 이들 전자 장비들을 잘 이해하고 활용할 수 있는 기술이 필요하다.

2.2 전기 원리

고대 그리스의 탈레스[2]가 호박에 모피를 문지르면 가벼운 물체를 잡아당기는 것을 보고 전기 현상을 발견하였다. 호박의 어원인 'electron'에서 전기라는 말이 나왔다. 전기는 전하가 이동하여 나타나는 현상이다.

2.2.1 전기의 기본 요소

물질을 이루고 있는 최소 단위가 원자이며 원자의 구조는 [그림 2.1]과 같이 원자핵과 원자핵의 주위를 돌고 있는 전자로 구성된다. 원자핵은 양자와 중성자로 구성되어 있다. 원자는 양 전하와 음 전하의 수가 같아서 중성을 이룬다. 외곽의 전자가 다른 물체로 이동할 경우, 한 물체에는 여분의 양의 전하가 축적되고, 다른 물체에는 여분의 음의 전하가 축적이 되어 정전기가 발생한다.

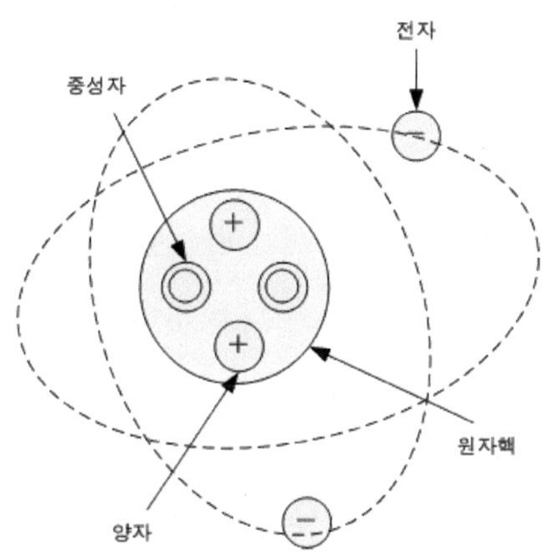

[그림 2.1]헬륨 원자의 구조

(1) **전류** currency

전류의 정의는 단위 시간당 흐르는 전하의 양이다. 1A는 1초에 1쿨롱(6.25*1028개의 전자)의 전하가 흐르는 양이다. 도체는 원자핵의 외곽에 있는 전자들이 쉽게 다른 원자로 이동할 수 있다. 전류가 발생하는 것은 도체 양쪽 끝의 전위차가 다르면 전자가

2 Tales(BC624-BC545년) : 그리스 철학자로서 기하학과 천문학에 정통한 최초의 유물론자.

이동하여 전류가 발생하는 것이다. 즉, 전자가 이동하는 것을 전류라고 한다. 전류의 기호는 I이고 단위는 A이다. 전류는 전압(V)을 저항(R)으로 값이다(I = V/R).

■ 전기장과 자기장

정전기 주위에 전하를 띤 물체를 놓으면 전기력을 받는다. 전기장은 단위 전하가 받는 전기력이다. 전기장에 의하여 자기장이 유도되고 자기장에 의하여 전기장이 유도된다. 금속에 코일을 감고 전류를 흘리면 전기장이 생성되고 전기장을 받은 금속은 자기장을 만드는데 이것을 전자석이라고 한다. 전기장(electric field)은 전하로 인하여 전기력이 미치는 공간이고, 자기장(magnetic field)은 자석의 끌어당기는 힘이 미치는 공간이다.

(2) **전압** voltage

전압은 도체에서 두 점(위치) 사이의 전위차이다. 두 점 사이의 전위차가 다르므로 전기적인 압력으로 나타난다. 다른 말로 전기장에서 전하를 한 점에서 다른 점으로 이동하는 데 필요한 일이다. 두 점 사이의 전압이 동일하다면 전압은 0이다. 새가 전기 줄에 앉았을 때 감전하지 않는 이유는 새의 두 발 사이에 전압이 비슷하기 때문에 전류가 흐르지 않기 때문이다. 전압의 기호는 V이고 단위도 V이다. 전압은 전류와 저항을 곱한 값이다(V = IR). 1V는 1 줄을 1쿨롱으로 나눈 값이다.

■ 전위차electric potential difference

전기장 안에서 단위 전하에 대한 전기적 위치 에너지를 전위라 하고, 두 점 사이에 전위 차이를 의미한다. 다른 말로 전압이라고 한다. 다른 말로 기전력이라고 한다. [그림 2.2]처럼 고압선에 앉아있는 새는 왜 감전되어 사망하지 않을까? 3만V의 고압선에 앉아있는 새는 양쪽 발의 전압이 모두 3만V이므로 전위차가 0이다. 양쪽 발 사이에 전위차가 없기 때문에 전기가 흐르지 않으므로 감전되지 않는다.

[그림 2.2] 3만V 고압선에 앉아있는 새

(3) 저항 resistance

저항이란 도체 안에서 전류가 흐를 때 전류의 흐름을 방해하는 성질이다. 전기 소자로서의 저항은 저항기라고 구분하여 말한다. 저항의 기호는 R이고 단위는 옴(Ω)이다. 1Ω은 1V의 전압을 가할 때 1A의 전류가 흐르는 도체의 저항이다. 저항은 전압을 전류로 나눈 값이다(R = V/I).

(4) 전력 power

전력은 단위 시간당 공급되는 전기 에너지이다. 1W는 1A의 전류가 1V의 전압으로 흐를 때 소비되는 전력이다. 전력의 기호는 *P*이고 단위는 W(와트, watt)이다. 전력은 전기가 가진 전압과 전류의 곱으로 표현한다($P = VI = I^2R$).

■ 전력량 Electric Energy

전력량이란 전기가 일정 시간동안 수행하는 일의 양으로 전력에 시간 개념을 추가한 것이다. 전력량은 일(work)의 개념이어서 기호로 W를 사용한다. 전력량의 단위는 시간이 초일 때 J(줄, joul)이고 시간일 때 Wh(와트 아워, watt hour)이다. kWh는 Wh의 1,000배를 의미하며 가정에서 전기 요금을 계산할 때 사용된다.

(5) 줄열 joule's heat

전류가 흐를 때 도체의 전기저항에 의해 발생하는 열을 줄열이라고 한다. Joule[3]의 연구에 의하여 도체에 전류가 흐르면 저항에 의하여 열이 발생하는 것이 밝혀졌다.

2.2.2 직류와 교류

전기는 전류가 흐르는 형태에 따라서 직류와 교류로 구분된다. 직류는 전류의 방향이 일정한 반면에 교류는 주기적으로 전류의 방향이 바뀐다. 모든 전기 장치들은 직류와 교류 중에서 하나를 선택해야 하므로 사용자들에게도 매우 중요하다.

---

3 James Prescott Joule(1818~1889) : 영국의 물리학자. 저항에 의하여 발생하는 열을 연구하여 전류와 전력의 관계를 밝혔다.

1) 직류 direct current

직류는 [그림 2.3](a)와 같이 일정한 크기와 방향으로 흐르는 전류이다. 직류는 전압의 변화는 없지만 전류의 크기는 변화한다.

■ 직류의 장점

- 저장이 가능하다.
- 전원 이동이 가능하다.
- 직류 모터는 속도 조절이 용이하다.

■ 직류의 단점

- 전압이 일정하여 변경하기 어렵다.
- 많은 전기를 저장하기 어렵다.
- 대용량 공급이나 장거리 송전이 불리하다.

2) 교류 alternating current

교류는 [그림 2.3](b)와 같이 시간에 따라 일정한 주기로 크기와 방향을 바꾸는 전류이다.

■ 교류의 장점

- 3상 전력의 생산이 가능하며 전압 변경이 용이하다.
- 대용량 에너지 사용과 장거리 송전에 유리하다.
- 대용량 모터 제작이 가능하다.

■ 교류의 단점

- 전기를 저장하지 못한다.
- 교류 모터는 속도 조절이 용이하지 않다.
- 전자기파로 인하여 통신 장애가 발생한다.

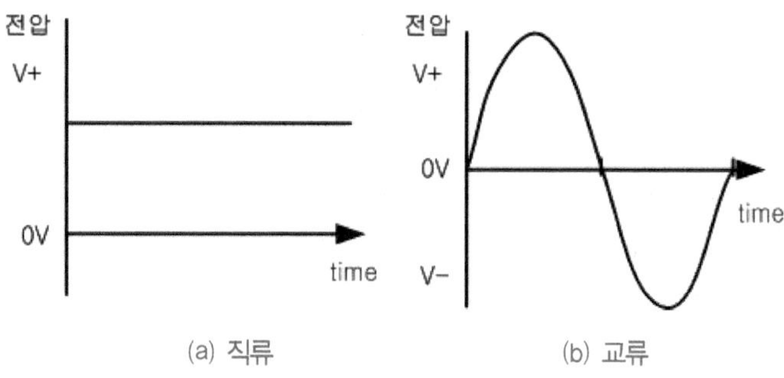

[그림 2.3] 직류와 교류

3) 주파수 frequency

사이클(cycle)은 [그림 2.4]와 같이 처음 상태에서 변화하기 시작하여 다시 처음 상태로 돌아오는 동작이다. 교류에서는 펄스가 시작되어 다음 펄스가 시작될 때까지의 동작이다.

주파수는 1초 동안 진동하는 횟수이다. 교류에서는 1초 동안 반복되는 사이클의 수로 단위는 Hz이다. 국가마다 교류 전류의 주파수는 상이하다. 유럽은 50Hz이고, 한국은 60Hz이고, 일본은 지역에 따라 50Hz 또는 60Hz를 사용하고 있다.

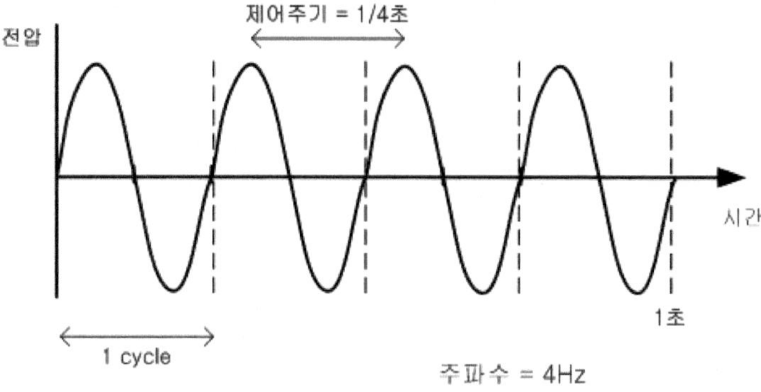

[그림 2.4] 교류의 주파수, 제어주기, 사이클

제어주기(period)는 어떤 현상이 한번 되풀이 되는 데 걸리는 시간이다. 교류에서는 펄스의 시작에서 다음 펄스의 시작까지 걸리는 시간이다. 제어주기와 주파수는 반비례하므로 주기가 작을수록 주파수는 높다. [그림 2.4]에서 Period = 1/frequency이므로 주파수가 4Hz이므로 제어주기는 1/4초이다.

4) 직류와 교류의 변환

가정이나 산업체로 공급되는 전력은 모두 교류이므로 직류를 사용하려면 교류를 직류로 변환하는 장치가 필요하다. 실례로 휴대용 장비들은 모두 직류로 동작하므로 교류를 배터리에 저장하려면 교류를 직류로 변환하는 장치가 필요하다. 배터리로 공급되는 직류로 교류 모터를 구동하려면 직류를 교류로 변환하는 장치가 필요하다.

- AC inverter : 직류 전류를 교류 전류로 변환하는 장치.
  드론에 사용되는 배터리는 직류이고 BLDC 모터는 교류를 사용하기 때문에 변속기에는 직류를 교류로 바꿔주는 AC inverter가 포함되어 있다.
- DC converter : 교류 전류를 직류 전류로 변환하는 장치
  발전소에서 공급하는 전류는 교류이고 배터리는 직류이다. 따라서 가정이나 사회에서 배터리를 충전하는 충전기에는 교류를 직류로 바꿔주는 DC converter가 포함되어 있다.

2.3 전기 소자

전자제어 시스템이나 이를 구성하는 전자장치를 만들기 위해서는 많은 전자 부품들이 들어가고 전자 부품을 만들기 위해서는 여러 가지 기본적인 재료들이 필요한데 이들을 전기/전자 소자라고 한다.

2.3.1 전기 소자와 부품

전기/전자 소자(element)란 전기회로, 반도체 장치, 안테나 등에 사용되는 기본적인 구성 요소이다. 대표적인 소자로 다이오드, 트랜지스터, 릴레이, 코일, 콘덴서, 저항기, 자심, 서미스터 등이 있다. 소자와 부품의 차이는 별로 없으나 소자는 부품을 구성하는 요소로 사용되지만 소자가 부품으로도 사용되기도 한다. 예를 들어 다이오드는 소자에 속하지만 부품으로도 사용되므로 구분이 애매하다.

다음은 항공 전자 시스템을 구성하는 중요한 소자와 부품에 대한 설명이다.

(1) 다이오드 Diode

다이오드는 전류를 한쪽 방향으로만 흐르게 하는 소자이다. 일반적으로 도체는 전류를 양방향으로 흐르게 하지만 반도체(semiconductor)는 전류를 한 방향으로만 흐르게 한다. 따라서 다이오드는 반도체 소자이다. 다이오드는 한쪽 방향으로 전류가 흐르기 때문에 [그림 2.5]와 같이 +극과 −극이 구분된다. +극에서 −극으로만 전류가 흐른다. 다이오드의 역할은 전류가 역방향으로 흐르지 않게 하는 역전류 차단 작용이다. 또한 교류를 직류로 바꾸는 정류작용이 가능하다. 라디오 고주파에서 신호 전파를 분리하는 기능이 있다.

[그림 2.5] 다이오드

(2) 트랜지스터 transistor

트랜지스터는 전류를 증폭하거나 흐름을 전환하는 반도체[4]이다. [그림 2.6]은 트랜지스터의 기본적인 구조이다. Emitter에 전류를 흘리면 Base 전류에 따라서 Collector에 큰 전류를 흘려보낼 수 있는데 이것이 [그림 2.6](a)의 증폭 작용이다. Emitter에 전류를 흘리면 Base 전류에 따라서 Collector에 전류가 흐르는 것을 막을 수 있는데 이것이 [그림 2.6](b)의 전환(스위칭) 작용이다. 이와 같이 Emitter에 전류를 Base 전류로 제어하여 Collector에 큰 전류를 흐르게 하거나 전혀 흐르지 않게 하는 것이 트랜지스터의 증폭 작용과 전환 작용이다.

---

4 semiconductor : 특별한 조건에서만 전기가 통하는 물질. 다이오드와 트랜지스터가 대표적인 소자이다.

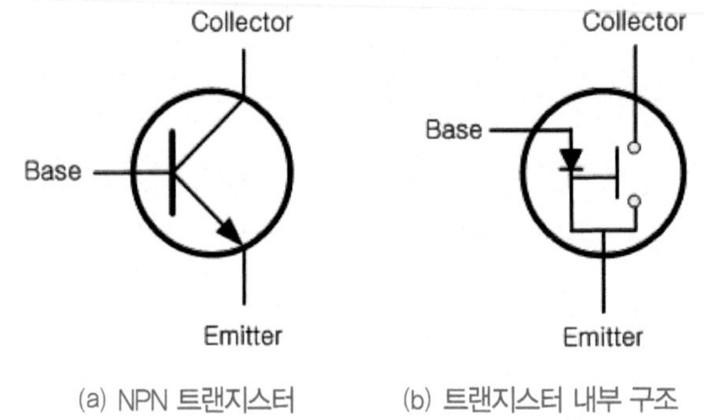

(a) NPN 트랜지스터 (b) 트랜지스터 내부 구조

[그림 2.6] 트랜지스터 구조

(3) 저항기 resister

전기 회로에서 전류의 흐름을 억제하는 전기 소자이다. 저항기는 전류의 흐름을 막음으로써 생기는 에너지를 열로 소모한다. [그림 2.7](a)와 같은 저항기에 전류를 흘리면 발열하기 때문에 최대 허용 전력이 주어진다. 최대 허용 전력을 초과하면 온도가 상승하여 저항기가 타버린다. 저항기는 전류의 제한이나 전압을 낮추는 용도로 사용된다.

■ 가변 저항기 variable resister 또는 potentiometer

가변 저항기는 저항을 증가, 감소시킬 수 있는 장치가 있는 저항기이다. [그림 2.7](b)와 같이 회전축에 연결된 손잡이를 돌리면 저항이 증가하거나 감소함으로써 필요한 저항 값을 제공하는 저항기이다.

(a) 저항기 (b) 가변 저항기

[그림 2.7] 저항기와 가변 저항기

(4) 계전기 relay

계전기(relay)는 전자석을 이용하여 전류의 흐름을 전환하는 장치(스위치)이다. 코일이 감긴 철심에 전류를 흘리면 철심이 전자석이 된다. 전자석이 금속을 당기는 원리를 이용하여 회로를 연결하기도 하고 차단하기도 한다. 전기 회로의 개폐를 다른 전기 회로의 전류, 전압, 주파수 등의 변화에 따라 자동적으로 실행하는 제어 기기이다. 작은 전류를 입력하여 큰 전류를 제어하는 스위치 역할을 한다. [그림 2.8](a)와 같이 1채널 모듈도 있지만 다채널 릴레이 모듈도 있다.

(a) 1채널 릴레이 모듈

(b) 2채널 릴레이 모듈

[그림 2.8] 계전기 모듈

(5) 개폐기 switch

개폐기는 전기의 흐름을 연결하거나 단절하는 장치이다. 개폐기에는 [그림 2.9]와 같이 여러 종류가 있다.

(a) 푸쉬 버튼 스위치

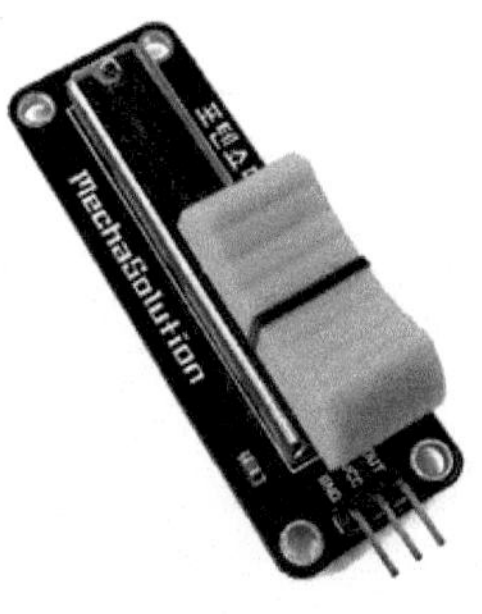

(b) 슬라이드 스위치

(c) 토글 스위치

[그림 2.9] 스위치 종류

■ 푸시 버튼 스위치 push button switch

하나의 버튼을 누를 때마다 연결과 차단이 반복되는 부품이다.

■ 슬라이드 스위치 slide switch

손잡이를 밀면 손잡이의 방향으로 전기의 흐름이 연결되는 부품이다.

■ 토글 스위치 toggle switch

손잡이의 방향과 반대 방향으로 전기의 흐름이 연결되는 부품이다.

(6) LED light emitting diode

전류가 흐르면 빛을 내는 반도체이다. 전구보다 수명이 길고 응답 속도가 빠르고 다양한 모양으로 만들 수 있어서 숫자나 약속된 표시를 할 수 있어서 편리하다. 반도체이므로 방향이 있으므로 주의해야 한다. [그림 2.10](a)의 단색 LED는 양극은 붉은색으로 음극은 검은색으로 하기도 하고, 색이 없으면 양극의 다리는 길고 음극의 다리는 짧다. [그림 2.10](b)는 RGB 3가지 색을 조합할 수 있는 LED이다.

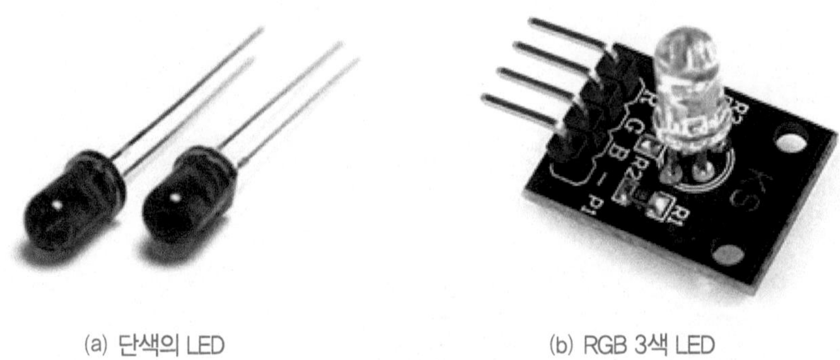

(a) 단색의 LED (b) RGB 3색 LED

[그림 2.10] LED 종류

(7) 콘덴서 capacitor

콘덴서는 두 개의 도체 사이의 공간에 전기장을 저장하는 장치이다. 전기를 모아두었다가 필요할 때 사용(방전)하는 방식으로 전기 회로에서 사용한다. [그림 2.11]과 같이 다양한 용량과 크기의 콘덴서들이 있다.

[그림 2.11] 콘덴서의 종류

2.4 측정기기

측정기기란 물체의 상태를 측정하여 물리량이나 화학량으로 표시하는 장치이다. 측정 목적과 대상에 따라서 종류가 매우 다양하다. 이 절에서는 드론을 제작, 조립, 수리하는데 꼭 필요한 측정기기들을 다룬다.

2.4.1 측정기기의 종류

드론과 관련된 대상을 측정하는 목적은 온도, 질량, 높이, 길이, 전압, 기계력 등으로 매우 다양하다. 이 절에서는 다음과 같이 드론 제작에 요구되는 물리량을 측정하는 기기들을 설명한다.

1) 멀티미터 Multimeter

멀티미터는 전류, 저항, 전압 등의 전기 특성을 가진 물리량을 쉽게 측정하는 장치이다. 멀티미터는 드론과 같은 전자 장비를 다룰 때 가장 필요한 측정 공구이다. 드론이 아니더라도 일반 가정에도 많은 전기·전자 제품들이 많이 사용되고 있기 때문에 멀티미터는 가정에서도 필수품이다. COM이라고 쓴 포트는 접지로서 모든 전기 회로의 공통되는 선이라는 의미이므로 반드시 검은색 리드선을 꽂아야 한다. 나머지 포트들은 모두 붉은색의 + 리드선을 꽂는다.

[그림 2.12] 멀티미터

멀티미터는 [그림 2.12]와 같이 저항과 전류를 측정할 수 있으며, 전압은 직류와 교류를 구분하여 측정한다. 트랜지스터와 다이오드도 측정할 수 있다. 전류를 측정할 때 10A의 과전류를 측정할 때는 붉은색 리드선을 아래 왼쪽에 꼽아서 측정해야 한다.

잘 모르는 단위의 전압이나 전류를 측정할 때는 높은 범위의 전압이나 전류를 측정한 다음에 낮은 단위로 내려가는 것이 안전하다. 범위를 잘못 잡거나 리드선을 잘못 꼽으면 고전압이나 과전류로 인하여 멀티미터가 망가질 수 있다. 검은색의 접지선은 항상 COM에 꼽아야 한다. 디지털 멀티미터에 사용되는 기호는 [그림 2.13]과 같다.

기호	의미	기호	의미
~	교류	⏚	접지
⎓	직류	⊣⊢	콘덴서
Hz	Hertz	μF	Micro Farad
+	Positive	μ	Micro
—	Negative	m	Milli
Ω	Ohms	M	Mega
⊳⊢	Doide	K	Kilo
•)))	Audible Continuith	OL	Overload

[그림 2.13] 멀티미터 공통 기호

2) 오실로스코프 Oscilloscope

오실로스코프는 [그림 2.14]와 같이 모니터에 전류의 파형을 시간대별로 표현하는 장치이다. 전기 회로에 이상이 있으면 어느 회로에서 어떤 전류가 흐르는지를 오실로스코프로 파형을 파악해서 확인할 수 있으므로 정비와 수리에 중요한 장비이다. 드론의 모터가 잘 동작하다가 동작하지 않는다면 수신기에서부터 변속기 신호 선까지 전류의 파형을 오실로스코프로 확인해보면 어느 부분에 이상이 있는지를 확인할 수 있다.

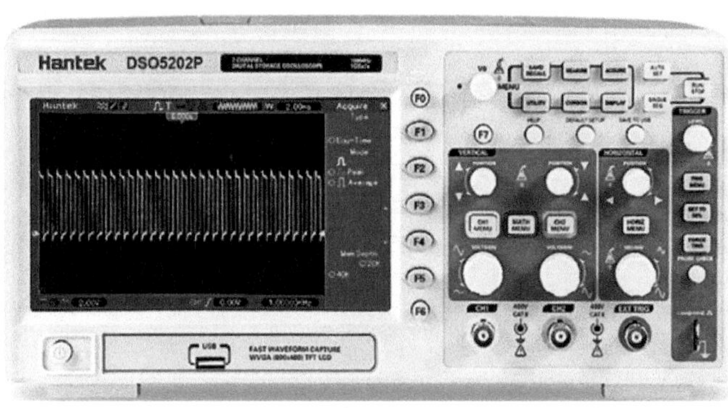

[그림 2.14] 오실로스코프

■ 오실로스코프로 점검하는 회로

조립을 완료했거나 수리를 한 다음에 드론을 가동했을 때 이상이 있다면 오실로스코프로 다음 사항들을 확인한다.

① 비행제어기에서 변속기로 출력되는 신호선의 파형을 검사한다. 파형에 이상이 없다면 변속기나 모터에 문제가 있으므로 서보 테스터로 변속기와 모터를 검사한다.

② 센서에서 비행제어로 입력되는 선로의 파형을 검사한다. SCL과 SDA 선로의 파형에 이상이 있다면 센서에 문제가 있으므로 교체한다.

③ 수신기에서 비행제어로 출력되는 스로틀, 러더, 엘리베이터, 에일러론 선로의 파형을 검사한다. 이 선로의 파형에 이상이 있다면 수신기에 문제가 있으므로 조종기와 수신기를 점검한다.

3) 서보 테스터 Servo tester

서보 테스터는 PWM 신호를 발생하는 장치이다. PWM 신호의 범위는 보통 800㎲에서 2000㎲까지이므로 모터를 구동시키고 정지시킬 수 있는 장치이다. 모터가 동작하지 않을 경우에는 서보 테스터와 변속기를 연결하고 PWM 신소를 발생시키면 변속기를 통하여 모터가 구동되어야 한다. 이 때 모터가 잘 구동한다면 비행제어 보드에서 변속기로 PWM 신호가 잘 공급되지 않는 것을 알 수 있다. 물론 서보 모터들의 동작을 직접 확인할 수 있다. [그림 2.15]와 같이 손잡이를 이용하여 PWM 신호를 800에서 2000까지 증가시킬 수 있으며 출력 포트는 왼쪽에 4개가 있고, 5V의 전원을 공급해야 한다.

[그림 2.15] 서보 테스터

모터가 정상적으로 구동되지 않으면 서보 테스터를 개별적으로 변속기에 연결하여 4개의 변속기와 모터를 차례대로 점검한다. 서보 테스터로 모터가 구동되지 않으면 변속기를 교체하고 그래도 이상이 없으면 모터에 이상이 있는 것이다.

4) 배터리 밸런서 Battery Balancer

리튬 폴리머 전지(Li-Po)는 한 셀의 기준 전압이 3.7V이므로 여러 개의 셀들이 모여서 하나의 배터리를 이룬다. Li-Po는 각 셀의 기준 전압이 같을수록 좋고 전압차이가 많으면 과충전이나 과방전이 발생할 수 있으므로 위험하다. Li-Po 전지를 효과적으로 사용하는 방법은 높은 셀의 전압을 방전해서 모든 셀들의 전압을 균일하게 만드는 것이다. [그림 2.16]의 배터리 밸런서는 3개 셀의 전압을 하향 평준화하는 장치이다.

[그림 2.16] 배터리 밸런서

5) 추력 검사기 Thrust Tester

추력 검사기는 특정한 모터와 변속기와 프로펠러를 특정한 배터리로 실행시키면 얼마만큼의 전기 에너지가 소요되는지를 측정하는 장치이다. [그림 2.17]과 같은 장치의 기둥에 모터를 결박하고 모터에 프로펠러를 부착하고 변속기와 배터리를 연결한다. 장치의 전류 손잡이를 돌리면 모터가 빠르게 회전하면서 소요되는 전력과 추력을 LED에 출력하는 장치이다. 새로운 드론 제작을 시도를 할 때 소요되는 에너지와 추력을 확인할 수 있으므로 많은 도움을 준다. [그림 2.17](a)는 추력 검사기에 전원을 넣고 모터가 정지된 상태이고 [그림 2.17](b)는 모터를 회전시켜서 추력을 확인 중인 상태이다.

(a) 실험 전

(b) 실험 중

[그림 2.17] 추력 검사기

2.5 전기 회로

항공기는 석유 에너지로 동력을 공급하더라고 비행제어 장치들을 동작하기 위하여 많은 전기/전자 부품들을 사용하므로 전기 회로를 구성하고 있다. 전기 에너지로 동력을 공급하는 경우에는 더욱 대 전력을 공급하는 회로를 구성하기 때문에 전기 회로의 중요성이 높아진다.

2.5.1 전기 회로도 electrical network diagram

전기 회로는 전기가 흐를 수 있도록 전원, 스위치 등의 전자 부품을 전선으로 연결하여 만든다. 전기 회로도는 전기 회로를 쉽게 설계하고 이해하기 위하여 회로 소자들을 기호로 나타내고 전선으로 연결한 그림이다. [그림 2.18]은 전기 회로에 자주 사용되는 기호들이다.

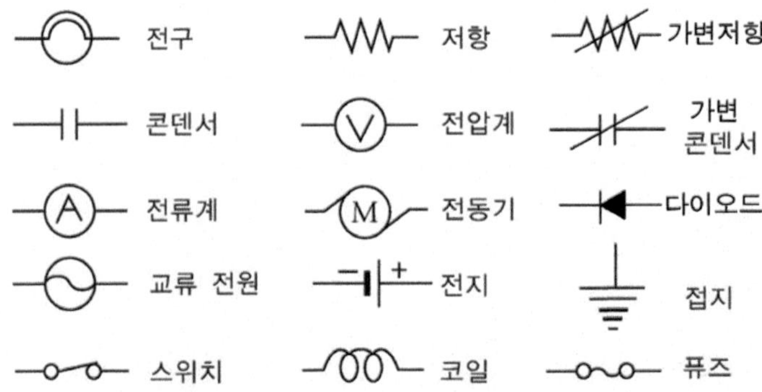

[그림 2.18] 전기 회로도 기호

2.5.2 납땜

전기 회로를 만들기 위해서는 전기 소자와 부품들을 연결해야 한다. 전기 회로를 만들 때 가장 주의를 해야 하는 것이 소자 간의 접촉 불량이다. 소자와 부품들을 확실하게 연결하는 여러 가지 방법 중의 하나가 납땜이다. 납땜이란 전기 소자들이 확실하게 연결되도록 납을 녹여서 두 개 이상의 금속을 하나의 금속으로 결합하는 작업이다.

■ 납땜 방법

① 납땜인두와 땜납과 함께 납땜할 기판, 금속이나 부품의 다리 등을 모은다.

② 납땜인두를 충분히 가열한다.

③ 납땜할 기판이나 큰 금속에 인두를 접촉하여 온도를 올린다.

④ 땜납을 금속에 대어서 녹인다.

⑤ 연결할 부품의 다리를 인두로 가열하고 땜납을 대어서 녹인다.

⑥ 기판이나 큰 금속에 인두를 대어서 다시 가열하고 연결할 부품의 다리를 대고 납을 추가하여 녹인다.

⑦ 땜납이 매끈하게 동그랗게 녹으면 인두를 제거하고 납을 식힌다.

납땜을 잘할 수 있는 핵심 기술은 다음의 세 가지이다.

첫째, 금속에 땜납을 녹이기 전에 금속을 가열한다.
둘째, 두 개의 금속을 납땜으로 연결하기 전에 모두 납을 미리 녹여서 각각의 금속에 접착시킨 다음에 두 개의 금속을 붙이고 납땜한다.
셋째, 두 개의 금속을 납땜하려면 두 개의 금속들을 고정시켜야 한다. 그 방법으로 바이스 등을 이용하여 두 개의 금속을 고정시키면 편리하다.

■ 납땜 검사

① 납의 량이 적당하고, 크기가 일정하며, 표면이 동그랗고 광택이 날수록 성공적이다.

② 성공적이지 못하면 납을 제거한 후에 다시 납땜한다.

2.5.3 전기 회로

전기 회로를 만들기 위해서는 여러 가지 전기 원리를 따라야 하는데 이들을 정리한 것이 전기 회로 법칙들이다. 전기 회로의 법칙에는 다음과 같이 여러 가지가 있다.

1) 옴의 법칙 Ohm's Law

독일의 물리학자 옴(Georg Simon Ohm)은 전압과 전류와 저항의 관계를 1826년에 발표하였다. 전기 회로에서 전압은 전류와 저항의 곱이라는 관계를 V = IR로 나타내는 법칙이다. 수식을 I = V/R으로 바꾸면 전류의 세기는 전압에 비례하고 저항에 반비례한다는 중요한 법칙이다.

(1) 직렬회로

[그림 2.19]는 직렬회로이다. 전류는 +극에서 -극으로 흐르고, 전자는 -극에서 +극으로 흐른다. Ⓐ는 전류를 측정하는 전류계이다. 직렬 회로에서 전류, 전압, 저항은 다음과 같이 계산된다.

- 전류 $I = I_1 = I_2 = I_3 = \cdots$ // 전류가 흐르는 전선이 하나이므로 전류는 동일하다
- 전압 $V = V_1 + V_2 + V_3 \cdots$ // 저항이 있으면 전압이 강하된다.
- 저항 $R = R_1 + R_2 + R_3 \ldots$ // 저항이 직렬로 연결되면 저항은 증가한다.

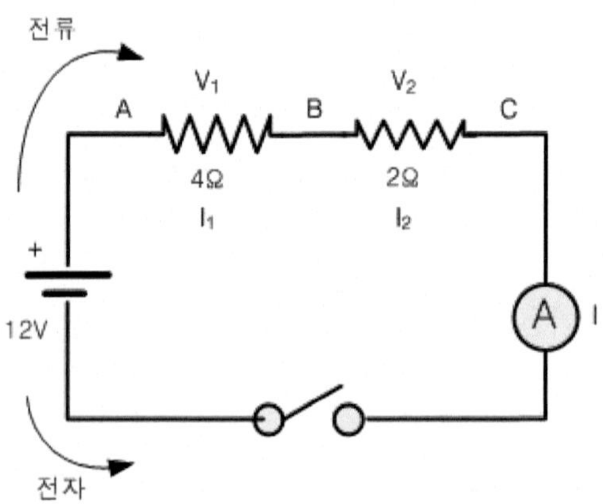

[그림 2.19] 직렬회로

스위치를 넣었을 때 A, B, C의 전압과 I, I_1, I_2의 전류와 V_1과 V_2의 전압을 옴의 법칙으로 계산할 수 있다. I = V/R이므로 I = 12/(4+2) = 2A이다. 이 회로에서 어느 점에서나 전류의 크기는 같으므로 $I = I_1 = I_2 = 2A$이다. $V_1 = I_1R_1 = 2*4 = 8V$이고, $V_2 = I_2R_2 = 2*2 = 4V$이다. 따라서 A, B, C 점의 전압은 각각 12V, 4V, 0V이다.

(2) 병렬회로

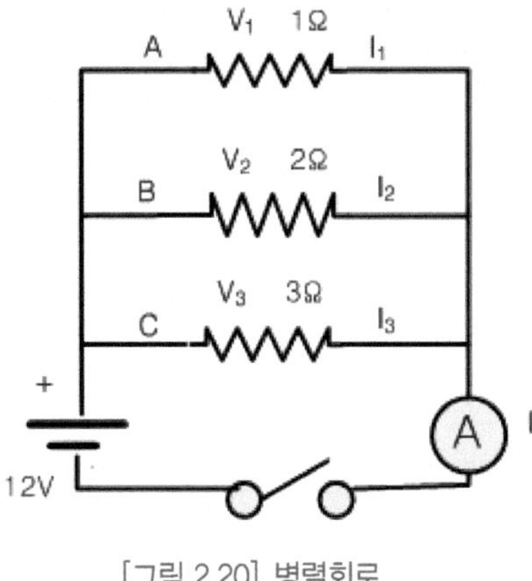

[그림 2.20] 병렬회로

[그림 2.20]은 병렬회로이다. 병렬 회로에서 전류, 전압, 저항은 다음과 같이 계산된다.

- 전류 $I = I_1 + I_2 + I_3 + \cdots$ // 전선이 여러 개이므로 전류는 전선마다 다르게 흐른다.
- 전압 $V = V_1 = V_2 = V_3 \cdots$ // 전선이 같으면 전압도 동일하다.
- 저항 $R = 1/(R_1 + R_2 + R_3 \cdots)$ // 저항이 병렬로 연결되면 저항은 역수의 합의 역수이다.

스위치를 넣었을 때 A, B, C의 전압과 I, I_1, I_2, I_3의 전류를 옴의 법칙으로 계산할 수 있다. A, B, C에서의 전압은 전선이 같아서 같은 전위차를 가지므로 12V이다. $I = V/R$이므로 $I_1 = V_1/R_1 = 12/1 = 12A$, $I_2 = V_2/R_2 = 12/2 = 6A$, $I_3 = V_3/R_3 = 12/3 = 4A$이다. 따라서 전체 전류 $I = I_1 + I_2 + I_3 = 12 + 6 + 4 = 22A$이다. 이 병렬회로의 전체 저항은 $R = 1/(1/R_1 + 1/R_2 + 1/R_3) = 1/(1/1 + 1/2 + 1/3) = 1/(1 + 0.5 + 0.33) = 1/1.83 = 0.546\Omega$이다. 전체 전류를 다시 계산하면 $I = V/R = 12V/0.546\Omega = 21.978A$이므로 22A와 근접하다. 계산식에 의하여 약간의 오차가 발생하였다.

(3) 직렬병렬회로

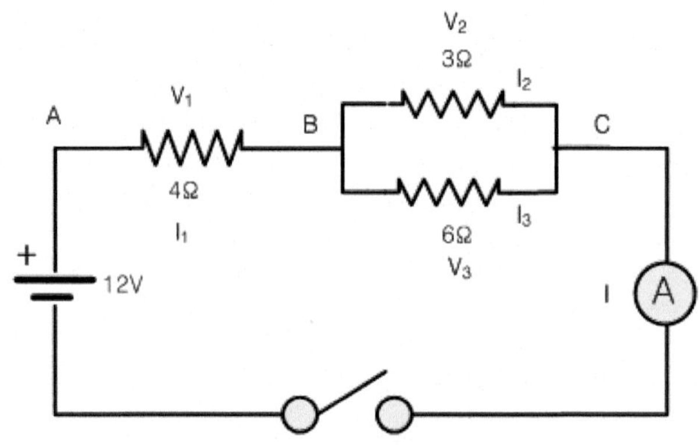

[그림 2.21] 직렬병렬회로

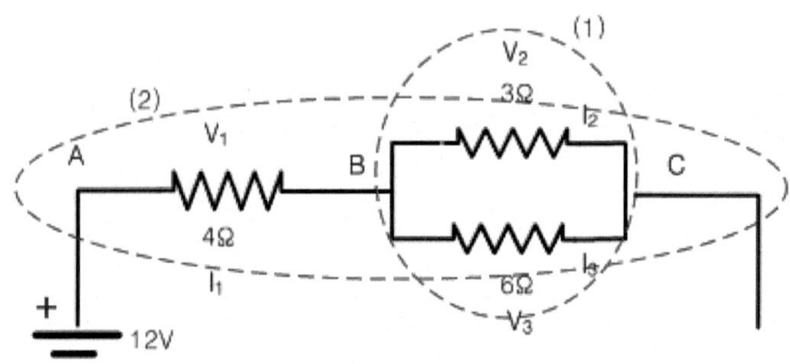

[그림 2.22] 직렬병렬회로의 전류와 전압 계산

[그림 2.21]은 직렬병렬회로이다. 직렬병렬 회로에서 전류, 전압, 저항은 [그림 2.22]와 같이 2단계로 나누어 계산된다. 첫째, 병렬회로 (1)을 계산하고 둘째, 직렬회로 (2)를 계산한다. 첫째 병렬회로는 저항이 $R_{(1)병렬} = 1/(1/R_1 + 1/R_2) = 1/(1/3 + 1/6) = 1/0.5 = 2\Omega$이다. 전체 저항 $R_{(2)직렬} = 4 + 2 = 6\Omega$이므로 전체 전류 $I = V/R = 12/6 = 2A$이다. 직렬회로에서 $I_1 = I = 2A$이므로 $V_1 = I_1R_1 = 2*4 = 8V$이다. $V_2 = V_3 = V - V_1 = 12 - 8 = 4V$이다. $I_2R_2 = 4V$이므로 $I_2 = V_2/R_2 = 4/3A$이고 $I_3 = V_3/R_3 = 4/6A$이다. 따라서 $I_2 + I_3 = 4/3 + 4/6 = 12/6 = 2A$이다.

2) 앙페르의 법칙 Ampre's Law

프랑스의 수학자 앙페르가 전류와 자기장과의 관계를 1820년에 발표하였다. 이것은 전류가 도선에 흐를 때 생기는 자기장의 방향을 가리키는 법칙이다. [그림 2.23](b)와 같이 오른손 엄지를 전류가 흐르는 방향을 향하게 하고 나머지 손가락으로 도선을 감싸 쥐면 다른 손가락들의 방향이 자기장의 방향이다. [그림 2.23](a)와 같이 나사를 오른쪽을 돌리면 앞으로 나가듯이 전류가 앞으로 흐르는 것을 의미한다.

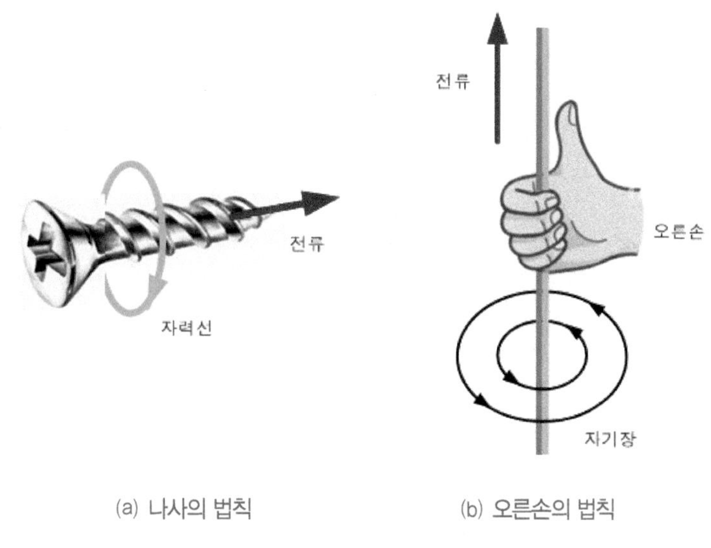

(a) 나사의 법칙 (b) 오른손의 법칙

[그림 2.23] 앙페르의 법칙

3) 키르히호프의 법칙 Kirchhoff's Law

독일의 물리학자 키르히호프는 1847년에 옴의 법칙을 확장한 전류의 법칙과 전압의 법칙을 발표하였다.

(1) 전류의 법칙

전기 회로 안에서 임의의 접속점으로 들어가는 전류의 합과 나가는 전류의 합은 동일하다. [그림 2.24]에서 입력되는 3개 전선의 전류의 합은 출력되는 2개 전선의 전류의 합과 동일하다.

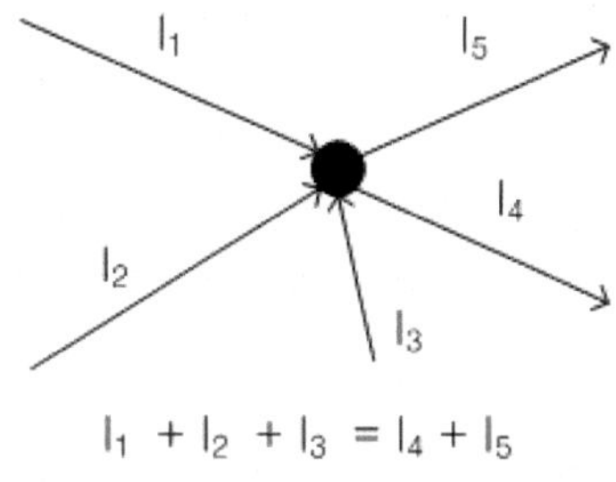

$$I_1 + I_2 + I_3 = I_4 + I_5$$

[그림 2.24] 키르히호프의 전류 법칙

(2) 전압의 법칙

전기 회로 안에서 전체 전압은 각 부하에 걸리는 전압의 합과 동일하다. [그림 2.25]의 회로 안에서 배터리의 전체 전압은 각각의 전압의 합과 동일하다.

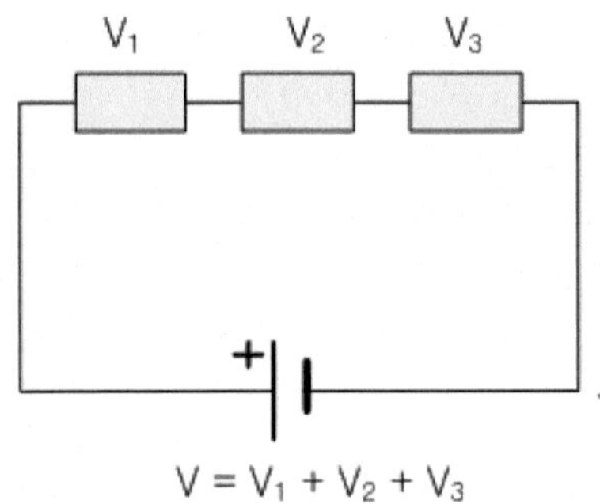

[그림 2.25] 키르히호프의 전압 법칙

[그림 2.26]의 회로는 전류가 두 개의 방향으로 흐른다. 키르히호프의 법칙을 이용하면 각 저항에 걸리는 전류와 전압을 계산할 수 있다.

- 키르히호프의 전류 법칙에 의하여, $I_1 + I_2 = I_3$.
- 키르히호프의 전류 법칙에 의하여, $10I_1 + 5I_2 = 120$, $5I_2 + 5I_3 = 90$.
- 위 세 개의 수식을 연립방정식으로 풀면, $I_1 = 6A$, $I_2 = 6A$, $I_3 = 12A$.
- 옴의 법칙 $V = IR$에 의하여, $V_1 = 6A*10\Omega = 60V$, $V_2 = 6A*5\Omega = 30V$, $V_3 = 12A*5\Omega = 60V$.

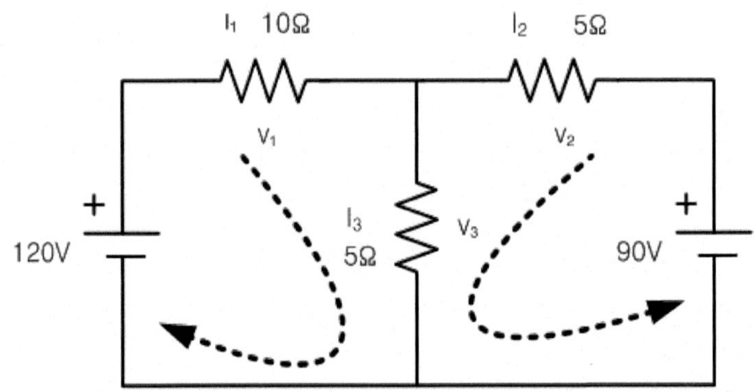

[그림 2.26] 두 개의 전원을 가진 회로

4) 휘스톤 브리지 회로 Circuit of Wheatstone Bridge

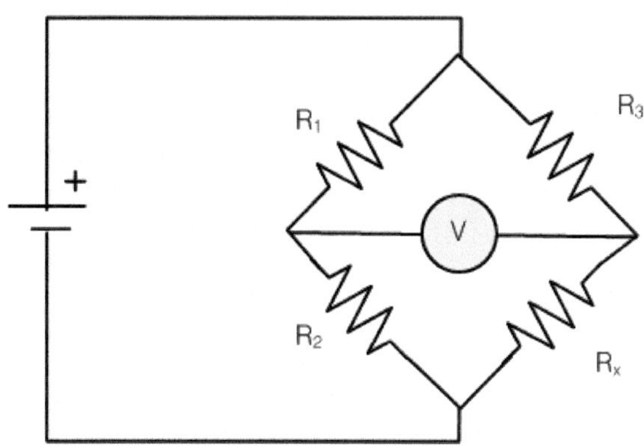

[그림 2.27] 휘스톤 브리지 회로

휘스톤 브리지 회로는 [그림 2.27]와 같이 검류계와 함께 저항 4개가 직렬과 병렬로 구성된 회로이다. 이 회로에서는 서로 마주보고 있는 두 개의 저항의 곱이 다른 쪽 대각선의 두 개의 저항의 곱과 같다. 이 법칙을 이용하면 서로 마주보고 있는 저항의 값을 계산할 수 있다. R_1이 3Ω이고 R_2가 2Ω이고 R_3가 6Ω이면 3 * Rx = 2 * 6 이므로 Rx는 4Ω이 된다.

2.5.4 전기장과 자기장

도체에 전류가 흐르면 전기장이 형성되고, 자석에는 자기장이 형성된다. 코일에 전류가 흐르면 금속에 전기장이 유도되어 전자석이 만들어진다. 따라서 전기장과 자기장은 서로 변환할 수 있는 에너지이다.

1) 전자기 유도 electromagnetic induction

전자기 유도는 코일에 통과하는 자속을 변화시켜서 전기를 만들어내는 현상이다. [그림 2.28]과 같이 막대자석의 N극을 코일 안으로 가까이 하다가 멀리하기를 반복하면 전선에 전류가 발생한다. 자석의 자속이 전선에 영향을 주어서 전류를 발생시키는데 전류의 방향은 자석의 움직임을 방해하는 방향으로 흐른다. 즉, 자석이 가까이 오면 자석을 밀어내는 방향으로 자속이 유도되고, 자석이 멀어지면 자석을 당기는 방향으로 자속이 유도된다. 이 원리를 이용하면 전류가 정 방향과 역 방향으로 교대로 흐르게 되어 교류 발전기가 된다.

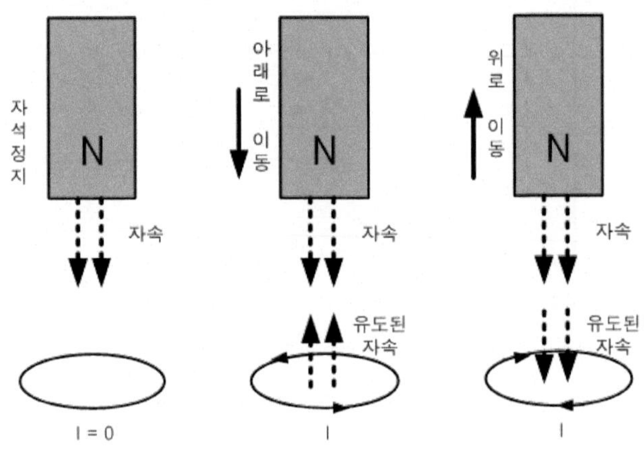

[그림 2.28] 전자기 유도에 의한 전류 방향

■ 유도 기전력 induced electromotive force

자기장의 변화에 따라 도체에 전류가 발생하는 것을 전자유도라고 한다. 유도 기전력이란 전자유도에 의하여 발생하는 기전력을 말한다. 기전력의 세기는 자기장의 변화가 클수록, 자석을 움직이는 속도가 빠를수록, 자석의 세기가 강할수록 크다.

2) 페러데이의 법칙 Faraday's Law

패러데이 법칙에서 전자기유도에 의해 만들어지는 기전력은 자기력선속의 시간적 변화율에 비례한다. 영국의 물리학자 패러데이(Michael Faraday)가 1831년에 전류가 자기장을 형성하고, 자기장을 이용하여 전류를 만들 수 있다는 이론을 제시하였다. 자석이 도체 주위를 움직이거나, 도체가 자석 주위를 움직이는 경우에 모두 전선에 유도 전류가 흐른다. 도선에 흐르는 전류의 크기는 코일에 감긴 전선의 수와 코일을 통과하는 자기장의 변화율에 비례한다. 이것은 기전력의 방향을 정하는 렌츠의 법칙과 함께 전자기유도가 일어나는 방식을 나타낸다.

3) 렌츠의 법칙 Lenz's Law

렌츠의 법칙은 전자기 유도에 의하여 만들어지는 전류는 자속[5]의 변화를 방해하는 방향으로 흐른다. 독일의 물리학자 렌츠(Heinrich Friedrich Emil Lenz)가 1834년에 전자기 유도 법칙을 발표하였다. 코일을 향하여 자석을 움직이면 코일 속을 지나는 자속은 증가한다. 이때 코일에 유도되는 전류는 저속의 증가를 방해하는 방향으로 흐른다. 반대로 자석을 코일에서 빼면 코일 속을 지나는 자속은 감소한다. 이때 유도되는 전류는 자속의 감소를 방해하는 방향으로 흐른다.

2.6 항공 전자 시스템

비행기가 처음 출현했을 때는 전기가 보급되지 않았기 때문에 전기 장치가 아예 없었으나 2차 세계대전을 치르면서 전기 장치 뿐만 아니라 전자 장치가 항공기에 설치되기 시작하였다. 특히 컴퓨터가 보급되면서 항공 전자장비들은 컴퓨터로 변모하기 시작하였다.

2.6.1 시스템 구성

항공 전자 시스템은 항공기의 비행과 임무 수행을 위해서 사용되는 전자 시스템이다. 항공 전자 시스템은 항공기 장비와 조종사 사이에서 조종과 임무 수행을 위하여 정보를 취합하여 보여주고 조종사의 명령을 항공기의 장비가 수행하도록 협력해주는 역할을 수행한다. 항공 전자 시스템은 조종사를 위한 보조 장비에서 시작하여 컴퓨터 수준으로 진화하면서 기능이 복잡해졌기 때문에 다음과 같이 다양하게 정의된다.

- 항공기에 탑재된 전자장비로부터 받은 자료를 처리하고 시현하는 시스템.
- 비행을 위해 자료를 수집, 처리, 통신, 시현하는 전자 시스템.
- 비행과 임무 수행을 위하여 항공기에 탑재된 전자 시스템.

---

5 자속 磁束 magnetic flux : 어떤 단면을 지나는 자기력선의 수.

- 비행에 필요한 기계-전자장치와 통신장치.
- 비행과 무장 공격/방어를 위하여 설치된 전자 시스템.
- 항공기에 탑승하는 승객들에게 서비스하기 위한 전자 시스템

앞에서 정의한 바와 같이 항공 전자 시스템은 기본적으로 항공기의 비행을 도와주기 위해서 사용되며, 지상이나 다른 항공기들과의 통신을 위해서 그리고 전투임무를 수행하기 위한 사격통제장치 등의 무장 컴퓨터 등이 포함된다.

항공 전자 시스템의 비중은 최신 항공기이 경에 30%, 해상 순찰과 대잠 항공기의 경우 40%, 조기 경보기의 경우에 75% 정도로 매우 높아지고 있다.

1) 항공 전자 시스템 구성

조종사의 비행을 돕기 위하여 항공 전자 시스템은 다음과 같이 여러 가지 기능을 수행하는 장비들로 구성된다.

(1) 비행제어 시스템 Flight Control System

조종사가 수동으로 항공기의 자세와 목적지로 가는 비행을 제어하는 시스템이다. 내부적으로는 관성 항법장치와 위성 항법장치를 활용한다.

(2) 자동조종 시스템 Autopilot System

비행 정보를 입력하면 자동조종 시스템이 항공기를 목적지까지 스스로 비행시켜주는 시스템이다. 항공기의 고도와 방향과 자세를 제어하는 장치를 이용한다.

(3) 통신 시스템

항공교통관제소와 통신하기 위하여 조종사는 고주파(HF), 초단파(VHF), 극초단파(UHF), 위성 통신 등을 통달 거리에 따라서 2중 3중으로 다양한 주파수를 활용한다.

(4) 비행관리 시스템

비행관리 시스템은 비행계획, 항법관리, 엔진제어, 경로제어, 비행자세제어 등을 종합적으로 관리한다. 문제점이 발견되면 조종사에게 전달하고 대비를 촉구한다.

(5) 항법 시스템

항공기를 목적지까지 운항하기 위하여 관성 항법 장치를 기본으로 사용하면서 위성 항법 장치를 이용하여 오차를 보정한다. 전파 항법을 이용하여 기지국 경로를 따라 비행하기도 한다.

(6) 감시 시스템

- 내부 감시 : 항공기의 자세를 제어하고 위치를 확인하면서 기체의 운행과 가동 상태를 감시한다.
- 외부 감시 : 항공기 외부의 기상 상태를 측정하고, 항공기 주변에 나타나는 물체를 감시하고 공중 충돌을 예방한다. 비행체를 만나면 식별 장치를 가동하여 비행경로를 예상하고 대비한다.

(7) 조종사 접속 시스템

항공기 조종석에는 수많은 장치들의 상태를 나타내는 계기들이 설치되어 있어서 조종사가 한 눈에 상황을 파악하기 어려울 정도이다. 컴퓨터의 데이터 버스(data bus)를 이용하여 항공기의 운항 상태를 중요한 순서대로 시현기(display)를 통하여 조종사에게 연결하는 시스템이다.

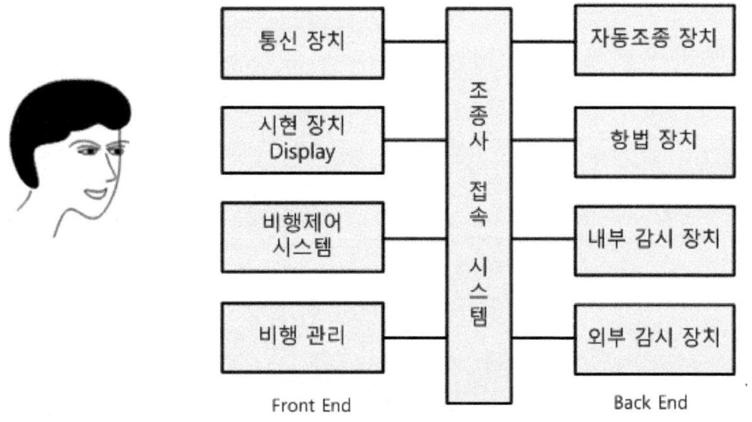

[그림 2.29] 항공 전자 시스템 구성도

항공기의 항공 전자 시스템은 [그림 2.29]와 같이 각각의 임무를 수행하는 여러 가지 시스템들이 조종사 접속 시스템(pilot interface system)을 통하여 모든 정보를 조종사에게 제공한다. 조종사는 시현 장치를 통하여 항공의 필요한 정보를 쉽게 판독하고 정보를 처리할 수 있다. 수많은 정보가 제시되지만 시현 장치를 통하여 중요하거나 조종사가 보고 싶은 정보의 순서대로 제시된다. 조종사는 Back End 시스템의 지원을 받아서 Front End 시스템으로 항공기를 운항한다. [그림 2.30]은 실제 항공기의 전자 시스템을 조종하는 조종실 전면이다.

[그림 2.30] 항공 전자 시스템 조종석

요약

- 항공 전자공학(avionics)은 항공기의 설계, 제작, 비행, 유도, 통제를 위한 전자장치를 연구하는 학문이다.
- 전류는 단위 시간당 흐르는 전하의 양이다. 1A는 1초에 1쿨롱(6.25* 1028개의 전자)의 전하가 흐르는 양이다.
- 저항이란 도체 안에서 전류가 흐를 때 전류의 흐름을 방해하는 성질이다.
- 전압은 도체에서 두 점(위치) 사이의 전위차이다. 전압은 전류와 저항의 곱이다($V = IR$).
- 전력은 단위 시간당 공급되는 전기 에너지이다. 1W는 1A의 전류가 1V의 전압으로 흐를 때 소비되는 전력이다. 전력은 전압과 전류의 곱이다($P = VI = I^2R$).
- 직류는 일정한 방향으로 흐르는 전류이고, 교류는 흐르는 방향이 바뀌는 전류이다.
- 주파수(frequency)는 1초 동안 진동하는 횟수이다.
- 다이오드(diode)는 전류를 한쪽 방향으로만 흐르게 하는 소자이다.
- 트랜지스터는 전류를 증폭하거나 흐름을 전환하는 반도체이다.
- 계전기(relay)는 전자석을 이용하여 전류의 흐름을 전환하는 장치(스위치)이다.
- 전환기(switch)는 전기의 흐름을 연결하거나 단절하는 장치이다.
- LED(light emitting diode)는 전류가 흐르면 빛을 내는 반도체이다.
- 측정기기란 물체의 상태를 측정하여 물리량이나 화학량으로 표시하는 장치이다.
- 멀티미터는 전류, 저항, 전압 등의 전기 특성을 가진 물리량을 쉽게 측정하는 장치이다.
- 오실로스코프는 모니터에 전류의 파형을 시간대별로 표현하는 장치이다.
- 서보 테스터(Servo tester)는 PWM 신호를 발생하는 장치이다.
- 옴의 법칙(Ohm's Law)은 전압은 전류와 저항의 곱이라는 법칙이다.
- 앙페르의 법칙(Ampre's Law)은 전류가 도선에 흐를 때 생기는 자기장의 방향을 가리키는 법칙이다.
- 키르히호프의 법칙(Kirchhoff's Law)은 옴의 법칙을 확장한 전류의 법칙과 전압의 법칙이다.
- 전자기 유도는 코일에 통과하는 자속을 변화시켜서 전기를 만들어내는 현상이다.
- 패러데이 법칙(Faraday's law)은 전자기유도에 의해 유발되는 기전력은 자기력선속의 시간적 변화율에 비례한다.
- 항공 전자 시스템은 항공기의 비행과 임무 수행을 위해서 사용되는 전자 시스템이다.

연습문제

1. 다음 용어들을 정의하시오.
   (1) 전기장
   (2) 전력
   (3) 주파수
   (4) 반도체
   (5) 패러데이 법칙

2. 전류와 전압과 저항과 전력의 관계를 설명하시오.

3. 교류와 직류가 무엇인지 설명하시오.

4. 주파수와 제어주기와 사이클이 무엇인지 설명하시오.

5. 다이오드와 트랜지스터의 기능을 설명하시오.

6. 계전기가 하는 일과 용도를 설명하시오.

7. 앙페르의 법칙을 이용한 기술을 예를 들어 설명하시오.

8. 오실로스코프의 구체적인 용도를 설명하시오.

9. 서보 테스터의 목적과 용도를 설명하시오.

10. 전기장과 자기장의 차이와 관계를 설명하시오.

11. 전자기유도와 관련된 법칙과 활용 기술을 설명하시오

12. 키르히호프의 법칙과 용도를 설명하시오.

13. 여객기의 항공전자 시스템의 목적과 구성을 설명하시오.

CHAPTER 3

드론 프로그래밍

조종사가 손으로 조종간을 움직여서 비행기를 조종하는 것이 가능하지만, 조종사가 손으로 멀티콥터를 조종하는 것은 불가능하다. 왜 그럴까? 비행기가 하늘로 뜨는 힘은 날개가 양력을 일으키는 힘이고, 앞으로 나가는 힘은 프로펠러가 추력을 발생하는 것이므로 조종사는 단지 조종면으로 기체의 방향과 높낮이를 조작하여 비행기를 조종할 수 있다. 비행기를 조종하는 것은 손으로 방향타, 승강타 등의 조종면을 천천히 움직이는 것이므로 비교적 쉽고 간단하다.

멀티콥터는 여러 개의 모터가 고속으로 회전하는데 각 모터들의 속도 차이를 이용하여 앞으로 가기도 하고 뒤로 가기도 하고 옆으로 가기도 한다. 분당 수만 번 이상 회전하는 여러 모터들의 속도를 손으로 각각 조작하는 것은 불가능하다. 사람이 원하는 방향을 지시하면 컴퓨터 프로그램이 순간적으로 모터 속도를 제어하기 때문에 멀티콥터를 조종할 수 있다. 따라서 멀티콥터를 조종하려면 비행제어 컴퓨터 프로그램이 필수적이다.

멀티콥터라는 드론이 출현하면서 비행제어 프로그램이 필요해졌고 비행제어 프로그램을 개발하는 프로그래밍 능력이 중요하게 되었다.

3.1 개요

멀티콥터가 출현하면서 멀티콥터에서 나는 '윙윙' 소리에서 드론이라는 신조어가 생겼다. 멀티콥터는 수직 이착륙과 정지 비행이 가능하고 천천히 비행하는 것이 가능하기 때문에 항공기 시장에서 인기를 끌고 있다. 비행기는 빠르지만 공중에 정지할 수 없고 헬리콥터는 수직 이착륙이 가능하지만 소음과 안전에 문제가 있어서 멀티콥터가 헬리콥터 시장을 잠식하고 있다.

3.1.1 마이크로 제어장치 MCU, Micro Controller Unit

마이크로 제어장치는 마이크로프로세서와 입출력 모듈들을 하나의 칩(chip)에 내장시켜 만든 작은 컴퓨터이다. CPU와 EEPROM과 SRAM과 같은 메모리가 있으므로 프로그래밍이 가능하고 입력과 출력이 가능한 모듈들을 갖고 있으므로 작은 정보 처리 작업을 수행할 수 있다. 개인용 컴퓨터(PC)가 다양한 작업을 수행할 수 있다면, MCU는 작은 자료 처리 작업을 수행하도록 프로그래밍할 수 있으므로 다른 장치에 장착되어 동작한다. 따라서 일반적으로 성능이 PC에 비해 낮고 형상도 다르다.

미국의 Intel 회사는 1971년에 Intel4004라는 4비트 크기의 처리기를 가진 MCU를 만들었으며 1974년에 상용화되었다. Intel은 지금까지 지속적으로 개발하면서 MCU 제작을 이어오고 있다. MCU는 너무 작기 때문에 운영체제는 설치하지 못한다. 주로 사무기기, 전자제품, 의료기기, 엔진 제어용으로 개발되었다. 냉장고, 에어컨, 전자레인지 등 전자제품에 내장되어 두뇌로 기능하도록 설계되었으므로 임베디드 시스템(embedded system)으로 사용된다.

■ 내장 시스템 Embedded System

임베디드 시스템이란 기존 제품에 새로운 작업을 수행할 수 있도록 추가로 탑재되는 시스템이다. 예를 들어 냉장고에 식품의 재고를 파악하고 디스플레이 하는 기능이 추가되었다면 이 기능을 위하여 장착된 제어장치가 바로 임베디드 시스템이다. 즉 새로 장착된 제어장치가 기존 시스템에 내장된(embedded) 시스템이라는 뜻이다. 기존 제품에 작은 부품을 추가했을 때 적지 않은 효과를 낼 수 있으면 추가하는 것이 바람직하기 때문이다. 컴퓨터, 가전제품, 공장자동화 시스템, 엘리베이터, 휴대폰 등 현대의 각종 전자장비에는 대부분 임베디드 시스템을 갖추고 있다.

임베디드 시스템에서는 특정한 기능을 수행하는 프로그램을 메모리에 저장하고 필요할 때 즉시 읽어서 동작을 수행한다. 이전에는 필요한 프로그램이 있으면 하드 디스크에 저장된 것을 읽어오는데 비하여 신속하게 처리할 수 있다. 따라서 내장 시스템은 MCU를 주로 이용하고 있다.

3.1.2 멀티콥터 제어

멀티콥터는 옆에 있는 모터들이 서로 반대 방향으로 회전하기 때문에 반 토크가 발생하지 않는다. 반 토크가 없으므로 헬리콥터처럼 꼬리 날개가 필요하지 않으므로 에너지 효율이 좋다. 쿼드콥터는 헬리콥터와 달리 한 개의 모터가 아니라 4개의 모터가 돌아가므로 1/4 크기의 작은 모터들이 회전하기 때문에 소음과 진동이 적다. 더구나 옆의 모터와 회전 방향이 다르므로 서로 토크를 상쇄하기 때문에 소음과 진동이 상쇄된다. 그 대신 모터들의 속도를 개별적으로 미세하게 조종해야 하는 제어 장치가 필요하다. 모터들의 속도를 미세하게 제어하기 위하여 가속도계와 자이로를 이용하여 모터 속도를 조절한다. 여기에서 자동제어 기술이 요구된다. 비행제어에서는 주로 자동제어 기법 중에서 PID 기술을 사용하는데 여기에 컴퓨터 프로그램이 필요하다. 드론에서 자동제어 PID 프로그래밍을 할 수 있는 아주 작고 가벼운 컴퓨터가 필요하다.

1) 비행제어 시스템

비행제어 시스템(FCS, Flight Control System)은 드론에 탑재되어 비행제어를 하기 위해서 컴퓨터가 필요하지만 컴퓨터는 너무 크고 무거워서 작은 드론에서는 사용할 수 없었다. 드론은 크고 무거운 컴퓨터를 실을 수 없었으나 MCU 성능이 확장되면서 드론에서 관심을 갖기 시작하였다. 자동제어 프로그램을 실시간으로 처리할 수 있는 비행제어 시스템의 구성 요소는 다음과 같다.

(1) 비행제어기 보드

멀티콥터는 비행기이므로 기본적으로 모든 장비들은 경량이어야 하므로 비행제어 프로그램을 처리할 수 있는 컴퓨터는 보드 수준의 작고 가벼운 것이어야 한다. 하지만 자이로와 가속도계와 지자기계 등 센서 정보를 실시간으로 읽어서 자동제어 PID 프로그램을 처리할 수 있어야 한다. 즉, 처리 속도가 드론이 추락하지 않을 정도로 빨라야 한다.

(2) 비행제어 소프트웨어

자이로, 가속도계, 지자기계 등의 센서에서 입력되는 자료들을 실시간으로 처리하여 드론의 자세를 제어하고 비행할 수 있도록 4대 이상의 모터들의 속도를 제어해야 한다. 따라서 소프트웨어의 실행 시간이 하드웨어 수준으로 빨리 처리되어야 한다. 즉, 조종기에서 보내는 조종 신호와 센서 자료를 동시에 처리해야 하므로 인터럽트 프로그램을 이용하여 처리해야 한다.

(3) GUI 프로그램

드론의 비행 상태를 조종사가 파악하고 비행 지시를 조종기로 전송하기 위해서는 문자 정보보다는 그림(그래픽) 정보로 사용자 인터페이스를 하는 것이 바람직하다. 드론이 비행하기 위해서 알아야 하는 정보의 수가 매우 많고 신속하게 갱신되므로 신속하게 처리되는 그래픽 유저 인터페이스 프로그램이 요구된다.

2) Arduino의 등장

2005년에 처음 등장한 Arduino는 작고 입·출력이 편리하고 저렴하고 다양한 용도로 사용할 수 있는 MCU이었다. 초기의 멀티콥터 개발자들은 아두이노에 관심을 갖고 아두이노에 비행제어 프로그램을 설치하려고 노력하였다. 특히 아두이노는 통합 개발환경(IDE, Integrated Development Environment)을 갖추고 있어서 초보자들이 접근하기 편리하였다. 입·출력 수단이 많아서 다양한 센서와 모터와 장치들을 효과적으로 운용할 수 있었다. 더구나 계속 기능과 성능이 개선된 버전과 제품들을 출시하였으므로 드론 설계자들에게 큰 행운이 되었다. 아두이노는 임베디드 시스템으로 전혀 손색이 없었으므로 다양한 과학기술 분야와 발명자들에게 큰 환영을 받았다.

3.2 Arduino 환경

Arduino는 MCU 관련 비전공자들이 쉽게 디지털 제품을 디자인하고 프로그래밍하기 좋아서 많은 호평을 받고 보급되었지만 드론 분야에서도 많은 관심을 받았다. 아두이노 보드를 이용하여 편리하고 저렴하게 드론을 만들고 다양한 발명품들을 제작할 수 있었다.

3.2.1 Arduino

아두이노는 하나의 보드로 만들어진 마이크로 컨트롤러(MCU)이며 고급 언어인 C로 동작된다. 다른 MCU와 다른 점은 편리한 통합개발환경(IDE)이 제공되며 입출력 모듈들이 많이 있다는 점이다. 아두이노는 2005년에 이탈리아에서 마시모 반지(Massimo Banzi) 교수와 동료들이 개발하였다. 인터랙션 디자인 전문학교에서 MCU 지식이 없는 학생들을 위해 기초 지식만으로 쉽게 프로그래밍할 수 있는 저렴한 MCU 보드를 개발하였다.

아두이노를 정의하면 다음과 같다.

- 오픈 소스를 기반으로 한 단일 보드 마이크로 컨트롤러 개발 플랫폼이다.
- 물리 세계를 감지하고 제어할 수 있는 상호작용이 가능한 객체들과 디지털 장치를 만들기 위한 도구이다.
- 간단한 마이크로컨트롤러 보드를 기반으로 한 오픈 소스 컴퓨팅 플랫폼과 소프트웨어 개발 환경이다.

아두이노의 장점은 다음과 같다.

- 저비용 : 다른 MCU들보다 매우 저렴하다.
- 크로스 플랫폼 : 아두이노 소프트웨어는 Windows, Mac OS X, Linux 등에서 모두 작동한다.
- 간단 명확한 프로그래밍 환경 : 편리한 통합개발환경(IDE)이 제공되며 컴파일된 펌웨어를 USB로 쉽게 업로드할 수 있다.
- 오픈 소스 : HW와 SW가 모두 오픈 소스이므로 확장된 라이브러리들이 많이 생산된다.

오픈 소스 소프트웨어(OSSW, Open Source Software)란 '오픈 소스 라이선스'를 만족하는 소프트웨어를 말한다. 오픈 소스 라이선스는 소스 코드를 공개하여 누구나 코드를 무료로 이용하고, 수정하고, 재배포할 수 있다. 오픈 소스 라이선스는 저작권의 포기와 다르게 라이선스의 준수사항(예를 들어, 원 저작자 밝히기 등)을 지키지 않으면 저작권 침해가 되므로 주의해야 한다. 오픈 소스 하드웨어(OSHW, Open Source Hardware)는 하드웨어의 설계 결과물인 전기 회로도, 자재명세서, PCB(Printed Circuit Board) 도면뿐만 아니라 하드웨어 목적에 맞게 구동하는 소프트웨어(펌웨어, 운영체제, 응용 프로그램 등)의 소스까지 무료로 공개하는 하드웨어이다. 아두이노는 하드웨어와 소프트웨어가 모두 오픈 소스이다.

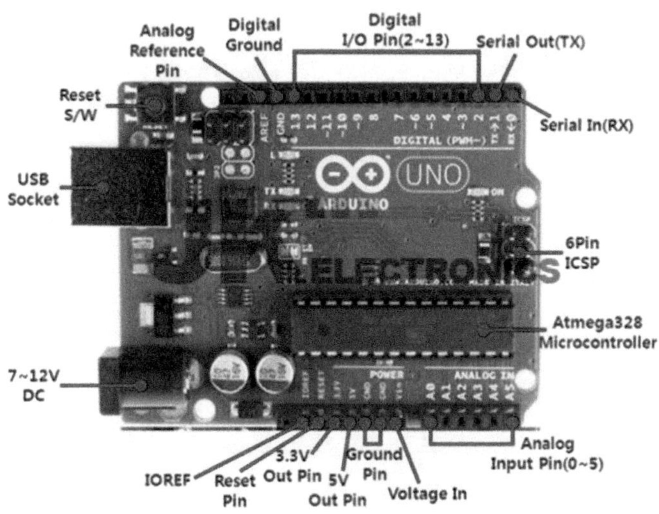

[그림 3.1] Arduino UNO R3 보드

[그림 3.1]은 아두이노 UNO R3 보드의 구성 요소와 기능을 보여주고 [그림 3.2]는 아두이노 Mega2560 R3 보드를 보여준다. 두 보드 모두 전압과 관련해서는 동일하게 사용되지만 메모리와 입출력에서는 큰 차이를 보여주고 있다. UNO는 디지털 포트가 14개이고 Mega2560은 54개이며, UNO의 시리얼 포트가 Tx, Rx 하나인데 반하여 Mega2560은 4개이다.

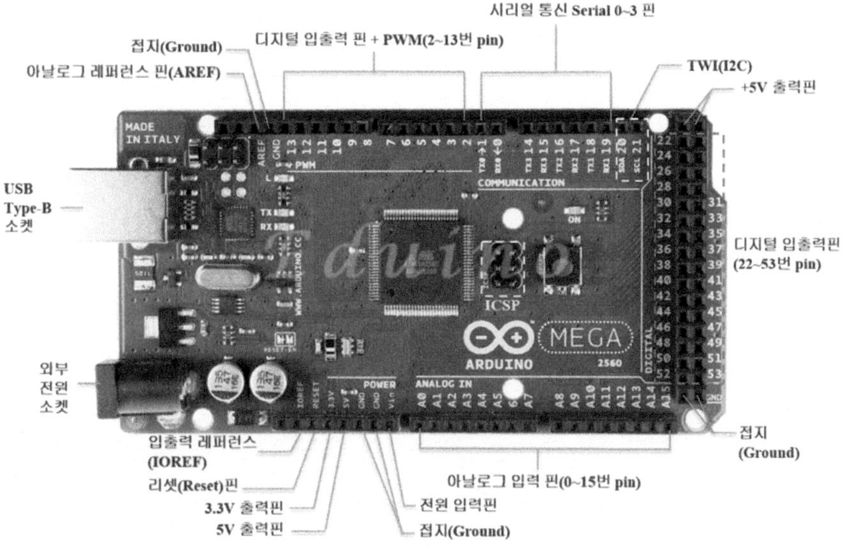

[그림 3.2] Arduino Mega2560 R3 보드

〈표 3.1〉은 UNO 보드와 Mega2560 보드의 성능을 비교한 것인데 처리기의 크기와 속도는 같지만 Mega2560의 메모리 크기가 더 크고 입출력 핀이 많은 것을 알 수 있다. 이 점을 감안하여 보드를 선택하여 사용한다.

〈표 3.1〉 Arduino UNO와 Arduino MEGA 2560의 명세 비교

구분	명세	Arduino UNO R3	Arduino MEGA 2560 R3
1	Operating Voltage	5V	5V
2	Input Voltage(추천)	7-12V	7-12V
3	Input Voltage (limit)	6-20V	6-20V
4	Digital I/O Pins	14(PWM 6pin 포함)	54(PWM 15pin 포함)
5	Analog Input Pins	6	16
6	DC per I/O Pin	20 mA	20 mA
7	DC for 3.3V Pin	50 mA	50 mA
8	Flash Memory	32 KB (ATmega328P) of which 0.5 KB used by bootloader	256 KB (Mega2560) of which 8 KB used by bootloader
9	SRAM	2 KB (ATmega328P)	8 KB (ATmega Mega2560)
10	EEPROM	1 KB (ATmega328P)	4 KB (ATmega Mega2560)
11	Clock Speed	16 MHz	16 MHz
12	Weight	25 g	37 g
13	CPU	8-bit AVR RISC-based MCU	8-bit AVR RISC-based MCU

디지털 I / O

digitalRead ()
digitalWrite ()
pinMode ()

아날로그 I / O

analogRead ()
analogReference ()
아날로그 쓰기 ()

제로, 마감 및 MKR 제품군

analogReadResolution ()
analogWriteResolution ()

고급 I / O

noTone ()
pulseIn ()
pulseInLong ()
shiftIn ()
shiftOut ()
톤 ()

시각

delay ()
delayMicroseconds ()
micros ()
millis ()

수학

abs ()
constrain ()
map ()
max ()
min ()
pow ()
sq ()
sqrt ()

삼각법

cos ()
sin ()
tan ()

캐릭터

isAlpha ()
isAlphaNumeric ()
isAscii ()
isControl ()
isDigit ()
isGraph ()
isHexadecimalDigit ()
isLowerCase ()
isPrintable ()
isPunct ()
isSpace ()
isUpperCase ()
isWhitespace ()

난수

random ()
randomSeed ()

비트와 바이트

bit ()
bitClear ()
bitRead ()
bitSet ()
bitWrite ()
highByte ()
lowByte ()

외부 인터럽트

attachInterrupt ()
detachInterrupt ()

인터럽트

인터럽트 ()
noInterrupts ()

통신

시리얼
스트림

USB

키보드
마우스

[그림 3.3] 아두이노 C언어의 명령어 목록[1]

1 https : //www.arduino.cc/reference/en

3.2.2 Arduino C 프로그래밍

아두이노를 이용하여 프로그래밍하기 위해서는 아두이노 사이트[2]에서 Arduino 개발 환경인 IDE(Integrated Development Environment) 스케치 프로그램 arduino.exe를 내려 받아야 한다. 이 프로그램은 Windows, Mac OS X, Linux 등에서 모두 사용 가능하다. 프로그램을 원하는 디렉터리에 저장하고 불러서 사용한다. 아두이노의 C 언어 문법도 관련 사이트[3]를 참조하면 편리하다. [그림 3.3]은 아두이노 C 언어의 명령어 목록이다.

아두이노 C 언어는 편리한 개발 환경과 단순한 입출력으로 프로그래밍하기 편리하기 때문에 드론 제어를 위해서 많이 사용된다. 아두이노 C 언어가 아니더라도 대부분의 비행제어 프로그램은 물리적인 장치들을 제어하기 위하여 C 언어를 이용한다. 아두이노 C 언어로 작성된 프로그램을 스케치(sketch)라고 한다.

1) 스케치

스케치(Sketch)는 아두이노가 프로그램을 사용하기 위하여 부여한 이름이다. 스케치는 아두이노 보드에 적재(upload)되어 실행되는 코드의 단위이다. 스케치는 아두이노 IDE에서 작성되고 컴파일 되어 실행 코드 상태로 아두이노 보드에 적재되어 실행된다. 아두이노 프로그램은 C 언어 또는 C++ 언어를 지원하며 IDE에서 편리하게 작성되어 생성된다. 아두이노 스케치 프로그램인 arduino.exe를 실행하면, [그림 3.4]와 같은 초기 화면이 나타난다. 아두이노 프로그램의 특징은 setup() 함수는 프로그램 실행 초기에 한 번만 실행하고, 다음에는 loop() 함수를 반복적으로 실행하는 것이다.

---

2 http : //www.arduino.cc 또는 http : //playground.arduino.cc

3 https : //www.arduino.cc/reference/en/

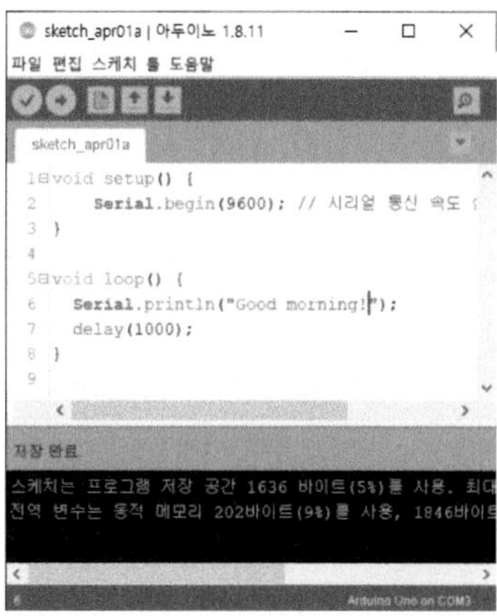

[그림 3.4] 아두이노 IDE 스케치 프로그램

아두이노 프로그램을 사용하는 사람들의 특징은 아두이노 프로그램을 배울 때 [그림 3.5]에 보이는 파일 > 예제 >를 눌러서 보이는 예제 프로그램들을 보고 익혔다는 점이다. 그 정도로 C 언어로 작성한 프로그램을 배우기 쉽다는 의미이다. 여기에 있는 예제 프로그램 말고도 인터넷을 검색하면 좋은 프로그램들이 너무 많이 있기 때문에 프로그램을 익히기 수월하다.

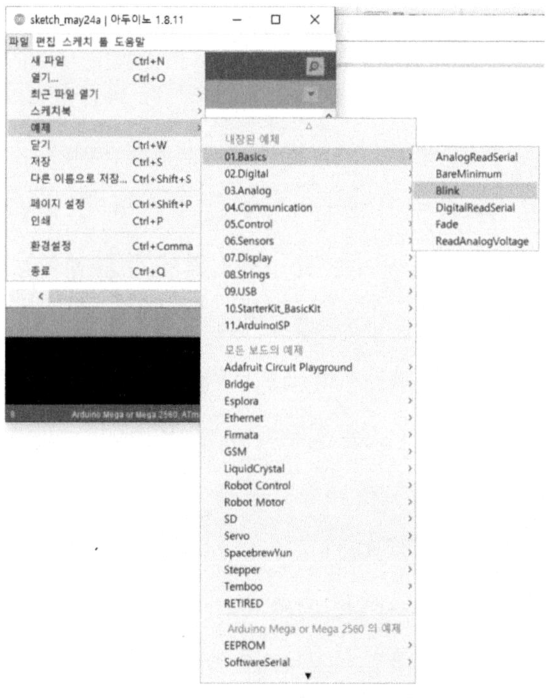

[그림 3.5] 아두이노 IDE가 제공하는 예제 프로그램들

3.3 드론 프로그래밍

비행제어 프로그램을 이해하거나 작성하기 위해서는 하드웨어를 제어하는 프로그래밍 실력을 키워야 한다. 이 절에서는 프로그램을 처음 시작하는 학생들이 C 언어에 익숙하도록 여러 가지 예제 프로그램들을 소개하고 드론과 관련된 프로그램들을 설명한다. 우선 비행제어 소프트웨어의 중요성을 인식해야 한다.

3.3.1 비행제어 소프트웨어 FCSW, Flight Control Software

항공기가 비행하려면 엔진과 조종면들을 제어하는 조종장치가 필요하고, 장시간 비행에서 오는 조종사들의 피로를 덜기 위하여 자동조종장치(Autopilot)가 개발되었다. 초기의 자동조종장치는 하드웨어 위주로 제작되었으나 점차 조종의 유연성을 위하여 컴퓨터 소프트웨어가 사용되었다. 이 프로그램이 비행제어 소프트웨어로 발전하고 더 나가서 자율비행 소프트웨어로 진화한다.

1) 비행제어 소프트웨어 역할

[그림 3.6]은 항공기 조종장치의 발전 과정을 보여준다. 항공기 초기에는 (a)와 같이 조종간, 레버, 버튼, 스위치 등의 조종 장치를 조종사가 직접 눈으로 보고 손으로 조종면들을 움직여서 항공기를 제어하였다. 손으로 스로틀을 조작하고 조종간을 움직이면 에일러론, 승강타, 방향타를 움직여서 비행을 할 수 있었다. 항공기가 커지면서 손과 팔의 힘으로 조종 장치들을 움직이는 것이 어려워서 각종 제어장치들이 개발되었고, 이들 제어장치들이 (b)와 같이 자동조종장치로 발전하게 되었다. 자동조종장치에도 제어를 원활하게 하기 위하여 자동제어 소프트웨어가 지원되었다. 조종사들은 자동조종장치에 정보를 입력함으로써 조종 임무에서 해방되어 피로하지 않고 조종할 수 있었다. 그림과 같이 자동조종장치가 비행기를 조종하는 것이 아니고 조종사가 자동조종장치를 통하여 비행기를 조종한다.

무인기에는 조종사가 탑승하지 않으므로 (c)와 같이 비행제어 자체를 소프트웨어가 제어하게 되었다. 지상에서 보내주는 정보대로 비행제어 소프트웨어가 비행을 주관하였다. 이 소프트웨어가 더욱 발전하여 스스로 비행 상황을 판단하면서 목적지를 찾아가고 임무를 수행하는 것이 자율비행이다. 자율 비행기는 비행 중에 지형지물이나 다른 항공기를 만나면 미리 인식하고 충돌을 회피한다.

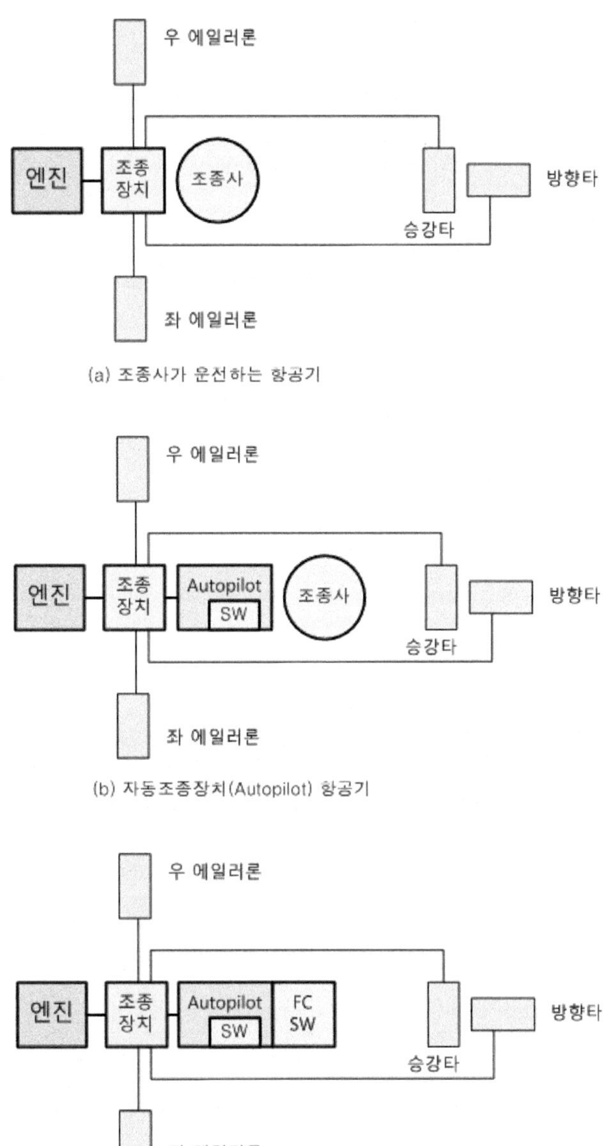

(a) 조종사가 운전하는 항공기

(b) 자동조종장치(Autopilot) 항공기

(c) 무인기(비행제어 SW가 조종하는 항공기)

[그림 3.6] 항공기 비행제어 소프트웨어(FCSW) 역사

항공기를 만드는 것은 기체를 설계하고 엔진을 제작하는 것이 가장 중요한 일이었지만 이제는 비행제어 소프트웨어를 만드는 것이 가장 중요한 일이 되었다. 기체와 엔

진은 하드웨어이기 때문에 항공기를 리버스 엔지니어링[4]을 하면 설계도를 만들 수 있고, 설계도를 만들면 시장에서 엔진과 장비들을 구입하여 항공기를 제작할 수 있었다. 그러나 비행제어 소프트웨어는 눈에 보이지 않는 고급 기술이기 때문에 리버스 엔지니어링을 하기 쉽지 않다.

제트 엔진에는 3,000개 이상의 센서들이 있는데 이들을 모두 컴퓨터 소프트웨어로 제어해야 한다. 수천 개 이상의 부품들을 인식하고 컴퓨터 소프트웨어로 자동제어하는 것은 고난도의 기술이다. 항공기를 제작하려면 하드웨어보다 비행제어 소프트웨어를 만들 수 있어야 한다. 항공기뿐만 아니라 AI 프로그램을 이해하고 훈련하고 개발하는 일의 중요성이 더욱 커진다.

3.3.2 드론 기초 프로그래밍

아두이노 프로그래밍 실습을 위하여 〈표 3.2〉와 같이 10개의 예제 프로그램을 소개하고 설명한다. LED를 켜고 끄는 간단한 프로그램으로 시작하여 초음파로 거리를 측

〈표 3.2〉 아두이노 예제 프로그램

구분	프로그램	적요
1	LED 점멸	LED를 켜고 끄기를 반복하기
2	프로그램 실행 시간 측정	micros(), millis() 함수로 실행 시간 측정하기
3	초음파 거리 측정	초음파 센서를 이용한 거리 계산하기
4	가변 저항	저항 값 변화를 시리얼 모니터로 출력하기
5	가변 저항 응용	가변 저항기로 RGB_LED 밝기 조정하기
6	초음파 충돌 방지	충돌 위험 감지 시 LED 등으로 경고하기
7	센서 읽기	MPU6050 센서의 가속도, 자이로 값 읽기
8	고도 측정	BMP280 센서로 고도 측정하기
9	모터 구동 1	analogWrite() 명령으로 서보 모터 구동하기
10	모터 구동 2	Servo.h 라이브러리로 BLDC 구동하기

4 reverse engineering : 완성된 제품을 분석하여 제품의 기본적인 설계 개념과 적용 기술을 파악하고 재현하는 기술

정하고, 센서를 읽고, 고도를 측정하고, 모터를 구동하는 프로그램들을 간단하게 작성한다. 간단한 프로그램들이지만 이를 잘 이해하고 확장하면 드론을 비행하는 프로그램들을 작성할 수 있다.

1) LED 프로그램

- 주제 : LED 켜고 끄기 반복
- 부품 : 아두이노 UNO, LED
- 설명 : LED는 반도체이므로 +, - 극성이 있다. 다리가 긴 쪽이 +이고 짧은 쪽이 -이다. [그림 3.7]은 1초(1,000ms) 주기로 LED를 켜고 끄기를 반복하는 LED 실험 장치이고 [그림 3.8]은 이 장치를 실험하는 프로그램이다. 드론을 비행하는 과정에서 모터가 회전할 준비가 되어있는지, 배터리가 부족한지, 위험한 상태인지 등을 드론이 조종사에게 알려주는 역할을 하는데 사용된다.

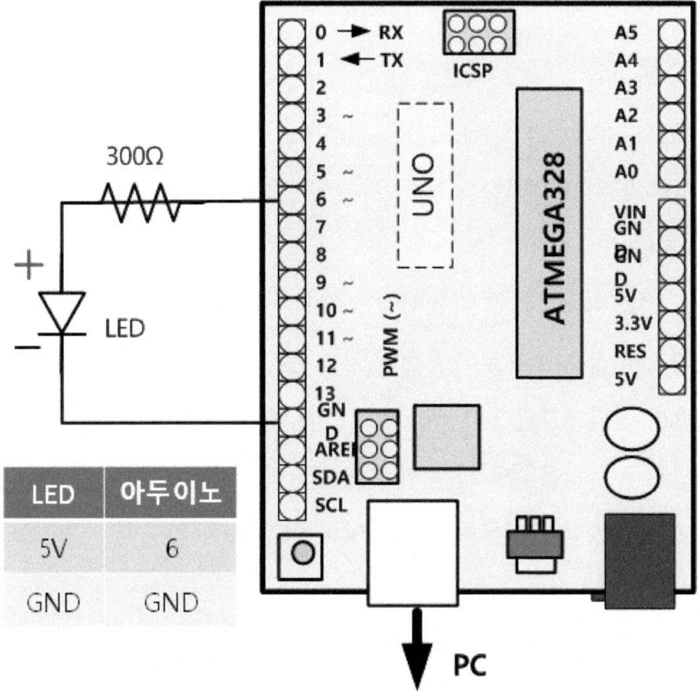

LED	아두이노
5V	6
GND	GND

[그림 3.7] LED 프로그램을 위한 장치

```
// Arduino : LED Blinks
#define LED6   6

void setup() {   // setup() runs only one time
     // initialize pin 9 as an output.
  pinMode(LED9, OUTPUT);
}

  // loop function runs over and over again
void loop() {
  digitalWrite(LED6, HIGH);   // turn the LED ON
  delay(1000);                    // wait for a second
  digitalWrite(LED6, LOW);    // turn the LED OFF
  delay(1000);                    // wait for a second
}
```

[그림 3.8] LED 점멸 프로그램

2) 프로그램 처리 시간 측정

- 주제 : 프로그램이 처리되는 시간을 밀리초(1/1,000초), 마이크로초(1/1,000,000초) 등의 단위로 측정한다.
- 부품 : 아두이노 UNO
- 설명 : 드론을 비행하려면 비행제어 프로그램의 처리 속도가 충분히 빨라야 한다. 따라서 각 서브프로그램들의 처리 속도를 측정하고 처리 시간을 관리할 필요가 있다. [그림 3.9]는 micros() 함수를 이용하여 시간을 측정한다. 밀리초 단위로 시간을 측정하는 함수는 millis()이다.
  이 프로그램은 아두이노 C 언어의 시간 측정 함수만 사용하므로 다른 부품이 필요 없다.

```
float t_now, t_prev, t_Gap

void setup() {
  Serial.begin(115200); //Serial 통신 시작
  t_prev = micros(); // 이전 시간
}

void loop() {
  calc_t_Gap(); // 소요 시간 계산
  Serial.println(t_Gap,0); // 소요 시간 인쇄
}

void calc_t_Gap() { //시간 측정 모듈
  t_now = micros(); // 현재 시간 저장
  t_Gap = (t_now -t_prev); // 시간 차이 계산
  t_prev = t_now // 이전 시간 저장
}
```

[그림 3.9] 프로그램 처리 시간 측정

3) 초음파 거리 측정

- 주제 : 초음파[5]를 발사하여 반사되어 돌아오는 시간을 측정하여 거리를 측정한다.
- 부품 : 아두이노 UNO, 초음파 센서 HC-SR04
- 설명 : 초음파 센서를 이용하면 드론이 비행 중에 물체와 충돌하는 것을 방지할 수 있다. 초음파의 직진하는 성질과 단단한 물체에 반사하는 성질을 이용한 것이 초음파 거리 측정 장치이다. [그림 3.10](a)와 같이 HC-SR04 초음파 센서는 TRIG 포트에서 초음파를 발사하고, 초음파가 단단한 물체에 반사되어 오는 것을 ECHO 포트에서 수신한다. 이 센서의 측정 거리는 2cm에서 5m까지이며 측정할 수 있는 각도는 15° 정도이다. 초음파의 속도는 340m/sec이므로 1cm 가는데 29ns 걸리는 것을 감안하여 거리를 측정한다.

---

5 초음파(Ultrasonic wave) : 인간이 들을 수 있는 진동수(20 ~ 20,000Hz)의 소리보다 높은 진동수를 가진 소리. 초음파의 직진성과 반사성을 이용하면 거리를 측정할 수 있다.

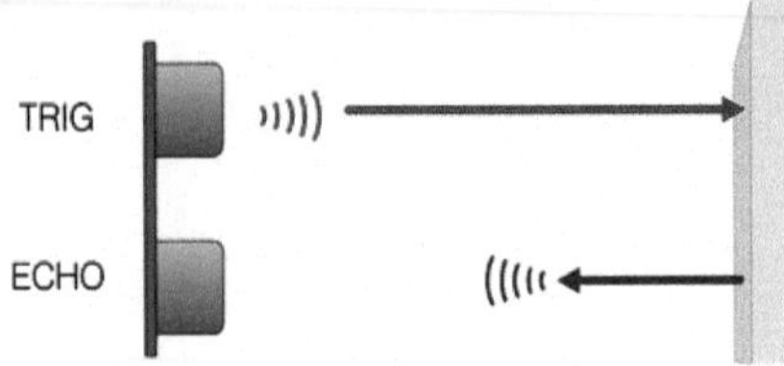

(a) 초음파 발사와 반사

초음파센서	Arduino Uno
VCC	5V
Trig	12
Echo	13
GND	GND

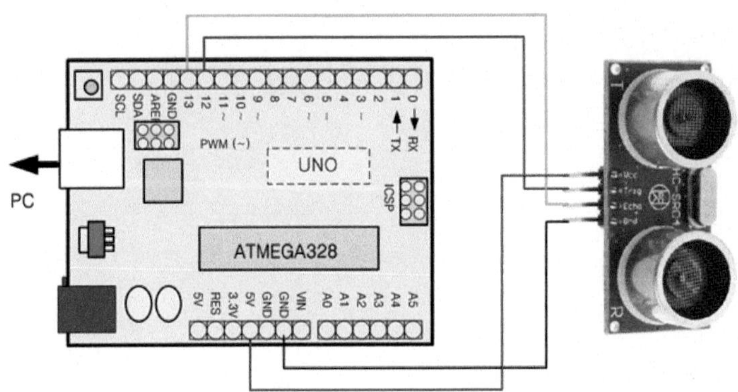

(b) 초음파 거리 측정 회로

[그림 3.10] 초음파 거리측정 장치

```
int trigPin  = 12;
int echoPin = 13;

void setup() {
   Serial.begin (115200);
   pinMode (trigPin, OUTPUT);     //초음파 발사 핀
   pinMode (echoPin, INPUT);      //초음파 수신 핀
}
```

```
void loop() {
   int duration, distance;        // 변수 : 지속시간, 거리
   digitalWrite(trigPin, HIGH);
   delayMicroseconds(1000);
   digitalWrite(trigPin, LOW);
   duration = pulseIn(echoPin, HIGH);
   distance = (duration/2) / 29.4;
   if (distance >= 200 || distance <= 0) {
      Serial.println("Out of range");
   } else {
      Serial.print(distance);
      Serial.println(" cm");
   }
   delay(500);
}
```

[그림 3.11] 초음파 거리 측정 프로그램

[그림 3.11]은 초음파 센서를 이용하여 거리를 측정하는 프로그램이다. 거리가 200cm 이상이 되면 측정이 불가능하고, 이내이면 거리를 출력한다.

4) 가변 저항기

- 주제 : 가변 저항기(potentiometer)의 손잡이를 돌릴 때 변화하는 저항 값을 읽어서 시리얼 모니터에 출력한다.
- 부품 : 아두이노 UNO
- 설명 : [그림 3.12]는 가변 저항기를 실험하는 회로이고 [그림 3.13]은 가변 저항기 값을 읽고 인쇄하는 프로그램이다. 가변 저항기는 아날로그 값을 읽으므로 아날로그 포트로 입력하여 시리얼 모니터에 출력한다. 드론을 제어하는 과정에서 아날로그 값들을 처리할 경우에 대비해서 프로그램을 작성한다. 10KΩ의 가변 저항기의 손잡이를 돌리면서 변화하는 값들을 시리얼 모니터에 출력한다.

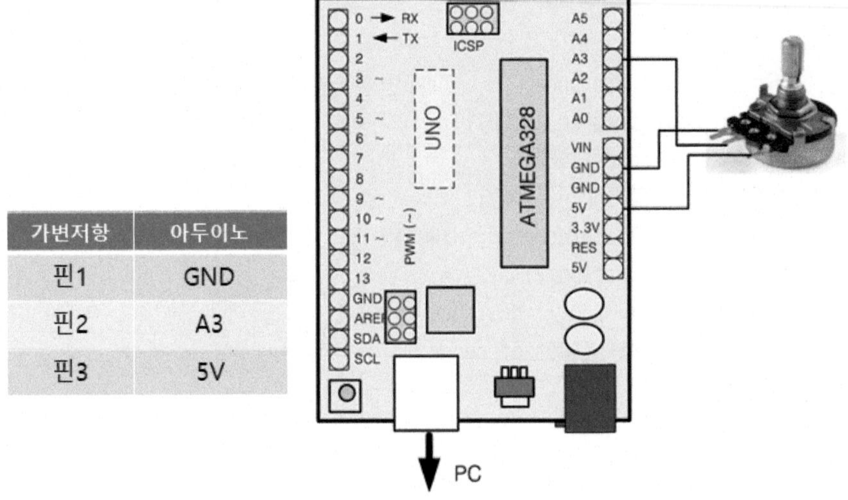

가변저항	아두이노
핀1	GND
핀2	A3
핀3	5V

[그림 3.12] 가변 저항기 자료 처리

```
// analogRead values go from 0 to 1023,
// potentiometer connected to analog pin 3
// 가변저항 10K 의 신호선을 아두이노 보드 A3 번 핀에 연결

int analogPin = A3;
int val = 0; // variable to store the read value

void setup()  {
   Serial.begin<표600);
}

void loop() {
    val = analogRead(analogPin);      // read the input pin
    Serial.println(val);
}
```

[그림 3.13] 가변 저항기 읽기 프로그램

5) 초음파 충돌 예방

- 주제 : 초음파 센서로 거리를 측정하고, 위험 거리 안으로 물체가 감지되면 RGB LED의 적색 등을 점멸해서 경고한다.
- 부품 : 아두이노 UNO, RGB LED, 초음파 센서 HC-SR04

• 설명 : LED 조작과 초음파 센서 조작하는 법을 결합하여 충돌을 예방하는 프로그램을 작성한다. [그림 3.14]는 초음파 센서를 실험하는 회로이고 [그림 3.15]는 초음파 센서로 거리를 읽고 불빛으로 경고하는 프로그램이다. 물체가 20cm 밖으로 접근되면 청색의 LED를 켜고 20cm 안으로 접근하면 붉은색의 LED를 켜는 프로그램이다. RGB 색은 각각 red, green, blue로서 0에서 255 사이의 정수로 지정할 수 있다. 초음파 회로는 3) 초음파 거리 측정 프로그램과 동일하다.

RGB LED	Arduino Uno
GND	GND
R	11
G	10
B	9

초음파센서	Arduino Uno
VCC	5V
Trig	12
Echo	13
GND	GND

(a) 충돌 예방 부품

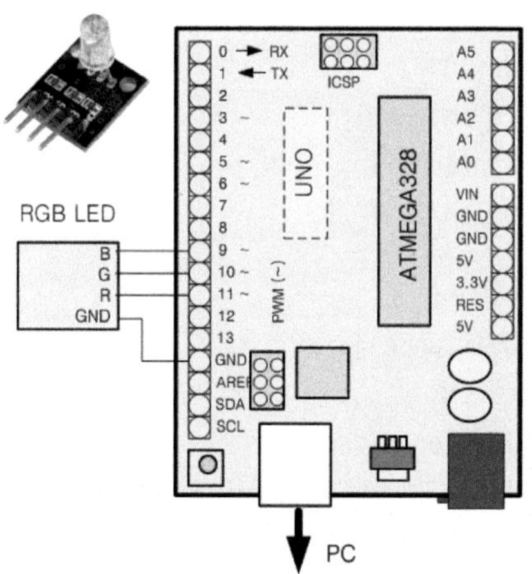

(b) RGB LED와 아두이노 연결

[그림 3.14] 초음파 충돌 예방

```
// 초음파 센서 연결 지정
int trigPin  = 12;
int echoPin = 13;

// RGB LED 연결 지정
int redPin   = 11;
int greenPin = 10;
int bluePin  = 9;

// 칼라 이름 지정
int red = 0;
int green = 0;
int blue = 0

void setup() {
   Serial.begin (9600); // 시리얼 포트 9600 속도 초기화.
   pinMode (trigPin, OUTPUT); // 센서 Trig 연결 포트를 출력으로 설정
   pinMode (echoPin, INPUT);  // 센서 에코 연결핀은 입력 모드로 설정.
   pinMode(redPin, OUTPUT);   // RGB LED 핀모드 지정
   pinMode(greenPin, OUTPUT);
   pinMode(bluePin, OUTPUT);
}

void loop() {
   int duration, distance; // 지속시간 , 거리 변수 정의

   digitalWrite(trigPin, HIGH);
   delayMicroseconds(1000);
   digitalWrite(trigPin, LOW);
   duration = pulseIn(echoPin, HIGH);
   distance = (duration/2) / 29.1;

   if (distance <= 20) {
      Serial.print(distance);
      Serial.print(" cm                  ");
      Serial.println("Too close");
         // 20cm 보다 가까이 접근하면 Red 경고등
      red = 255;
      green = 0;
      blue = 0;
      analogWrite(redPin, red);
```

```
        analogWrite(greenPin, green);
        analogWrite(bluePin, blue);

    } else { //거리가 20cm 보다 크면 청색 LED
        Serial.print(distance);
        Serial.println(" cm");
        red =   0;
        green = 0;
        blue = 255;
        analogWrite(redPin, red);
        analogWrite(greenPin, green);
        analogWrite(bluePin, blue);
    }
    delay(500);
}
```

[그림 3.15] 초음파 충돌 예방

6) 배터리 전압 검사

- 주제 : 배터리의 전압을 검사하여 적정 전력 이하이면 LED를 켜서 경고한다.
- 부품 : 아두이노 UNO, 다이오드(IN4001), LED, 1kΩ 저항 3개, 330Ω 저항 1개
- 설명 : [그림 3.16]은 배터리 전압을 검사하는 회로이고 [그림 3.17]은 배터리 전압이 부족하면 LED로 경고하는 프로그램이다. 드론을 비행할 때 전력이 소모되어 최대 전력의 75% 이하로 떨어지면 드론이 추락할 수 있다. 배터리 전압을 측정하여 부족하면 LED 등을 켜서 경고한다. 다이오드는 전압의 역류를 방지하기 위하여 설치한다.

  [그림 3.16]에서 배터리 전압이 12V이고 아두이노 전압이 5V이므로 전압을 검사하기 위하여 12V를 4V로 강하하여 A0 포트에 입력한다. 이를 위해 3개의 저항기가 필요하다. 배터리 전압이 12V 입력되면 아날로그 포트에는 1024가 최대값이므로 1024*(4/5) = 819.2가 입력되는 것으로 100%의 전압이 입력되는 것이다. 입력 전압을 %로 환산하고 75% 이하로 떨어지면 LED에 불을 밝힌다. [그림 3.17]은 12V 배터리를 기준으로 75% 이하로 전압이 떨어지면 LED 등으로 경고하는 프로그램이다.

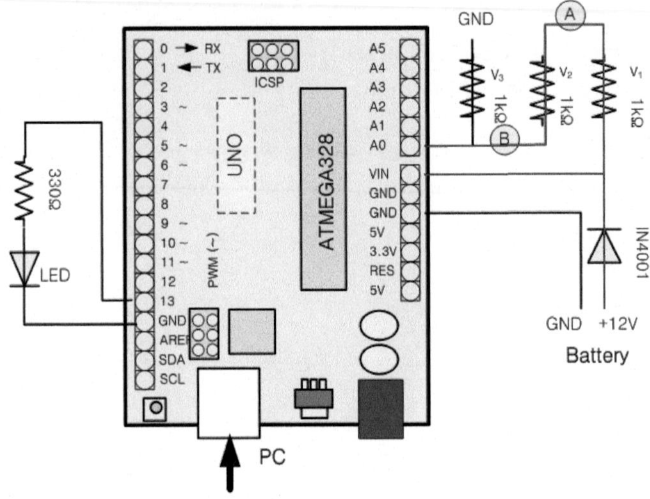

[그림 3.16] 배터리 전압 검사 회로

```
float A0_Input, MAX_Voltage = 819.2, CHECK_Level;

void setup() {
  Serial.begin(9600);
  pinMode(13, OUTPUT);
}

void loop() {
  A0_Input = analogRead(A0);
  CHECK_Level = A0_Input*100/MAX_Voltage;  // 입력 전압을 %로 변환
  Serial.print("A0 : ");          Serial.print(A0_Input);
  Serial.print(",  Voltage : ");  Serial.print(CHECK_Level);
  Serial.println("%");
  if (CHECK_Level < 75.0) {   //check 75% voltage level
    digitalWrite(13, HIGH);
    delay(100); }
  else {
    digitalWrite(13, LOW);
    delay(100);
  }
}
```

[그림 3.17] 배터리 전압 검사 프로그램

7) 센서 읽기

- 주제 : 가속도계, 자이로 각각의 3축과 온도 값을 MPU6050 센서로 읽어서 시리얼 모니터에 출력한다.
- 부품 : 아두이노 UNO, MPU6050
- 설명 : 드론의 자세를 제어하기 위하여 자이로와 가속도계의 값들을 읽어서 드론의 회전 각도와 이동 거리를 계산할 필요가 있다. MPU6050을 읽고 분석하기 위하여 센서 값들을 출력하는 프로그램을 작성한다. [그림 3.18]은 MPU6050을 사용하기 위한 아두이노 UNO 회로이고, [그림 3.19]는 아두이노 사이트[6]에서 내려 받은 센서 읽기 프로그램이다. 이 프로그램을 이용하면 드론의 자세를 제어하고 비행할 수 있는 비행제어 프로그램을 개발할 수 있다.

  MPU6050 센서는 아두이노 UNO 보드의 중앙에 양면 테이프를 붙여서 고정시킨다. 드론의 움직임을 잘 반영하기 위하여 테이프를 한 겹으로 사용한다. 두 겹으로 붙이면 움직임을 민감하게 인식하지 못한다.

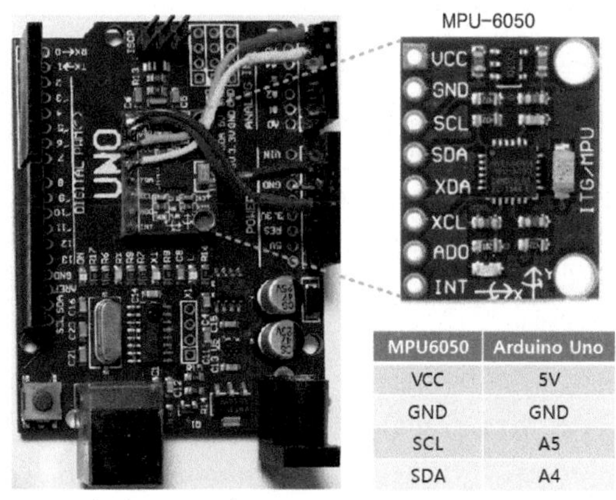

MPU6050	Arduino Uno
VCC	5V
GND	GND
SCL	A5
SDA	A4

[그림 3.18] MPU6050과 아두이노

6 https : //playground.arduino.cc/Main/MPU-6050/#sketch

```
// MPU-6050 Short Example Sketch
// By Arduino User JohnChi
// August 17, 2014
// Public Domain
#include<Wire.h>
const int MPU_addr=0x68;  // I2C address of the MPU-6050
int16_t AcX,AcY,AcZ,Tmp,GyX,GyY,GyZ;
void setup(){
  Wire.begin();
  Wire.beginTransmission(MPU_addr);
  Wire.write(0x6B);  // PWR_MGMT_1 register
  Wire.write(0);     // set to zero (wakes up the MPU-6050)
  Wire.endTransmission(true);
  Serial.begin(9600);
}
void loop(){
  Wire.beginTransmission(MPU_addr);
  Wire.write(0x3B);  // starting with register 0x3B (ACCEL_XOUT_H)
  Wire.endTransmission(false);
  Wire.requestFrom(MPU_addr,14,true);  // request a total of 14 registers
  AcX=Wire.read()<<8|Wire.read();      // 0x3B (ACCEL_XOUT_H) & 0x3C
(ACCEL_XOUT_L)
  AcY=Wire.read()<<8|Wire.read();      // 0x3D (ACCEL_YOUT_H) &
                                          0x3E (ACCEL_YOUT_L)
  AcZ=Wire.read()<<8|Wire.read();      // 0x3F (ACCEL_ZOUT_H) &
                                          0x40 (ACCEL_ZOUT_L)
  Tmp=Wire.read()<<8|Wire.read();      // 0x41 (TEMP_OUT_H) &
                                          0x42 (TEMP_OUT_L)
  GyX=Wire.read()<<8|Wire.read();      // 0x43 (GYRO_XOUT_H) &
                                          0x44 (GYRO_XOUT_L)
  GyY=Wire.read()<<8|Wire.read();      // 0x45 (GYRO_YOUT_H) &
                                          0x46 (GYRO_YOUT_L)
  GyZ=Wire.read()<<8|Wire.read();      // 0x47 (GYRO_ZOUT_H) &
                                          0x48 (GYRO_ZOUT_L)
  Serial.print("AcX = "); Serial.print(AcX);
  Serial.print(" | AcY = "); Serial.print(AcY);
  Serial.print(" | AcZ = "); Serial.print(AcZ);
  Serial.print(" | Tmp = "); Serial.print(Tmp/340.00+36.53);
                  //equation for temperature in degrees C from datasheet
```

```
  Serial.print(" ¦ GyX = "); Serial.print(GyX);
  Serial.print(" ¦ GyY = "); Serial.print(GyY);
  Serial.print(" ¦ GyZ = "); Serial.println(GyZ);
  delay(333);
}
```

[그림 3.19] MPU6050 센서를 읽는 프로그램

8) 고도 측정

- 주제 : 고도계를 이용하여 대기 중에서 고도를 측정한다.
- 부품 : 아두이노 UNO, 고도계(BMP280)
- 설명 : [그림 3.20]은 고도를 측정하는 BMP280 센서이고, [그림 3.21]은 고도를 계산하고 인쇄하는 프로그램이다. 여기서 사용하는 고도계는 Adafruit 제품이므로 이 회사의 라이브러리[7]를 내려 받아서 설치한다. 여기서 사용하는 기압의 단위는 hPa(hectopascal)이다. 1기압은 지구 해수면에서 측정한 대기압으로 국제단위로 101,325 Pa 또는 1013hPa 또는 760mmHg이다.

BMP280	Arduino Uno
GND	GND
VIN	3.3V
SDA	A4
SCL	A5

[그림 3.20] BMP280 고도계와 아두이노 연결

7 https : //github.com/adafruit/Adafruit_BMP280_Library

```
#include <Adafruit_BMP280.h>
Adafruit_BMP280 bmp; // I2C Interface

void setup() {
  Serial.begin(9600);
  Serial.println(F("BMP280 test"));

  if (!bmp.begin()) {
    Serial.println(F("Could not find a valid BMP280 sensor, check wiring!"));
    while (1);
  }

  /* Default settings from datasheet. */
  bmp.setSampling(
                Adafruit_BMP280 : : MODE_NORMAL,
                Adafruit_BMP280 : : SAMPLING_X2
                Adafruit_BMP280 : : SAMPLING_X16
                Adafruit_BMP280 : : FILTER_X16
                Adafruit_BMP280 : : STANDBY_MS_500);
}

void loop() {
    Serial.print(F("Temperature = "));
    Serial.print(bmp.readTemperature());
    Serial.println(" *C");

    Serial.print(F("Pressure = "));
    Serial.print(bmp.readPressure()/100); //displaying the Pressure in hPa
    Serial.println(" hPa");

    Serial.print(F("Approx altitude = "));
    Serial.print(bmp.readAltitude(1028.9)); //The "1019.66" is the
                        pressure(hPa) at sea level in day in your region
    Serial.println(" m");                    //If you don't know it, modify
                              it until you get your current altitude

    Serial.println();
    delay(2000);
}
```

[그림 3.21] BMP280 고도계 측정 프로그램

9) 모터 구동 : 아날로그 명령어 방식

- 주제 : 서보 모터(Servomotor)를 구동한다.
  서보 모터는 전압을 회전각으로 바꾸기 위해 사용되는 전동기이다.
- 부품 : 아두이노 UNO, 서보 모터
- 설명 : [그림 3.22]는 서보 모터를 구동하는 회로이고 [그림 3.23]은 서보 모터를 구동하는 프로그램이다. 서보 모터를 구동하는 명령은 analogWrite(pin#, value)이다. pin#는 아두이노의 출력 포트 번호이고, value는 8bit 값을 표현하는 정수이므로 0~255까지 설정할 수 있다. 서보 모터는 최소 값 120부터 255까지 해당하는 일정한 각도 사이를 움직인다. 서보 모터에 따라 90°, 120°, 180°까지 회전한다. 서보 모터는 5V에서 동작하므로 아두이노의 전력으로도 동작한다.

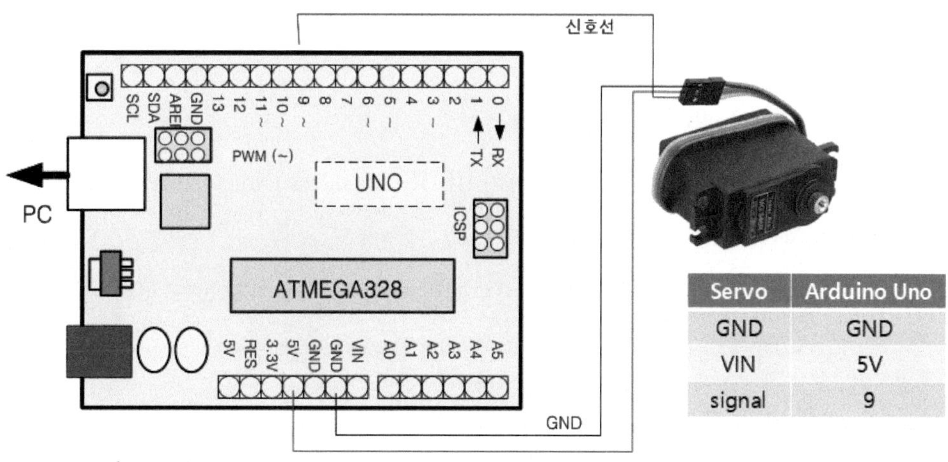

[그림 3.22] 서보 모터 구동 회로

```
#define MIN 120
int speed = 100;
int motorpin9 = 9; // PWM pin

void setup() {
  Serial.begin(9600);
```

```
  analogWrite(motorpin9, MIN);
  delay(2000);
}
void loop() {
  if (speed <= 265) speed = speed + 5;
  if (speed >= 265) {
    analogWrite(motorpin9, speed);
    speed = 100;
  delay(2000);
  }
  analogWrite(motorpin9, speed);
  Serial.print("speed = ");
  Serial.println(speed);
  delay(50);
}
```

[그림 3.23] 서보 모터 구동 프로그램

10) 모터 구동 : 라이브러리 방식

- 주제 : Servo.h 라이브러리를 이용하여 BLDC(Brushless Direct Current) 모터를 구동한다.
  BLDC는 brush를 제거하고 반도체를 이용하여 전자석의 극성을 전환하는 모터이다.
- 부품 : 아두이노 UNO, 변속기, BLDC
- 설명 : [그림 3.24]는 BLDC 모터를 구동하는 회로이고 [그림 3.25]는 BLDC 모터를 구동하는 프로그램이다. BLDC 모터는 규격에 따라서 3셀(12V), 4셀(16V) 등에서 동작하며 교류에서 동작해야 하기 때문에 변속기를 사용해야 한다. 변속기는 모터에 전기를 충분히 공급할 수 있어야 하므로 모터 규격을 보고 선정한다. 모터가 사용하는 전류보다 용량이 적은 변속기를 사용하면 변속기에서 화재가 날 수 있다.
  setup() 함수에서 모터에 2000과 1000으로 설정하는 것은 모터 구동을 위한 최소 값과 최대 값을 지정하는 것으로 PWM의 범위이다.

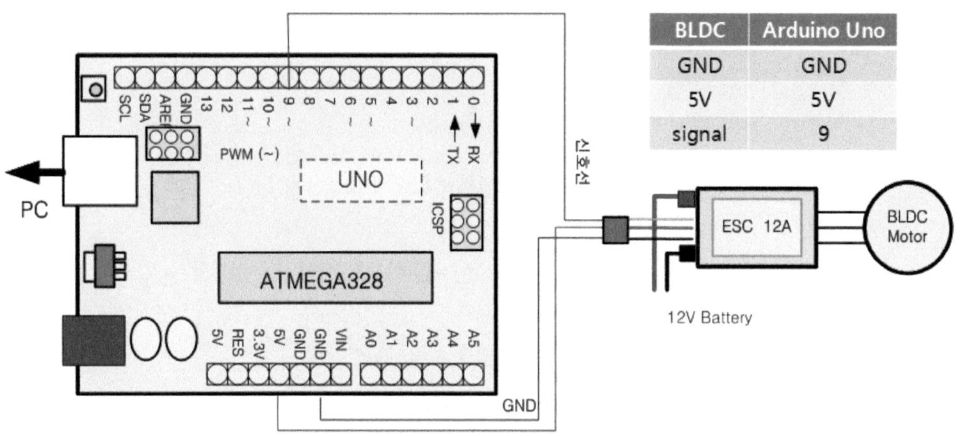

[그림 3.24] BLDC 모터 구동 회로

```
#include <Servo.h>
#define MAX_SIGNAL 2000
#define MIN_SIGNAL 1000
#define MOTOR_PIN 9 // PWM 핀
Servo motor;
int speed = 0;

void setup() {
  Serial.begin(9600);
  motor.attach(MOTOR_PIN); //아두이노 핀
  motor.writeMicroseconds(MAX_SIGNAL);    //최대화
  motor.writeMicroseconds(MIN_SIGNAL);     //최소화
}

void loop() {
  speed += 10;
  if (speed >= 2000) speed = 0;
  motor.writeMicroseconds(speed);
  Serial.print("Motor speed = ");
  Serial.println(speed);
}
```

[그림 3.25] BLDC 모터 구동 프로그램

요 약

- 마이크로 제어장치(MCU)는 마이크로 프로세서와 입출력 모듈들을 하나의 칩에 내장시켜 만든 작은 컴퓨터이다.
- 임베디드 시스템(embedded system)이란 기존 제품에 새로운 작업을 수행할 수 있도록 추가로 탑재되는 시스템이다.
- 아두이노는 하나의 보드로 만들어진 마이크로 컨트롤러(MCU)이다.
- 스케치(Sketch)는 아두이노 보드에 적재되어 실행되는 코드의 단위이다.
- 스케치는 아두이노의 C 또는 C++ 언어로 작성된 프로그램이다.
- 스케치는 아두이노 IDE에서 실행하고, 생성된 실행 코드는 아두이노 보드에서 실행된다.
- 초기 항공기는 조종사가 조종장치를 조작하여 비행하고, 항공기에 자동조종장치(Autopilot)가 설치된 후에는 조종사가 자동조종장치를 조작하여 비행하고, 무인기에서는 비행제어 소프트웨어(FCSW)가 비행을 제어한다. 비행제어 소프트웨어가 점차 개선되어 자율비행으로 발전한다.
- 비행제어 소프트웨어의 핵심은 관성제어, 자동제어, 전력제어, 모터제어, 신호제어 프로그램이다.
- LED는 극성이 있는 반도체이며 전류가 흐르면 빛을 발산한다.
- RGB LED는 Red, Green, Blue의 색을 각각 8비트 크기로 표현한다.
- 초음파(Ultrasonic wave)는 인간이 들을 수 있는 진동수의 소리보다 높은 진동수를 가진 소리이다.
- 가변 저항기(potentiometer)는 손잡이를 움직여서 전기 저항의 크기를 변화시키는 저항 장치이다.
- 서보 모터(Servomotor)는 전압을 회전각으로 바꾸기 위해 사용되는 전동기이다.
- BLDC는 전류의 방향을 바꿔주는 brush를 제거하고 반도체를 이용하여 전자석의 극성을 전환하는 모터이다.

연습문제

1. 다음 용어를 정의하시오.
   (1) MCU
   (2) 임베디드 시스템
   (3) 비행제어 소프트웨어
   (4) Arduino

2. 마이크로 제어장치의 기능과 용도를 설명하시오.

3. 임베디드 시스템의 사례를 주변에서 사용하는 물건의 예를 들어 설명하시오.

4. 아두이노는 어떤 사람들에게 어떤 목적으로 많이 사용되는지 설명하시오.

5. 스케치(Sketch)의 기능을 설명하시오.

6. 드론의 비행제어 소프트웨어의 역할과 구성을 설명하시오.

7. Arduino UNO와 Arduino Mega2560의 유사성과 차이를 설명하시오.

8. 아두이노 프로그램에서 MPU6050 센서의 자이로와 가속도계를 읽는 함수를 실행할 때 실행 시간이 얼마나 걸리는지 측정하는 프로그램을 작성하시오.

연습문제

9. [그림 3.26]은 아두이노 모드에 들어오는 전압을 검사하여 A0 핀에 12V의 80% 이하로 떨어지면 LED에 경고등을 켜는 프로그램을 작성하시오.

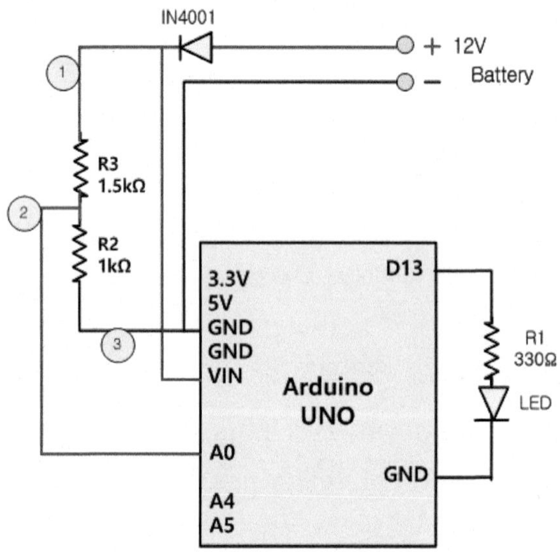

[그림 3.26] 전력 측정 회로

10. 초음파 센서를 이용하여 물체와의 거리를 측정하고 20cm 이내는 붉은 색, 40cm 이내는 노란색, 40cm 이상에서는 파란색의 LED를 켜는 아두이노 프로그램을 작성하시오.

11. 서보 모터와 BLDC 모터를 같이 구동하는 Arduino 프로그램을 작성하시오.

CHAPTER 4

탐색 개발

탐색 개발은 규모가 큰 항공기 개발 사업을 추진하기 위한 설계 작업이다. 탐색 개발 결과에 따라서 사업을 중지할 수도 있고 계획을 변경하여 추진할 수도 있다. 탐색 개발에서는 타당성을 위주로 조사하는 기획, 전반적인 방향을 세우는 개념 설계, 주요 사항을 모두 기술하는 기본 설계 작업 등을 수행한다.

작은 드론을 연구 차원에서 만드는 경우에는 기획 작업과 상세 설계만으로 충분하다. 작은 드론을 만들 때는 개념 설계와 기본 설계를 기획 안에 포함시켜서 간단하게 작성하고, 개념 설계와 기본 설계를 생략할 수 있다.

4.1 기획

세상의 모든 일은 기획으로 시작된다. 기획(plan)이란 목표를 달성하기 위하여 수행해야 할 일들을 중요한 단위로 나누고 일의 순서와 자원을 할당하는 일이다. 기획이 완성되면 계획을 세운다. 계획이란 해야 할 일의 종류를 명확하게 정의하고 일의 처리 순서와 수행 방법 그리고 문제점에 대한 대책을 세우는 일이다. 모든 드론 제작은 기획에서 시작하여 개념 설계, 기본 설계, 상세 설계, 제작, 시험의 과정을 거친다. 기획이 제작의 기본 방향을 설정하는 작업이고, 설계(design)는 목적 달성을 위하여 수행해야 할 일들을 명확하게 정의하는 일이다. 드론 설계 작업은 드론을 제작하는데 필요한 모든 사항들을 명확하게 정의하는 작업이다. 이 과정에서 문서를 작성하여 목표를 명확하게 정의하고 참여자들끼리 의사소통을 원활하게 수행함으로써 제작을 성공적으로 이끌 수 있다. 설계는 드론의 기능과 구조와 배치를 정의하는 작업이고, 제작은 설계를 물리적으로 구현하는 작업이고, 시험은 제작된 드론의 성능을 설계와 대비하여 확인하는 작업이다.

4.1.1 드론 기획

드론 기획의 핵심은 드론을 제작하기 위한 업무를 중요한 단위로 나누고 추진 절차와 방법을 기술하는 것이다. 기획을 추진하는 절차는 [그림 4.1]과 같다.

(1) 요구분석 : 목적

요구 분석이란 현장의 문제점을 파악하고 새로운 요구 사항을 도출하고 요구 사항들을 최적화한 상태로 정리하는 일이다. 드론 제작에서는 제작하려는 드론이 어떤 것인지를 명확하게 기술한다. 이 드론에게 요구되는 것이 무엇인지를 시장 조사를 통하여 분석한다. 드론 개발의 목적과 용도를 제시한다. 드론의 목적은 크게 군사용과 민수용으로 구분되며, 민수용은 업무용, 취미용, 완구용 등으로 구분되고, 더 상세하게 용도가 세분된다.

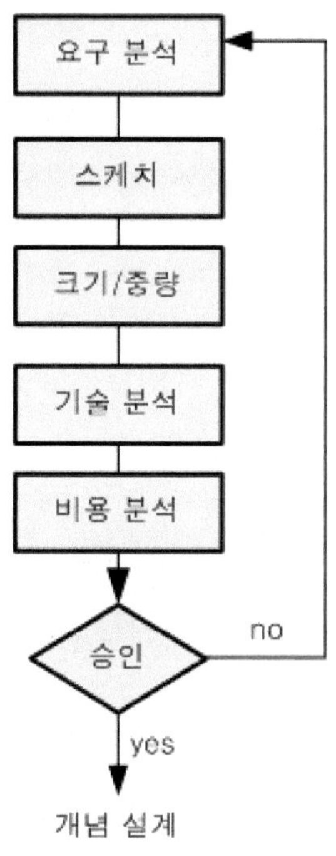

[그림 4.1] 드론 기획 업무 절차

(2) 스케치 : 형상

스케치(sketch)는 사물의 외적인 형상을 간략하게 손으로 그린 그림이다. 스케치는 머릿속의 생각이나 눈으로 본 정경을 제도기를 사용하지 않고 손으로 간략하게 그린다고 하여 약화(略畵) 또는 약도(略圖)라고 한다. 스케치는 드론의 주요 특징을 표현하는 방식으로 손으로 작성한다. 컴퓨터를 이용하여 그릴 수도 있으나 손으로 그리는 것이 빠르고 편리하기 때문이다.

(3) 크기/중량

드론의 용도를 감안하여 대략적인 크기와 중량을 제시한다. 드론의 크기는 250급 450급 등으로 모터의 대각선 길이를 mm 단위로 표시한다. 250급은 FPV에 필요한 장비를 실을 수 있을 만큼 민첩하다. 촬영 등의 경우 장비 무게와 바람에 의한 안정을 위하여 550급 이상이 필요하다.

(4) 기술 분석

드론을 개발하는데 필요한 주요 기술들을 하드웨어와 소프트웨어 분야로 나누어 제시하고 자체적으로 현재 해결할 수 있는 기술과 연구해야 하는 기술과 외부에서 도입해야 하는 기술들을 제시한다. 기술 계획에는 개발에 소요되는 주요 장비와 부품과 소프트웨어들을 포함한다. 드론에 소요되는 추력과 예상되는 전력 등을 기술한다.

(5) 일정/비용 계획

드론을 개발하는데 소요되는 시간과 비용을 기술한다. 시간과 비용 계획에는 인력 계획을 포함한다.

기획의 목적은 새로운 작업의 추진 여부를 결정하기 위하여 문서를 작성하는 것이다. 기획 서류는 타당성을 판단하기 위하여 핵심 위주로 간략하게 작성한다. 기획 업무 결과로 드론 제작이 결정되면 개념 설계를 추진한다.

4.2 개념 설계

설계란 목적을 달성하기 위하여 해야 할 일들을 명확하게 설명하고 기술하는 일이다. 드론 제작 사업의 규모가 크면 개념 설계를 수행한다. 개념 설계는 만들려고 하는 제품의 중요한 특징과 개념을 기술하는 작업이다. 개념 설계의 목적은 기획하는 제품이 목적을 달성할 수 있는지를 평가하기 위한 것이다. 즉 타당성을 평가하기 위하여 평가 위주로 설계한다. 타당성의 핵심은 목표로 하는 드론의 제작 가능성과 정비의 효율성에 있다. 개념 설계는 설계의 중요한 내용을 위주로 기술하기 때문에 구체적이지 않지만 전체적인 흐름과 특징을 파악할 수 있다는 장점이 있다.

〈표 4.1>은 개념 설계와 기본 설계 그리고 상세 설계의 관계를 비교하고 있다. 개념 설계는 만들려고 하는 드론의 특징을 나타낼 수 있는 주요 개념들을 기술하는 일이다. 기획과 개념 설계는 드론을 발주하는 곳에서 작성한다. 개념 설계에서 사업의 타당성이 인정되면 설계자가 기본 설계서를 작성한다. 기본 설계는 완전한 상세 설계를 작성하기 전에 기본적으로 중요한 사항들을 기술하는 것이 목적이다. 기본 설계의 핵심은 주어진 성능을 만족하는 제작 가능성과 정비성과 제작비용 등에 있다. 발주자가 기본 설계를 승인하면 설계자는 제작을 수행하기 위하여 상세 설계를 착수한다.

〈표 4.1〉 항공기 3단계 설계

구분	개념 설계	기본 설계	상세 설계
목 적	타당성	모든 기능	제작용
형 상	예비 형상	외부 형상	세부 형상
설계 개념	제작성, 정비성	제작성, 비용	세부 설계
인터페이스	개략적	주요 기자재	모든 기자재
작성자	발주자	설계자	설계자

4.2.1 개념 설계 절차

개념 설계에서는 기획 단계에서 설정된 목표, 용도, 크기, 수요, 기술 등의 내용을 기반으로 대략적인 설계를 추진한다.

개념 설계에 대한 정의는 다음과 같이 다양하다.

- 기획의 다음 단계로 기본 설계서를 작성할 수 있는 설계 문서이다.
- 우선 요구 사항이 무엇인지, 요구 사항이 설정되면 실현 여부는 어떻게 할 것인가에 대한 분석 작업이다.
- 구체적이지 않은 아이디어 수준의 설계이다. 크기, 구조, 성능 등이 정확하게 구체화되지 않은 드론 설계이다.

개념 설계는 다음과 같이 타당성을 확인하는 단계이다.

- 시장조사를 기반으로 요구하는 대상이 무엇인지를 작성한다. 실현할 수 없는 것이 무엇인지, 기능상 간과한 것이 없는지를 검토한다.
- 드론의 목적, 임무, 환경, 제작 조건, 특성과 구성품들의 개략적 기능과 내용, 기간, 비용 등을 문서로 작성한다.

■ 개념 설계 절차

드론의 개념 설계 절차는 [그림 4.2]와 같이 다섯 단계로 이루어진다. 첫째 드론의 형상과 구조를 설계하고, 드론의 크기와 중량을 설계하고, 추력과 전력을 계산하고, 비행제어 소프트웨어를 설계하고, 소요되는 프레임, 부품, 공구 등의 기자재들을 명세하고 일정, 인력, 비용 계획을 수립한다. 개념 설계의 주요 목적은 타당성을 결정하기 위한 것이다. 타당성이 인정되면 기본 설계를 추진한다.

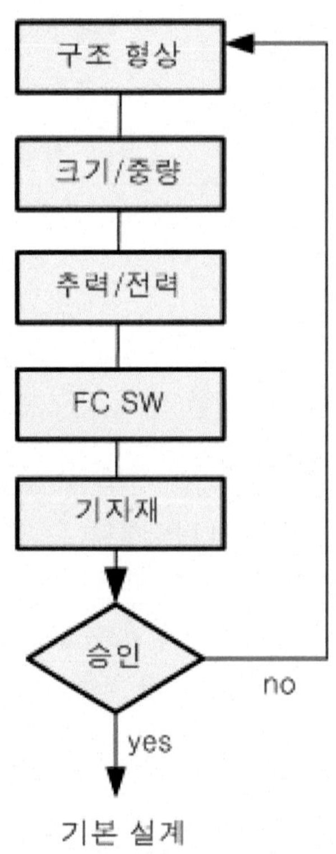

[그림 4.2] 드론 개념 설계 절차

4.2.2 개념 설계서

개념 설계에서 추진하는 주요 설계 과정은 설계 요구 조건에 맞추어 다음과 같이 진행한다.

1) 드론의 목적과 용도

제작하려는 드론의 목적을 민수용 중에서 완구용, 취미용, 업무용 등의 분야로 명시하고 구체적인 용도를 제시한다. 드론의 용도는 다음과 같이 분류할 수 있다.

(1) 완구용

어린이들이 가정과 주변에서 쉽게 가지고 놀 수 있어야 하므로 크기가 작고, 저렴하고, 사용이 간편하고 안전해야 한다.

- 비행용
- 게임용

(2) 취미용

취미용이란 성인의 취미 활동을 위하여 사용되는 드론이다. 성인들의 전문적인 고급 취미 생활이므로 기술적으로 수준이 높아야 한다.

- 비행, 곡예 비행,
- 게임, 레이싱
- 촬영, 탐사,

(3) 업무용

업무용이란 일을 해서 돈을 벌 수 있는 드론을 의미한다. 따라서 시장에서 활용할 수 있는 기능이 명확하고, 기계적으로 견고하고 환경적으로 안전해야 한다.

- 촬영 : 방송, 행사, 뉴스, 영화, 건설공사
- 화물 : 배달, 운반, 의약품, 상품, 우편물, 탄약

- 농업 : 비료 살포, 농약 방제, 씨앗 파종,
- 감시 : 시설물, 해안, 지역, 산불, 강물(수해)
- 탐사 : 광물 자원, 농사 작황, 방사선, 화학 물질 측정

2) 드론 형상 설계

드론의 예비 형상을 확정한다. 드론의 형상에는 기본형으로 +, X, Y, H-type 등의 여러 가지 형태가 있다. 이들 형태 수준에서 개발할 드론의 형태를 제시한다. 일반 비행기들의 형상은 매우 다양하지만 드론의 형상은 비교적 간단하다. 다만 이들 기본형으로 다양한 변형을 만들 수 있으나 초급자들은 기본형부터 제작한다.

- 쿼드콥터 : 표준형이고 안정적이고 간단하지만, 모터에 하나라도 이상이 생기면 추락한다. 기체는 상하좌우가 대칭이어야 한다. 기체가 직사각형이면 조종기의 롤과 피치의 감도가 달라진다.
- 헥사콥터 : 양력이 크기 때문에 업무용으로 활용이 가능하다. 모터 하나에 이상이 생겨도 안전을 유지할 수 있다.

3) 드론의 크기와 중량

드론의 크기는 150급, 250급, 350급, 450급, 550급 등으로 분류할 수 있으며 크기는 중량과 직접적으로 관계가 깊다. 여기서 150급이란 대각선으로 있는 모터 사이의 길이로 mm 단위이다. 드론의 중량은 프레임과 모든 기자재들의 무게를 합산하면 얻을 수 있다. 그러나 아직 프레임과 기자재를 선정하지 않았으므로 대략적으로 추산을 한다. 250급의 무게를 평균적으로 500g이라고 가정하고, 450급의 무게는 1,000g 정도로 가정한다.

기획하고 있는 드론의 크기와 중량을 추정하여 제시한다.

4) 기술 설계

드론 제작에 사용할 기술들을 하드웨어와 소프트웨어로 나누어 제시한다. 외부 기술이라면 도입 방법들을 제시한다.

드론은 항공기이므로 예상되는 양력, 추력과 함께 소요되는 전력을 기술한다. 드론의

양력은 간편하게 중량의 2배 정도로 계산한다. 드론의 중량이 500g이라면 양력은 1,000g이 되어야 하고, 드론의 추력은 양력과 동일하게 취급하므로 추력도 1,000g이다. 드론에 필요한 전력은 모터 하나당 추력을 계산하여 모터의 수만큼 곱하면 얻을 수 있다.

드론 제작에 소요되는 주요 장비와 부품 목록을 작성한다.

5) 일정/비용 설계

드론 개발에 소요되는 일정과 비용과 인력을 계산한다. 드론을 제작하는 비용은 프레임과 기자재를 구입하는 비용과 공구를 구입하는 비용으로 계산한다. 비행제어 소프트웨어는 일단 오픈소스로 생각하기 때문에 제외된다. 공구는 한번 장만하면 계속 사용할 수 있으므로 별도로 계산한다.

4.2.3 설계도 작성

개념 설계에서는 형상에 따르는 대략적인 구조와 기자재 배치를 중심으로 설계 도면을 작성한다.

(1) 시스템 구성도 Block Diagram

시스템 구성도는 시스템을 구성하고 있는 요소들 간의 관계를 상자나 원을 이용하여 간략하게 그린 그림이다. 드론 시스템을 개략적으로 나타내기 위하여 [그림 4.3]과 같은 시스템 구성도를 작성한다. 시스템 구성도는 시스템을 구성하고 있는 요소들과

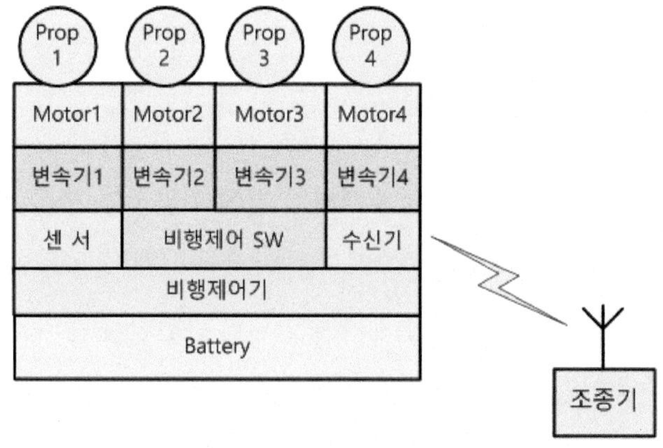

[그림 4.3] 드론 시스템 구성도

이들의 기능을 이해하기 위하여 구성 요소들 간의 관계를 간략하게 작성한 그림이다. 드론 시스템을 구성하는 주요 구성품들의 종류와 관계를 쉽게 파악할 수 있다.

(2) 프레임 구조도 Frame Structure

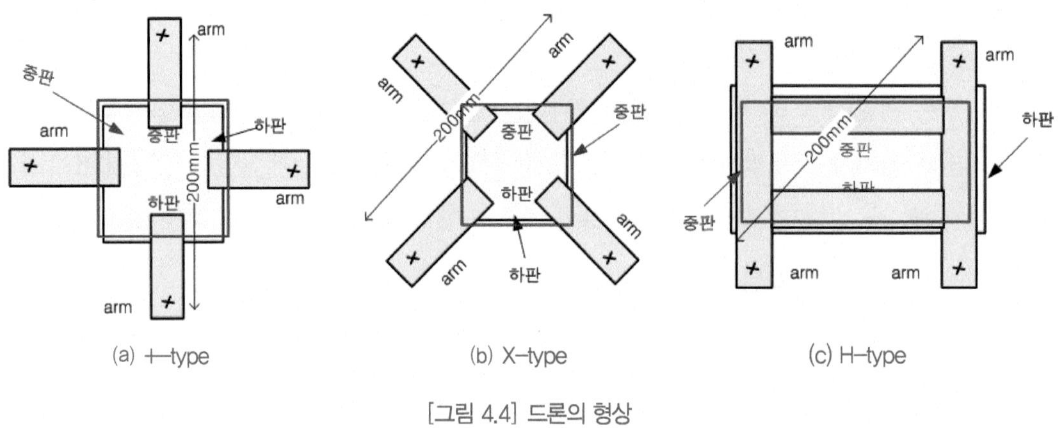

[그림 4.4] 드론의 형상

프레임을 설계하기 위하여 [그림 4.4]와 같이 기본적인 +, X, H-type 등 중에서 목적과 용도에 맞는 것을 선택하여 설계한다.

개념 설계의 목적은 제작의 타당성을 판단하기 위한 것이다. 개념 설계 서류는 의사 결정자들이 판단하기 쉽게 주요 내용 위주로 작성한다. 개념 설계 보고서를 평가하여 사업의 추진 여부를 결정한다. 사업이 추진으로 결정되면 기본 설계를 추진한다.

4.3 기본 설계

기본 설계는 완전한 상세 설계를 수행하기 전에 기본적인 모든 내용들을 설계하는 작업이다. 개념 설계에서 작성한 중요하고 대략적인 설계 내용을 기반으로 모든 기능이 포함된 내용의 설계이다. 기본 설계가 승인되면 완전한 수준의 상세 설계를 착수한다. 기본 설계가 승인되면 상세 설계와 함께 제작까지 추진된다.

4.3.1 기본 설계 절차

기본 설계에서는 개념 설계에서 설정된 목표, 용도, 크기, 수요, 기술 등의 내용을 기반으로 모든 기능들에 대한 설계를 추진한다.

기본 설계에 대한 정의는 다음과 같이 다양하다.

- 개념 설계 다음 단계로 비교적 구체적인 치수와 재료를 규정한다.
- 상세 설계를 작성할 수 있도록 모든 부분의 자료를 작성한다.
- 드론의 규모, 형태, 구성, 제작 기간, 비용 등을 비교적 구체적으로 기술한다.
- 구조상 취약점이나 기능이 실현될 수 있는지를 공학적으로 해석하고 평가한다.
- 설계도면 작성을 위하여 최근에는 3D CAD를 사용한다.
- 드론 형상을 확정하고 구조를 설계한다.
- 제작성과 생산비용을 예측한다.
- 소요되는 모든 부품들을 정의한다.

기본 설계 절차는 [그림 4.5]와 같은 순서로 진행된다. 기본 설계에서는 드론 형상을 알아야 기자재를 설계할 수 있으므로 외부 형상을 확정하고 크기와 중량을 설계한다.

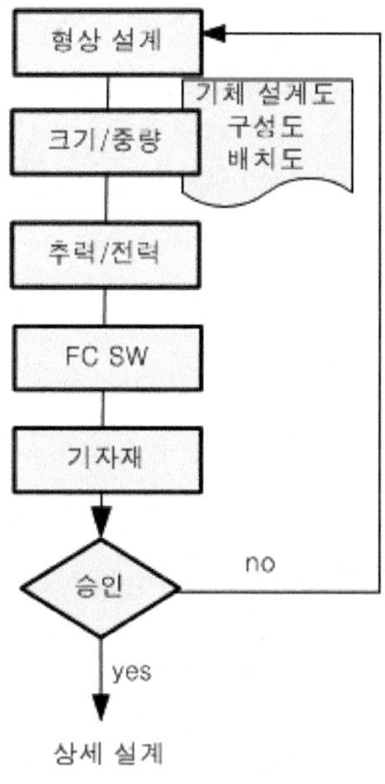

[그림 4.5] 드론 기본 설계 절차

드론의 형상과 크기가 설정되면 크기에 따라서 중량이 결정되고, 중량이 결정되면 추력과 전력이 결정된다. 이어서 비행제어 소프트웨어를 설계한다. 드론의 크기와 중량이 결정되면 프레임, 부품, 공구 등의 기자재를 명세하고 일정, 인력, 비용 계획을 수립한다. 기본 설계를 승인받지 못하면 수정 절차를 밟거나 사업 자체가 폐기된다. 기본 설계가 승인되면 이 사업은 제작까지 끝가지 추진한다. 따라서 기본 설계의 승인은 상세 설계 이후로 제작까지 계속된다.

4.3.2 기본 설계서

기본 설계는 완전한 상세 설계를 수행하기 전에 기본적인 모든 사항들을 설계하는 일이다. 드론 목적과 용도 등은 이미 기획과 개념 설계 과정에서 확정된 것이므로 형상 설계부터 비용 설계까지 단계적으로 진행된다.

1) 목적과 용도

제작하려는 드론의 목적과 용도를 구체적으로 확정한다. 비용에 따라서 수요층의 범위와 수량도 추정한다.

2) 형상 설계

개념 설계에서 제안한 예비 형상을 기반으로 드론의 외부 형상을 확정한다. 드론의 외부 형상 확정 과정에서 고익기, 저익기 등이 결정된다. 비행의 안정성을 고려하면 고익기를 선택하고, 비행의 기동성을 고려면 저익기를 선택한다.

3) 크기/중량 설계

제작하려는 드론의 크기와 중량을 예비적으로 확정한다. 부품 선택에 따라서 중량이 바뀔 수 있으므로 부품명세서를 활용한다. 〈표 4.2〉는 무게를 결정하는 주요 부품들의 부품명세서이다. 무게가 제일 무거운 부품들은 프레임과 배터리이고 모터와 변속기는 4개씩 사용되기 때문에 무게에 영향을 많이 준다.

4) 기술 설계

적용할 기술들을 확정하고 내부 기술 취약하면 기술별로 도입 방안을 제시한다. 제작하려는 드론의 크기와 중량이 확정되었으므로 추력과 소요되는 전력을 계산한다. 제작에 필요한 장비와 부품 명세서(BOM, Bill of Material)를 작성한다. 부품명세서는 〈표 4.2〉에 부품들을 모두 기재하면 정확한 중량 계산이 가능하다.

5) 일정/비용 설계

도입 기술이 확정되었고 도입 기자재들이 확정되었으므로 제작에 소요되는 일정과 비용과 인력을 확정한다. 인력에 대한 업무 분장 계획을 수립한다.

〈표 4.2〉에 부품들을 모두 포함하고 정확한 가격을 포함하면 기자재 비용을 계산할 수 있다.

〈표 4.2〉 250급 드론의 주요 부품명세서

번호	부품	무게 g	수량	소계 g	비 고
1	프레임	140	1	140	250급.
2	배터리	120	1	120	3S 11.1v 1500mAh
3	모터	30	4	120	MT2204 2300kv
4	변속기	20	4	80	18A
5	비행제어기	30	1	30	아두이노 UNO
6	센서	10	1	10	MPU6050
7	기타			60	케이블 타이, 끈,
8				560	

4.3.3 설계도 작성

기본 설계에서는 형상에 따르는 대략적인 구조와 기자재 배치를 중심으로 설계 도면을 작성한다. 기계장치를 설계하기 위한 설계도는 정면도(입면도), 평면도, 측면도 등을 합하여 삼면도라고 한다. 정면도(front view)는 앞에서 본 그림이고, 평면도(ground plan)는 위에서 수직으로 내려다 본 그림이고, 측면도(side view)는 옆에서 본 그림이다.

(1) 시스템 구성도 Block Diagram

개념 설계에서 작성한 시스템 구성도를 [그림 4.6]과 같이 더 구체적인 구성으로 작성한다. 비행제어기를 확정하고 비행제어 소프트웨어도 확정하였다. 변속기, 모터 조종기 등은 시중에 나와 있는 제품들의 종류가 많으므로 규격만 결정하면 된다.

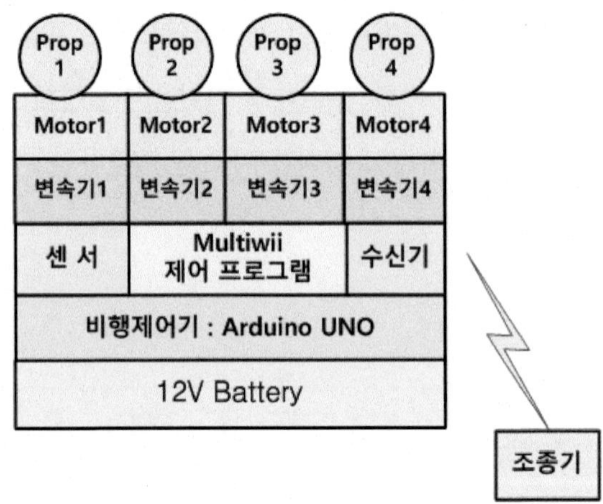

[그림 4.6] 시스템 구성도

(2) 프레임 구조도 Frame Structure

프레임 구조도는 프레임의 형상을 나타낼 수 있는 구조를 그림으로 그린 것이다. 기본 설계에서는 200급 X-type 쿼드콥터로 선정하였다. [그림 4.7]은 200급 X-type 쿼드콥터의 프레임 구조도이다. 이 구조도를 기반으로 상세 설계도를 작성할 것이다.

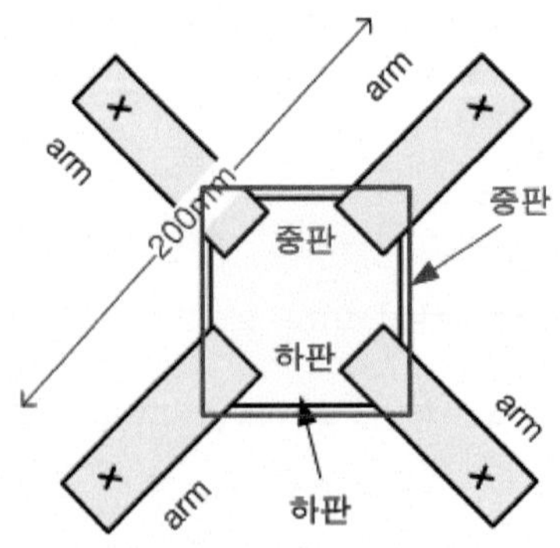

[그림 4.7] 프레임 구조도

(3) **기자재 배치도** Layout

배치도는 제한된 공간 안에 시스템의 구성품들을 효율적으로 배치한 그림이다. 드론의 기자재 배치도는 프레임에 어떤 장비와 부품들이 어느 위치에 어떻게 설치되는지를 보여주는 그림이다. [그림 4.8]은 [그림 4.7]의 프레임 위에 기자재를 배치할 계획을 세운 기자재 배치도이다. 설계 도면은 측면도를 이용하였다. 배터리를 하판 아래에

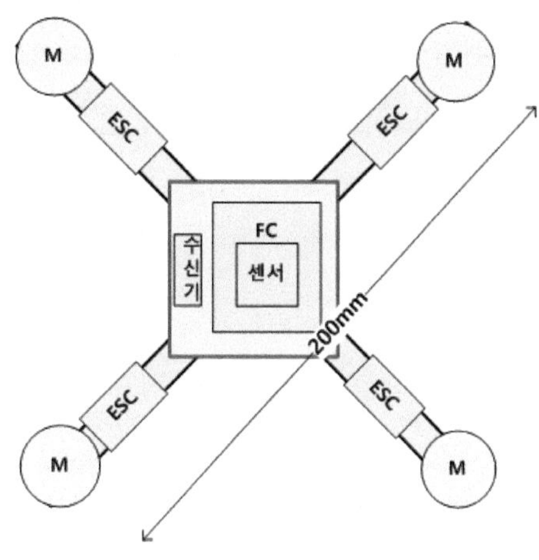

(a) 평면도

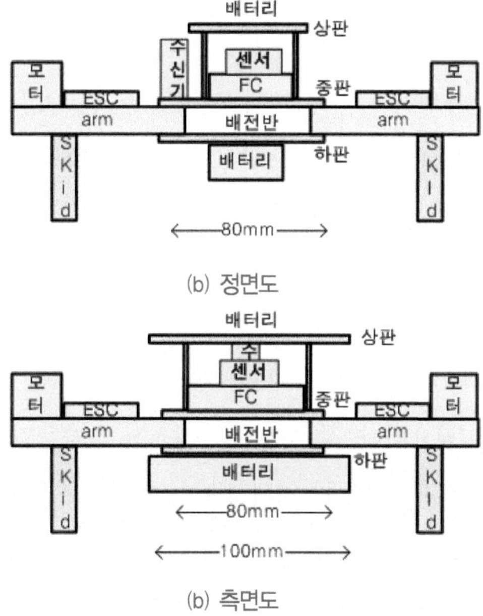

(b) 정면도

(b) 측면도

[그림 4.8] 드론 기자재 배치도(삼면도)

설치하려면 배터리를 보호하기 위하여 착륙 장치(skid)를 그림과 같이 설치해야 하고, 배터리를 상판 위에 설치하려면 착륙 장치가 필요 없고 암 아래에 작은 쿠션을 부착하면 될 것이다. 배터리를 상판 위에 설치하면 저익기가 되고, 하판 아래에 부착하면 고익기가 된다.

4.3.4 프레임 설계/가공 도구

프레임을 설계하려면 프레임을 구성하는 자재의 재질을 선택하고 다음으로 프레임을 설계하는 도구가 필요하다. 프레임 자재의 재질과 설계 도구가 드론 제작의 성패를 결정하는 요소이다.

1) 프레임 설계 도구

프레임을 설계하려면 도면을 작성하는 도구가 필요하다. 도면을 작성하는 도구는 2D 또는 3D를 작성하는 프로그램들이 많이 있다. 예전에는 2D로 작성했으나 이제는 3D를 많이 사용하고 있다. 2D보다 3D로 작성하는 것이 어렵지만 시각적으로 도면을 이해하기 좋아서 점차 사용이 많아지고 있다. 여기서 제작하려는 멀티콥터의 구조는 매우 간단하기 때문에 2D로 작성하는 것이 효율적이다. 2D를 작성하는 그림 도구로는 Microsoft사의 Visio가 널리 보급되어 있고, 3D 도구로는 AutoCAD가 압도적으로 유명하다. AutoCAD의 가격이 높기 때문에 FreeCAD라는 오픈소스를 사용할 수 있다. 시간적 여유가 있으면 AutoCAD를 사용하고, 시간이 부족하면 Visio를 사용한다.

2) 목재 가공 도구

목재로 멀티콥터를 만들기 위해서는 다양한 도구들이 필요하다. 정확한 각도로 목재를 자르기 위해서 테이블 톱(table saw)을 사용한다. 목재를 곡선으로 자르기 위해서는 수직 톱(jig saw)이 필요하다. 작은 목재를 정교하게 자르기 위하여 휴대용 소형 톱들도 필요하다. 목재에 구멍을 뚫기 위해서 탁상 드릴(bench drill)과 바이스가 필요하고, 탁상 드릴에 소재를 올려놓을 수 없거나 자유로운 자세에서 구멍을 뚫기 위해서는 휴대용 전동 드릴도 필요하다.

부품 가공과 배치를 위하여 정확한 치수가 필요하므로 여러 가지 자와 함께 정교한 버니아 캘리퍼스(vernier calipers)[1]가 필요하고, 목재를 자를 때 길이를 재기 위하여 철재 자가 필요하고, 목재에 정확하게 선을 긋기 위하여 기억자 자가 필요하다. 목재 부품들의 무게를 측정할 수 있는 소형 전자저울도 필요하다.

기본 설계의 목적은 사업 추진을 확정하기 위한 것이다. 기본 설계 서류는 관리자들이 판단하도록 모든 기능 위주로 작성한다. 기본 설계 보고서가 승인되면 추진이 확정된다. 추진이 확정되면 상세 설계를 시작하고 이어서 제작을 추진한다.

1 물체의 외경, 내경, 깊이 등을 0.05 mm 정도의 정확도로 측정할 수 있는 기구

요약

- 기획(plan)이란 목표를 달성하기 위하여 수행해야 할 일들을 중요한 단위로 나누고 일의 순서와 자원을 할당하는 일이다.
- 설계(design)는 해야 할 일들을 명확하게 정의하는 일이다. 목적 달성을 위하여 수행해야 할 일들을 명확하게 정의하고 일의 처리 순서와 수행 방법을 기술하는 일이다.
- 제작은 설계를 물리적으로 구현하는 작업이다.
- 시험은 제작된 드론의 성능을 설계와 대비하여 확인하는 작업이다.
- 스케치(sketch)는 사물의 외적인 형상을 간략하게 손으로 그린 그림이다.
- 개념 설계는 만들려고 하는 제품의 중요한 특징과 개념을 기술하는 작업이다.
- 시스템 구성도는 시스템을 구성하고 있는 주요 요소들 간의 관계를 상자나 원을 이용하여 간략하게 그린 그림이다.
- 요구 분석이란 현장의 문제점을 파악하고 새로운 요구 사항을 도출하고 요구 사항들을 최적화한 상태로 정리하는 일이다.
- 기본 설계는 완전한 상세 설계를 수행하기 전에 기본적인 모든 내용들을 기술하는 작업이다.
- 시스템 구성도(block diagram)는 시스템을 구성하고 있는 요소와 요소들 간의 관계를 간략하게 작성한 그림이다.
- 배치도(layout)는 제한된 공간 안에 시스템의 구성품들을 효율적으로 배치한 그림이다.

연습문제

1. 다음 용어들을 정의하시오.
   (1) 설계
   (2) 탐색 개발
   (3) 개념 설계
   (4) 기본 설계
   (5) 시스템 구성도

2. 탐색 개발의 목적과 절차를 설명하시오.

3. 설계의 목적과 필요성을 설명하시오.

4. 스케치를 작성하는 목적을 설명하시오.

5. 드론 제작을 위하여 기획 단계에서 해야 할 일들을 기술하시오.

6. 드론 제작을 위하여 개념 설계에서 해야 할 일들을 기술하시오.

7. 드론 제작을 위하여 기본 설계에서 해야 할 일들을 기술하시오.

8. 개념 설계와 기본 설계의 차이점을 설명하시오.

9. 설계도의 종류와 용도를 설명하시오.

10. 시스템 구성도를 작성하는 방법과 용도를 설명하시오.

11. 자신이 원하는 드론의 삼면도를 작성하시오.

12. 자신이 원하는 드론의 개념 설계서를 작성하시오.

13. 자신이 원하는 드론의 기본 설계서를 작성하시오.

CHAPTER 5

기자재 편성

드론을 자작하려면 세계 시장에 나와 있는 수많은 자재와 부품들 중에서 필요한 기자재들을 선정해야 한다. 기자재란 기계, 기구, 자재를 아울러서 하는 말이다. 제조업에서의 기자재는 생산 설비와 원부자재들을 말한다. 이 장에서는 드론에 사용되는 수많은 장비와 부품들 중에서 필요한 부품을 선정하는 순서와 방법을 기술한다. 설계를 잘했어도 적절한 부품을 찾지 못하면 제작할 수 없으므로 끝까지 찾지 못하면 설계를 변경하고 다른 부품을 선정해야 한다.

기자재 편성의 목적은 가장 적합한 장치와 부품들을 선정하여 주어진 조건에서 최선의 시스템을 제작하는 것이다. 기자재 편성의 결과물은 시스템 구성도, 기본 설계도, 기자재 배치도, 전기 회로도, 부품 명세서 등이다.

5.1 편성 개요

기자재를 편성하는 것은 드론 제작에 소요되는 기자재 사양을 결정하는 일이다. 개념 설계 단계에서 외부 형상이 확정되므로 드론의 크기와 무게도 거의 확정된다. 기자재가 바뀌면 성능과 함께 무게도 바뀔 수 있으므로 드론 제작에 큰 영향을 줄 수 있다. 적절한 부품을 선정하는 일과 함께 대치 가능한 부품을 찾는 일도 중요한 일이다.

대형 컴퓨터 또는 대형 항공기를 주문할 때는 구성할 수 있는 장비와 부품들의 종류와 모델들이 너무 많고 장비들 간의 호환성과 버전관리 때문에 시스템 편성을 잘못하는 경우가 있다. 시스템 편성이 잘못되면 큰 자금을 들여 시스템을 도입하고도 사용하지 못하는 경우가 있다. 플랜트 수입 과정에서 가끔 볼 수 있는 일이다. 이를 방지하기 위해서 시스템을 논리적으로 기술적으로 경제적으로 편성할 수 있는 컴퓨터 프로그램을 사용한다. 드론의 경우에는 eCalc[1] 프로그램이 대표적이다.

1 eCalc : 멀티콥터, 비행기, 헬리콥터, 자동차, 충전 장비 등을 설계하는데 필요한 계산을 해주는 인터넷 프로그램. https : //www.ecalc.ch/

5.1.1 기자재 편성 절차

기본 설계에서 외부 형상이 확정되면 크기와 중량의 윤곽이 잡히므로 [그림 5.1]과 같이 기자재를 선정하고 편성하는 절차에 들어간다.

(1) 목적, 형상, 크기

개념 설계에서 목적이 설정되고, 외부 형상이 + 형, X 형, H 형 등으로 확정되면 드론의 목적과 용도에 적합한 크기(250급, 450급)를 추정한다. 이들이 정리되면 중량(kg)도 추정할 수 있다.

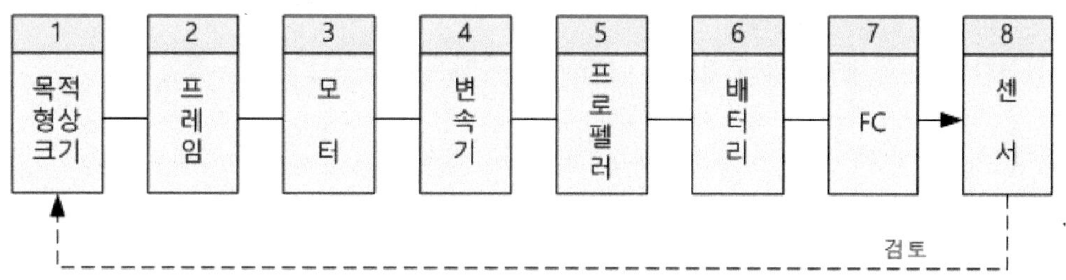

[그림 5.1] 기자재 편성 절차

(2) 프레임

드론 용도에 적합한 프레임 재료(탄소섬유, 플라스틱, 알루미늄, 목재)를 선정하면 전체 중량을 근접하게 추정할 수 있다.

(3) 모터

전체 중량이 추정되면 중량의 2배를 추력으로 추정한다. 쿼드콥터에서는 추력을 4 등분하여 개별 모터의 추력을 얻을 수 있다. 해당 추력을 제공하는 모터의 규격을 선정한다.

(4) 변속기

모터가 선정되면 모터의 소비 전력을 기준으로 모터를 구동할 수 있는 변속기 규격을 선정한다.

(5) 프로펠러

전체 중량과 모터와 변속기가 선정되면 해당 추력을 지원하는 프로펠러의 규격을 선정한다.

(6) 배터리

전체 중량과 모터와 변속기의 소비 전력을 계산하면 배터리의 전압, 용량, 방출율 등의 규격을 선정한다.

(7) 비행제어기

주요 기자재들이 선정되면 드론의 목적과 용도에 적합한 오픈 소스 비행제어기를 선정한다. 비행제어기만 교환하면 여러 가지 비행제어 소프트웨어를 경험할 수 있다.

(8) 센서

프레임에서 비행제어기와 센서까지 주요 부품들이 선정되면 드론의 목적과 용도에 적합한 센서 규격을 선정한다.

모든 기자재들을 선정하는 절차를 마치면 선정된 부품들의 무게에 의하여 중량이 바뀔 수 있으므로 중량과 추력과 전력 등을 다시 계산하고 만족할 때까지 선정된 부품들의 규격을 재검토한다. 이 절차는 상세 설계까지 반복하며 계속된다.

5.2 형상과 프레임

프레임을 만드는 재료는 다양하지만 일반인들이 선택할 여지는 별로 많지 않다. 프레임의 재료는 가볍고 견고하고 진동을 잘 흡수하는 재질일수록 좋다. 특히 개인이 가공하기 쉬워야 한다. 시장에서 상품으로 판매하는 제품들은 주로 탄소섬유로 만든 것들이다. 그러나 많은 수량을 주문하지 않고서는 구입하기 어렵다. 드론을 제작하기 위한 용도로 구입하는 소재와 기자재들은 주로 외국에서 공급하는 경우가 많기 때문에 가격 이외에도 수입 절차와 운송비용이 간단하고 저렴해야 한다.

5.2.1 크기와 형상

드론을 제작하기 위해서 처음 고려하는 것이 크기와 형상이다. 크기와 형상이 결정되면 중량이 결정되고 중량이 결정되면 프레임 소재를 결정할 수 있다.

1) 크기

드론의 크기는 대각선으로 있는 모터 사이의 거리로 결정된다. 450급은 대각선 모터 사이의 거리가 450mm이다. 기본적으로 250급부터 시작해서 100씩 증가하면서 크기를 결정한다.

2) 형상

드론의 외형은 창의적으로 매우 다양하게 설계할 수 있다. X-type, +-type, H-type, ㅁ-type 등을 기반으로 설계자의 아이디어가 중요한 역할을 한다.

3) 중량

드론의 크기와 형상이 결정되면 드론의 구조를 유지할 수 있는 최소한의 중량으로 무게가 결정된다. 항공기 설계의 핵심은 경량화이다.

5.2.2 프레임 소재

프레임을 만드는 소재는 탄소섬유, 유리섬유, 알루미늄, 플라스틱, 목재 등으로 다양하다. 프레임 소재를 선정하는 우선순위는 첫째 가벼워야 하고, 둘째 튼튼해야 하고, 셋째 가공이 쉬워야 하고, 넷째 가격이 저렴해야 하고, 다섯째 구입 절차가 쉬워야 한다.

1) 프레임 소재 종류

(1) 탄소섬유 Carbon Fiber

탄소섬유는 가볍고 매우 튼튼해서 가장 선호하는 재료이므로 현재 드론 시장에서 가장 많이 사용되고 있다. 많은 상업용 제품들은 탄소섬유로 제작된다. 그러나 개인이 자작하기는 힘들고 시장에서는 대량 주문하지 않으면 구입할 수 없다는 단점이 있다. 잘 찾아보면 해외 사이트에서 이미 잘 만들어진 프레임들을 구입할 수도 있다. 전기가 통하는 전도체이며 무선 통신(RF)이 차단된다.

(2) 알루미늄 Aluminium

드론에 사용되는 알루미늄 소재는 각재와 파이프, 판재 등으로 시장에서 규격별로 구입하기 용이하다. 다만 금속이기 때문에 중량이 무거운 편이고 가공하기 위해서는 선반, 드릴 등 고가의 장비가 필요하고 금속 가공 실력이 요구되기 때문에 선택하기 쉽지 않다. 그러나 실력 있는 동호인들은 좋은 공구를 이용해서 얼마든지 잘 가공할 수 있다. 국내에서 살 수 있는 알루미늄 파이프는 멀티콥터 용도로 만든 것이 아니므로 작고 가벼운 제품들이 별로 없다. 해외에서는 멀티콥터용 알루미늄 파이프[2]들을 판매하고 있다.

(3) 유리섬유강화플라스틱 glass FRP fiber reinforced plastics

FR4, G10 등 탄소섬유보다 조금 약하고 저렴하지만 무겁다는 단점이 있다. 무선 통신을 차단하지 않는다.

(4) 플라스틱 Plastic

플라스틱은 가볍고 가공하기 쉽다는 장점이 있지만 플라스틱 성형장비기 있어야 부품을 제작할 수 있으므로 개인이 취급하기 어렵다. 플라스틱으로 원하는 프레임 재료를 만들려면 3D 프린터가 필요하다. 문제는 플라스틱만으로 프레임을 완성하기 어렵다는 점이다. 플라스틱으로 각재와 판재와 파이프 등을 만들 수는 있지만 이들을 연결하려면 금속 재료가 있어야 한다. 알루미늄을 가공할 수 있는 실력이 있으면 3D 프린터를 이용해서 프레임 재료를 만들고 금속 선반을 이용해서 금속재로 연결 장치들을 만들어서 조립할 수 있다. 단 3D 프린터를 가지고 있거나 빌리거나 작업을 의뢰할 수 있어야 한다. 암(arm)과 다리를 연결하는 연결재 등 자주 사용되는 부품들은 3D 프린터용 파일을 오픈 소스로 제공하는 곳들이 있으므로 잘 활용할 필요가 있다.

---

2 HobbyKing : https : //hobbyking.com/en_us/aircraft/drones/spare-parts.html

(5) 목재 Wood

목재는 구입하기 쉽고 가공하기 쉽다는 장점이 있으나 강도가 약하다는 단점이 있다. 정밀 합판은 견고하고 좋으나 각재는 재질을 잘 골라야 한다. 중량물을 이동하는 드론을 만들기는 어려우나 시제품을 제작하는 용도로는 무난하다. 원래 비행기는 초기부터 목재로 만들기 시작했다. 발사(balsa)[3]가 비행기를 만드는 용도로 전통적으로 많이 사용되고 있다. 따라서 각재로 발사를 사용하고 판재로 합판을 이용할 수 있다. 합판은 얇고 강도가 높기 때문에 판재에 적합하다. 제작 시간을 줄일 수 있고 부품 수를 줄일 수 있다는 장점이 있다. 그러나 목재 가공에도 좋은 제작 공구들이 필요하다. 최소한 테이블톱과 수직 톱(jig saw) 등이 있어야 하고 어느 정도 목공 기술이 요구된다.

2) 프레임/프로펠러 재질의 비교

프레임과 프로펠러의 재질을 가격, 무게, 강도 측면에서 비교하면 다음과 같다.

- 가격 : 목재 < 플라스틱 < 알루미늄 < 유리섬유 < 탄소섬유의 순으로 비싸다.
- 무게 : 목재 < 플라스틱 < 탄소섬유 < 유리섬유 < 알루미늄의 순으로 무겁다.
- 강도 : 목재 < 플라스틱 < 알루미늄 < 유리섬유 < 탄소섬유의 순으로 강하다.

프레임과 프로펠러의 소재를 선정하는 기준은 첫째 가벼워야 하고, 둘째 견고해야 하고, 셋째 가공이 쉬워야 한다. 이 세 가지 기준을 모두 만족해야 항공기 소재로 사용할 수 있다. 그밖에 가격이 저렴하면 더욱 좋다. 이 기준에 따르면 우리가 선정할 수 있는 프레임은 목재이고, 프로펠러는 플라스틱이다.

---

3 Balsa : 절연 재료나 공작 재료로서 사용되는 미국산 목재이다. 비중이 0.1~0.2의 담홍백색의 목재로 가볍고 가공이 용이해서 모형 비행기 제작용으로 많이 사용되고 있다.

5.3 모터

멀티콥터에서 모터를 선정하는 것은 모터 하나만의 문제가 아니고 변속기와 프로펠러와 배터리까지 함께 편성해야 한다. 모터는 드론의 무게와 용도에 따라서 선정하지만 모터를 선정하면 모터에 적합한 변속기를 선정해야 하고, 모터와 변속기에 적합한 프로펠러를 선정해야 하고, 모터와 변속기와 프로펠러가 선정되면 이들에게 전력을 충분하게 제공할 수 있는 배터리를 선정할 수 있기 때문이다.

모터는 프로펠러와 함께 드론의 추진력을 발생시키며 에너지를 가장 많이 소모하는 장치이므로 비행기에서 가장 중요한 기자재라고 할 수 있다. 모터의 종류와 규격이 매우 다양하므로 드론에 가장 적합한 모터를 선정하는 작업이 중요하다.

5.3.1 모터 종류

드론에 사용되는 모터의 종류는 [그림 5.2]와 같이 다양하다. 소형 드론에서는 코어리스 모터를 사용하고 대부분은 브러시리스 모터를 사용한다. 드론에 사용되는 모터는 인러너(inrunner), 아웃러너(outrunner), 코어(core), 코어리스(coreless) 모터 등으로 구분되고 각각 규격이 다양하므로 적합한 모터를 선정한다.

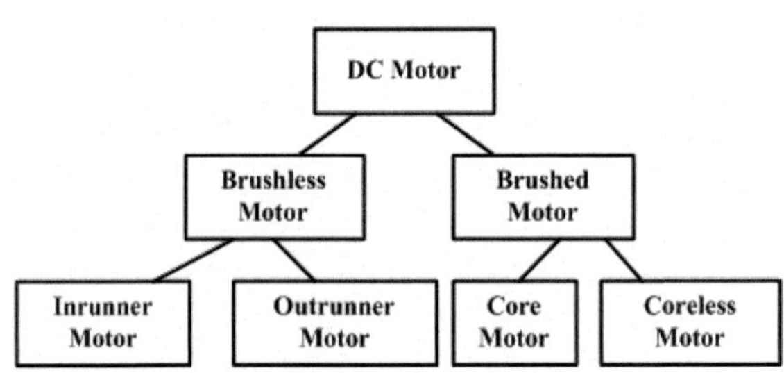

[그림 5.2] 직류 모터의 분류

1) 브러시 모터 Brushed Motor

금속으로 만들어진 브러시가 회전축과 접촉하는 방식으로 전극을 바꿔서 영구 자석을 회전시키는 모터이다. 두 개의 금속판이 회전축을 교대로 접촉하면서 전류가 바뀌기 때문에 물리적인 마찰로 인하여 금속이 마모되고 소음이 많이 발생한다. 초소형 드론에 주로 사용된다.

(1) 코어 모터 Core Motor

브러시가 모터 회전축과 마찰하므로 열과 소음이 발생하므로 열효율이 60%로 낮다. 드론에서는 잘 사용하지 않는다.

(2) 코어리스 모터 Coreless Motor

회전축에 철심이 없이 코일만으로 회전하기 때문에 코어 모터에 비하여 효율이 70% 정도로 높다. 대신 소형 모터로 제작되기 때문에 완구용 등 초소형 드론 제작에 사용된다.

2) 브러시리스 모터 Brushless Motor

반도체를 이용하여 전자적으로 전류의 흐름을 바꾸기 때문에 브러시가 필요하지 않다. 브러시에 의한 물리적인 마찰과 소음이 없어서 효율이 80% 정도로 높다. 효율과 내구성이 좋아서 대부분의 드론에서 사용된다.

Specification:
- Diameter: 27.9mm
- Length: 39.7mm
- Weight: 55g
- KV: 935
- 3S(Lipo): 1045 Prop
- 4S(Lipo): 8045 Prop
- ESC Recommended: 20A-30A
- MAX Thrust: 860G

[그림 5.3] BLDC 2213-935kv 모터

(1) 내부회전 모터 Inrunner Motor

전자석이 외곽에 고정되어 있고 중심축에 있는 영구 자석이 회전하므로 모터의 지름이 작아서 큰 힘을 내지 못한다. 대신 제어가 잘되기 때문에 민첩한 속도 전환이 필요한 분야에 적합하다. 섬세한 제어가 필요한 레이싱, 곡예 비행용 등으로 사용된다.

(2) 외부회전 모터 Outrunner Motor

전자석이 중심축에 고정되어 있고 외곽의 영구 자석이 회전하므로 모터 지름이 커서 큰 힘을 발휘한다. 큰 힘을 발휘하므로 무거운 물체를 나르는 드론에 적합하다.

3) 모터 선정 기준

모터를 선정할 때는 변속기와 배터리와 프로펠러 선정을 고려해야 한다. 모터 선정 시 주의할 사항은 다음과 같이 여러 가지가 있다. 모터를 선정할 때 가장 중요한 요소는 드론의 중량, 배터리 전압, 프로펠러 크기, 변속기 용량 등이라고 할 수 있다.

(1) 드론의 중량

[그림 5.3] 모터의 최대 추력(thrust)는 860G이고 자체 무게는 55g이다. 쿼드콥터를 만들 때는 드론의 중량을 4개의 모터가 부담해야 하므로 중량을 4로 나눈 값이 모터의 추력이 되어야 한다. 드론의 중량이 1,000g이라면 전체 추력은 2배수인 2,000g을 넘어야 한다. 따라서 모터 하나의 추력은 2,000/4 = 500G가 넘어야 한다. 모터들 중에서 추력이 500G가 넘는 제품을 찾아야 한다.

(2) 배터리 셀

모터마다 지원되는 배터리의 셀 수가 지정되어 있으므로 사용할 배터리 규격을 감안해야 한다. 모터가 몇 셀의 배터리에서 동작하는지 감안해야 한다. 2-3셀에서 동작하는 모터도 있고, 3셀에서만 동작하기도 하고, 3-4셀에서 동작하는 모터도 있다. 3셀에서 동작시키려면 3셀에 적합한 변속기와 프로펠러를 같이 고려해야 한다.

(3) 프로펠러

모터가 지원할 수 있는 프로펠러의 규격이 지정되어 있으므로 사용할 프로펠러를 감안하여 모터를 선정해야 한다. [그림 5.3]의 모터 크기는 2213이고 회전수는 935kv이다. 3셀에서는 1045 프로펠러를 사용하고 4셀에서는 8045 프로펠러를 사용하라고 적혀있다. 즉 12V에서는 10인치 프로펠러를 사용하고 16V에서는 8인치 모터를 사용하라는 것이다. 즉 이 모터는 12V와 16V에서 모두 구동할 수 있는데 12V에서는 큰 프로펠러를 사용하고 16V에서는 작은 프로펠러를 사용하라는 뜻이다.

(4) 변속기

모터에 전기를 공급하는 것은 변속기이므로 이 모터 구동을 위하여 소요되는 암페어 수가 지정되어 있다. [그림 5.3]에서 이 모터는 20A에서 30A 사이의 변속기를 추천하고 있으므로 이 암페어 수를 공급할 수 있는 변속기들을 감안해서 모터를 선정한다. 배터리의 셀 수가 높으면 변속기가 5V 전원을 공급하기 위하여 많은 열을 발산시켜야 한다. 따라서 셀 수가 높은 배터리를 사용하려면 BEC 형 변속기보다 OPTO 형 변속기를 선정해야 한다.

The voltage (V)	Paddle size	current (A)	thrust (G)	power (W)	efficiency (G/W)	speed (RPM)
11.1 3 Cell	EMAX8045	1	110	11.0	10.0	3650
		2	200	22.0	9.1	4740
		3	270	33.0	8.2	5540
		4	330	44.0	7.5	6200
		5	380	55.0	6.9	6700
		6	420	66.0	6.4	7150
		7.3	470	81.0	5.8	7400
	EMAX1045	1	130	11.0	11.8	2940
		2	220	22.0	10.0	3860
		3	290	33.0	8.8	4400
		4	360	44.0	8.2	4940
		5	430	55.0	7.8	5340
		6	490	66.0	7.4	5720
		7	540	77.0	7.0	5980
		8	580	88.0	6.6	6170
		9	620	99.0	6.3	6410
		9.5	640	105.5	6.1	6530
14.8 4 Cell	EMAX8045	1	130	14.8	8.8	3900
		2	230	29.6	7.8	5180
		3	310	44.4	7.0	6000
		4	390	59.2	6.6	6610
		5	470	74.0	6.4	7200
		6	530	88.8	6.0	7570
		7	580	103.6	5.6	7910
		8	630	118.4	5.3	8230
		9	670	113.2	5.0	8500
		10	700	148.0	4.7	8780
		10.7	720	158.4	4.5	9030

[그림 5.4] EMAX MT2213 935kv 모터의 추력 특성

[그림 5.4]는 EMAX MT2213 935kv 모터의 특성을 보어준다. 3셀의 8045 프로펠러에서는 1A의 전류가 흐를 때 효율이 10.0으로 가장 높고, 전류가 많이 흐를수록 효율이 5.8로 떨어진다. 3셀의 1045 프로펠러에서도 전류가 1A일 때 효율이 11.8로 가장 높고, 전류가 많이 흐를수록 효율이 6.1로 떨어진다. 4셀에서도 8045 프로펠러에서 전류가 1A일 때 효율이 8.8로 가장 높고, 전류가 많이 사용될수록 효율이 4.5로 절반 정도로 떨어진다. 500G 정도의 추력을 얻자고 할 때 3셀의 8045 프로펠러는 90W 이상의 전력을 소비해야 하고, 3셀의 1045 프로펠러에서는 70W 정도의 전력을 소비하고, 4셀의 8045 프로펠러에서는 약 80W 정도의 전력을 소비한다. 이것으로 볼 때 셀 수가 많고 긴 프로펠러를 사용하는 것이 전력을 적게 소비하는 것을 알 수 있다.

5.4 변속기

변속기(ESC, Electric Speed Controller)는 브러시리스 모터(BLDC)를 구동하기 위하여 배터리의 직류 전기를 교류로 변환하는 장치이다. 비행제어기의 PWM 신호를 받아서 모터의 속도를 조절하는 장치이므로 변속기라고 한다. 또한 드론에서 사용하는 비행제어기, 센서, 수신기 등을 위하여 5V 전기를 공급하기도 한다.

5.4.1 변속기 종류

변속기는 드론에서 사용하는 5V 전기를 공급하는 BEC 형과 공급하지 않는 OPTO 형으로 구분된다. 대부분의 변속기들은 5V 전기를 공급하는 BEC 형이다. BEC(Battery Eliminator Circuit)는 배터리 절감 회로라는 뜻으로 역사적으로 모형(RC, Radio Control) 비행기/자동차에서 사용하던 용어이다. RC에서는 모터가 하나이고 변속기도 하나이기 때문에 간편하게 12V와 5V를 하나의 변속기에서 공급하려고 만든 회로이다. 그러나 멀티콥터에는 변속기들이 여러 개이기 때문에 모든 변속기들이 5V 전압을 비행제어기에 공급할 필요가 없으므로 하나의 변속기에서만 공급한다.

1) BEC 형 변속기

브러시리스 변속기 Brushless Speed controller 30A

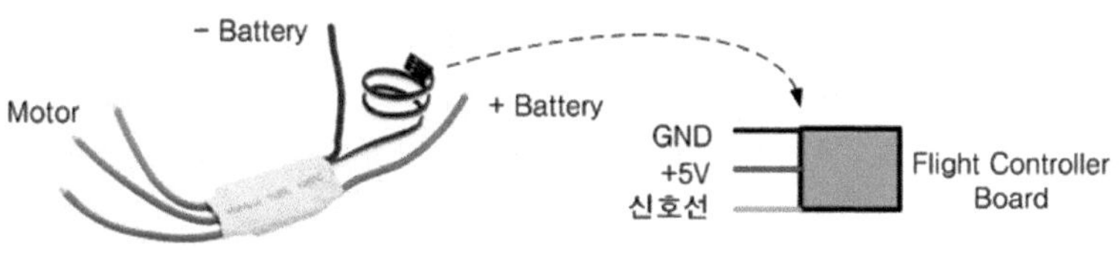

Specification:
Weight: 25g
Dimensions: 45 x 24 x 11mm
Power input: 5.6V - 16.8V (2-3 cells Li-Poly, OR 5-12 cells Ni-MH Ni-MH / Ni-Cd battery)
BEC: 2A
Constant current: 30A (Max 40A less than 10 seconds)

[그림 5.5] BEC 형 변속기

BEC 형 변속기는 비행제어기와 수신기 등에서 사용하도록 [그림 5.5]와 같이 5V를 출력하는 저 전력 전선을 갖고 있다. 주의할 사항은 변속기가 4개 이므로 4개의 5V 전선을 모두 비행제어기에 연결하지 말아야 한다. 유사한 전압 4개가 각각 비행제어기에 공급되면 작은 충돌로 인하여 전기적 간섭이 생길 수 있기 때문이다. 이 변속기는 2셀과 3셀의 리튬-폴리머 배터리를 사용할 수 있으며, BEC으로 2A의 전류를 공급한다.

2) OPTO 형 변속기

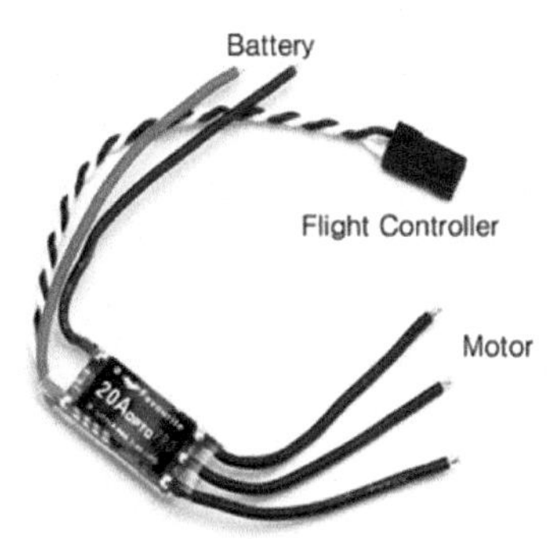

[그림 5.6] 5V를 공급하지 않는 OPTO 형 변속기

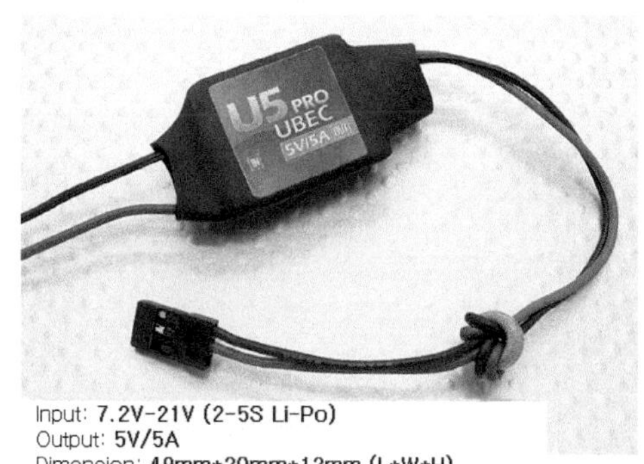

U5 PRO UBEC
5V/5A
Input: 7.2V-21V (2-5S Li-Po)
Output: 5V/5A
Dimension: 49mm*20mm*12mm (L*W*H)
Weight: 11.5g (wires included)

[그림 5.7] 5V만 공급하는 UBEC

OPTO 형 변속기는 [그림 5.6]과 같이 비행제어기로 5V를 공급하는 전선이 없다. 비행제어기로 연결되는 전선에는 접지선과 신호선 밖에 없다. 그 이유는 4 셀(16V) 이상의 고 전력을 사용하는 드론에서 5V로 전압을 강하하려면 전압 차이가 커서 열손실이

많이 발생하고, 발열로 인하여 비행제어기에 전파 간섭을 일으키기 쉽다. 변속기 안에서 5V로 전압을 강하하지 않으면 전파 간섭이 없어진다. 대신에 비행제어기, 수신기, 센서 등에서 사용할 5V는 [그림 5.7]과 같이 별도의 BEC이나 UBEC에서 공급한다. 따라서 높은 전압을 사용하는 드론에서는 OPTO 형 변속기를 사용하고 높지 않은 전압을 사용하는 드론에서는 BEC 형 변속기를 사용한다.

드론이 크면 큰 모터를 사용하고, 높은 전압을 사용한다. 4 셀(16V) 이상의 배터리를 사용하려면 OPTO 형 변속기와 함께 별도의 BEC/UBEC을 사용한다. 드론이 작으면 작은 모터를 사용하고, 전압도 높지 않으므로 BEC 형 변속기를 사용한다. 크기에 따라서 BEC가 공급하는 전류의 크기를 선정해야 한다. [그림 5.7]의 UBEC은 5V 5A의 전류를 공급한다.

5.5 프로펠러

프로펠러는 공기역학적으로 물리적인 추진력을 발생하는 장치이므로 에너지 효율에서 매우 중요하다. 멀티콥터에서는 RC에서 사용하는 프로펠러를 사용하고 있다.

5.5.1 프로펠러 특성

프로펠러는 공기역학적으로 추력을 발생하는 장치이므로 비행에서의 역할이 매우 중요하다. 프로펠러는 비행 효율에 큰 영향을 주무로 비행 목적에 따라서 잘 선정해야 한다.

(1) 직경과 피치

프로펠러의 직경이 클수록 추력이 커지고 피치(pitch)가 높을수록 속도가 빨라진다. 직경이 크고 피치가 낮을수록 에너지가 절약되기 때문에 장거리 용도로 사용된다. 직경이 작으면 추력을 유지하기 위해 모터 속도를 높여야 한다. 레이싱 드론처럼 기민하게 기동해야 하는 드론은 작은 직경의 큰 피치의 프로펠러를 사용한다.

모터와 변속기가 고정되었을 때 전압이 낮으면 직경이 큰 프로펠러를 설치해야 하고, 전압이 높으면 작은 프로펠러를 사용해도 된다. 예를 들어, 배터리가 3셀에서 10인치 프로펠러를 사용한다면 4셀에서는 8인치를 사용한다.

(2) 잎 blade의 종류

멀티콥터의 프로펠러는 잎이 2-3개인 것이 주종을 이룬다. 잎이 많을수록 추력이 높아지는 대신 에너지가 많이 소모되는 단점이 있다. 에너지 효율보다 추력이 필요할 때는 잎의 수가 많은 프로펠러를 사용한다. 에너지 효율이 중요할 때는 잎의 수가 적어야 좋다.

(3) 접이식 Folding blade

접이식은 프로펠러가 추락했을 때 땅에 닿아서 손상되지 않도록 접히는 프로펠러이다. 이동할 때 접으면 크기가 작아지므로 이동 시에 선호하는 경향이 있다. 견인식 프로펠러는 비행기가 추락 시에 손상을 입기 쉬우므로 접이식을 사용하는 경향이 있다. 추진식 프로펠러는 추락 시에 프로펠러가 손상되지 않으므로 접이식을 사용하지 않는다.

(4) 밸런싱

프로펠러가 대량 생산되기 때문에 저렴한 프로펠러는 균형이 안 맞는 경우가 있다. 프로펠러를 사용하기 전에 [그림 5.8]과 같은 밸런서를 이용하여 항상 균형을 잡아주어야 한다. 균형이 맞지 않으면 진동이 발생하고 비행제어기에 나쁜 영향을 주고 오류를 야기할 수 있다. 프로펠러 균형기를 사용해서 균형을 맞추어야 한다. 무게를 조정하려면 테이프를 붙이는 방법과 두터운 부분을 사포로 밀어주는 방법이 있다. 중심부보다 당연히 끝으로 갈수록 양력에 대한 영향이 크다.

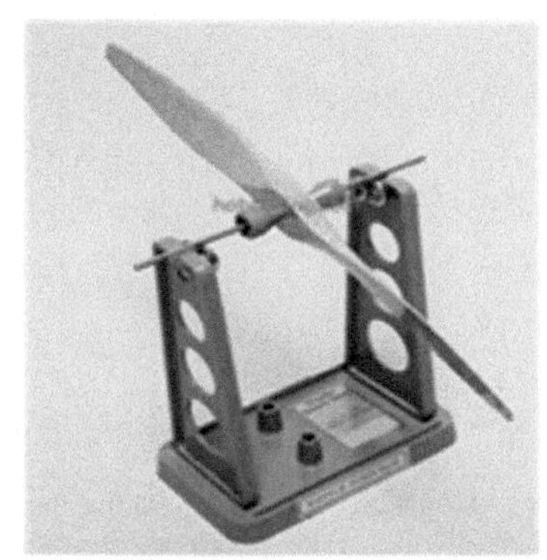
[그림 5.8] 프로펠러 밸런서

5.5.2 프로펠러 소재

프로펠러는 비행기의 추력을 결정하기 때문에 에너지 효율과 관계가 깊다. 선박에서 스크류의 역할과 동일하게 같은 에너지로 많은 추력을 내도록 설계하는 기술이 필요하다. 다른 부품과 달리 프로펠러 제조에는 많은 기술력이 필요하다. 프로펠러의 소재는 바람을 강하게 밀어내야 하므로 강도와 내구성이 높고 가벼워야 한다.

(1) **플라스틱** Plastic

플라스틱 사출기로 만든 프로펠러가 가장 많이 사용된다. 가격이 저렴하고 비행성이 좋으며 내구성도 좋다. 추락할 때 가장 많이 망가지는 부품이므로 연습할 때는 충분히 보유해야 한다.

(2) **탄소섬유** Carbon Fiber

가볍고 단단하기 때문에 비행성이 좋은 장점이 있는 대신 개인이 제작하기 어렵다는 단점이 있다. 대량 주문을 하기 전에는 구매하기 어렵다.

(3) **유리섬유강화플라스틱** glass FRP

탄소섬유 같은 재질로 만든 프로펠러이므로 가볍고 강도가 높고 비행성이 좋다. 제작하기 어렵기 때문에 비용이 높다.

(4) **목재** wood

플라스틱처럼 대량 생산이 어렵기 때문에 가격이 높아서 사용도가 많이 줄었다. 튼튼하고 구부러지지 않아서 RC에서는 아직도 사용하고 있다.

초보자들이 연습할 때 또는 새로운 규격의 비행기를 날릴 때는 플라스틱을 사용하고 비행 실력이 향상되면 탄소섬유, 유리섬유, 목재 등의 가격이 높은 프로펠러를 사용한다.

5.5.3 프로펠러와 모터의 관계

〈표 5.1〉 프레임, 모터, 프로펠러의 조합

프레임	모터	모터 회전수	프로펠러	변속기	무게
150급	1306이하	3000kv이상	3인치이하	9A	250g
180급	1806	2600-3000	4인치	10A	300g
250급	2204	2300kv	4.5-6인치	12A	400g
350	2208	1600kv	6-7인치	18A	600g
450	2212	1000kv이하	8-10인치	20A	800g
550	2212이상	950kv이하	9-11인치	25A	1200g

〈표 5.1〉은 프로펠러와 드론의 크기, 모터 규격과의 관계를 보여준다. 드론의 크기가 클수록 모터의 크기와 프로펠러의 크기, 변속기 전류 등이 모두 커지지만 모터 속도는 느려지는 것을 볼 수 있다.

〈표 5.2〉 프로펠러, 전압, 전력, 전류의 조합

프로펠러	전압	전력	전류	비고
8x4	11.1V	121W	11A	
8x4	14.8V	251W	17A	
9x6	11.1V	178W	16A	
9x6	14.8V	355W	24A	
10x5	11.1V	200W	18A	
10x5	14.8V	385W	26A	
12x6	11.1V	266W	26A	

〈표 5.2〉는 프로펠러와 전압, 전력, 전류의 관계를 보여준다. 프로펠러가 커질수록 전류의 량이 증가하는 것을 볼 수 있다. 같은 크기의 프로펠러를 사용하더라도 배터리 전압을 높여주면 프로펠러가 소모하는 전력이 훨씬 크게 증가하는 것을 볼 수 있다. 실례를 들면, 8x4 프로펠러를 11.1V 배터리로 사용하면 121W의 전력을 소모하지만

14.8V 배터리를 사용하면 두 배가 넘는 251W의 전력을 소비한다. 9x6 프로펠리와 10x5 프로펠러의 경우에도 유사하게 전력이 많이 소비된다. 이 실험 자료를 보면 작은 크기의 프로펠러에 높은 전압을 사용하는 것보다 큰 크기의 프로펠러에 낮은 전압을 사용하는 것이 에너지 효율이 좋다는 것을 알 수 있다.

5.6 배터리

배터리는 드론에 동력을 제공하는 에너지 장치이다. 드론이 무거울수록 높은 전압과 많은 전류를 공급하는 배터리를 선정해야 한다. 배터리 종류는 많지만 최근 드론에서는 주로 리튬-폴리머(Li-Po, Lithium Polymer) 배터리를 사용하고 있다.

5.6.1 배터리 특성

배터리를 선정하는 기준은 전압, 용량, 방출율 등이다. 배터리를 사용할 수 있는 시간은 모터와 프로펠러에 따라서 다양하게 달라진다.

1) 배터리 규격

배터리는 직류 전기를 저장하는 장치이므로 저장하는 용량과 전압의 크기와 전류를 방출하는 비율이 중요하다. 따라서 모든 배터리 규격은 전압을 Volt로 용량을 Ampere로 방출율을 C로 기재한다.

(1) 배터리 전압

250급에서 550급 드론에서 사용되는 배터리들의 전압은 보통 3셀로 기준 전압이 11.1V이며, 550급 이상 되는 드론들은 4셀 이상으로 기준 전압이 14.8V 이상이 된다. 배터리 전압이 4셀 이상으로 높아지면 변속기는 BEC 형 대신 OPTO 형을 사용하고, 3셀과 4셀을 지원하는 모터도 달라지고, 전압이 높아질수록 회전 속도가 빨라지는 대신 프로펠러의 크기가 작아진다.

(2) 배터리 용량

250급 드론은 보통 1500mAh를 사용하고, 450급 드론은 2200mAh를 사용하고, 550급은 3000mAh 이상의 배터리를 사용한다. 이런 기준으로 배터리 용량을 선정하면 비행시간은 보통 5분에서 10분 사이가 된다. 더 긴 시간 비행하려면 용량이 큰 배터리를 사용해야 하는데 용량이 큰 배터리는 무거워서 전기를 많이 소모하므로 용량을 마구 늘릴 수만은 없다.

(3) 배터리 방출율

방출율이 30C라고 하는 것은 배터리의 전력을 자체 기준 전력의 30배를 출력할 수 있다는 의미이다. 1500mAh 배터리를 10C로 사용한다는 것은 1C로 사용했을 때 1시간 사용할 수 있으므로 10C로 사용하면 1C/10C = 1500mAh/15000mAh = 0.1시간 = 6분이므로 6분간 비행할 수 있다. 30C로 비행한다면 1C/30C = 1500mAh/45000mAh = 1/30시간 = 2분이므로 2분간 사용할 수 있다. 그러나 스로틀을 계속 최대로 올려서 비행하는 경우가 많지 않으므로 평균적으로는 더 오래 비행할 수 있다.

배터리 종류는 여러 가지가 있으나 이제는 대부분 리튬폴리머(Li-Po) 전지를 사용한다. 배터리에서 주의할 사항은 전압(셀의 수)과 용량과 방출율이다. [그림 5.9]의 배터리는 3셀이므로 기준 전압이 11.1V이고, 용량은 1300mAh이고, 방출율이 30배인 리튬폴리머 전지이다. 그림에서 사용하는 커넥터는 딘스 잭이므로 다른 형태의 잭을 사용하려면 연결하는 별도의 잭을 구해야 한다. 이 배터리를 충전하려면 충전 밸런스의 전선이 4개인 잭을 찾아야 한다. 배터리 용량이 커지면 무게가 많아지므로 비행제어기의 PID 값을 조정해주어야 비행성이 개선된다.

방출율 30C는 비교적 높은 방출율이므로 멀티콥터에서 충분히 사용할 수 있다. 단 용량이 1300mAh이므로 비행할 수 있는 시간이 짧으므로 비행시간을 계산해서 비행해야 한다.

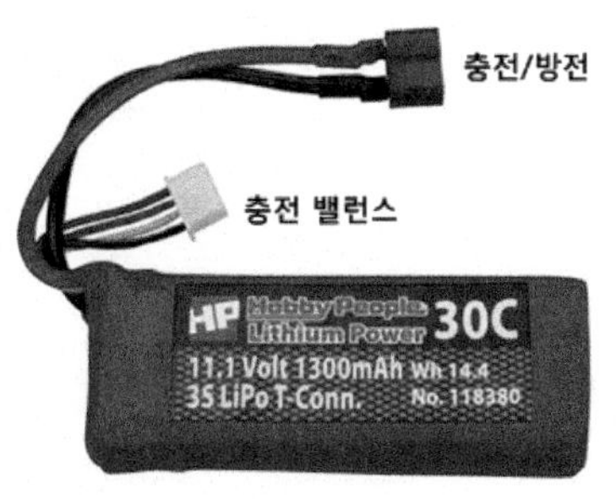

[그림 5.9] Li-Po 3셀 배터리

2) 배터리 정비

(1) 배터리 사용과 보관

리튬폴리머 배터리는 전압이 너무 낮아지면 충전이 되지 않는다. 따라서 항상 최고 전압의 약 80% 이하에서는 사용하지 않는 것이 좋다. 3셀 배터리의 최고 전압은 4.2V*3셀 = 12.6V이므로 12.6V*0.8 = 10.08V 이하에서는 사용하지 않는 것이 바람직하고 75%(9.45V)에서는 사용하지 말아야 한다. 75% 이하로 떨어질수록 충전되지 않을 가능성이 높다. 배터리를 장기 보관할 때는 완전 충전하지 말고 최고 전압의 약 80% 즉 12.6V*0.8 = 10,08V를 유지하는 것이 좋다.

(2) 전원 분배기 Power Distribution Board

배터리의 방전선 2개를 4개의 변속기에 연결할 수 없으므로 전원 분배기(배전반)을 사용한다. [그림 5.10]은 쿼드콥터에 사용되는 전원 분배기이므로 입력 단자가 8개이고 출력 단자가 8개이다. 어떤 전원 분배기는 5V 전력을 만들어주기 때문에 변속기나 UBEC의 5V를 사용하지 않아도 된다.

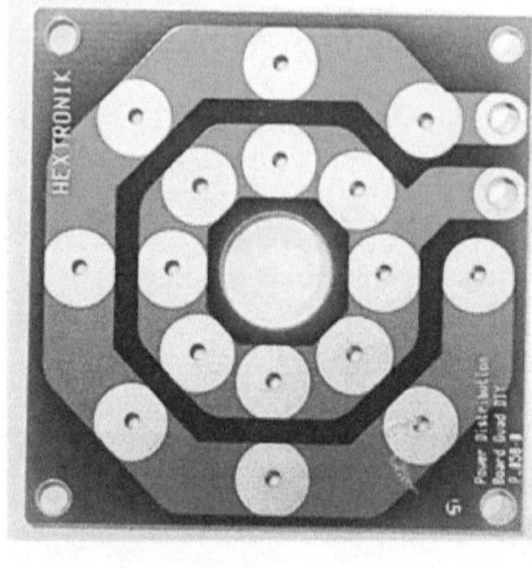

HEXTRONIK
Features:
Current: 8 x 20A outputs (MAX)
Power input: 8 x contact points
Power output: 8 x contact points
Dimensions: 50x50x2mm
Weight: 7.6g (PCB only)

[그림 5.10] 전원 분배기 PDB

5.7 비행제어기

비행제어기는 드론의 목적과 용도에 따라서 결정되므로 제작을 생각했을 때 이미 결정될 가능성이 높다. 비행제어기 용도는 비행제어 소프트웨어에 의하여 결정되며 비행제어 소프트웨어가 결정되면 비행제어기 하드웨어는 저절로 결정된다. 예를 들어 레이싱 드론을 만들고자 한다면 Betaflight 비행제어 소프트웨어를 사용하게 되고 Betaflight를 사용하려면 CC3D나 CRIUS의 F3나 F4 하드웨어를 구입하게 된다.

5.7.1 비행제어기 용도

드론의 목적은 크게 군사용과 민수용으로 구분되고, 민수용은 다시 완구용, 취미용, 업무용 등으로 구분되고, 업무용은 연구용, 레이싱용, 촬영용, 농업용 등으로 구분된다.

1) 완구용

드론에 가장 쉽게 접근하게 되는 것이 어린이들이 좋아하는 오락용이다. 가격도 저렴하고 조작이 간단하여 누구나 쉽게 날릴 수 있기 때문이다. 구조와 조작이 간단하고 쉽지만 오락용 드론도 비행기를 이해하고 공부하는데 아주 좋은 도구이다. 작은 드론은 손바닥 안에 들어오는 것으로 조종기가 있는 것이 공부에 도움이 된다. 다만 오락용 드론을 잘 날리는 것은 실제 드론을 잘 날리는 것과 거리가 멀다. 비행제어기가 이미 안정적으로 비행하게 설계되어 있기 때문에 조종사의 역할이 별로 없기 때문이다.

2) 취미용

취미용 드론을 즐기는 사람들은 동호회에 가입하여 전문 지식을 쌓고 익히면서 기술을 연마한다. 미국의 동호인들은 제트 전투기를 만들어서 공중에서 총을 발사하면서 공중전을 벌이기도 한다. 한국의 동호인들은 외국에 비하여 비록 수가 적고 활동이 활발하지 않지만 대학에 드론 학과가 만들어지고 있으므로 앞날을 기대해 본다.

(1) 비행용

오락용 드론이 아이들의 것이라면 취미용 드론은 어른들의 것이다. 비행 기술을 익혀서 난이도가 높은 비행 기술을 연마하려면 취미용 드론이 필요하다. 군대의 헬리콥터 조종사들도 취미용 헬리콥터를 구매하여 난이도가 높은 비행 기술을 즐기기도 한다. 공군에서 전투기를 몰던 조종사들도 취미용 전투기를 구입하여 주말이면 비행장에서 즐기는 것을 볼 수 있다. 그만큼 취미용 드론은 전문성이 있어서 가격도 비싸고 기능도 다양해서 익숙해지는 것이 쉽지 않다.

(2) 레이싱용

레이싱 분야에서는 Betaflight가 압도적으로 우세하다. 레이싱 환경은 민첩하게 비행해야 하고, 1인칭(FPV, First Personal View) 환경에서 비행하므로 영상 촬영과 영상 송수신 기능을 잘 지원한다. 레이싱 드론은 비행성이 우수하므로 비행 목적으로도 많이 이용된다.

3) 업무용

업무용으로 가장 많이 활용되는 분야는 군사용이지만 여기서는 민수용만 다룬다. 민수용 드론은 드론의 기능이 향상되면서 적용 범위가 점차 증가하고 있다.

(1) 교육/연구용

드론의 비행제어기를 공부하려는 사람들은 오픈 소스 비행제어 소프트웨어 중에서 Multiwii로 시작하는 것이 편리하다. Multiwii 소스는 Windows 환경으로 잘 공개되어 있고 사용하는 Arduino는 이미 널리 보급되어 있다. 아두이노는 스케치 IDE가 C 언어를 지원하고 있으므로 접근성이 좋고 프로그램을 이해하기 용이하다.

Pixhawk는 성능이 좋은 오픈 소스 비행제어기이므로 연구용으로 사용된다. Linux 환경에서 동작하기 때문에 Windows에서 동작하는 Multiwii보다 접근성이 떨어지지만 사업용으로 사용하기 위해서는 Pixhawk를 공부하는 것이 필요하다.

(2) 촬영용

드론은 방송용, 광고용, 기록용 등 다양한 업무에서 촬영용으로 가장 많이 사용되고 있다. 업무용 드론에는 주로 Pixhawk가 사용되고 있다. 원래 연구용으로 개발되어 다양한 기능이 많이 있으므로 업무용과 촬영 목적의 드론에 가장 적합하다고 할 수 있다.

(3) 농업용

농업용 드론은 업무용이기 때문에 Pixhawk가 많이 사용되었으나 DJI가 농업용 드론에 진출하면서 시장이 바뀌었다. DJI에서 만든 비행제어기는 비료나 농약을 분무하기 위한 비행 분야에 전문성이 있어서 농업용 시장을 장악하고 있다. 예를 들어, 비행제어기 화면에 나온 지도 위에 경유 지점들을 찍어주면 드론이 정확하게 그 지점들을 비행하면서 비료를 뿌리거나 농약을 뿌리는 기능을 수행한다. 그러나 DJI는 비행제어를 공개하지 않고 있으므로 깊이 있게 사용하려는 고객들에게는 어려움이 많다.

5.8 센서

센서(sensor)는 온도, 압력, 속도와 같은 물리적인 환경정보를 전기적인 신호로 바꿔주는 장치이다. 공업이 발전하고 자동화가 진전되는 과정에서 센서들이 많이 개발되어 사용되고 있다. 드론에 사용되는 센서는 주로 자이로와 가속도계와 지자기계이다. 단순한 비행만 고려한다면 자이로와 가속도계만 있으면 된다. 그러나 GPS를 이용하고 특정한 방향을 따라서 비행해야 한다면 지자기계가 필요하다. 낮에 충돌을 방지하려면 초음파 센서가 필요하고, 야간 비행을 하려면 적외선 센서가 필요하다. 이와 같이 센서는 드론의 목적과 용도에 따라서 선정한다.

5.8.1 센서의 종류

드론의 자세를 안정시키기 위한 센서는 자이로와 가속도계로 충분하고, 방향을 따라서 비행하려면 나침판이 있는 센서가 있어야 한다. 특정 고도로 비행하기 위해서는 고도계가 필요하다.

(1) GY-521 : MPU-6050

[그림 5.11](a)의 MPU-6050은 3축 자이로와 3축 가속도 그리고 온도계를 가지고 있으므로 기본적인 비행을 하는데 충분하다. 온도계가 있는 이유는 자이로가 온도의 영향을 많이 받으므로 자세 보정을 위하여 온도계를 사용한다. MPU-6050은 초소형정밀

기계인 MEMS(Micro-Electro Mechanical Systems)로서 저렴하고 정확하여 많이 사용되고 있다.

(a) GY-521

(b) GY-86

[그림 5.11] 관성측정 센서

(2) GY-86

[그림 5.11](b)의 GY-86은 MPU-6050에 3축의 지자기계인 HMC5883L과 고도계 MS5611을 포함하고 있다. GPS를 이용하여 특정 지점을 비행하기 위해서는 지자기계인 HMC5883L이 필요하고 비행할 때 특정 고도를 유지하기 위해서는 고도계 BMP280 또는 MS5611을 이용해야 한다. GY-86의 단점은 GY-521보다 매우 비싸다는 점이다.

(3) BMP280

[그림 5.12]의 BMP280은 Adafruit 회사의 고도계이다. 고도 측정은 GPS로도 가능하지만 정확도 면에서 전문 고도계보다 못하다는 평가가 있다. 고도는 기압으로 측정할 수도 있고 인공위성의 GPS 전파를 수신하여 측정할 수도 있다. BMP280은 기압을 측정하여 hPa 단위로 고도 값을 얻을 수 있다.

[그림 5.12] BMP280

(4) HC-SR04 Ultrasonic Sensors 4pin

[그림 5.13]의 HC-SR04는 시장에서 거리 측정용으로 사용되는 가장 저렴한 초음파 센서이다. 측정 거리가 4미터 이하이므로 RC 자동차에서 충돌방지와 길 찾기 용도로 많이 사용된다. 비행기는 속도가 빨라서 활용도가 의심되지만 저속에서는 사용이 가능하다.

[그림 5.13] 초음파 센서

5.9 수신기/조종기

수신기는 드론의 부품이고 조종기는 드론과 분리된 별도의 통신 장비이다. 그러나 수신기는 조종기가 보내주는 조종 신호를 수신하여 비행제어기에 공급하는 수신 장치이다. 따라서 수신기는 조종기와 짝을 이루어 동작하기 때문에 수신기를 선정하는 것은 조종기를 선정하는 것과 같다. 조종기는 매우 고가이기 때문에 조종기를 이미 갖고 있으면 가급적 조종기의 짝이 되는 수신기를 선정하려고 한다. 그러나 드론 기종과 용도에 적합한 조종기를 다양하게 구비하게 되므로 수신기도 드론에 적합한 것으로 다양하게 선정하게 된다.

1) 조종기

조종기(transmitter)로 무선 항공기를 조종하기 위해서는 기본적으로 스로틀, 에일러론, 엘리베이터, 러더 등 4개의 채널이 필요하다. 그 밖에 스로틀 정지, 고도 유지, 듀얼 레이트(dual rate) 등의 스위치를 사용해야 하기 때문에 최소한 6개 이상의 채널이 필요하다. GPS HOME, RTH(Return To Home), 카메라 촬영을 위한 짐벌 조종 등을 위해서 각각 채널이 추가적으로 요구된다. 가격이 비싼 고가의 조종기들은 채널 수가 많은 반면에 초보자용들은 채널 수가 적고 가격이 저렴하다.

조종사가 비행기를 조종할 때는 조종기의 스틱과 스위치들을 감각적으로 조작하기 때문에 한번 조종기를 선정하면 거기에 익숙해지므로 다른 조종기로 바꾸는 것은 간단하지 않다. 특히 모드1 조종기로 시작하면 나중에 모드2로 변경하기 어렵다. 마찬가지로 모드2로 시작했다가 모드1으로 바꾸는 것도 쉽지 않다.

조종기의 종류는 채널 수로 구분되고, 용도별로 구분되고, 통신 프로토콜로 구분된다. 조종기의 용도는 기종에 따라 항공기용과 헬리콥터용으로 나누어지고, 용도에 따라 비행용, 레이싱용, 농업용, 화물용 등으로 구분되고, 보안과 안전을 위하여 통신 프로토콜별로 구분된다.

2) 수신기

수신기는 조종기에 의하여 결정되므로 수신기를 선정한다는 것은 조종기를 선정하는 일과 동일하다. 따라서 조종기를 선정하는 일이 우선적으로 중요하다.

대부분의 RC 송·수신기는 2.4GHz 에서 작동하며 주파수 호핑(hopping) 기술을 도입 한 새로운 프로토콜이 만들어진 후 무선 제어의 표준이 되었다. 기본적으로 다른 조종기와의 간섭을 피하기 위해 사용 가능한 채널을 자동으로 찾아 여러 드론들이 동시에 비행 할 수 있다.

3) 기본 프로토콜

조종기를 선정하는 것은 라디오 수신기의 프로토콜을 선정하는 것과 같다. 프로토콜은 송신기(조종기)와 수신기 사이에 정보를 교환하는 통신 규약으로 대표적인 것은 PWM, PPM, SBUS, DSMX 등이 있다. 이들의 특징을 살펴보고 자신의 드론에 적합한 프로토콜을 선택한다. PWM과 PPM은 송신기에서 수신기로 자료를 전송하는데 사용되는 가장 기본적인 무선 수신기 프로토콜이다. PWM은 펄스 폭 변조를 나타내고 PPM은 펄스 위치 변조를 나타낸다. [그림 5.14](a)는 초보자들이 많이 사용하는 Turnigy 9X 조종기를 위한 수신기이고 (b)는 Devo7 조종기를 위한 Welkera RX601 수신기이다.

(a) FlySky의 Turnigy 9X 수신기

(b) Welkera RX601 수신기

[그림 5.14] PWM과 PPM 수신기

다음은 시중에서 대표적으로 사용하고 있는 무선 수신기 프로토콜들이다.

(1) PWM Position Width Modulation

송신기의 스틱들은 모두 자체 케이블이 있어서 각 스틱들이 변화하는 값을 펄스의 폭으로 표현한다. 각 신호는 2ms 단위로 생성되어 전달된다. 1ms는 스틱이 최저 값이고 2ms는 최고 값으로 표현한다.

(2) PPM Pulse Position Modulation

송신기 스틱의 변화하는 값을 펄스의 위치로 표현한다. 1ms 위치에서 펄스가 나타나면 최소 값이고 2ms에서 펄스가 나타나면 최고 값으로 표현한다.

(3) PCM Pulse Code Modulation

송신기 스틱의 변화하는 값을 0과 1의 2진수 코드로 표현한다. 스틱이 변화하는 값을 2진수 코드로 만드는 방법은 매우 다양하기 때문에 외부에서 이 코드를 이해하기 어려워서 보안이 중요한 분야에 적합하다.

[그림 5.15](a)의 PWM 신호는 한 채널의 신호를 2ms 단위로 펄스의 폭을 표현하고, (b)의 PPM 신호는 한 채널의 신호를 펄스의 위치로 표현하면서 여러 개의 신호들을 묶어서 표현하고, (c)의 PCM 신호는 여러 개의 PPM 신호를 위치로 표현하지 않고 0과 1의 임의의 코드로 표현한다. PWM 신호는 한 개의 채널 신호만 표현하므로 각각의 모터들을 개별적으로 제어하고, PPM 신호는 한 개의 신호로 여러 개의 모터들을 제어할 수 있고, PCM 신호는 채널 신호를 코드화 하였기 때문에 외부에서 코드의 의미를 알 수 없기 때문에 자료 통신 차원에서 안전하다.

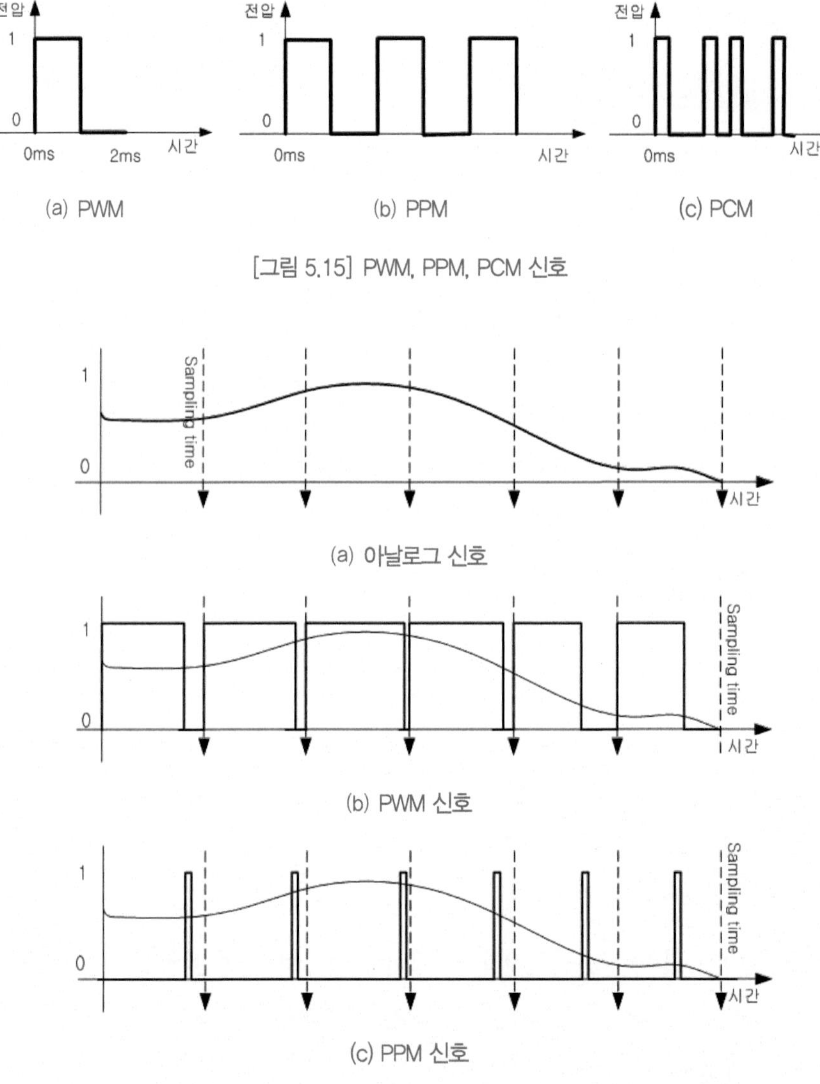

(a) PWM (b) PPM (c) PCM

[그림 5.15] PWM, PPM, PCM 신호

(a) 아날로그 신호

(b) PWM 신호

(c) PPM 신호

[그림 5.16] 아날로그 신호와 변환된 PWM 및 PPM 신호

[그림 5.16](a)는 조종기 스틱이 미끄러지면서 물리적으로 만들어지는 아날로그 신호이고, (b)는 아날로그 신호를 2ms 간격으로 샘플링해서 펄스의 폭으로 표현한 PWM 신호이고, (c)는 펄스를 위치로 표현한 PPM 신호이다. 스틱이 많이 움직일수록 PWM 신호의 펄스폭이 크고, PPM 신호의 위치가 2ms에 가깝게 발생한다. 조종기 스틱은 아날로그 신호를 만들고 조종기는 PPM 신호로 변환하여 수신기에게 전송하고 수신기는 다시 PWM 신호로 분리하여 서보, 변속기, 비행제어기로 보낸다.

3) 직렬 프로토콜

직렬 수신기는 송신기의 채널별로 여러 개의 케이블이 필요하지 않고 단지 비행제어기에 직렬 포트가 필요하다. 직렬 프로토콜 방식에는 [그림 5.17]과 같이 Futaba의 SBUS, Flysky의 IBUS, Graupner의 SUMD, Spektrum의 MSX 등의 수신기들이 있다.

(a) Futaba SBUS (b) Flysky IBUS (c) Graupner SUMD (d) Spektrum DSMX

[그림 5.17] 직렬 프로토콜 수신기

(1) SBUS

SBUS는 Futaba, FrSky 등에서 사용하는 직렬 프로토콜이다. 하나의 신호 케이블로 18개의 채널을 지원한다. SBUS는 역전된 UART 신호이다. 많은 비행제어기들이 UART 입력을 읽을 수 있으나 반전된 비행제어기(Naze32 Rev5)는 받아들일 수 없으며 반전이 필요하다. 그러나 F3와 Pixhawk는 전용 신호 변환기가 내장되어 있다.

(2) IBUS

IBUS는 flysky의 새로운 직렬 프로토콜이다. 데이터를 송수신할 수 있는 양방향 데이터 통신 수신기이다.

(3) SUMD

SUMD는 Graupner가 지원하는 직렬 프로토콜이다. SUMD는 신호 지연이 크지 않으며 SBUS와 비교할 때 신호 인버터가 필요하지 않다. PPM보다 해상도가 높고 지연이 적다.

(4) DSMX

DSMX는 Spektrum에서 지원하는 직렬 프로토콜이다. DMS2가 개선되어 DSMX가 출시되었으므로 동일한 신호 체계이다. DSM2는 간섭, 잡음 등에 강하다.

송수신기 통신에서 PWM와 PPM은 가장 기본적인 프로토콜이므로 가장 많이 사용되고 있다. 이들의 특징은 가장 저렴하다는데 있다. 초보자들이 사용하는 대부분의 조종기들은 PWM과 PPM을 위주로 지원된다. PCM은 신호에 민감한 헬리콥터 등에서 주로 사용한다. 직렬 프로토콜들은 대체로 가격이 고가이다.

이상과 같은 기자재 편성 작업을 수작업으로 수행하고 있지만 컴퓨터 프로그램으로 수행할 수도 있다. 실제로 복잡한 시스템을 제작하는 사업에서는 기자재 편성 프로그램을 컴퓨터 작업으로 수행하고 있다. [그림 5.18]은 대표적으로 드론 설계에 사용하는 eCalc 프로그램[4]이다. 쿼드콥터, 헥사콥터 등의 드론 형태와 350급, 450급 등의 크기와 주요한 특징들을 입력해주면 나머지 필요한 기자재 편성 작업들을 수행해주는 프로그램이다.

---

4 https : //www.ecalc.ch/xcoptercalc.php

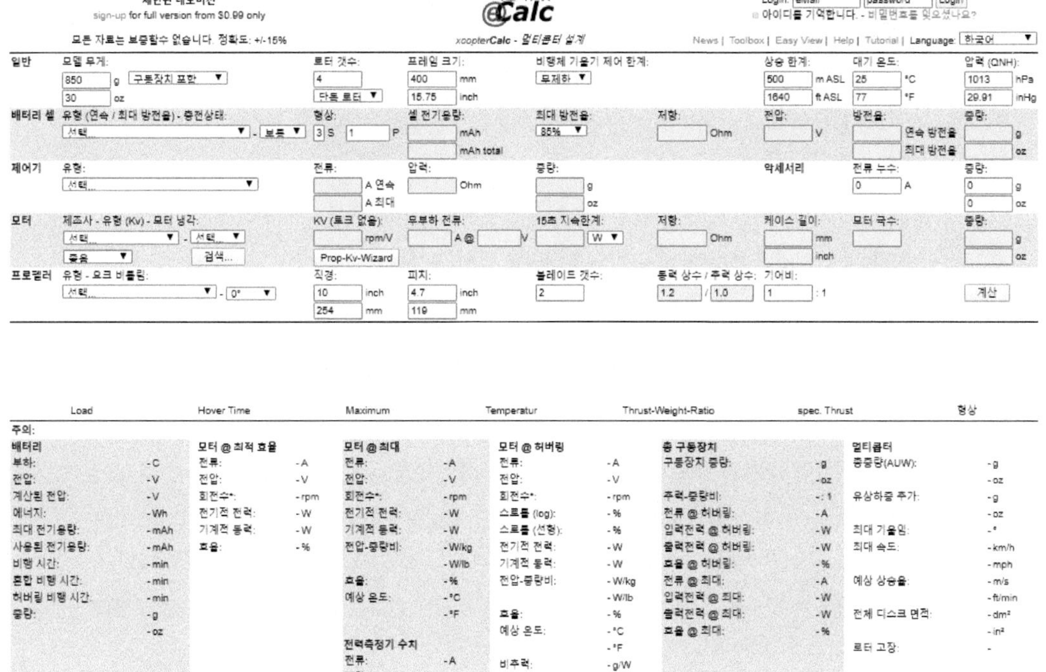

[그림 5.18] eCalc 프로그램

요약

- 기자재 편성의 목적은 가장 적합한 장치와 부품들을 선정하여 주어진 조건에서 최선의 시스템을 제작하는 것이다.
- 기자재 편성의 결과는 시스템 구성도와 전기 회로도와 부품 명세서 등이다.
- 모터를 선정하려면 변속기, 프로펠러, 배터리와 함께 고려해야 한다.
- 모터 명세에는 적절한 규격의 배터리와 변속기와 프로펠러에 대한 자료가 기술되어 있다.
- 변속기(ESC)는 BLDC를 구동하기 위하여 직류 전기를 교류로 변환하는 장치이다.
- 변속기는 5V를 제공하는 BEC 형과 5V를 제공하지 않는 OPTO 형이 있다.
- 배터리 전압이 (4셀 이상) 높으면 OPTO 형 변속기를 사용한다.
- 비행제어기는 드론의 용도에 맞게 선정해야 한다. 레이싱 용도라면 Betaflight, 업무용이라면 Pixhawk, 학습용이라면 Multiwii, 농업용이라면 DJI, 완구용이라면 Dronecode 등을 사용한다.
- 드론의 용도는 군수용과 민수용으로 구분된다. 민수용은 완구용, 취미용, 업무용으로 구분되고, 업무용은 촬영용, 농업용, 감시용 등으로 구분된다.
- 프로펠러는 화물용, 레이싱용 등 드론의 용도에 따라 선정한다. 화물용은 추력이 크고 오래 비행하는 것이 좋고, 레이싱용은 속도와 속도 변환이 모두 빨라야 한다.
- 조종기 선택은 드론의 용도에 따라 선정한다. 헬리콥터와 같이 민감하면 PCM 방식 조종기를 사용하고, 레이싱 같이 속도 변환이 민첩해야 하면 기능 설정이 자유로운 조종기를 사용한다.
- 수신기는 조종기 회사에서 공급하는 제품을 사용한다.
- eCalc는 기자재 편성을 위하여 컴퓨터 프로그램을 사용하는 대표적인 프로그램이다.

연습문제

1. 다음 용어들을 정의하시오.
   (1) BEC형 변속기
   (2) PWM
   (3) PPM
   (4) SBUS
   (5) 방출율

2. 기자재 편성의 목적과 절차를 설명하시오.

3. 프레임 소재들을 나열하고 장단점들을 비교하시오.

4. 모터를 선정하는 기준을 중요한 순서대로 설명하시오.

5. 내부 회전 모터와 외부 회전 모터의 특징과 용도를 설명하시오.

6. 변속기를 선정하는 기준을 중요한 순서대로 설명하시오.

7. 비행제어기를 선정하는 기준을 중요한 순서대로 설명하시오.

8. 프로펠러를 선정하는 기준을 중요한 순서대로 설명하시오.

9. 프로펠러 소재들을 나열하고 장단점을 비교하시오.

10. 프로펠러와 모터와 배터리의 선정 관계를 예를 들어 설명하시오.

11. 배터리를 선정하는 기준을 설명하시오.

12. 조종기를 선정하는 기준을 설명하시오.

연습문제

13. 센서를 선정하는 기준을 설명하시오.

14. 프레임을 선정하는 기준을 설명하시오.

15. 자신이 기본 설계한 드론의 기자재를 편성하시오.

16. eCalc를 어떤 목적으로 사용하는지 설명하시오.

CHAPTER 6

상세 설계

상세 설계는 제작을 위하여 수행해야 할 모든 일의 종류와 순서와 방법 등을 기술하는 일이다. 드론을 제작하기 위하여 필요한 설계도, 시스템 구성도, 배치도, 부품 명세서 등의 모든 서류를 작성한다. 상세 설계서를 보면 프레임을 재단할 수 있고 부품들을 설치할 수 있고, 드론을 제작할 수 있어야 한다. 상세 설계는 기본 설계를 기반으로 작성하고, 제작을 위하여 사용된다. 드론 규모가 작은 경우에는 기획서나 개념 설계를 보고 상세 설계를 할 수 있다.

6.1 개요

설계란 목적을 달성하기 위하여 해야 할 일들을 명확하게 설명하고 추진 방법을 기술하는 일이다. 상세 설계(detail design)는 드론을 물리적으로 제작을 할 수 있도록 작성하는 것이므로 실시 설계(working design, execution design)라고도 한다. 기본 설계가 모든 기능을 기술하는 것이라면 상세 설계는 드론을 제작할 수 있도록 모든 사항을 명확하게 기술해야 한다.

6.1.1 상세 설계

상세 설계는 객체 제작에 필요한 모든 정보를 기술하는 일이다. 객체를 만드는데 필요한 정보는 객체의 크기, 형태, 부품, 배치, 기간, 비용 등이 포함된다. 기본 설계서는 제작에 필요한 중요한 내용과 기능들을 명시하였으므로 상세 설계서는 그 기능들을 제작할 수 있도록 구체적이고 상세하게 객체의 세부 내용들을 작성한다. 드론을 위한 상세 설계는 드론의 크기, 형상, 중량, 소재, 부품, 배치, 추력, 전력, 기능, 비용, 일정 등의 모든 세부적인 내용을 기술한다.

상세 설계를 정의하면 다음과 같이 다양하다.

- 객체를 만드는데 필요한 모든 정보를 기술하는 일이다.
- 객체의 형상과 재료, 방법 등이 규정된 이후에 실제 제작 도면을 작성하는 일이다.
- 드론의 형상, 크기, 중량, 부품, 배치, 기간, 비용 등의 최적 안을 작성하는 일이다.

- 드론 제작을 위한 설계서, 도면, 시방서[1], 내역서, 구조 등을 작성하는 일이다.
- 드론을 조립하는 방법과 유지관리와 수리하는 방법과 사용자 사용법 등을 작성한다.
- 드론 제작이 가능한 구체적인 설계 문서이다.
- 기본 설계 다음 단계이며 제작을 위한 전 단계이다.

제4장의 〈표 4.1〉에서와 같이 상세 설계의 목적은 기본 설계에서 정의된 모든 기능들을 세부 적으로 정의하고, 기본 설계에서 확정된 외부 형상을 기반으로 세부 형상을 설계하고, 제작을 위한 모든 세부 사항들을 확정한다. 아울러 모든 기자재들에 대한 규격과 인터페이스를 정의한다. 기자재는 기계, 기구, 자재를 아우르는 말이다. 기자재 명세서는 부품 명세와 장비 명세와 소모품 명세가 포함된다.

6.1.2 상세 설계 절차

상세 설계 절차는 [그림 6.1]과 같이 기본 설계에서 확정된 형상을 세부적으로 확정하고, 드론의 크기에 따라서 중량을 결정하고, 드론의 중량에 따라서 추력과 전력을 계산한다. 부품들의 규격을 특정하면 부품들의 중량과 가격을 산출할 수 있으므로 비용 계획도 세울 수 있다. 앞에서 산출한 중량은 크기에 따라서 예상한 중량이지만 부품들이 특정되면 각 부품들의 무게를 합산할 수 있으므로 더욱 정확하게 중량을 계산할 수 있다. 앞에서 추산한 중량과 부품 무게를 합산한 중량의 차이에 따라서 다시 추력과 전력을 계산해야 하므로 상세 설계 절차는 차이가 없어질 때까지 반복된다.

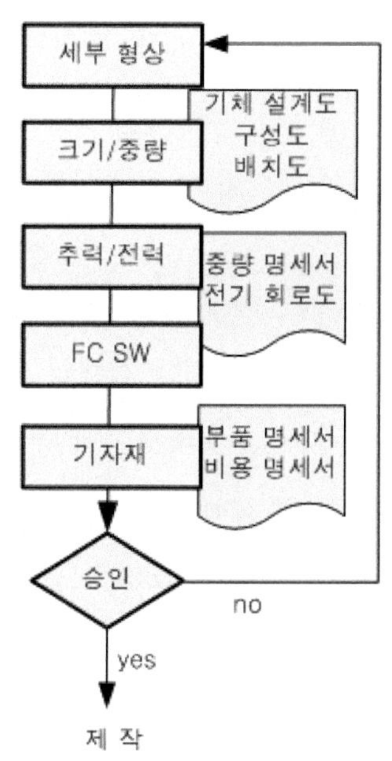

[그림 6.1] 드론 상세 설계 절차

1 시방서, 사양서, specification : 설계, 제조, 시공 등의 작업에서 도면으로 나타낼 수 없는 사항을 기술한 문서.

1) 상세 설계 보고서

드론 제작에 필요한 모든 서류의 집합체인 상세 설계 보고서는 다음 서류들을 취합한 것이다. 드론의 규모에 따라서 이들 중 일부만 필요하기도 하고 모두 필요하기도 하다.

(1) 기체 설계도 Frame Drawing

기체의 크기, 형상, 소재, 구조, 부품 그리고 제작과 조립 방법을 상세하게 기술한다.

(2) 시스템 구성도 Block diagram

시스템 구성도는 시스템을 구성하고 있는 요소와 요소들 간의 관계를 간략하게 그린 그림이다. 상세 설계의 시스템 구성도는 구성 요소들을 실제로 사용하는 장치와 부품 이름을 상자와 원을 이용하여 자세하게 작성한다.

(3) 부품 배치도 Base Material Layout

배치도(layout)는 제한된 공간 안에 객체들을 효율적으로 관리하기 위하여 배치하는 그림이다. 드론에서 상세 설계의 배치도는 기본 설계의 부품 배치도를 상세하게 작성하여 제작할 수 있는 도면으로 만드는 것이다.

(4) 중량 명세서 Weight Specification

중량 명세서는 객체의 총 중량이 어떻게 구성된 것인지를 세부적으로 기술한 것이다. 시스템 구성도와 부품 배치도를 기반으로 모든 부품들의 무게를 합하여 드론의 중량을 계산한다. 중량 명세서를 기반으로 추력을 산출하고 예상되는 소요 전력을 추산한다. 중량 명세서는 부품 명세서(BOM)의 일부분이 된다.

(5) 전기 회로도 Electric Network Diagram

전기 회로는 전기가 흐를 수 있도록 전원, 전선, 전기 장치들을 연결한 통로이고, 전기 회로도는 전기 회로에 사용된 장치들을 간단한 기호로 표시한 그림이다. 전기 회로도는 시스템 구성도와 부품 배치도에 있는 모든 장치들과 신호선과 전력선들을 기호를 이용하여 상세하게 작성한다.

(6) 부품 명세서 BOM, Bill of Material

부품 명세서는 객체를 구성하는 모든 부품들의 이름, 내용, 모델, 수량 등을 기술한 문서이다. 시스템 구성도와 부품 배치도와 전기 회로도를 기반으로 드론을 구성하는 모든 부품들을 상세하게 기술한다. 중량을 포함하면 중량 명세서가 되며, 가격을 포함하면 구매가 가능하도록 한다.

(7) 비용 명세서 Bill of Cost

비용 명세서는 드론 제작에 소요되는 모든 비용들의 내용을 기술하는 문서이다. 부품 명세서에 부품 가격을 추가하여 부품 비용을 계산하고 부품 이외의 소모품과 공구 등의 비용을 추가하여 모든 비용을 포함하는 명세서를 작성한다.

(8) 월간 및 주간 일정 계획서 Monthly & Weekly Schedule

드론을 제작하는데 소요되는 시간을 월간 단위와 주간 단위로 기술하고 작업의 종류와 필요한 인력을 포함하여 기재한다.

이들 설계도와 보고서들은 상세 설계서라는 이름으로 통합되어 사용된다. 상세 설계서에는 기획 단계부터 작성된 목적과 기능 등에 대한 서술적 설명서들이 포함된다.

6.2 형상 설계

개념 설계 또는 기본 설계에서 확정된 형상을 기반으로 상세 설계에서는 프레임 구조를 세부적으로 작성하여 확정한다. 여기서 사용하는 프레임의 재질은 편의상 목재이다.

6.2.1 기체 상세 설계도

멀티콥터 기체 설계의 시작은 가장 보편적인 쿼드콥터이다. 초보자들은 쿼드콥터 중에서 200급, 250급 또는 450급으로 시작한다. 기체가 450급 보다 더 크면 출력이 높아서 다루기 위험하고 200급보다 작으면 부품들이 너무 작아서 다루기 어렵기 때문이다. 쿼드콥터의 형태는 + 형태와 x 형태가 대표적인데 그 밖에 H 형태도 사용된다.

1) X-형태 200급 기체 설계 1

X-형태의 프레임을 만들기 위하여 두 개의 각목을 X 형태로 연결하면 [그림 6.7]과 같이 하판과 중판 사이에 공간이 없어서 배전반을 설치할 새로운 판을 추가로 만들어야 하는 불편함이 있다. 이 문제를 해결하기 위하여 4 개의 암(arm)들의 길이를 짧게 만들고 암들 사이에 공간을 만들어서 배전반을 설치하면 중간 층 하나를 설치하지 않

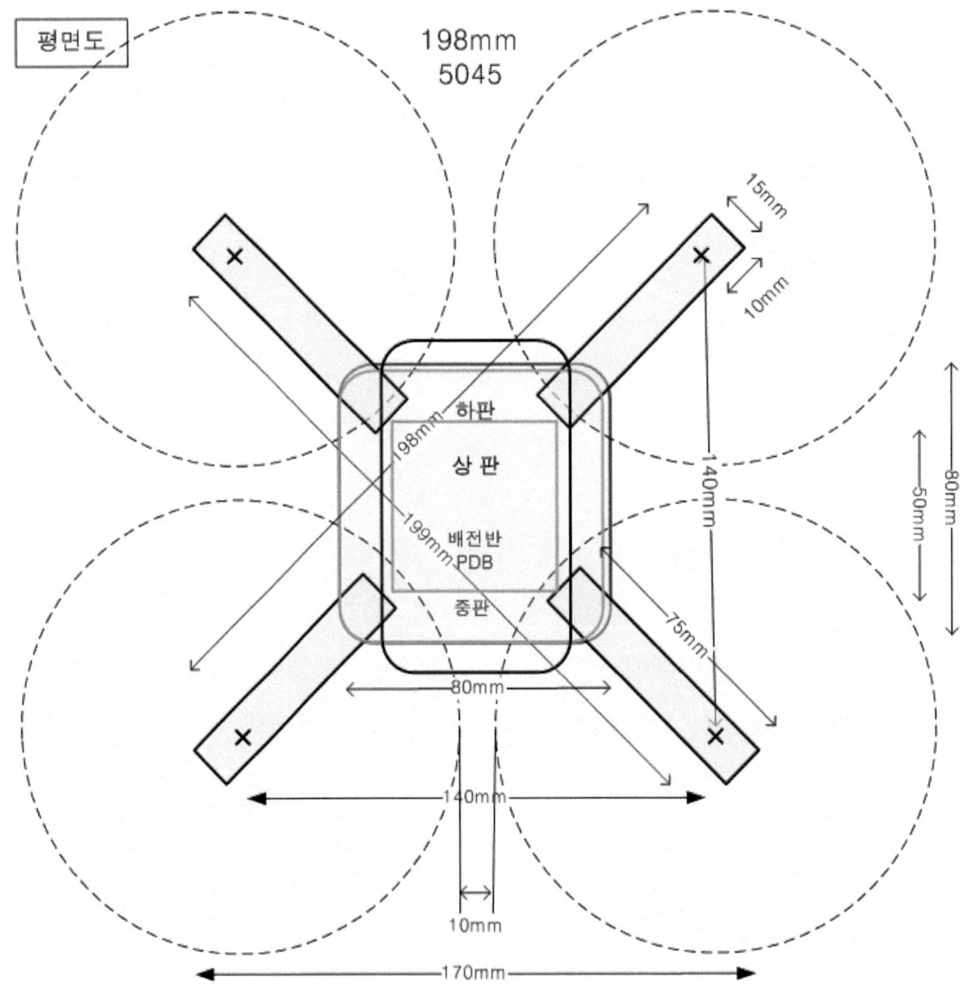

[그림 6.2] 4개의 arm이 분리된 200급 드론의 평면도

아도 된다. 이 방식은 드론 프레임에서 한 층을 줄일 수 있는 장점이 있다. 여기에 단점이 있다면 암(arm)들이 서로 연결되지 않아서 암들을 판재만으로 결합해야 하기 때문에 구조적으로 취약할 수 있다.

[그림 6.2]는 쿼드콥터를 위에서 내려다본 평면도이다. 모터 간의 거리를 확인할 수 있으므로 설치할 수 있는 프로펠러의 크기를 확인할 수 있다. [그림 6.3]은 쿼드콥터를 앞에서 정면으로 본 전면도이다. 그림과 같이 암들 사이에 50mm 정도의 공간이 있으므로 하판 위에 배전반을 설치할 수 있다. 상판 위에 배터리를 길게 설치하고 케이블 타이와 벨크로 테이프로 결박할 수 있다. [그림 6.4]는 이 쿼드콥터의 측면도이다. 이 방식의 장점은 드론의 높이가 낮고 기체 구조물이 작아지므로 중량이 가벼워지고 안정성이 높아지는 장점이 있다. 배터리가 위로 올라가므로 무게 중심이 높아진다.

5030 프로펠러의 길이는 2.54cm*5 = 12.7cm = 127mm이므로 두 프로펠러 사이의 남은 공간 거리는 140cm - 127mm = 13mm이다. 6인치 프로펠러를 설치하려면 암의 길이를 키워야 한다. [그림 6.4]와 같이 배터리를 상판 위에 설치하면 3개의 판재로 드론 구조를 완성할 수 있다. [그림 6.5]는 이 드론에 설치하는 판재들과 배전반(PDB, Power Distribution Board)의 크기이다. 상판에 배터리를 설치하는 것은 상판 위에 벨크로 테이프를 붙이고, 배터리는 벨크로 테이프로 만든 끈으로 묶는다.

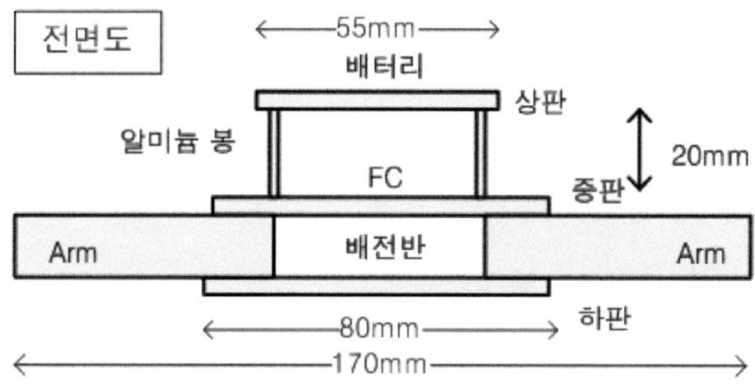

[그림 6.3] 4개의 arm이 분리된 200급 드론의 전면도

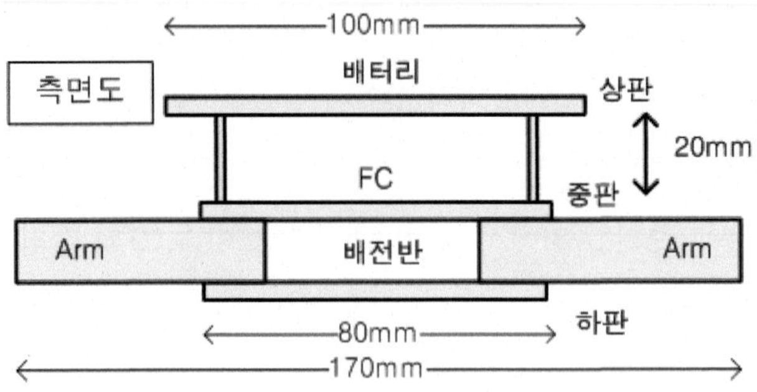

[그림 6.4] 4개의 arm이 분리된 200급 드론의 측면도

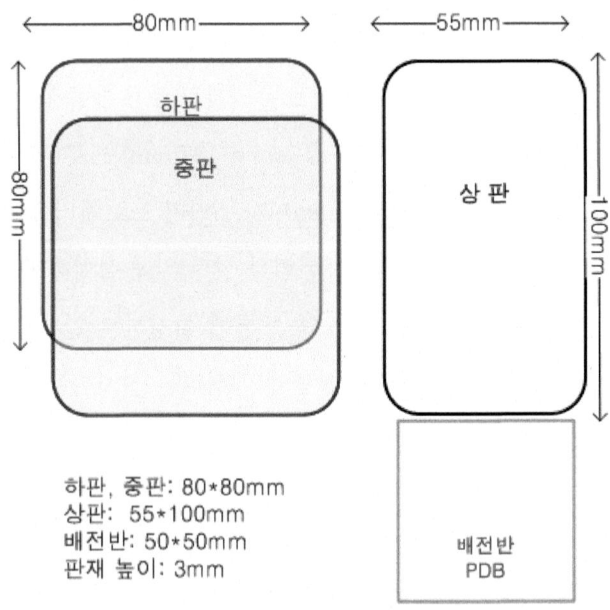

[그림 6.5] arm 사이에 공간이 있는 드론의 센터 마운트

2) X-형태 200급 기체 설계 2

[그림 6.6]의 쿼드콥터는 200급 X-형태 드론의 평면도이다. 15mm*15mm*198mm 길이의 각재 두 개를 X-형태로 연결하고 80mm 정사각형 판재를 위와 아래에 접착하여 구조를 만들기 때문에 [그림 6.2] 드론보다 구조가 튼튼하다. 하판과 중판 사이에 공간이 없으므로 50mm 정사각형의 배전반을 중판 위에 올려놓는다. 모터와 인접한 모터와의 거리는 140mm이므로 대각선으로 위치한 모터의 거리는 198mm이다. 모터에 5045 프로펠러를 설치하면 프로펠러 사이의 간격은 13mm 정도이므로 더 큰 프로펠러

를 설치하기는 곤란하다. 각재의 굵기는 가로*세로 15*15mm이고 판재의 두께는 3mm이다.

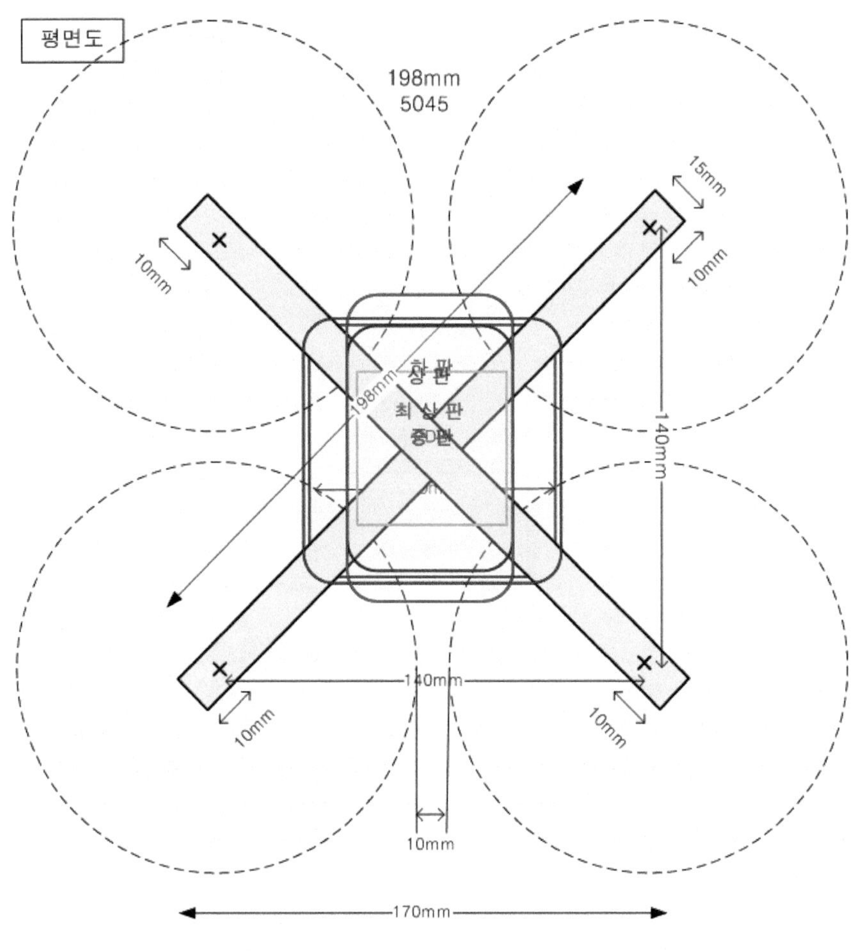

[그림 6.6] 200급 X-형태 드론의 평면도

기체를 설계하는 도면은 평면도와 전면도와 측면도 등 3개로서 이들을 합하여 삼면도라고 한다. 항공분야에서는 항공기 제작을 위하여 이들 삼면도로 기체를 설계한다. [그림 6.7]은 드론을 앞에서 바라본 전면도이고, [그림 6.8]은 옆에서 바라본 측면도이다. 판재가 4층을 이루므로 [그림 6.2] 드론보다 높다. 상판과 최상판 사이의 높이는 좀 더 줄일 수 있다.

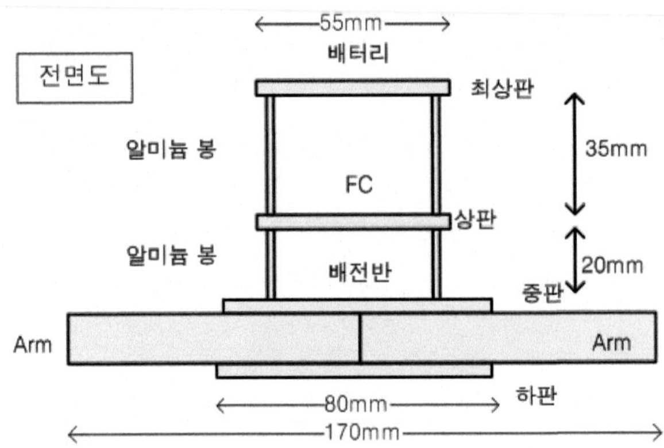

[그림 6.7] 200급 X-형태 드론의 전면도

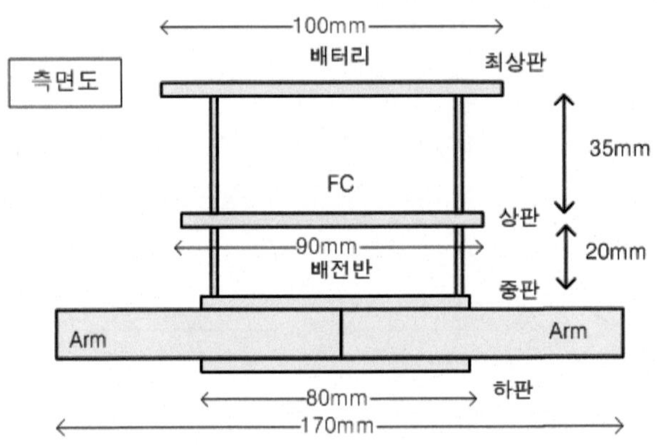

[그림 6.8] 200급 X-형태 드론의 측면도

[그림 6.9]는 암(arm)의 각재를 고정시켜주는 판재들이다. 하판과 중판은 가로*세로 80*80mm로 쿼드콥터의 구조를 만드는 목재이고, 상판은 비행제어기와 수신기, 센서 등을 설치하는 판재이고, 최상판은 배터리를 설치하는 판재라서 직각 사각형으로 길이가 100mm이다.

이 설계의 장점은 X-형태의 각재가 하나로 연결되고 짧은 각재도 밀착되어 있으므로 견고하다. 단점은 하판과 중판 사이에 공간이 없어서 중판 위에 배전반을 올려놓아야 하므로 판재를 한 층 더 설치해야 한다. 드론의 높이가 높아지므로 안정성이 감소한다.

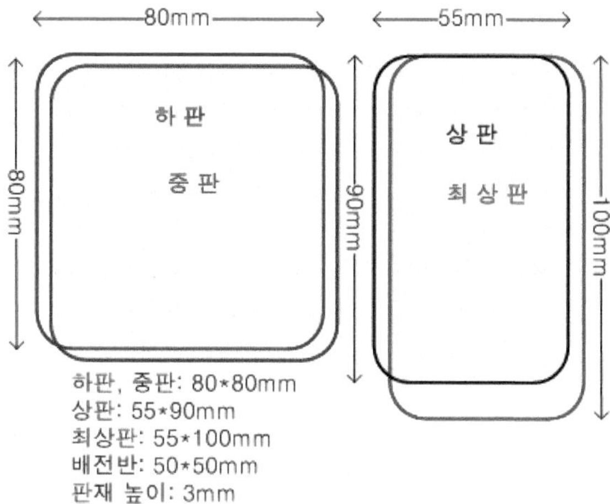

[그림 6.9] 200급 X-형태 드론의 판재

3) 고익기와 저익기

앞 절에서 설계한 드론은 배터리가 [그림 6.8]과 같이 최상판 위에 설치되었으므로 무게 중심이 높아서 저익기라고 할 수 있다. [그림 6.10]과 같이 배터리를 상판 위에 장착하는 저익기의 경우에는 배터리의 안전을 위하여 길고 튼튼한 스키드를 만들 필요가 없다. 착륙 시에 지면과의 완충을 위하여 고무와 같은 재료로 짧은 길이의 쿠션을 암(arm) 아래에 부착한다. 저익기는 안정성 보다는 비행성에 우선을 두는 항공기이다.

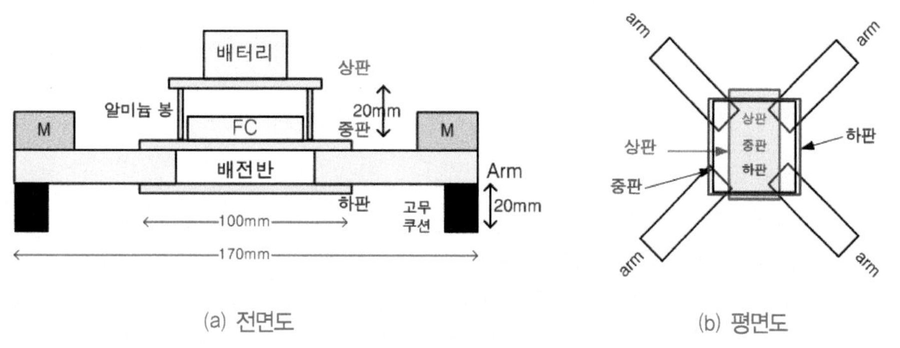

(a) 전면도 (b) 평면도

[그림 6.10] 고무 쿠션을 장착한 저익기

안정성을 높이기 위하여 고익기로 설계하려면 [그림 6.11]과 같이 배터리를 하판 아래에 부착한다. 배터리를 하판에 부착하려면 배터리를 보호하기 위하여 착륙 장치인 스키드(skid)를 암(arm) 아래에 설치한다. 상판을 제거한 대신 스키드가 길어진 것이다. 스키드는 배터리를 안전하게 보호할 수 있도록 10mm*10mm*40mm 이상 길게 장착한다. 스키드가 길면 충격에 변형되기 쉬우므로 굵고 튼튼하게 설치할 필요가 있다. 고익기는 비행성보다 안전성에 비중을 두는 드론이다.

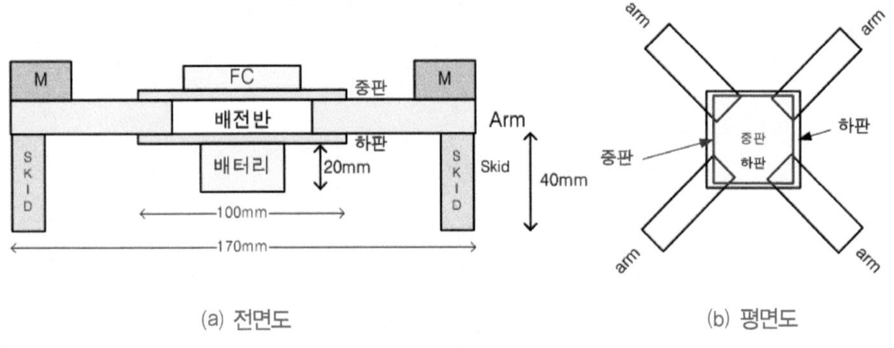

(a) 전면도 (b) 평면도

[그림 6.11] 착륙장치(skid)를 장착한 고익기

6.2.2 시스템 구성도 Block Diagram

시스템 구성도는 시스템을 구성하고 있는 요소들과 이들의 기능을 이해하기 위하여 구성 요소들 간의 관계를 간략하게 작성한 그림이다. 시스템 구성도는 주로 상자, 원 등으로 구성 요소들을 표시하고 상자 안에 주요 기능을 기술하고 상자들 간의 관계를 화살

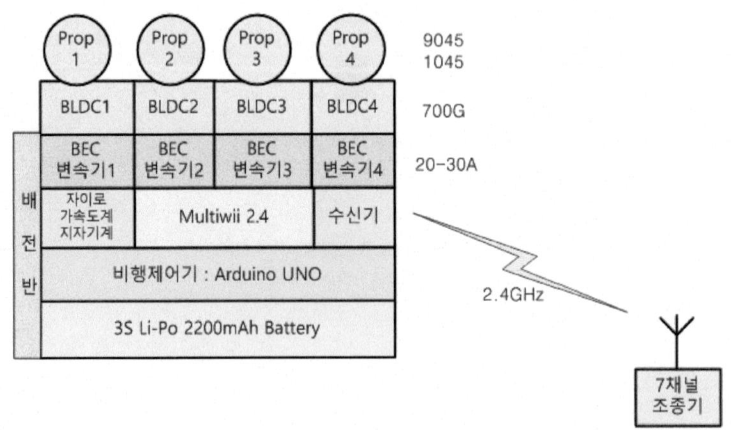

[그림 6.12] 쿼드콥터의 시스템 구성도

표나 인접하게 그려서 표현한다. [그림 6.12]는 앞에서 설명한 쿼드콥터의 시스템 구성도이다. 쿼드콥터를 구성하고 있는 전기/기계장치들의 구성을 체계적으로 보여주고 있다. 드론의 시스템 구성도는 주로 드론을 구성하는 장치나 부품들을 위주로 작성한다.

[그림 6.12]는 기본 설계에서 작성한 [그림 4.3]의 시스템 구성도를 구체적으로 설계한 그림이다. 이 드론은 4개의 모터를 구동하는 쿼드콥터이다. 12V 2200mAh 배터리의 전력을 공급 받고, 배전반을 통하여 각 장치들에게 전원을 공급한다. Arduino UNO 비행제어기에 Multiwii 2.4 비행제어 소프트웨어를 설치하고, 7채널 조종기의 신호를 받는 수신기와 자이로, 가속도계, 지자기계를 갖춘 센서를 활용한다. 변속기의 용량은 20-30A이며, 모터는 BLDC로 각각 700G의 추력을 제공하고, 프로펠러는 9045 또는 1045를 사용한다는 개략적인 그림이다.

6.2.3 부품 배치도

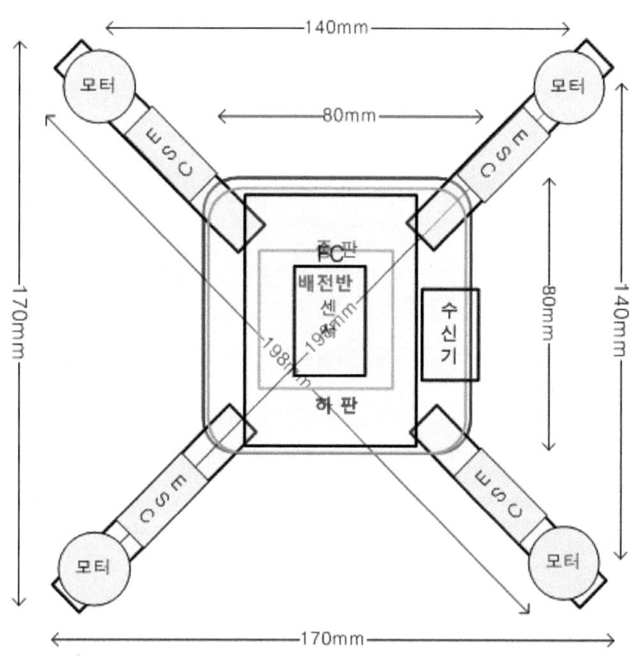

[그림 6.13] 평면 부품 배치도

앞 절에서 작성한 삼면도에 시스템 구성도에 있는 부품들을 설치하는 계획을 세우는 것이 부품 배치도이다. 제4장 [그림 4.8]의 부품 배치도에 정확한 길이 수치를 기재하면 상세 설계의 부품 배치도가 된다. [그림 6.13]은 평면도 위에 구성도에 있는 부품들을 배치한 상황이다. 드론 위에서 보았을 때 눈에 보이는 부품만 보이기 때문에 전면도와 측면도에도 부품들을 배치해볼 필요가 있다. [그림 6.14]는 전면도에 부품들을 배치한 그림이다. [그림 6.15]는 측면도에 부품들을 배치한 그림이다. 따라서 평면도, 전면도, 측면도에 부품들을 배치한 삼면도를 보면 드론의 구조를 충분히 이해하고 제작할 수 있으며 관련 담당자들과 의사소통하기에도 충분할 것이다.

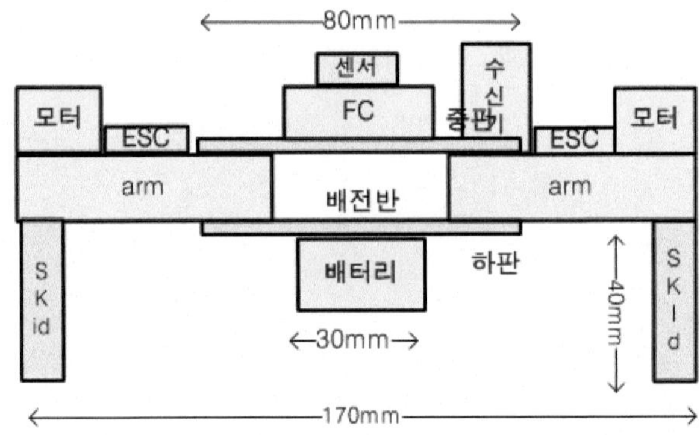

[그림 6.14] 전면 배치도

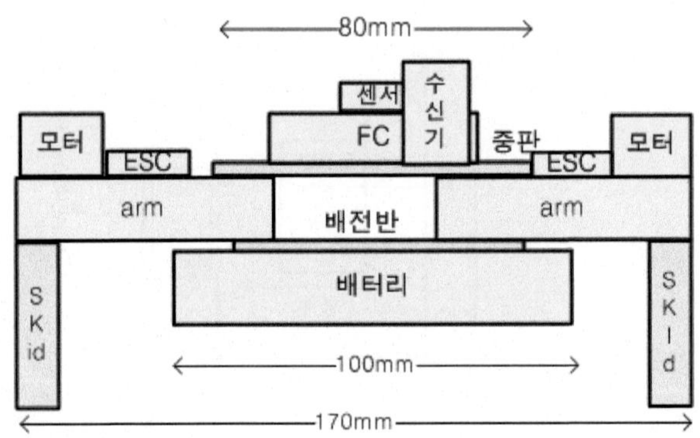

[그림 6.15] 측면 배치도

6.2.4 크기와 중량

드론의 형상을 설계하는 과정에서 상세 설계도, 시스템 구성도, 부품 배치도 등이 작성되면 자세한 부품 특성을 모르더라도 중량 추정이 가능하다. 200급 쿼드콥터는 중량이 아무리 작거나 크더라도 300g에서 600g 사이가 될 것이다. 드론 관련 제조업체나 공급자들이 제공하는 자료를 이용하면 크기가 주어졌을 때 간단하게 중량을 추정할 수 있다. 〈표 6.1〉은 드론의 크기와 모터, 변속기, 프로펠러, 드론의 중량과의 관계를 한 특정 사례이다.

〈표 6.1〉 드론의 크기와 중량의 관계 사례

드론 크기	모터 규격	변속기 용량	프로펠러 규격	드론 무게
250급	2204 2300kv	12A	5030	400g
350급	2212 1500kv	18A	7045	600g
450급	2212 1000kv	20A	8045	800g
550급	2213 930kv	25A	1045	1200g

〈표 6.1〉의 드론 크기와 중량과의 자료는 대략적으로 추정하는 것이므로 설계에 직접 반영하는 것은 곤란하다. 다만 개략적인 설계 관점에서 임시로 활용하는데 도움이 된다. 크기와 중량 간의 정확한 관계는 실제로 사용할 부품들의 중량을 확인해서 합산하면 된다. 400g 중량의 드론을 비행하기 위해서는 여유 있게 약 2배 정도의 800g의 추력을 제공하는 것이 안전하다. 촬영을 위한 드론처럼 기동이 민첩하지 않고 부드러워도 되는 경우에는 배터리를 추가하여 추력의 여유를 줄여도 된다. 레이싱 드론처럼 기동이 과격할수록 추력의 여유가 많아야 한다. 일반적으로는 모터의 추력은 50%의 예비 출력을 남겨두도록 설계하는 것이 안전하다. 이것은 스로틀 스틱을 1500 정도로 올렸을 때 정지비행(hovering)을 할 수 있는 것이 적당하다는 의미이다.

6.3 전기 회로 설계

멀티콥터가 출현하는 시기에 배터리 산업이 발전하여 동력원이 석유 엔진에서 배터리로 바뀌게 되었다. 전기차가 보급되는 것과 마찬가지로 다수의 드론들이 전기 장비로 바뀌게 되었다. 따라서 신호 체계와 함께 동력 장치들도 전기 회로로 제어되므로 전기 회로가 중요하게 되었다.

6.3.1 전기 회로도

전기 동력의 드론을 제작하려면 소요 전력을 계산하기 위하여 전기 회로도를 작성한다. 드론의 크기와 중량이 설정되면 필요한 추력을 계산하고 소요되는 전력을 산출해야 한다. [그림 6.17]의 쿼드콥터는 비행제어 소프트웨어를 Multiwii를 사용하려고 아두이노를 사용한다. 아두이노 보드의 종류가 많으나 가장 기본적인 수준의 쿼드콥터를 만들기 때문에 가장 성능이 작은 아두이노 UNO를 채택하였다. Multiwii를 사용하려면 Multiwii를 지원하는 사이트[2]에 접속하면 [그림 6.16]과 같이 멀티콥터별로 아두이노 보드의 프로세서에 따라 변속기 출력 포트 번호가 기술되어 있다. 아두이노 UNO의 프로세서는 ATmel사의 328P이므로 왼쪽 포트 번호를 따르고 아두이노 Mega 2560은 프로세서가 역사 ATmel사의 Mega 2560이므로 오른쪽 포트 번호를 적용한다.

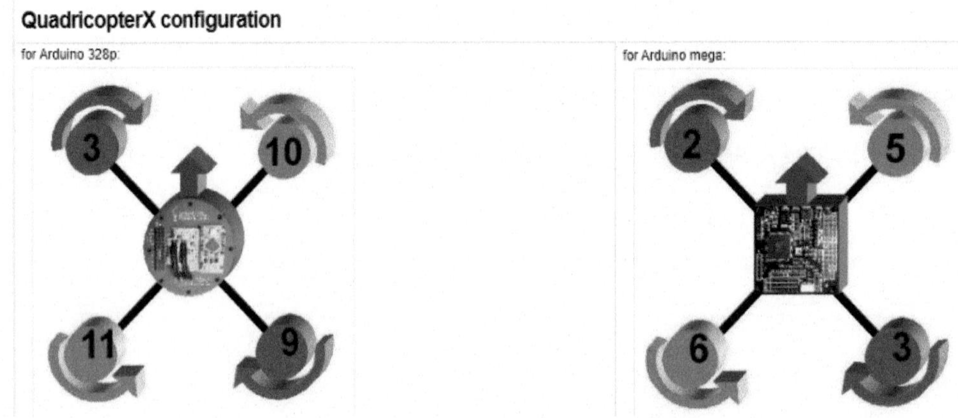

[그림 6.16] Multiwii 쿼드콥터 변속기 출력 포트

2 Multiwii Basic Setup : http : //www.multiwii.com/connecting-elements

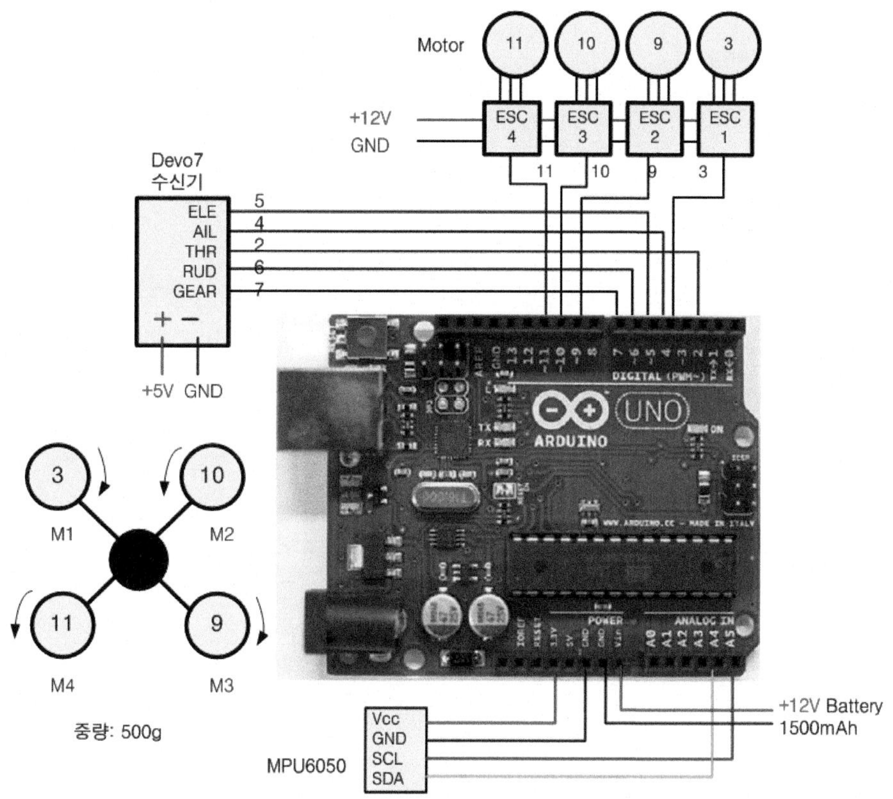

[그림 6.17] 쿼드콥터 전기 회로도

Multiwii 소스 프로그램에서 모터의 출력 포트 번호를 확인하려면 Multiwii 2.4의 Output.cpp 파일의 19줄과 21줄에서 다음과 같이 확인할 수 있다. 아두이노 PROMINI는 프로세서가 328p로 UNO와 동일하다.

```
#if defined(PROMINI)
  uint8_t PWM_PIN[8] = {9,10,11,3,6,5,A2,12};   // for a quad+ :
#endif                                              rear,right,left,front
```

아두이노 Mega에서는 Output.cpp 파일의 41줄과 43줄에서 다음과 같이 확인할 수 있다.

```
#if defined(MEGA)
  uint8_t PWM_PIN[8] = {3,5,6,2,7,8,9,10};    // for a quad+ :
#endif                                             rear,right,left,front
```

[그림 6.18]은 아두이노 PROMINI와 수신기 그리고 모터들을 연결한 기본 회로도이다. 스로틀, 롤, 피치, 요가 각각 2, 4, 5, 6 번 포트와 연결되어 있다. 센서의 SDA, SCL 포트는 PROMINI의 A4, A5와 각각 연결된다. 이것을 Multiwii 프로그램에서 확인하려면 Rx.cpp와 Sensors.cpp에서 각각 찾을 수 있다.

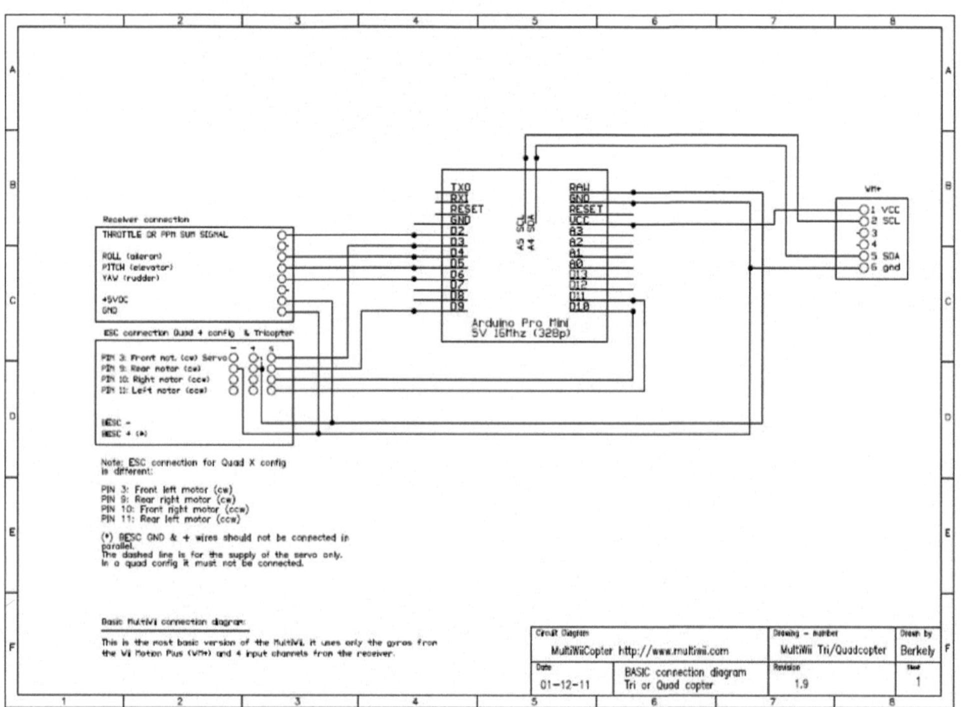

[그림 6.18] 아두이노 PROMONI의 기본 하드웨어 연결

6.4 추력/전력 설계

추력(thrust)은 프로펠러의 회전으로 인하여 항공기가 앞으로 나가는 힘이고, 양력(lift)은 항공기가 공중으로 올라가는 힘이다. 항공기는 에러포일 형태의 날개가 양력을 받지만 헬리콥터와 멀티콥터는 로터와 프로펠러의 회전으로 양력이 발생한다. 추력은 모터의 회전력으로 얻어지므로 모터 규격에서 추력을 계산할 수 있다. 모터의 추력은 배터리 전력으로부터 발생하는 힘이다. 모터 규격에는 생성되는 추력과 소모되는 전력을 제시하므로 이를 활용하면 추력을 설계할 수 있다.

부품 명세는 기능과 성능이 적합한 부품을 선정하는 것과 무게를 계산하는 것과 비용을 계산하기 위하여 여러 가지 목적으로 작성된다. 설계를 잘 수행해도 부품 선정이 부실하면 제작에 실패할 수 있다.

6.4.1 부품 설계

〈표 6.2〉는 250급 쿼드콥터를 기준으로 시중에서 구입하기 편리한 부품들로 작성한 부품 명세서이다. 250급의 대표적인 프레임 QAV250는 약 140g인데 반하여 프레임을 목재로 만들면 약 30g 정도 가벼워진다. 쿼드콥터의 부품들 중에서 배터리가 가장 무겁기 때문에 3셀 11.1V 중에서 용량이 1500mAh인 배터리를 선정하였다. 배터리를 2000mAh로 용량을 늘리면 50-60g이 더 무거워진다. 모터는 BLDC로 250급에서 가장 많이 사용하는 MT2204 2300kv를 채택하였고 변속기는 18A 용량으로 선정하였다. 변속기와 모터에 가장 적합한 프로펠러로 APC 5030을 선정하였다. 비행제어기는 아두이노 UNO를 사용하였다. 조종기를 Welkera의 Devo7 사용하기 때문에 수신기는 자동적으로 RX701을 선정하였다. 센서는 자이로와 가속도계를 포함하여 6DOF인 MPU-6050을 선정하였다. 이렇게 부품을 편성하였을 때의 중량은 〈표 6.2〉와 같이 542g이다.

〈표 6.2〉 어떤 250급 쿼드콥터의 부품 명세서 : BOM

번호	부품	수량	무게g	소계g	비 고
1	프레임	1	150	150	250급. QAV250
2	배터리	1	130	130	3S 11.1v 1500mAh
3	모터	4	25	100	MT2204 2300kv
4	변속기	4	11	44	12A EMAX BLHeli
5	비행제어기	1	30	30	아두이노 UNO
6	수신기	1	30	30	Devo7용 Rx701
7	센서	1	10	10	MPU-6050
8	프로펠러	4	8	32	5030 APC
9	기타	4	4	16	케이블 타이, 양면테이프
	합계			542	

〈표 6.3〉의 부품 명세에서 각 부품들은 모두 대체품이 있을 수 있으므로 얼마든지 대체할 수 있다. 프레임도 자작으로 만들지 않고 시장에서 구입할 수 있으며 배터리부터 프로펠러까지 모두 유사한 규격의 부품들이 있다. 변속기는 12A 대신 18A로 바꿀 수 있고, 프로펠러는 5030 대신 5045 또는 5550 등으로 바꿀 수 있다. 바꿀 때마다 전력 소모를 계산하고 배터리 소모율을 계산해서 제작하는 것이 비행 안전에 필수적이다. 출력이 높은데 배터리 용량이 부족하면 추락하거나 부품이 과열하여 사고가 날 수도 있으므로 항상 부품이 바뀌면 소모 전력을 계산해야 한다.

〈표 6.3〉은 450급 쿼드콥터를 기준으로 부품별로 대표적인 모델을 선정하여 작성된 부품 명세이다. 드론의 크기가 450급으로 커졌으므로 상대적으로 무거워졌다. 우선 프레임이 480g이므로 250급보다 중량이 228% 정도 무겁다. 450급에 맞는 부품들을 설치하였으므로 종 충량이 1,060g이 되었다. 따라서 무거운 중량을 감당하기 위하여 배터리도 3셀 11.1v 2200mAh를 사용하였으므로 중량이 더 무거워졌다. 모터는 MT2204에서 MT2212로 바뀌었으므로 크기도 커지고 중량도 무거워졌다. 대신 2300kv에서 1000kv로 모터의 속도는 느려졌다. 모터가 느려진 대신 프로펠러의 크기가 5인치에서 8인치로 커졌으므로 추력이 증가한다. 변속기의 용량도 12A에서 20A로 증가되었다.

비행제어기, 센서 등 나머지 부품들은 250급과 동일한 부품들이다.

〈표 6.3〉 어떤 450급 쿼드콥터의 부품 명세서 : BOM

번호	부품	수량	무게g	소계g	비 고
1	프레임	1	480	480	450급 DJI S500
2	배터리	1	200	200	3S 11.1V 2200mAh
3	모터	4	40	160	MT2212 1000kv
4	변속기	4	25	100	20A HobbyWing X-Rotor
5	비행제어기	1	30	30	Arduino UNO
6	수신기	1	30	30	Rx701 for Devo7
7	센서	1	10	10	MPU6050
8	프로펠러	4	8	32	8045 APC
9	기타	6	3	18	케이블 타이, 양면테이프
	합계			1060	

6.4.2 추력

드론의 추력은 드론을 앞으로 나가게 하는 모터의 힘이다. 추력은 중량으로부터 계산할 수 있고, 드론의 중량은 크기로부터 계산할 수 있다. 드론 설계 시에 크기를 먼저 결정하거나 또는 중량을 먼저 결정하고 시작할 수 있으므로 추력을 계산하는 방법은 여러 가지가 있을 수 있다.

1) 추력 설계 1 : 250급 드론

(1) 중량에 의한 추력 계산

〈표 6.2〉의 부품 명세를 보면 모든 부품들의 무게를 알 수 있으므로 250급 드론의 추력을 설계한다. 모든 부품들의 무게를 합산하면 중량이 542g이므로 추력은 2배 증가하므로 542g * 2 = 1,084g이 된다. 4개의 모터가 중량을 담당하므로 1개 모터의 추력은 1,084g/4 = 271g이 된다. 따라서 추력이 271g 이상이 되는 모터를 찾아야 한다. [그림 6.19]는 EMAX의 MT2204 2300kv 모터의 사양서이다. 추력이 271g을 상회하는 것으

로 배터리 전압이 12V이고 탄소섬유 프로펠러 5030을 사용할 때 소요되는 전류가 7.5A이고 소요 전력은 90W이고 추력이 310G이므로 적합하다. 소요 전류가 7.5A인데 변속기 전류가 12A이므로 여유가 있고, 프로펠러도 250급에 적합한 5030이다. 이때의 효율(1W당 추력)은 추력(G)을 전력(W)으로 나눈 값이므로 310G/90W = 3.4G/W이다.

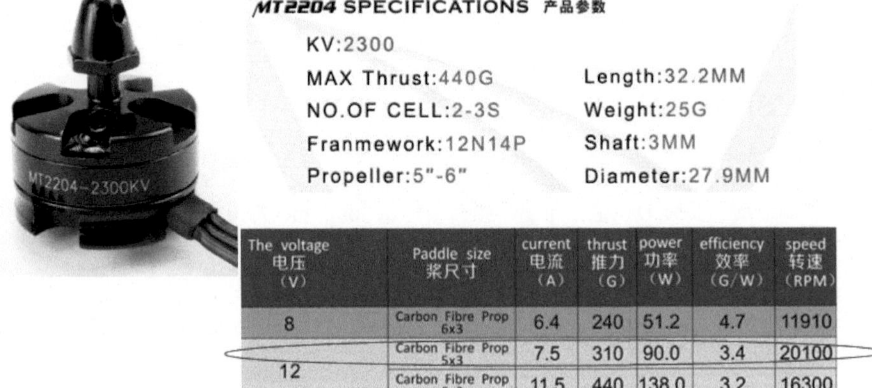

The voltage 电压 (V)	Paddle size 桨尺寸	current 电流 (A)	thrust 推力 (G)	power 功率 (W)	efficiency 效率 (G/W)	speed 转速 (RPM)
8	Carbon Fibre Prop 6x3	6.4	240	51.2	4.7	11910
12	Carbon Fibre Prop 5x3	7.5	310	90.0	3.4	20100
	Carbon Fibre Prop 6x3	11.5	440	138.0	3.2	16300

[그림 6.19] MT2204 2300kv 모터

(2) 크기에 의한 추력 계산

250급 크기의 드론을 제작하기로 결정하였다면 250급 드론이 갖는 일반적인 무게를 400g에서 800g으로 보기 때문에 평균적으로 600g의 중량을 가진 드론으로 설계한다. 추력은 중량의 2배로 계산하므로 600g*2 = 1200g이다. 모터 4개가 추력을 담당하므로 한 개의 모터가 담당해야 하는 추력은 1200g/4 = 300g이다. [그림 6.19] 테이블에서 300g 이상을 지원하는 모터를 찾으면 기준 전압 11.1V에서 프로펠러 5030으로 전류가 7.5A 소요되며 전력이 90W 소요되는 조합을 찾을 수 있다.

2) 추력 설계 2 : 450급 드론

(1) 중량에 의한 추력 계산

부품 설계에 의하여 모든 부품들의 무게를 합하면 중량을 얻을 수 있고 안전을 위하여 중량의 2배를 필요한 추력으로 계산한다. 〈표 6.3〉과 같이 각 부품들의 무게를 합산하면 드론의 중량은 1,060g 정도가 된다. 이 드론의 중량에 2배하면 1,060 * 2 = 2,120g

이 되고 모터 1개당 부담하는 추력은 2,120/4 = 530g 정도이다. 따라서 추력이 530g 이상이 되는 모터를 찾아야 한다.

[그림 6.20]의 MT2212 980kv의 T 모터 스펙에서 530g을 초과하는 모터를 찾으면 기준 전압 11.1V에서 1130 프로펠러로 스로틀을 75% 올렸을 때 602G의 추력을 얻을 수 있다. 이 때 소요되는 전류는 6.6A이고 73.26W의 전력을 소모한다(그림에서 푸른색 타원 참조). HobbyWing X-Rotor 변속기가 20A를 지원하므로 변속기 선택에도 충분한 여유가 있다. 구매하려고 하는 MT2212 1000kv 모터에 대한 자료를 찾아보면 1100kv와 980kv 자료만 나오기 때문에 1000kv에 근접한 980kv 자료를 인용하게 되었다. 1000kv 자료가 있었지만 배터리 전압과 프로펠러가 추력을 적용시키기 어려워서 사용할 수 없었다. 실제로 새로운 1000kv 자료를 찾는다고 하더라도 프로펠러를 선정하는 데는 큰 차이는 없을 것이다. 이때의 효율(1W당 추력)은 추력(G)을 전력(W)으로 나눈 값이므로 602G/73.26W = 8.22G/W로 매우 우수하다.

Item No.	Volts (V)	Prop	Throttle	Amps (A)	Watts (W)	Thrust (G)	RPM	Efficiency (G/W)	Operating temperature(℃)
MT2212 KV980	11.1	T-MOTOR 9*3CF	50%	2.5	27.75	270	6000	9.73	
			65%	3.4	37.74	335	6600	8.88	
			75%	4.2	46.62	400	7000	8.58	
			85%	5.6	62.16	490	7800	7.88	
			100%	6.6	73.26	565	8400	7.71	
		T-MOTOR 10*3.3CF	50%	2.9	32.19	317	5300	9.85	
			65%	4.3	47.73	432	5900	9.05	
			75%	5.6	62.16	525	6600	8.45	
			85%	7.2	79.92	636	7200	7.96	
			100%	8.8	97.68	715	7650	7.32	
		T-MOTOR 11*3.7CF	50%	3.1	34.41	335	4900	9.74	
			65%	4.9	54.39	490	5700	9.01	
			75%	6.6	73.26	602	6300	8.22	
			85%	8.5	94.35	715	6900	7.58	
			100%	10.1	112.11	800	7400	7.14	
	14.8	T-MOTOR 8*2.7CF	50%	2.9	42.92	345	8600	8.04	
			65%	3.7	54.76	425	9200	7.76	
			75%	4.4	65.12	475	9800	7.29	
			85%	5.9	87.32	595	10800	6.81	
			100%	6.9	102.12	680	11500	6.66	
		T-MOTOR 9*3CF	50%	3.7	54.76	425	7500	7.76	
			65%	5	74.00	540	8300	7.30	
			75%	6.4	94.72	650	9000	6.86	
			85%	8.7	128.76	800	10000	6.21	
			100%	10.1	149.48	890	10500	5.95	
Notes:The test condition of temperature is motor surface temperature in 100% throttle while the motor run 10 min.									

[그림 6.20] MT2212 980kv T Motor 스펙

(2) 크기에 의한 추력 계산

450급 크기의 드론이라면 450급 드론이 갖는 일반적인 무게를 800g에서 1100g으로 보기 때문에 평균적으로 950g의 중량을 가진 드론으로 설계한다. 추력은 중량의 2배로 계산하므로 950g*2 = 1900g이다. 모터 4개가 추력을 담당하므로 한 개의 모터가 담당해야 하는 추력은 1900g/4 = 475g이다. [그림 6.20] 테이블에서 475g 이상을 지원하는 모터를 찾으면 기준 전압 11.1V에서 프로펠러 1130으로 스로틀을 65% 사용했을 때 전류가 4.9A 소요된다((그림에서 붉은색 타원 참조). 여기에 소요되는 전력은 54.39W라는 것을 찾을 수 있다.

6.4.3 전력

드론에 소요되는 전력은 추력을 지원하기 위하여 배터리가 공급하는 것이므로 전력 계산은 추력으로 시작된다. 앞의 250급 사례에서 모터 당 소요 전력이 90W이므로 모터가 4개이므로 90W*4 = 360W가 소요된다. 1.5Ah 11.1V의 배터리를 사용하면 1.5*11.1 = 16.65W를 60분 동안 사용할 수 있다. 앞의 드론이 360W의 전력을 소요한다면 16.65W*60분/360W = 2.78분 동안 사용할 수 있다.

앞의 450급 사례에서 모터 당 소요 전력이 73.26W이므로 모터가 4개이므로 73.26W*4 = 293W가 소요된다. 2.2Ah 11.1V의 배터리를 사용하면 2.2*11.1 = 24.42W를 60분 동안 사용할 수 있다. 앞의 드론이 293W의 전력을 소요한다면 24.42W*60분/293W = 5.0분 동안 사용할 수 있다.

250급 드론의 효율이 3.4G/W이고 450급 드론이 8.22G/W이므로 250급 드론의 효율이 떨어지는 이유는 무엇일까? [그림 6.19]와 [그림 6.20]에 의하면 해당 모터의 속도가 250급이 20,100RPM이고 450급은 6,300RPM이다. 프로펠러는 각각 5030과 1130이다. 즉 모터 속도가 높고 프로펠러의 크기가 작을수록 에너지 효율이 낮다는 것을 알 수 있다.

6.5 비행제어 소프트웨어

전 세계 국가들을 둘로 나눈다면 비행기를 제조하는 국가와 제조하지 못하는 국가로 나눌 수 있다. 비행기를 제조하려면 비행기를 구성하는 하드웨어와 비행제어 소프트웨어를 만들어야 하는데 하드웨어는 국제 시장에서 얼마든지 구할 수 있지만 비행제어 소프트웨어는 구하기 어렵다. 하드웨어는 모두 공개되어 있고 돈만 주면 얼마든지 구매할 수 있지만 소프트웨어는 돈을 주고도 살 수 없는 기술이다. 전 세계의 모든 비행기 제조 회사들은 대부분 엔진을 만들지 않고 전문적인 엔진 회사[3]에서 구매한다. 엔진과 함께 모든 부품을 구매하고 비행제어 소프트웨어를 만들 수 있으면 비행기를 만들 수 있는 회사가 되는 것이다. 그만큼 비행제어 소프트웨어를 만드는 것은 어려운 일이다.

6.5.1 비행제어 소프트웨어

비행제어 소프트웨어를 만드는 일은 매우 큰 사업이기 때문에 자작 드론과는 별 개의 사업으로 추진하는 것이 적절하다. 드론을 자작하는 과정에서는 하드웨어를 만드는 것을 위주로 하고, 기존의 오픈 소스 비행제어 소프트웨어를 도입하여 설치하기로 한다. 이미 개발된 오픈 소스 비행제어 소프트웨어는 취미용과 업무용으로 구분된다. 처음 드론을 자작하는 단계에서는 공부(연구)하는 목적으로 취미용을 도입하여 설치하고, 점차 업무용 소프트웨어를 설치하기로 한다. 취미용 소프트웨어로 Multiwii를 추천하고, 업무용 소프트웨어로 Pixhawk를 추천한다. 비행제어 소프트웨어의 자세한 내용은 제8장에서 설명하기로 한다.

동일한 드론에 여러 가지 비행제어기를 교환하여 설치할 수 있으므로 비행제어기만 바꾸면 다른 비행제어 소프트웨어를 경험할 수 있다.

---

3 제트 엔진 제조 회사 : 롤스로이스, GE, P&W 등 3개 회사로서 전 세계 제트 엔진 시장의 대부분을 장악하고 있다. 러시아와 중국 등에서 엔진을 제조하고 있으나 자국 항공기에만 사용될 뿐 수출하지는 못한다.

6.6 일정

앞에서의 설계 업무는 모두 기술 분야에 집중되었으나 일정 계획 등은 행정적인 분야에 속한다. 일정 계획을 수립하려면 참여자들의 업무 분장이 필요하고, 부품 등을 구매하는 일정에는 비용 계획이 수반되어야 한다. 혼자 드론을 제작하더라도 계획을 세우는 작업은 여러 사람이 참여하는 것과 마찬가지이다. 혼자 제작하기 때문에 참여자들 간의 의사소통이 줄어드는 것을 제외하면 팀을 구성하여 만드는 것과 동일하다.

6.6.1 일정 설계

일정 설계(schedule)는 목표를 달성하기 위하여 추진하는 일들의 실행 순서와 소요기자재, 인력, 비용 등을 시간 기준으로 투입 계획을 세우는 일이다. 드론을 제작하는 일정은 총 작업 시간을 주당 몇 시간씩 분배하여 설정할 수도 있고 지켜야할 완료 시점을 설정하고 시간을 역산하여 계획을 수립할 수도 있다.

1) 일정 계획

〈표 6.4〉 드론 제작 일정계획

번호	작 업	주 단위 일정 1 2 3 4 5 6 7 8 9 10 11 12 13 14 15 16	비 고
1	기 획	-->	
2	개념설계	---->	
3	기본설계	------->	
4	상세설계	------------>	
5	제 작	---------------->	
6	FC SW	----------->	
7	시험 비행	-------->	
8	발표, 평가	----->	
	합계		

〈표 6.4〉의 일정표는 참여자가 1인일 때의 계획이거나 업무분장을 포함하지 않은 계획이다. 이 일정표는 폭포수 형이라고 하는 전형적인 일정표이다. 주요한 업무를 세로로 기입하고 시간을 가로축으로 나누어서 시간이 갈수록 진도가 아래로 떨어지는 모습이 폭포수와 같아서 붙여진 이름이다.

계획을 수립할 때 유의할 사항은 전체 일정 중에서 전체의 10% 정도를 여유로 설정해야 한다. 아무리 완벽한 일정이라고 하여도 업무를 진행하다보면 예상치 못한 사건들이 발생하여 일정이 지연될 수 있기 때문이다.

6.5.2 비용 계획

비용은 원가관리 측면에서 작성한다. 자신을 위하여 만드는 드론이라도 실제로 투입된 비용이 얼마인지 계산하는 것은 매우 유용한 일이다.

1) 부품 비용

부품 비용은 부품 명세서에 단가와 금액 난을 추가하여 작성할 수 있다.

2) 소모품 비용

비용은 적게 들지만 원가관리 차원에서 소모품 명세서를 만들어서 작성한다.

3) 공구 비용

이미 가지고 있거나 이번에 구입한 모든 공구들을 공구 명세서를 만들어서 작성한다.

4) 인건비

인건비는 학생이라면 학생이 벌 수 있는 금액을 기준으로 시간 당 인건비를 계상한다. 직장인은 자신의 수입을 기준으로 시간 당 인건비를 계상하여 인건비 명세서를 작성한다.

한 대를 만들었을 때 투입된 비용을 파악하고 시장에서 판매하는 제품들과 비교한다. 또한 양산했을 때 소요되는 비용을 대 당 가격으로 비교한다. 판매 가격은 투입 원가에 적정 수익률을 곱하여 계산한다. 공학은 원래 현장에서 생산과 판매를 증진하기 위한 목적으로 연구하는 학문이므로 생산비를 항상 염두에 두고 제작해야 한다.

요 약

- 상세 설계는 제작을 위하여 수행해야 할 모든 일들의 종류와 순서와 방법 등을 기술하는 일이다.
- 기체 설계도는 기체의 크기, 형상, 소재, 구조, 부품 그리고 제작과 조립 방법을 기술한다.
- 상세 설계의 시스템 구성도는 구성 요소들을 실제로 사용하는 장치와 부품 이름을 상자와 원을 이용하여 자세하게 작성한다.
- 드론에서 상세 설계의 배치도는 기본 설계의 부품 배치도를 상세하게 작성하여 제작할 수 있는 도면으로 만드는 것이다.
- 중량 명세서(Weight Specification)는 객체의 총 중량이 어떻게 구성된 것인지를 세부적으로 기술한 것이다.
- 전기 회로는 전기가 흐를 수 있도록 전원, 전선, 전기 장치들을 연결한 통로이다.
- 전기 회로도는 전기 회로에 사용된 장치들을 간단한 기호로 표시한 그림이다.
- 비용 명세서는 드론 제작에 소요되는 모든 비용들의 내용을 기술하는 문서이다.
- 추력(thrust)은 프로펠러의 회전으로 인하여 항공기가 앞으로 나가는 힘이다.
- 전력(electric power)은 단위 시간당 공급되는 전기 에너지이다. 드론의 전력은 모터의 추력을 지원하는 배터리 에너지이다.
- 양력(lift)은 항공기가 공중으로 올라가는 힘이다. 항공기는 에러포일 형태의 날개가 양력을 받지만 헬리콥터와 멀티콥터는 로터와 프로펠러의 회전으로 양력이 발생한다.
- 기자재는 기계, 기구, 자재를 아우르는 말이다. 기자재 명세서는 부품 명세와 장비 및 소모품 명세가 포함된다.
- 일정 설계(schedule)는 목표를 달성하기 위하여 추진하는 일들의 실행 순서, 소요 기자재, 인력, 비용 등을 시간 기준으로 투입 계획을 세우는 일이다.

연습문제

1. 다음 용어들을 정의하시오.
   (1) 형상
   (2) 전기 회로
   (3) 추력
   (4) 고익기
   (5) 배치도

2. 상세 설계를 위하여 준비할 작업들을 설명하시오.

3. 상세 설계의 목적과 절차들을 설명하시오.

4. 상세 설계에서 작성하는 설계서들을 설명하시오.

5. 상세 설계도를 작성하는 도구들을 설명하시오.

6. 삼면도의 필요성을 설명하시오.

7. 고익기와 저익기에 적합한 적용 분야들을 설명하시오.

8. 부품 배치도 작성 방법을 설명하시오.

9. 부품 명세서로 설계할 수 있는 사항들을 설명하시오.

10. 시스템 구성도의 목적과 작성 방법을 설명하시오.

11. 드론 제작을 위하여 전력을 설계하는 순서와 방법을 설명하시오.

12. 일정 계획에 포함되는 요소들을 설명하시오.

13. 자신이 원하는 드론을 상세 설계하시오.

CHAPTER 7

드론 제작

상세 설계가 완료되면 설계도에 따라서 시제품을 제작한다. 시제품 제작에 필요한 설계 서류, 프레임 자재, 기자재, 공구, 소모품들을 준비한다. 제작 순서는 프레임 재료를 재단하여 기체 부품들을 만들고, 기체를 조립하고, 기체에 부품들을 설치하고, 전기 부품들을 전기적으로 조립하면 하드웨어가 완성된다. 완성된 하드웨어에 비행제어 소프트웨어를 설치하고 성능을 조정한다. 설계 단계에서 철저하게 작업을 했으면 제작 단계에서 수월하지만 설계 작업이 부실하면 제작 단계에서 어려움을 겪는다.

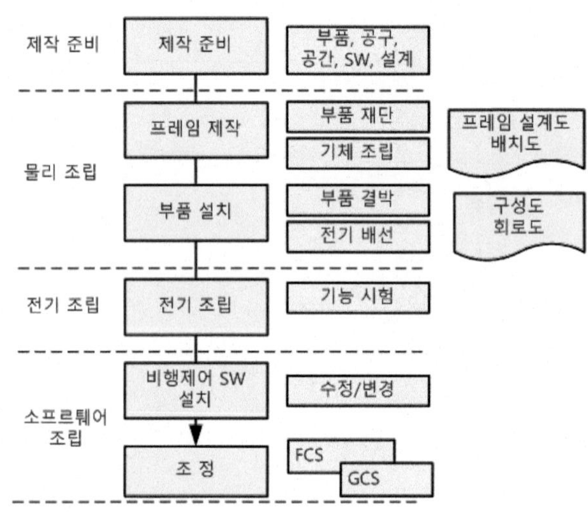

[그림 7.1] 드론 제작 절차

7.1 개요

제작(producing)이란 머릿속의 이념을 가시적으로 구체화하는 창조 작업이다. 여기서 말하는 이념이란 드론 개발자의 머릿속에서 만들고 싶어서 꿈꾸고 있는 드론에 대한 이미지이다. 드론의 이미지는 만들고 싶은 추상적인 이념이므로 당연히 현실화하고 싶다. 제작은 이념을 현실 세계에 실존하는 상태로 만드는 것이므로 창조하는 것이다. 드론을 제작한다는 것은 드론 개발자가 생각하는 드론의 이념을 설계도로 표현하고 설계도의 내용을 가용 자원을 이용하여 실체화시키는 일이다.

드론을 제작하는 절차는 [그림 7.1]과 같이 제작 준비, 물리 조립과 전기 조립, SW 조립까지 3단계로 추진된다.

7.1.1 제작 절차

제작 절차는 설계 작업이 완료된 다음부터 드론의 시험이 합격할 때까지의 절차이다. 비행제어 SW를 제작하는 것은 별도의 작업이므로 여기서는 기존에 보급되어 있는 오픈 소스 SW를 설치하기로 한다. 비행제어 SW의 자세한 사항들은 제8장에서 다루기로 한다.

1) 제작 준비

제작 준비 단계에서는 관련 설계 서류들을 취합하고, 프레임 자재와 기자재 부품들과 제작을 위한 공구들을 구입하고, 제작 공간을 확보하는 것이다. 제작 과정에서의 사고를 예방하기 위하여 공구를 설치하고 작업할 수 있는 제작 공간을 확보하는 것이 중요하다.

2) 물리 조립

물리 조립은 드론을 구성하는 장비와 부품들을 물리적으로 연결하고 설치하는 작업이다. 물리 조립은 프레임 제작과 부품 설치로 구분된다. 물리 제작 과정은 프레임 자재들을 프레임 설계도대로 재단하여 기체 부품들을 만들고, 기체 부품들을 조립하여 기체를 완성하고, 조립된 기체에 부품을 설치(결박)하고, 부품들을 연결하고 전기적으로 조립하는 단계이다.

(1) 프레임 제작

제작 공구들을 사용하여 프레임 설계도대로 프레임 자재들을 재단하여 기체를 구성하는 기체 부품들을 제작하고, 기체 부품들을 조립하여 기체를 완성한다.

(2) 부품 설치

완성된 기체에 부품들을 설치고, 필요한 전선들을 재단하고 납땜하고 전선들을 물리적으로 연결한다.

3) 전기 조립

전기 조립은 전기 장치들에 전원과 전력선과 신호선을 연결하고 기본적인 동작이 수행하도록 시험하고 확인하는 작업이다. 물리적으로 조립된 드론의 모든 전기장치들에 배터리를 연결하여 전기적으로 이상이 없는지를 확인한다. 조종기와 수신기를 바인딩하고, 변속기를 초기화하고, 모터들의 회전 방향이 CW, CCW인지 확인하고 이상이 있으면 방향이 맞도록 조정한다.

4) 소프트웨어 조립

소프트웨어 조립은 비행제어기 하드웨어에 비행제어 소프트웨어를 설치하고 정상적으로 동작하도록 조작하는 일이다. 비행제어 소프트웨어를 설치하는 것보다 더 중요한 것은 소프트웨어가 적절하게 잘 실행되도록 조절(tuning)하는 일이다.

(1) 비행제어 SW 설치

사전에 준비된 비행제어 SW를 전기적으로 완성된 드론에 설치한다. 사용한 부품들에 적합하도록 비행제어 SW를 수정하고 조정한다. 여기서는 Multiwii2.4를 설치할 수도 있고 Pixhawk를 설치할 수도 있다.

(2) 조정 tuning

설치된 비행제어 SW가 최적화되도록 여러 가지 도구들을 이용하여 PID 등 각종 제어 수치들을 조절한다. Multiwii의 경우에는 1차적으로 비행제어 시스템은 MultiwiConf를 이용하여 센서를 초기화하고, 조종기를 이용하여 모터들의 속도를 확인하고 조절한다. 2차적으로 지상 제어 시스템은 MultiwiiWinGUI와 해당 텔레메트리 프로그램을 이용한다. Pixhawk를 설치하는 경우에는 Mission Planner를 이용하고 해당 텔레메트리 프로그램을 설치한다.

7.1.2 설계 서류 준비

제작을 시작하기 전에 앞 장에서 설계한 다음과 같은 제작 관련 서류들을 정리하고 확인한다.

(1) 프레임 설계도

상세 설계에서 작성한 프레임의 상세 설계도이다. 이것을 보면 프레임 부품들을 만들 수 있고, 부품들을 연결하여 프레임을 조립하여 기체를 완성할 수 있다.

(2) 시스템 구성도

시스템을 구성하는 주요 하드웨어와 소프트웨어를 박스 형태의 그림으로 표현한다. 드론 시스템의 중요한 기능들과 부품들을 확인한다.

(3) 기자재 배치도

프레임 설계도 위에 부품들을 배치한다. 삼면도를 이용하여 세 가지 배치 방식으로 기자재의 배치 상태를 확인한다.

(4) 상세 설계도

프레임 부품들을 조입하여 드론 기체를 완성할 수 있는 수준의 상세한 설계서이다.

(5) 전기 회로도

전기 장치의 기능이 동작하도록 부품들을 연결하기 위한 전기 시스템의 상세 설계도이다.

(6) 기자재 명세서

기자재 명세서는 부품 명세서와 자재 명세서로 구분된다. 부품 명세서는 드론을 구성하는 모든 장비와 부품들의 규격, 수량, 단가, 무게, 가격 등을 기재한 서류이다. 자재 명세서는 드론 제작에 사용되는 모든 자재들 중에서 드론을 구성하는 부품을 제외한 모든 재료들을 포함한다. 예를 들어, 공구, 소모품, 라이터, 청소 도구 등이다. 이들 자료를 통하여 부품과 자재를 구매할 수 있고 성능과 용량 등을 확인할 수 있다.

(7) 일정 계획

일정 계획이란 전체 작업을 수행하는 단위로 나누어 작업 순서와 소요 기간과 자원을 시간대별로 기술한 자료이다. 드론 제작에 소요되는 기간을 월간, 주간 단위로 수행할 작업들을 기술한다. 자원에는 소요되는 장비와 비용과 인력도 포함한다.

설계를 완벽하게 완성했다고 해도 막상 제작 단계에서는 반드시 설계 변경이 발생한다. 이때 유의할 것은 제작 과정에서도 설계 서류를 지속적으로 수정하고 기록을 남기는 일이다. 이 일을 소홀하게 하면 설계도와 실제 제품이 상이하여 제작한 후에 정비가 어렵게 된다.

7.2 공구

공구(tool)는 어떤 재료를 원하는 형태로 가공하는데 직접 사용하는 물리적인 도구이다. 드론을 제작하기 위하여 소요되는 공구는 제작 공구, 정비 공구, 측정 공구 등 세 가지 종류가 있다. 제작을 완료하고 드론을 비행하는 동안에도 지속적으로 수리와 정비를 해야 하므로 정비에 필요한 공구들이 많이 있다. 드론은 전자 장비이므로 드론의 정확한 상태를 파악하기 위해서 전자관련 측정 공구들이 필요하다. 측정 공구들을 잘 활용할 수 있어야 문제 발생 시에 쉽게 해결할 수 있다.

7.2.1 제작 공구

드론을 제작하는 공구는 주로 드론의 재료를 가공하는 공구들이다. 여기서는 목재로 프레임을 제작하기 때문에 목재를 다루는 공구들이 주로 필요하다.

1) 테이블 톱 Table Saw

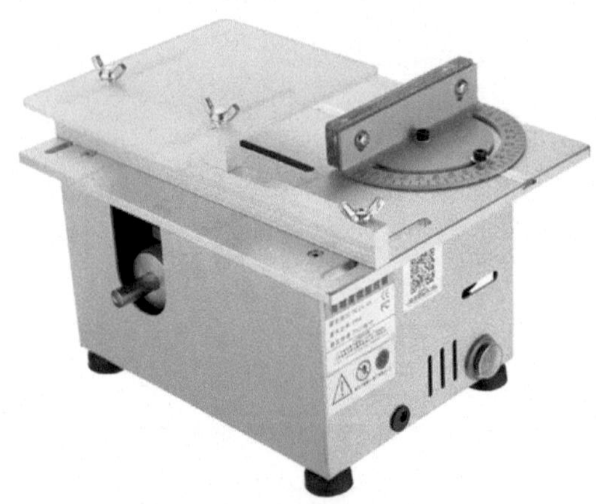

[그림 7.2] 테이블 톱

이 책에서 제작하는 프레임 소재는 목재이므로 목공 도구가 필요하다. [그림 7.2]는 목재 가공에서 가장 중요한 테이블 톱이다. 각재와 판재를 정확한 각도로 자를 수 있는 도구가 장치되어 있어서 매우 편리하다. 테이블 톱이 없으면 목재를 정확하게 직선으로 자르기 어렵고 특정한 각도로 자르는 것은 더욱 어렵다. 목재를 가공하기 위해서는 목재를 톱으로 자른 다음에 고운 사포(sandpaper)로 목재를 곱게 갈아서 매끈하게 만들고, 목재용 기름(wood oil)을 여러 번 칠해서 목재의 강도를 높이고 색상을 향상 시키고 수명을 연장한다.

2) 조각기

목재에 어떤 추가적인 재단을 하려면 [그림 7.3]과 같은 조각기가 필요하다. 조각기는 목재를 갈고, 파고, 홈을 내는 등의 다양한 가공을 할 수 있다. 조각기 끝에 다는 작은 비트들을 바꾸면 금속도 자를 수 있고, 이것으로 다양한 모양의 물체를 만들 수 있으므로 조각기라고 부른다.

[그림 7.3] 조각기

3) 탁상 드릴 Desk Drill

목재끼리 연결하거나 목재에 부품을 설치하기 위해서는 구멍을 뚫어야 할 때가 많이 있다. 금속이나 목재 등에 구멍을 정확하게 내려면 [그림 7.4]와 같은 탁상용 드릴이 필요하다. 가정용 손 드릴을 이용할 수도 있으나 손 드릴은 위치와 각도와 크기에 맞추어 정확하게 구멍을 뚫기 어렵다. 구멍을 뚫을 때 목재가 움직이면 구멍의 위치가 부정확해진다. 이 때 구멍을 뚫어야 할 목재를 고정시키기 위한 장치가 그림의 중간에 놓인 벤치 드릴(Bench drill)이다. 이것을 다른 말로 바이스(vice)라고도 부른다. 정밀한 작업일수록 바이스가 필요하다.

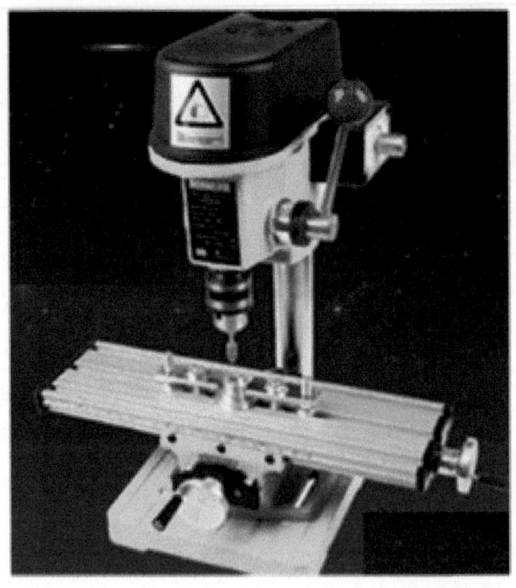

[그림 7.4] 탁상 드릴

4) 수직 톱 Jig Saw

판재를 직선이 아닌 곡선으로 자르기 위해서는 [그림 7.5]와 같이 가늘고 좁은 톱날이 수직으로 움직이는 수직 톱이 필요하다. 나무를 곡선으로 자르는 것은 수직 톱을 사용해도 쉬운 일이 아니다. 수직 톱을 사용하기 위해서는 드론을 제작하기 전에 버리는 나무를 이용하여 많은 연습을 해두어야 한다. 수직 톱에 숙달하지 않은 상태에서는 프레임 부품들을 깔끔하게 재단하기 어렵다.

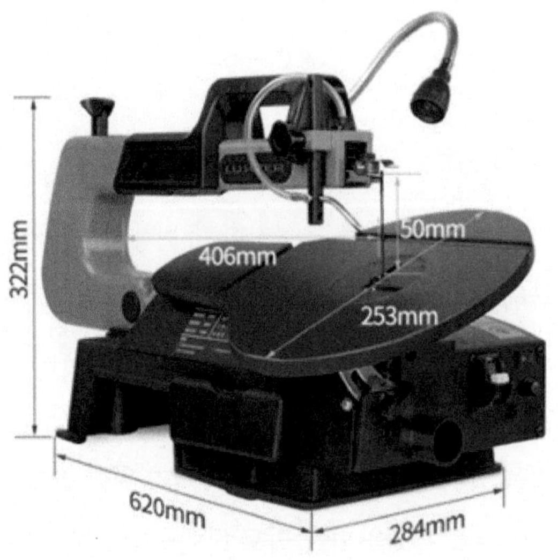

[그림 7.5] 수직 톱(jig saw)

5) 전동 드릴

구멍을 뚫을 목재나 금속을 테이블 톱 위에 올려놓을 수 없는 경우가 많이 있다. 이때는 손 드릴을 들고 자유롭게 작업할 수 있는 손 드릴이 필요하다. 특히 두께가 얇은 목재나 금속에 구멍을 뚫을 때는 손 드릴이 편리하다. [그림 7.6]와 같이 배터리가 장착된 전동 드릴은 야외에서 비트의 방향을 자유자재로 움직이면서 목재에 구멍을 뚫을 수 있어서 편리하다.

[그림 7.6] 전동 드릴

6) 소형 저울

크기가 작은 250급, 450급 등의 드론을 만들려면 [그림 7.7]과 같이 0 - 3kg 사이의 무게를 측정할 수 있는 저울이 필요하다. 모터와 배터리 등 부품의 무게를 측정하면서 드론을 제작해야 하기 때문에 소형 저울은 필수적이다. 더 큰 크기의 드론을 만들려면 저울의 측정 용량도 커져야 한다.

[그림 7.7] 소형 디지털 저울

7) 버니아 캘리퍼스 Vernier calipers

작은 크기의 부품을 설치하거나 프레임 부품을 재단하려면 정확한 길이를 알아야 한다. 각종 기자재와 프레임 부품들의 길이를 정확하게 측정하기 위해서 [그림 7.8]과 같은 버니아 캘리퍼스가 필요하다.

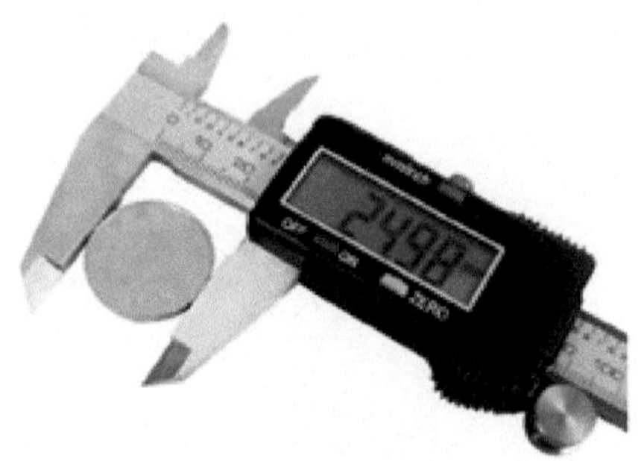

[그림 7.8] 버니아 캘리퍼스

8) 글루 건 Glue Gun

가벼운 전자부품들을 접착시키거나 납땜을 한 후에 납이 다른 금속과 닿지 않도록 전류를 차단하기 위하여 [그림 7.9]와 같은 글루 건이 있으면 편리하다.

[그림 7.9] 글루 건

7.2.2 정비 공구

드론을 비행하려면 비행하기 전에 항상 드론 시스템을 정비를 해야 하고, 비행 중에 고장이 발생하면 현장에서 작은 수리를 할 수 있으므로 휴대할 수 있는 공구들이 필요하다. 정비에 사용되는 공구들은 대부분 제작 시에도 필요한 공구들이다.

[그림 7.10]은 가정에서도 자주 사용하는 정비용 공구들로서 왼쪽부터 롱 노우즈 플라이어, 니퍼, 펜치, 전선 피복 제거기, 고급 전선 피복 제거기 등이다.

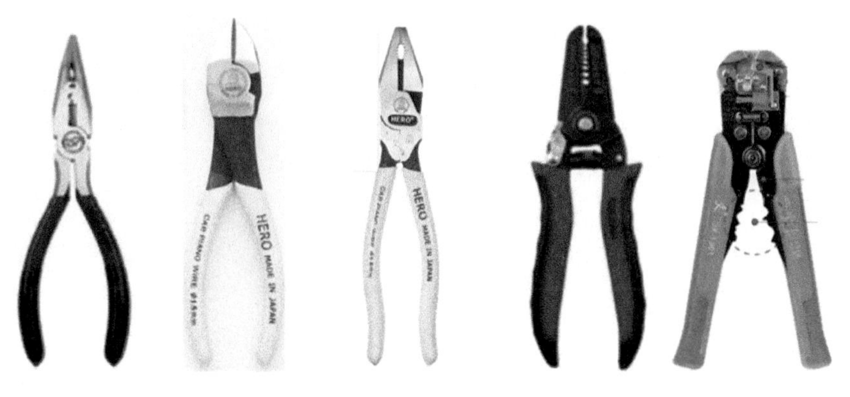

(a) 롱 노우즈 플라이어 (b) 니퍼 (c) 펜치 (d) 피복 탈피기 (e) 고급 피복 탈피기

[그림 7.10] 정비용 공구1

[그림 7.11]은 왼쪽부터 스냅링 플라이어, 첼러, 멍키 스패너, 그립 플라이어, 납땜인두 등이다. 스냅링 플라이어는 볼트와 너트가 꽉 잠겨 있을 때 너트를 잡고 볼트를 풀어줄 수 있는 공구이다.

(a) 스냅링 플라이어

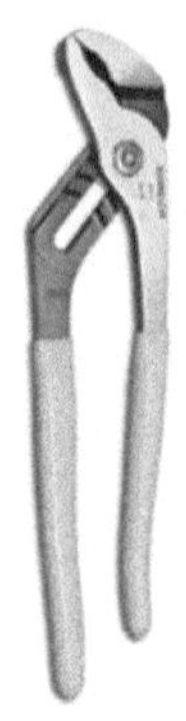
(b) 첼러

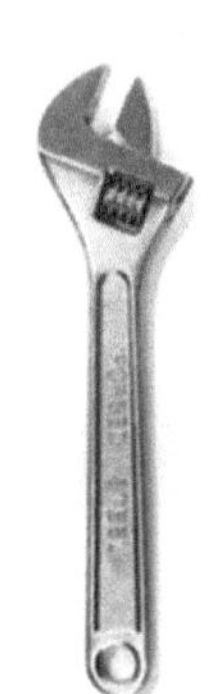
(c) 멍키 스패너

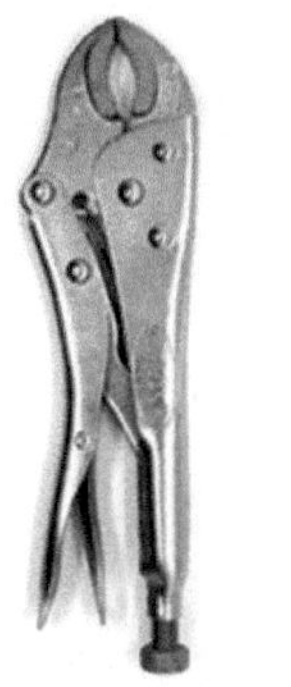
(d) 그립 플라이어

(e) 납땜인두

[그림 7.11] 정비용 공구2

[그림 7.12]는 왼쪽부터 납 제거기, + 드라이버, - 드라이버, 육각렌치 세트, 소형 드라이버 세트 등이다. 이들 공구들을 잘 다룰 수 있어야 드론을 잘 제작할 수 있다.

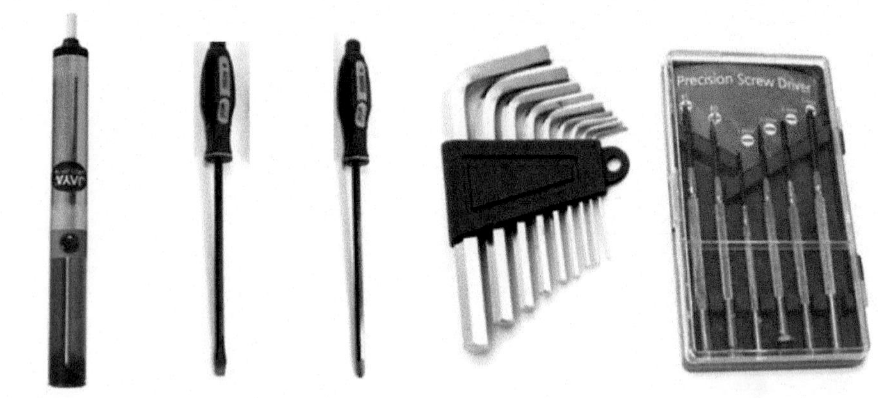

(a) 납 제거기 (b) + 드라이버 (c) – 드라이버 (d) 육각렌치 세트 (e) 소형 드라이버 세트

[그림 7.12] 정비용 공구3

[그림 7.13]은 왼쪽부터 전선을 연결할 때 절연하기 위하여 수축 튜브를 수축시켜주는 열풍기, 특수 스티로폼용 Loctite 460 순간접착제, 일반용 Loctite 401 순간 접착제, 접착제를 신속하게 굳혀주는 경화제, 중간급 Loctite 242 나사 고정제 등이다. 나사를 조일 때는 적당한 크기의 힘으로 조이고 록타이트 242로 보강한다. 나사를 너무 강하게 조이면 나사가 망가지거나, 나사를 풀고 싶을 때 풀기 힘든 경우가 있다. 이런 어려운 상황을 만들지 않으려면 나사 고정제를 사용하는 것이 좋다. 나사 고정제는 진동에 강하지만 일시에 큰 힘을 주면 잘 풀린다.

(a) 열풍기 (b) 순간접착제1 (c) 순간 접착제2 (d) 경화제 (e) 나사 고정제

[그림 7.13] 정비용 공구들3

7.2.3 측정 공구

드론은 일종의 전기제품(전자 장비)이므로 전기적으로 측정할 사항들이 많이 있다. 드론은 전자장비에 이상이 발생하면 추락으로 연결될 수 있으므로 항상 전기적으로 확인할 사항들이 많이 있다. 제작할 때도 측정할 사항들이 많이 있지만 비행하기 전과 비행한 후에도 점검을 해야 하는 만큼 측정 공구를 잘 이해하고 사용하는 것이 중요하다. 드론 제작을 위해서는 〈표 7.1〉과 같은 측정 장비들이 필수적으로 필요하다.

〈표 7.1〉 측정 공구 목록

번호	측정 공구	용 도	비고
1	멀티미터	전압, 전류, 저항 측정	
2	오실로스코프	전류의 파형 측정	
3	서보 측정기Servo Tester	BLDC 모터 동작 측정	
4	추력시험기Thrust stand	프로펠러, 변속기, 모터의 추력 측정	
5	배터리 밸런서	Li-Po 배터리의 셀별 전압 측정	

자세한 사항은 제2장 항공전자공학의 2.4절의 측정기기를 참조한다.

7.3 물리 조립과 전기 조립

앞에서 프레임 자재와 부품들과 각종 공구들과 설계서들을 준비했으면 물리적인 제작을 착수한다. 프레임 제작은 프레임 재료들을 재단하여 프레임을 조립한다. 부품 설치는 조립된 프레임에 부품들을 결박하고 부품들에 신호선과 전력선들을 연결하는 일이다. 전기 조립은 부품들의 전기적인 기능을 확인한다.

7.3.1 프레임 제작

프레임은 프레임의 암(arm, 드론 본체에 연결되어 모터를 설치하는 프레임 부품)들을 구성하는 각재와 암들을 결합하는 센터 마운트(center mount)를 만드는 판재로 구성된다. 프레임 설계도에 따라 암(각재)와 센터 마운트(판재)를 재단하고 기체를 조립한다. 암에는 착륙 스키드를 각재로 만들 수도 있고 스폰지 형태의 쿠션이 많은 재질로 만들 수도 있다.

1) 암(각재) 재단

암은 모터를 결박하고 지지하면서 센터 마운트와 결합하여 멀티콥터의 핵심 구조를 이루는 프레임의 일부이다. 제6장 상세 설계의 [그림 6.2]의 200급(또는 450급) 쿼드콥터 설계도를 보고 드론을 제작한다. 이 쿼드콥터는 4개의 암이 각각 분리되어 센터 마운트에 연결되는 구조이다. 암의 길이는 75mm이므로 테이블 톱을 이용하여 [그림 7.14]와 같이 15*15*75mm 각재를 4개 만든다.

[그림 7.14] 15*15*154mm 암(각재) 4개

2) 센터 마운트(판재) 재단

센터 마운트는 드론의 중앙에 위치하며 4개의 암을 결합하는 역할을 한다. 암과의 결합 강도를 높이기 위하여 상판과 하판으로 구성하여 암들을 결합한다. 센터 마운트를 구매할 수도 있고 합판으로 만들 수도 있다. [그림 7.15](a)의 플라스틱 센터 마운트는 해외 사이트[1]에서 구매할 수 있다. [그림 7.15](b)의 합판 센터 마운트는 스스로 제작해야 한다.

(a) 플라스틱 센터 마운트

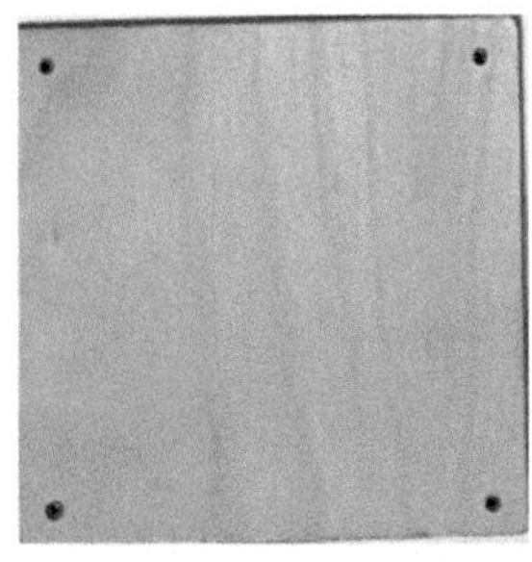

(b) 목재로 만든 센터 마운트

[그림 7.15] 센터 마운트

고익기를 만들려면 하판과 중판용으로 3*80*80mm 두 장의 센터 마운트를 만든다. 저익기를 만들려면 배터리를 올려놓을 상판 3*55*110mm 마운트 하나를 더 만든다. 판재도 테이블 톱을 이용하여 만든다.

3) 착륙 스키드 재단

착륙 스키드(skid)는 [그림 7.16](a)와 같이 각재로 많이 만들지만 (b)와 같이 판재로 만들 수도 있다. 저익기의 경우에는 배터리가 상판 위에 올라가기 때문에 착륙 스키드가 길 필요가 없으므로 짧은 쿠션으로 만들 수 있다. 그러나 고익기의 경우에는 배터리가 하판 아래에 부착되기 때문에 배터리를 보호하기 위하여 착륙 스키드가 굵고 길어야 하므로 각재를 많이 사용한다. 그러나 [그림 7.16](b)와 같이 판재를 좁고 길게 만들어서 암의 양 옆에 부착하고 바닥에 닿는 부분에 쿠션을 붙여서 만들 수도 있다.

---

1 해외 사이트 : www.hobbyking.com. 홍콩에 있는 RC 전용 제품 사이트이다.

(a) 각재로 만든 스키드

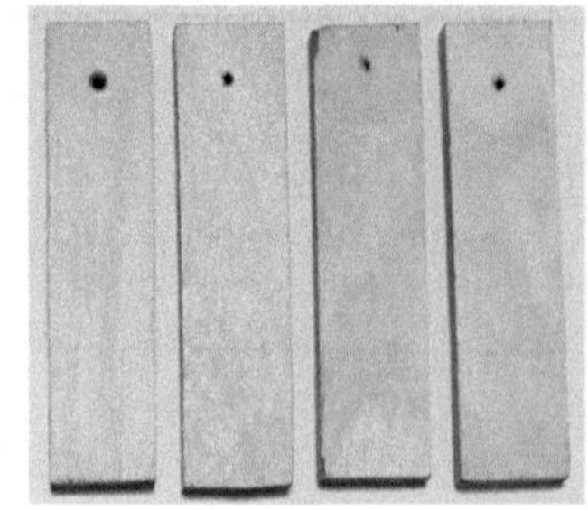

(b) 판재로 만든 스키드

[그림 7.16] 목재 스키드

4) 각재와 판재 가공

각재와 판재를 고운 사포로 잘 밀어서 거친 부분을 매끄럽게 만든다. 각재와 판재의 모서리 부분이 날카로우므로 사포로 문질러서 부드럽게 만든다. 나무 오일(woof oil)을 헝겊에 묻혀서 각재와 판재에 골고루 바르고 말린 다음에 다시 바르고 또 말린다. 이 과정을 3-4회 반복하면 나무의 색상이 부드럽고 고급스러워진다. 프레임 설계도를 보고 각재에 탁상 드릴을 이용하여 구멍을 뚫는다. 각재 끝에서 15mm 중앙에 펜으로 표시를 하고 4mm 비트의 드릴로 구멍을 뚫어서 모터를 결박할 수 있도록 한다. 나무 각재 위에 모터를 결박하려면 케이블 타이나 철사 줄로 묶는 것이 가능하다.

5) 프레임 조립

[그림 7.17](a)와 같이 하판 센터 마운트를 아래에 놓고 4개의 암을 중판의 대각선으로 설치하고 중앙에 남는 공간의 크기를 측정한다. 중앙에 남는 공간에 50*50mm 크기의 배전반을 설치할 예정이므로 이 크기가 만들어지는 것을 확인하고 암들을 하판에 접착시킨다. 하판에 4개의 암이 설치되면 암들로 구성되는 대각선의 길이가 198mm가 되는지를 확인하고, 인접한 두 암의 길이가 140mm인지 확인하면서 4개의 암들을 하판에 고정하고 접착제로 접착시킨다.

4개의 암들이 하판에 접착되면 배전반에 배터리와 연결할 전력선을 납땜한다. 이어서 변속기의 전력선들을 배전반에 납땜한다. 납땜한 배전반을 하판 위에 부착한 다음에 [그림 7.17](b)와 같이 중판 센터 마운트를 하판과 같은 위치의 위에 덮는다. 필요에 따라서 배전반을 보기 위하여 중판을 열 수 있도록 중판을 결합한다. 하판에 일자로 구멍을 낸 것은 하판에 배터리를 설치할 경우에 대비하여 배터리 끈을 묶기 위한 것이다.

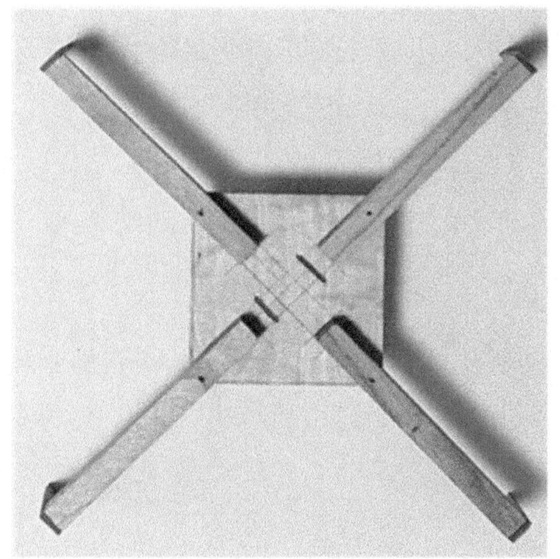
(a) 하판 센터 마운트와 암의 연결

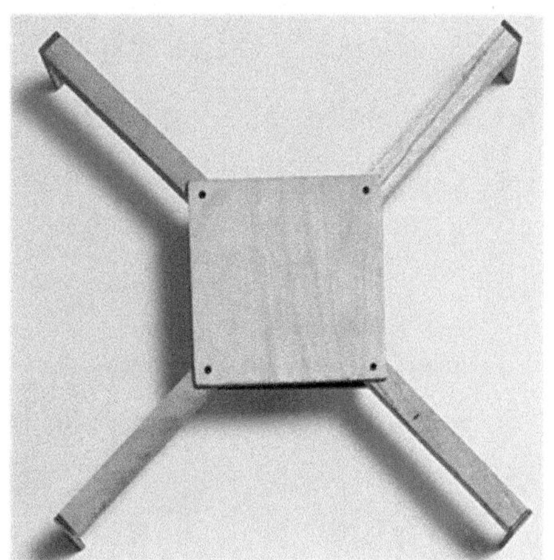
(b) 중판 센터 마운트와 암의 연결

[그림 7.17] 프레임 조립

7.3.2 부품 설치

드론의 부품들은 하판 아래에 배터리를 설치하고, 하판 위에 전원 분배기(배전반)를 설치하고, 중판에 비행제어기 등을 설치한다. 프레임의 중앙에 무게 중심점(CG, Center of Gravity)이 오도록 하고 부품을 설치하면서 중심점이 바뀌지 않도록 유의한다. 무게 중심점을 찾는 방법은 하판과 중판의 네 모서리에서 대각선을 그려서 만나는 점이 중심점이다.

1) 모터

모터는 진동과 소음이 많으므로 부품 설치에서 가장 중요한 작업이다. 모터를 암에 결박시키는 방법은 다음과 같이 여러 가지가 있다.

(1) 모터 마운트 구입

[그림 7.18]과 같은 모양을 모터 마운트를 구입하여 모터를 볼트를 이용하여 마운트에 부착한 다음에 암에 연결한다. 알루미늄 재질의 경우에는 나무 암에 나사로 결박한 다음에 암에 케이블 타이나 철사 줄을 이용하여 묶는다. 플라스틱 마운트처럼 암에 끼울 수 있으면 케이블 타이나 철사 줄이 필요 없을 것이다. 이들 마운트들은 앞에서 언급한 해외 사이트에서 구입할 수 있다.

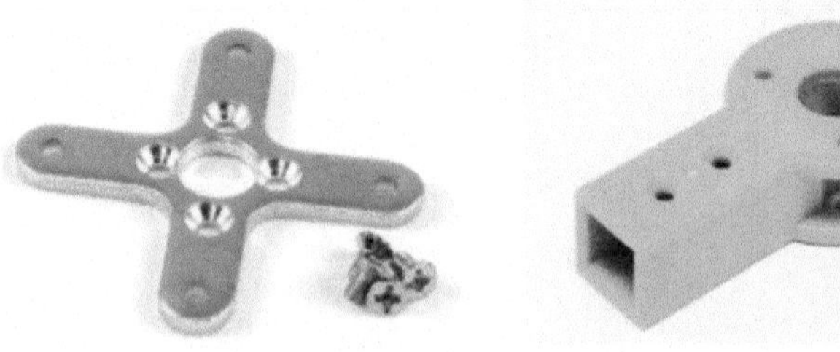

(a) 알루미늄 소재 (b) 플라스틱 소재

[그림 7.18] 모터 마운트

(2) 모터 마운트 미활용

모터 마운트를 구하지 못하는 경우에는 모터에 볼트(모터 마운트와 결합하는 볼트)만을 조이고 이 볼트에 철사 줄을 감아서 암에 묶는다.

(3) 모터 마운트 제작

3mm 두께의 합판을 모터 마운트 크기로 4각형으로 자른 다음에 드릴을 이용하여 볼트 구멍을 뚫어서 만든다. 합판으로 만든 모터 마운트를 모터와 볼트로 연결하고 마운트를 케이블 타이로 암에 묶는다.

2) 비행제어기와 센서

비행제어기의 중심점에 센서를 설치하고 프레임의 중심점에 비행제어기를 설치한다. 중심점을 맞추지 못하면 균형이 맞지 않아서 비행 중에 진동과 기울림 현상이 나타날 수 있다. 프레임의 중심점은 프레임의 사각 모서리에서 대각선을 긋고 대각선이 만나는 점이 중심점이다.

센서를 비행제어의 중심에 설치할 때는 양면 테이프를 붙여서 접착시킨다. 센서에 양면 테이프를 여러 겹 붙이면 센서의 감도가 떨어지므로 한 겹만 붙인다. 센서에 연결하는 전선은 가급적 짧게 설치한다.

3) 변속기 ESC

변속기는 전자파를 많이 발생시키므로 가급적 비행제어기와 센서에서 멀리 설치하는 것이 좋다. 따라서 센터 마운트에서 거리를 두고 있는 암 밑에 케이블 타이를 이용하여 부착하는 것이 좋다. 변속기의 전력선 두 개는 전원 분배기에 +와 -극을 잘 구별하여 납땜한다. 변속기의 신호선에는 +5V 전원선이 있는데 변속기 4개의 전력선을 모두 비행제어기에 연결하면 전원의 충돌이 일어나므로 한 개만 연결하고 나머지 3개의 +5선은 연결하지 않는다.

4) 전원분배기 PDB, Power Distribution Board

배터리의 전력선을 +와 -극을 잘 구분하여 납땜하고 변속기의 전력선 4개를 +와 -극에 맞게 납땜한다. 납땜한 후에는 글루 건(glue gun)을 쏘아서 절연시키고 하판의 중심점에 고정한다. 전원 분배기는 [그림 7.19]와 같이 배터리와 변속기와 전원을 연결할 수 있는 커넥터가 있는 것과 납땜을 해야 하는 것이 있다. 납땜을 하는 것은 접착이 확실한 반면에 귀찮은 작업이 필요하고, 커넥터가 있는 것은 편리한 대신에 변속기에 커넥터를 또 납땜해야할 수도 있다.

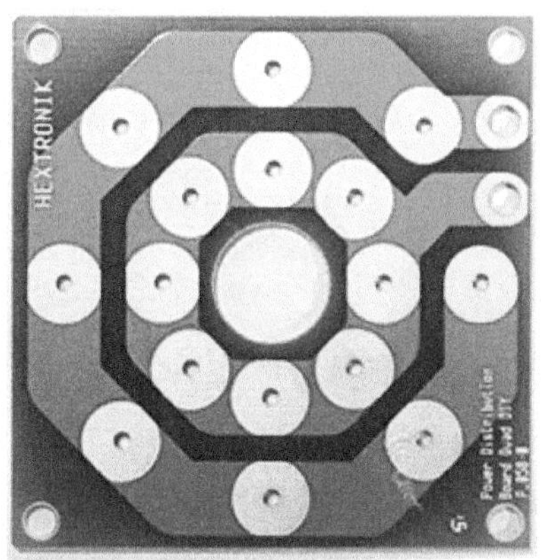

[그림 7.19] 전원 분배기

7.3.3 전기 조립

전기 조립은 전기 부품들을 전력선과 신호선으로 연결한 후에 전원을 넣어서 부품들의 기본적인 기능을 확인하는 일이다. 우선 조종기와 설치된 수신기를 바인딩(binding)하여 조종기로 모터를 구동할 수 있는 상태로 만든다. 바인딩이 완료되면 변속기를 초기화한다.

(1) 수신기 바인딩

드론에 사용할 조종기와 수신기를 전용으로 사용하도록 바인딩해야 한다. 바인딩이란 한 조종기가 특정 수신기와 배타적으로 통신하도록 통신 선로를 고정시키는 일이다. 수신기를 바인딩하는 방법은 조종기마다 다르므로 해당 제작사의 사용 매뉴얼에 따라서 연결한다. 바인딩을 하면 특정 조종기는 특정 수신기와만 통신이 가능하다.

(2) 변속기 초기화

변속기 초기화(calibration)는 조종기 스틱의 최소, 최대 값과 모터 속도의 최소, 최대 값을 일치시키는 작업이다. 변속기를 개별적으로 초기화하는 방법을 이용하면 모두 4번의 변속기를 초기화해야 한다. 그러나 비행제어기에 따라서 4개의 변속기를 동시에 초기화시킬 수 있다. 예를 들어, Multiwii와 Pixhawk에서는 동시에 변속기 4개를 초기화할 수 있다. 수신기가 바인딩되고 변속기가 초기화되면 조종기로 모터를 구동할 수 있다. 변속기가 초기화되면 조종기의 스로틀을 올리고 내릴 때마다 모터들이 동시에 같은 속도로 구동한다.

(3) 모터 회전 방향 확인

조종기로 모터를 구동할 수 있으면 각 모터의 회전 방향을 확인하고 교정해주어야 한다. 드론에 배터리를 연결하고 모터별로 회전을 시킨다. 각 모터마다 CW와 CCW 방향이 설정되어 있으므로 모터들이 설정된 방향으로 돌아가도록 변속기를 조작한다. 모터의 회전 방향을 바꾸는 방법은 모터의 전원선 3개 중에서 두 개를 교환하여 연결하는 것이다.

전기 조립은 사용하는 비행제어기에 따라서 사용하는 방법이 다르므로 해당 비행제어기 사용법을 익히고 사용법대로 사용해야 한다.

[그림 7.20]은 목재를 이용하여 만든 자작 쿼드콥터들이다. 비행제어기는 모두 Arduino UNO이고, 비행제어 소프트웨어는 모두 Multiwii 2.4를 설치하였다. (a)는 250급 정사각형 H-type 드론으로 만들었고, (b)는 250급 직사각형 H-type 드론으로 만들었고, (c)는 300급 삼각형 형태로 만든 쿼드콥터이고, (d)는 450급 X-type 드론으로 만들었다. 프레임으로 사용된 각재는 오동나무로 인터넷 사이트[2]에서 구매하였고, 판재는 자작나무 합판으로 역시 같은 인터넷 사이트[3]에서 구입하였다. H-type으로 만든 정사각형 드론과 직사각형으로 만든 드론을 호버링하고 비행하면서 균형 능력을 비교하였으나 별다른 차이는 보이지 않았다. 자이로와 가속도계에 의하여 PID 기법으로 자동제어하는 능력에서 별다른 차이가 없었음을 알 수 있었다.

(a) H-type 정사각형 250급 쿼드콥터

(b) H-type 직사각형 250급 쿼드콥터

2 이레화방 : http : //www.irehb.co.kr/shop/shopdetail.html?branduid=54975

3 이레화방 : http : //www.irehb.co.kr/shop/shopdetail.html?branduid=48752&xcode=073&mcode=028&scode=002&type=Y&search=&sort=brandname

(c) Triangle-type 300급 쿼드콥터

(d) X-type 450급 쿼드콥터

[그림 7.20] 오동나무와 합판으로 만든 자작 쿼드콥터

7.4 소프트웨어 조립

드론을 움직이는 비행제어기는 드론 제작에서 가장 중요한 핵심 장치이다. 비행제어기는 마이크로 컨트롤러와 비행제어 SW로 구성되어 있다. 이 장에서는 가장 많이 보급된 오픈 소스 Multiwii와 Pixhawk 비행제어 SW를 사용한다. Multiwii를 설치하기 위하여 물리 제작 단계에서 이미 아두이노 UNO또는 Mega를 설치하였다. 이제는

Multiwii를 설치하고 비행할 수 있도록 SW를 내가 만든 드론에 적합하게 조정하는 일이다. Multiwii를 사용하다가 Pixhawk를 사용하려면 아두이노 비행제어기와 관련 부품들을 철거하고 Pixhawk를 설치하면 된다. 프레임과 모터와 변속기는 비행제어기에 관계없이 예전과 동일하게 사용할 수 있다.

7.4.1 Multiwii 설치

Windows 환경에서 Multiwii를 설치하는 절차는 [그림 7.21]과 같이 Multiwii가 실행될 수 있는 환경을 만들고 Multiwii를 설치하고 프로그램을 초기화 한다.

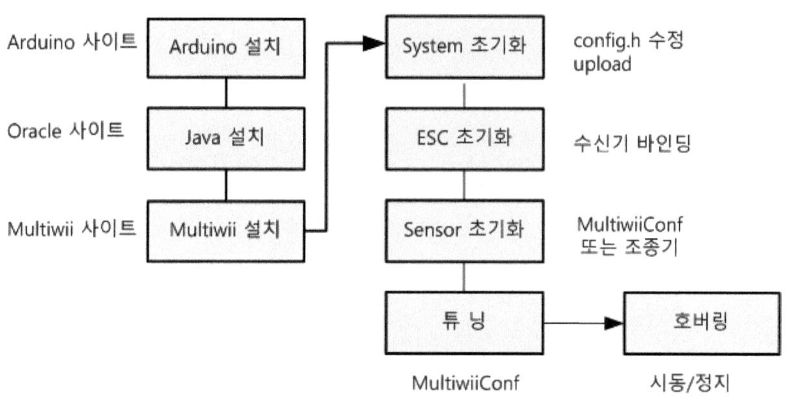

[그림 7.21] Multiwii 설치 절차

(1) Multiwii 실행 환경 만들기

Multiwii는 Arduino 환경에서 C 언어로 실행되므로 Arduino 사이트(https : //www.arduino.cc/)에서 최신의 Arduino 버전을 내려 받아 설치한다. Multiwii의 그래픽 연결장치인 MultiwiiConf는 Java 환경에서 실행되므로 Java 사이트(https : //www.java.com/ko/)에서 최신의 Java 버전을 내려 받아 설치한다.

(2) Multiwii 설치

Multiwii 사이트(https : //code.google.com/archive/p/multiwii/)에서 버전 2.4를 내려받아 설치한다.

(3) 시스템 초기화

Multiwii 디렉토리에 있는 Multiwii 아두이노 프로그램을 실행하고 config.h 파일에서 자신이 만드는 드론의 형태와 비행제어 보드, 센서 등에 적합하도록 매개변수들을 정의하고 업로드한다.

(4) 변속기 초기화

변속기 초기화(calibration)를 하려면 먼저 조종기와 수신기를 바인딩해야 한다. 바인딩한 후에 4개의 변속기를 동시에 초기화한다. 변속기가 초기화되면 4개의 모터가 조종기 스틱의 움직임에 따라 동시에 동작한다. Multiwii에서 변속기 초기화 방법은 제8장 2.2절에서 자세히 기술하였다.

(5) 센서 초기화

센서 초기화는 자이로와 가속도계가 수평 상태에서 정지되어 있다고 비행제어기에 확인하는 일이다. 이를 위해서 센서를 수평인 장소에 올려놓고 약 10초 동안 정지시켜야 이 상태가 비행제어에 기억된다. Multiwii에서는 MultiwiiConf 화면에서 가속도계와 지자기계를 초기화한다. 조종기를 이용하면 가속도계와 지자기계 외에 자이로도 초기화할 수 있다. 센서들이 초기화되면 드론의 자세가 균형을 잡고 안정화된다.

(6) 튜닝 Tuning

튜닝이란 기계의 가동 상태를 보다 나은 상태로 개선하는 일이다. 앞에서의 초기화 작업이 완료되어도 드론의 비행이 불안정할 수 있다. 드론의 비행을 안정화시키기 위하여 MuitiwiiConf 화면으로 드론 상태를 확인한다. I2C 오류가 발견되면 센서들과 아두이노 보드 간의 통신이 불안정한 것이므로 접촉 상태를 확인한다.

(7) 정지비행 hovering : 시동과 시동 정지 연습

Multiwii 드론이 만들어지고 비행제어 소프트웨어까지 준비되었으므로 드론의 시동을 걸고 호버링을 해보아야 한다. 호버링은 비행의 시작이므로 안전을 위하여 철저한 준비를 해야 한다.

■ 정지비행 전 유의 사항

- 호버링은 지면 효과를 막기 위하여 1.2미터 이상에서 실시한다.
- 호버링은 야외에서 바람이 없는 날에 실시한다.
- 기체에 전원을 넣으면 Multiwii 부팅이 끝날 때까지 드론을 수평 상태로 놓아두어야 한다.
- 홈 위치로 지정하고자 하는 장소에서 시동을 건다.

■ 시동 전 준비

① 조종기, 드론, 컴퓨터 배터리 충전 확인

② 프로펠러의 회전 방향을 확인하고, 프로펠러의 앞뒤가 바뀌지 않았는지 확인한다.

③ 소프트웨어 확인

GPS 수신율 확인 : GPS를 이용하려면 수신되는 GPS 위성의 수가 7개 이상 되어야 한다.

■ 모터 구동

① Arduino 보드의 LED가 노란 색으로 점멸하다가 꺼져야 한다.

② 스로틀 최하 상태에서 러더를 오른쪽으로 끝까지 5초 이상 밀어주면 LED가 노란색으로 점등한다. 시동 상태가 되었으므로 프로펠러가 회전하기 시작한다.

③ 시동을 걸자마자 모터가 구동하는 것을 막으려면 config.h 파일에서 MOTOR_STOP 명령어의 커멘트 기호 '//'를 다음과 같이 제거하고 프로그램을 다시 실행시키면 스로틀을 올릴 때까지 프로펠러가 회전하지 않는다.

```
//define MOTOR_STOP
```

■ 시동 정지

스로틀을 최하로 내린 상태에서 러더를 왼쪽으로 끝까지 2초 이상 밀어준다. Arduino 보드의 점등되었던 노란색 LED가 꺼진다.

※ Multiwii를 설치하는 구체적인 방법들은 제8장 2절의 Multiwii에 기술되어 있다.

7.4.2 Pixhawk 설치

Pixhawk를 설치하는 절차는 [그림 7.22]와 같이 Mission Planner를 설치하는 것으로 시작된다. Mission Planner가 설치된 이후에는 이것을 이용하여 모든 작업과 절차들이 진행된다. Pixhawk는 지상제어 시스템인 Mission Planner가 주도적으로 동작하는 오픈 소스 비행제어 시스템이다.

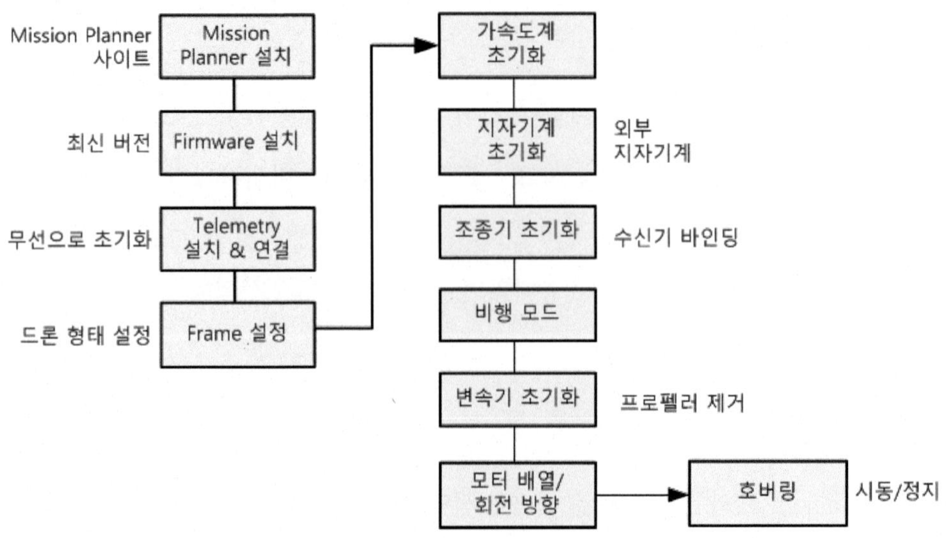

[그림 7.22] Pixhawk 초기화 절차

(1) Mission Planner 설치

Pixhawk를 사용하기 위해서는 지상제어 시스템이 반드시 필요하다. Pixhawk용 지상제어 시스템은 여러 가지가 있으나 여기서는 가장 많이 보급된 Mission Planner를 사용하기로 한다. Mission Planner는 인터넷에 여러 사이트들이 있으므로 그 중의 한 사이트 http : //www.modulabs.co.kr/board_GDCH80/9399)에 접근하여 내려 받는다. 내려 받은Mission Planner를 이용하여 더 최신의 Mission Planner로 갱신한다.

(2) Pixhawk Firmware 설치

Mission Planner를 실행한 후에 Pixhawk와 USB로 연결하고, Mission Planner를 이용하여 Pixhawk firmware를 최신 버전으로 갱신한다.

(3) Telemetry 연결

Pixhawk는 드론과 지상국 사이의 양방향 통신을 Mavlink[4]를 통하여 수행한다. Telemetry를 이용하여 Pixhawk 작업들을 무선으로 실행해야 전선들이 방해하지 않아서 초기화 작업이 편리하다.

(4) 프레임 설정

Mission Planner를 이용하여 만들려고 설계한 드론의 프레임 클래스와 형태 등을 설정한다.

(5) 가속도계 초기화

Pixhawk Firmware를 갱신했으면 반드시 Mission Planner를 이용하여 가속도계를 초기화한다.

(6) 지자기계 초기화

가속도계를 초기화한 다음에 실시한다. 실외에서 정북 방향을 확인하고 Mission Planner를 이용하여 지자기계를 초기화한다.

(7) 조종기 초기화

Mission Planner를 이용하여 조종기를 초기화한다. 단 사전에 수신기와 바인딩되어 있어야 한다.

(8) 변속기 초기화

Mission Planner를 이용하여 쿼드콥터 경우에 변속기 4개를 동시에 초기화한다. 초기화되면 조종기 스로틀 스틱을 올리면 모터가 함께 돌아간다. 모터를 하나씩 개별적으로 초기화 할 수도 있다.

---

4 Mavlink(Micro Air Vehicle Link) : 소형 무인기와 통신하기 위한 통신 규약으로 2009년 Lorenz Meier가 처음 공개하였다. Pixhawk 등에서 사용 중.

(9) 모터 배열과 회전 방향

Mission Planner를 이용하여 모터의 배열순서가 잘못되었으면 서보 레일의 전선을 바꾸고, 모터들의 회전 방향이 잘못되었으면 전력선 두 개를 바꾸어서 방향을 새로 설정한다.

(10) 정지비행 Hovering

Pixhawk가 잘 설치되었는지 확인하기 위하여 실외에서 호버링을 실시한다. 호버링은 비행의 시작이므로 배터리 충전, 시동 절차 등을 정확하게 지켜서 실시한다.

Pixhawk를 구입하면 텔레메트리, GPS 등 관련 부품들이 함께 따라온다. Multiwii의 경우에는 비어있는 Arduino 보드에 오픈 소스 Multiwii 프로그램을 설치하므로 비용이 저렴하지만 Pixhawk는 부품 구입에 비용이 드는 편이다. Pixhawk는 GCS(Ground Control System)가 주도적이므로 Mission Planner가 비행제어 소프트웨어 설치와 운영에 큰 역할을 맡는다.

* Pixhawk를 설치하는 구체적인 방법은 제8장 3절의 Pixhawk에 기술되어 있다.

요약

- 제작(producing)이란 머릿속의 생각이나 설계도를 실세계에서 구현하는 창조 작업이다.
- 제작 준비는 작업 공간을 확보하고 제작에 필요한 설계 서류와 기자재, 공구들을 작업 공간 안에 배치하는 일이다.
- 물리 조립은 드론을 구성하는 장비와 부품들을 물리적으로 연결하고 설치하는 작업이다.
- 전기 조립은 전기 장치들에 전원과 전력선과 신호선을 연결하고 기본적인 동작이 수행하도록 시험하고 확인하는 작업이다.
- 소프트웨어 조립은 비행제어기 하드웨어에 비행제어 소프트웨어를 설치하고 정상적으로 동작하도록 조작하는 일이다.
- 공구(tool)는 어떤 재료를 원하는 형태로 만드는데 직접 사용하는 물리적인 도구이다.
- 기자재 명세서는 부품 명세서와 자재 명세서로 구분된다.
- 일정 계획(schedule)이란 전체 작업을 수행하는 단위로 나누어 작업 순서와 소요 기간과 인력과 자원을 시간대별로 기술한 자료이다.
- 바인딩(binding)은 한 조종기가 특정 수신기와 배타적으로 통신하도록 통신 선로를 고정시키는 일이다.
- 변속기 초기화(calibration)는 조종기 스틱의 최소, 최대 값과 모터 속도의 최소, 최대 값을 일치시키는 작업이다.
- 센서 초기화는 자이로와 가속도계가 수평 상태에서 정지되어 있다고 비행제어기에 확인하는 일이다.
- 튜닝(tuning)이란 기계의 가동 상태를 보다 나은 상태로 개선하는 일이다.

연습문제

1. 다음 용어들을 정의하시오.
   (1) 물리 조립
   (2) 공구
   (3) 전기 조립
   (4) 변속기 초기화
   (5) 바인딩

2. 드론 제작에 필요한 준비 사항을 기술하시오.

3. 드론 제작을 위한 절차를 설명하시오.

4. 드론 제작에 필요한 서류들을 기술하시오.

5. 전기 조립과 소프트웨어 조립의 차이점을 설명하시오.

6. 드론과 달리 모형 비행기들은 비행제어 소프트웨어가 없어도 잘 비행한다. 그 이유는 무엇인가?

7. 제작에 필요한 측정 공구들 중에서 중요한 3가지를 설명하시오.

8. Multiwii와 Pixhawk의 장 · 단점들을 비교하시오.

9. 드론을 제작한 후 시험 비행할 때의 유의 사항들을 설명하시오.

10. 기자재 명세서에서 얻을 수 있는 중요한 정보들을 설명하시오.

11. 시험 비행 절차를 설명하시오.

12. 일정 계획에 포함되어야 하는 사항들을 설명하시오.

13. 자신이 작성한 설계서대로 드론을 제작하시오.

CHAPTER 8

비행제어기

사람들은 비행기를 만드는 작업이 주로 기체와 엔진을 만드는 것이라고 생각한다. 라이트 형제는 기체와 엔진을 스스로 만들어서 최초의 비행기를 만들었다. 비행기가 점차 복잡한 기계가 되면서 조종사는 많은 기계 장치들을 이해하고 조작해야 했다. 비행기 조종실에는 수많은 계기와 조작을 기다리는 장치들이 설치되어 있다. 조종사 혼자서 많은 계기들을 조작하기 힘들어서 조종사, 부조종사, 통신사, 기관사까지 여러 명이 조종실에서 근무하기도 하였다. 이제는 컴퓨터 제어 프로그램이 수많은 기계 장치들을 관측하고 스스로 조작하는 단계가 되었다. 비행기의 수많은 장치들을 조작하는 것은 사람과 함께 비행제어기가 수행하고 있다.

8.1 비행제어기 구성

컴퓨터가 없던 시절에는 비행사들이 힘든 조종 훈련과 열정으로 비행기를 조종했을 것이다. 항공기 조종을 컴퓨터에 절대 맡길 수 없을 정도로 자부심이 불타는 조종사도 있었을 것이다. 그러나 프로펠러가 2개 이상이 되면서 두 손으로 항공기를 조종하는 것은 점차 어렵게 되었다. 멀티콥터는 고속으로 회전하는 모터들의 미세한 속도 차이를 이용해서 비행하기 때문에 컴퓨터에 의존하지 않을 수 없다. 비행사가 항공기의 외부 환경을 신속하고 정확하게 인지하는 것도 불가능하고 손으로 조종장치들을 신속하고 정확하게 제어하는 것은 더욱 어렵기 때문이다. 조종사는 다양한 첨단 센서들과 컴퓨터를 적극적으로 활용해야 한다. 조종사들은 비행제어기라는 컴퓨터를 이용하지 않으면 비행할 수 없는 시대가 되었다.

비행기가 처음 출현했을 때는 순전히 조종사들의 손과 팔 힘으로 제어장치들을 조작하여 비행하였다. 비행기가 커지고 속도가 빨라지면서 조종사의 팔 힘으로 조종면을 조작하는 것은 점차 어려워졌다. 유압기와 전기 모터들이 전기기계의 힘으로 힘든 일들을 처리하기 시작했다. 전기 장치와 전자 장치들이 발전하면서 점차 비행을 보조하는 장치들이 개발되었다. 비행제어기는 비행을 보조하는 도구에서 벗어나 점차 본격적으로 비행을 담당하는 시스템으로 발전하였다. 이제는 항공기에 탑재되어 항공기의 비행을 제어하는 비행제어 시스템(FCS, Flight Control System)과 지상에 있는 컴퓨터에 설치되어 항공기의 비행을 제어하는 지상제어 시스템(GCS, Ground Control System)으로 나뉘어 발전하고 있다. 비행제어 시스템(FCS)은 항공기에 탑재되어 공중에서 항공기의 비행을 제어하는 시스템이고, 지상제어 시스템(GCS)은 지상에 설치되어 공중에 있는 항공기의 비행을 제어하는 시스템이다. 이들 시스템은 각각 하드웨어와 소프트웨어로 구성된다.

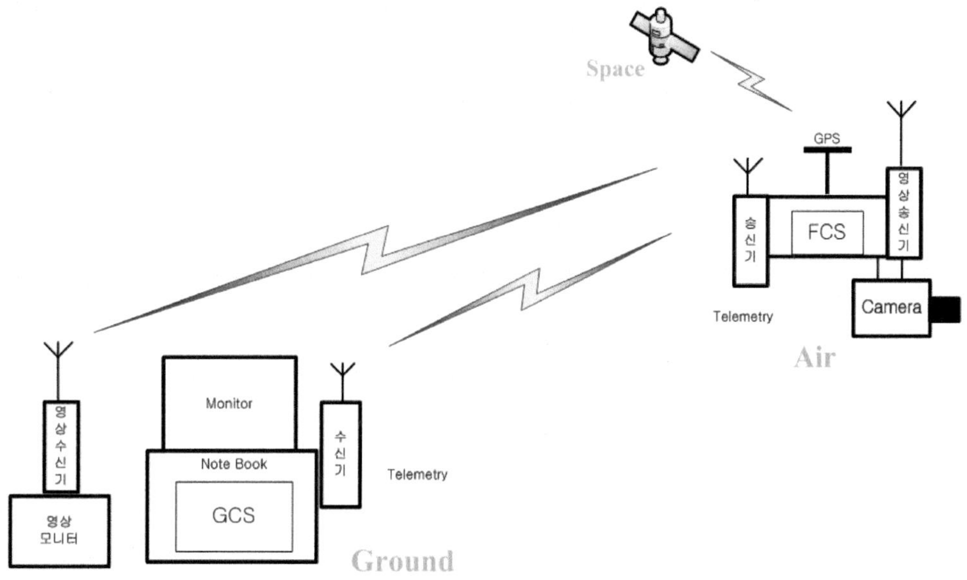

[그림 8.1] 비행제어 시스템과 지상제어 시스템

[그림 8.1]과 같이 비행제어 시스템(FCS)은 공중에 있는 드론에 탑재되어 드론의 비행을 제어하고, 지상제어 시스템(GCS)은 지상에 있는 컴퓨터에서 드론의 상태와 위치를 추적하고 제어한다. 드론은 위성이 보내는 위성 신호를 수신하여 텔레메트리를 통하여 지상제어 시스템에 보낸다. 지상의 텔레메트리 수신기를 드론의 비행 상태와 위치 정보를 수신하여 모니터에 지도를 띄우고 위치를 표시한다. 드론에 탑재된 카메라가 찍는 영상은 영상 송신기를 통하여 지상의 영상 수신기에 전달되고, 영상은 영상 모니터에 나타난다. 카메라와 영상 송신기는 드론에 탑재되어 있으나 영상 모니터와 지상제어 시스템은 별개의 시스템이다.

8.1.1 비행제어 시스템 FCS, Flight Control System

비행제어 시스템은 항공기에 탑재되어 항공기를 제어하는 시스템으로 비행제어기라는 하드웨어와 비행제어 소프트웨어(FCSW)로 구성된다. 비행제어기는 Arduino와 비슷한 마이크로컨트롤러(MCU)로 만들고, FCSW는 대부분 C언어로 작성된다. 〈표 8.1〉은 대표적인 멀티콥터용 비행제어기들이다. 드론 비행제어기 역사는 이탈리아의 아두이노 MCU와 닌텐도의 Wii 게임기로부터 시작되었다. 2005년 이탈리아의 마시모 반지(Massimo Banzi) 교수가 Arduino라는 오픈 소스 마이크로 컨트롤러 만들었다. 아두이노는 자신의 아이디어로 무엇인가 만들려고 하는 사람들에게 아주 저렴하고 편리하게 제품을 구현할 수 있는 작은 컴퓨터였다. 아두이노는 자신의 상상력을 주체하지 못하는 많은 사람들에게 꿈과 희망을 주는 발명 도구였다.

〈표 8.1〉 멀티콥터용 비행제어기 종류와 특징

비행제어기	용도	처리기	FCS	GCS
Arduino UNO	학습	8bit 16MHz	MultiWii	MultiWiiWinGUI
APM	촬영	8bit 16MHz	Ardupilot	APM Planner
Pixhawk	촬영	32bit 168MHz	PX4	Mission Planner
CC3D	레이싱	32bit 72MHz	Betaflight	
CRIUS	레이싱	32bit 72MHz	Betaflight	

일본의 닌텐도(任天堂) 회사는 1889년부터 게임을 만들었다. 2006년에 Wii라는 가정용 게임기를 만들어서 세계적으로 대성공을 거두었다. 모형 비행기를 만들면서 드론의 비행제어기를 만들고 싶었던 사람들이 Wii 게임기에 사용되는 Nunchuck이라는 자이로와 Motion Plus라는 가속도계에 주목하였다. Wii 게임기에서 이들 센서를 떼어내서 아두이노와 결합하여 Multiwii라는 최초의 비행제어 소프트웨어를 만들어냈다. 이것은 게임기의 관성측정 센서와 비행기라고 하는 완벽한 이종교배와 융합의 성공적인 사건이었다. Multiwii는 오픈 소스로 개방되어 드론을 만들고 싶어 하는 사람들에게 많은 사랑을 받았다. Arduino에서 실행되는 Multiwii는 MCU와 항공기와 게임기와 컴퓨터 소프트웨어가 이종교배 하여 만들어낸 성공적인 융합 작품이다.

미국의 3DRobotics 회사는 아두이노 보드에서 돌아가는 Arducopter를 실행시킬 수 있는 전용 비행제어기로 APM과 Pixhawk를 만들었다. APM은 버전이 중단되었지만 Pixhawk는 더 진화하여 PX4라는 비행제어 소프트웨어를 만들면서 사업용 드론의 표준이 되고 있다.

Multiwii는 진화를 거듭하여 Betaflight로 발전하였고 32비트 처리기인 CC3D, CRIUS 등의 비행제어기에서 레이싱 드론의 전범이 되었다.

1) 비행제어 HW

비행제어기로 사용되는 보드들은 대표적으로 [그림 8.2]와 같이 CRIIUS, CC3D, Arduino, APM, Pixhawk 등이다. 아두이노 계열은 아두이노 UNO, 아두이노 Mega2560

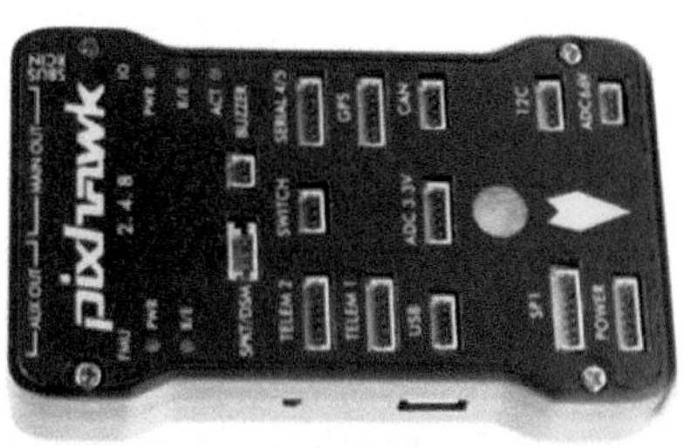

(a) Pixhawk 2.4.8

(b) APM 2.6

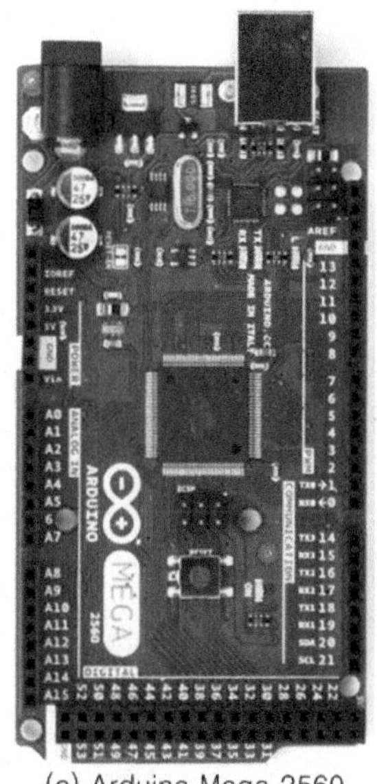

(c) Arduino Mega 2560

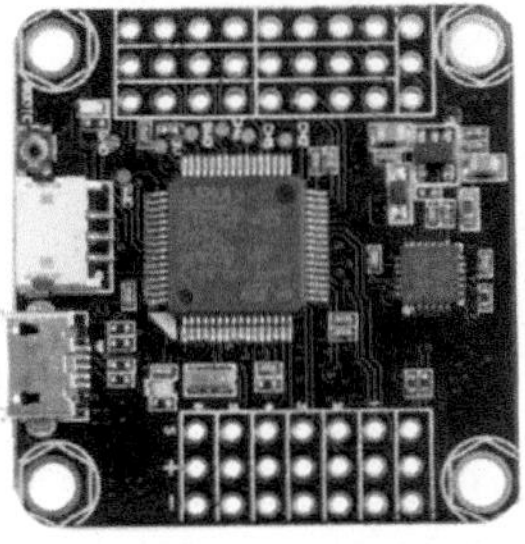

(d) Betaflight CC3D F4

(e) Betaflight CRIUS F3

[그림 8.2] 다양한 비행제어기

등이 사용되고 있고 CC3D와 CRIUS 제품도 많이 보급되어 있으며 최근에는 Pixhawk가 널리 보급되고 있다. Arduino 계열의 보드에는 Multiwii 비행제어 소프트웨어를 사용하고 있고, APM 보드는 Ardupilot를 사용하고, Pixhawk 보드는 PX4를 사용하고 있으며, 요즈음의 CRIUS와 CC3D는 Betaflight를 올려서 사용한다. 아두이노 계열은 처리기가 8비트이고 처리 속도가 16MHz이므로 대형으로 제작된 비행제어 소프트웨어를 처리하기 어렵다는 문제가 있다. Pixhawk는 처리 속도가 168MHz로 아두이노 보드보다 10배 정도 빠르기 때문에 레이싱, 촬영 등의 업무용 드론 시장을 주도하고 있다.

2) 비행제어 SW 구성

[그림 8.2]의 비행제어 보드에서 사용하는 비행제어 소프트웨어들은 대부분 상이하다. 다양한 비행제어기와 비행제어 소프트웨어가 사용되고 있는 것은 각 보드마다 특정 용도에 적합한 분야가 있고 특징이 다르기 때문이다. 비행제어기를 만드는 나라와 회사는 다양하게 많이 있으나 비행제어 소프트웨어를 만드는 나라나 회사는 매우 드물다.

비행제어 소프트웨어는 항공기를 제어하기 위하여 다양한 기능을 수행하지만 대표적으로 중요한 프로그램은 [그림 8.3]과 같이 관성제어, 자동제어, 전력제어, 모터제어, 신호제어 프로그램 등으로 구성된다.

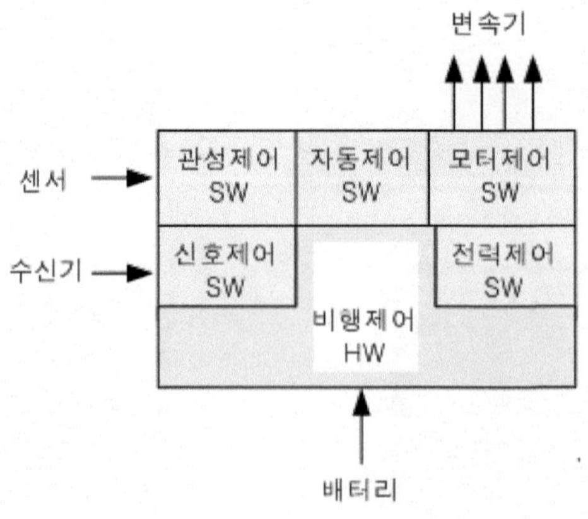

[그림 8.3] 비행제어 SW 구성도

(1) 관성제어 소프트웨어

자이로는 드론이 기울어진 각도를 측정하고 가속도계는 드론의 가속도를 측정하여 이동 거리를 측정할 수 있다. 이외에 초음파 센서, 적외선 센서 등의 센서를 이용하여 비행 정보를 활용하는 것이 관성제어 소프트웨어이다.

(2) 자동제어 소프트웨어

드론의 비행 상태를 측정하여 드론이 수평으로 비행할 수 있도록 자동으로 자세를 제어하는 것이 자동제어 프로그램이다. 드론은 자동제어 기법 중에서 피드백 제어 기법인 PID 기법을 주로 적용한다. 자동제어 소프트웨어는 PID 기법을 이용하여 자동으로 드론의 자세를 제어한다.

(3) 전력제어 소프트웨어

드론이 배터리를 이용하여 비행하기 때문에 전력을 효율적으로 사용해야 한다. 전력이 너무 부족하면 추락하기 쉽고 너무 많이 사용하면 과열하여 화재가 발생할 수 있다. 전력의 소모 현황을 정확하게 측정하여 전력의 소비를 최소화하고 전력 비상사태가 발생하면 즉시 경고하는 프로그램이 필요하다.

(4) 모터제어 소프트웨어

드론은 모터가 발생하는 회전력으로 추력과 양력을 생성하여 비행한다. 모터를 효율적으로 제어하는 것이 드론의 핵심 소프트웨어이다. 모터를 효율적으로 제어하기 위하여 수신기에 접수되는 조종기 신호를 실시간으로 측정하여 생성되는 인터럽트(interrupt)[1]를 인식하고 순간적으로 모터 제어를 하는 프로그램이 필요하다.

(5) 신호제어 소프트웨어

드론은 무선으로 움직이기 때문에 지상과 공중에서 이루어지는 신호 처리가 생명이다. 조종기에서 생성된 조종 신호는 무선으로 수신기에 전달되고, 수신기는 조종 신호

---

1 인터럽트(interrupt) : 시급한 작업을 실행하기 위하여 실행 중인 프로그램을 하드웨어적으로 일시 중단시키고 시급한 작업이 종료되면 원래 프로그램을 다시 실행시키는 기술.

를 채널별로 구분하여 비행제어기에 유선으로 전달한다. 비행제어기는 센서들의 신호들을 수신하여 제어 정보를 계산하고 조종기 신호를 함께 반영하여 각 모터를 구동할 수 있는 신호를 생성하여 변속기에 전달한다. 드론의 신호 처리 성능은 비행제어 소프트웨어의 성능을 결정한다.

8.1.2 지상제어 시스템 GCS, Ground Control System

지상제어 시스템은 지상에서 통신장치를 이용하여 항공기의 위치와 상태를 파악하고 탑재된 비행제어 시스템을 이용하여 비행을 제어하는 시스템이다.

1) 지상제어 GCS HW

개인들이 지상제어 시스템으로 사용하는 하드웨어는 주로 노트북이다. 야외 비행장에서 드론을 이륙시키고 드론과 통신하기에는 데스크 탑 컴퓨터보다 노트북이 편리하기 때문이다. 물론 휴대폰을 이용하기도 하지만 화면이 너무 작아서 불편하기 때문이다. 단순하게 드론이 보내주는 영상만을 보려면 7인치 크기의 전용 모니터를 사용할 수도 있지만 다양한 정보를 처리하려면 노트북이 필요하다.

드론의 카메라가 촬영하는 영상을 실시간으로 보려면 영상 수신장치와 함께 영상 표시장치인 시현기(display) 모니터가 별도로 필요하다. 상업용 제품으로는 7인치 정도 크기의 전용 모니터를 사용하기도 하고 휴대폰을 영상 모니터로 사용하기도 한다.

드론이 비행하면서 자신의 비행 상태와 위치 정보를 지상제어 시스템으로 보내주기 위해서는 GPS 수신기와 함께 텔레메트리 송신장치가 필요하다. 지상제어 시스템에서는 드론의 상태 정보와 위치 정보를 받기 위하여 텔레메트리 수신장치가 필요하다.

2) 지상제어 GCS SW

지상제어 시스템으로 사용하는 소프트웨어는 Multiwii를 사용할 때는 MultiwiiWinGUI를 사용하고, APM의 Ardupilot나 Pixhawk의 PX4는 APM Planner, Mission Planner, QGroundControl 등 여러 가지를 지상제어 소프트웨어를 사용할 수 있다. 지상제어 시스템의 특징은 대부분 세계 지도를 갖추고 있어서 비행하는 드론의 위치를 지도 위에 표기하고 드론을 관제한다. 지도 위에 드론의 위치를 나타내고 드론의 목적지와 경유지들을 관리하기 때문에 차량에서 흔히 보는 내비게이션과 흡사하다. 다만 지상제어 시스템은 3차원의 지구 좌표를 관리한다는 점이 다르다.

8.2 Multiwii

Multiwii는 가장 널리 보급된 비행제어 소프트웨어로서 최초로 드론 용도로 개발되었다. Multiwii가 실행되는 처리기의 처리 단위가 8비트이고, 처리 속도가 16MHz로 실행되기 때문에 지금은 너무 낙후된 상태이고, 버전이 Multiwii 2.4에서 중단되어 있다. Betaflight 같은 처리기들이 32비트에서 168MHz로 실행되는 것과 비교하면 차이가 많이 난다. 하지만 Multiwii가 지금도 많이 사용되고 있는 이유는 오픈 소스이며 소스를 쉽게 접근하고 수정할 수 있기 때문이다. 이런 이유 때문에 비행제어 프로그램 공부를 시작하는 사람들의 좋은 학습 자원이 되고 있다.

8.2.1 Multiwii 구성

닌텐도(任天堂)가 2005년에 만든 Wii[2]라는 전설적인 비디오 게임에는 관성을 측정하는 가속도계와 자이로가 사용되었다. 이 센서들을 이용하면 움직이는 물체의 위치와 속도를 감지하여 운동하는 게임을 만들 수 있다. 마시모 반지(Massimo Banzi)가 만든 오픈 소스 초소형 컴퓨터 보드인 Arduino는 전 세계의 다양한 분야에서 창의적인 기능을 구현하려는 젊은이들에게 선풍적인 인기를 몰고 왔다. 비행제어에 관심이 있었던 사람들이 Wii에서 사용한 센서들과 Arduino를 이종 교배하여 Multiwii라고 하는 최초의 드론용 비행제어 소프트웨어를 만들었다. Multiwii는 드론의 출현과 함께 비행제어기를 선도하는 역사적인 소프트웨어로 남게 되었다.

---

2 Wii 게임기 : 닌텐도(任天堂)가 2005년 개발. 손에 컨트롤러를 쥐고 팔과 손을 움직여서 테니스, 야구 등의 각종 운동 경기를 즐기는 체험형 게임기.

8.2.2 Multiwii 설치

Multiwii_2.4를 내려 받으면 다운로드 디렉토리에 Multiwii_2_4 디렉토리가 생성되고 그 안에 Multiwii 디렉토리와 MultiwiiConf 디렉토리가 생성된다. 다시 Multiwii 디렉토리 안에서 Multiwii 아두이노 파일을 더블클릭하면 [그림 8.4]와 같은 Multiwii 프로그램의 초기 화면이 생성된다. 이 화면에서 오른쪽 끝에 있는 아래 화살표를 클릭하면 이 프로그램을 구성하고 있는 서브루틴들의 파일 이름들이 톱다운 메뉴에 나열된다. 맨 위에 Multiwii부터 아래에 config.h까지 파일들이 보인다.

[그림 8.4] Multiwii 초기 화면

Multiwii는 범용 비행제어 프로그램이기 때문에 다양한 비행제어기와 센서와 장치들을 사용할 수 있다. Multiwii를 사용하려면 자신이 사용하는 드론의 사양에 맞추어 초기화를 해주어야 한다. 초기화할 사항들은 드론의 형태부터 비행제어 보드, 센서, 통신 속도 등 다양하다.

Multiwii를 설치하고 비행하기 위해서 수행해야 할 작업들은 다음과 같다.

1) 비행제어 소프트웨어 초기화 작업

config.h 파일에서 드론 type, 비행제어 보드, 센서, 각 장치들의 통신 속도 등을 설정한다.

(1) 드론 기체 형태 선정

```
#define QUADX
```

```
34  /**************************    The type of multicopter    *****
35    //#define GIMBAL
36    //#define BI
37    //#define TRI
38    //#define QUADP
39    #define QUADX
40    //#define Y4
```

드론의 형태가 쿼드콥터 X형태이므로 39줄에 있는 것과 같이 커멘트 표시를 제거한다.

(2) I2C 속도 선택

자이로와 가속도 센서를 읽을 때 사용되는 I2C 속도를 400k로 설정한다.

```
#define I2C_SPEED 400000L    //최대 값이 400k
```

```
/**********************************  I2C speed for old WMP config (u
  //#define I2C_SPEED 100000L     //100kHz normal mode, this value m
  #define I2C_SPEED 400000L    //400kHz fast mode, it works only with

```

(3) 자이로, 가속도계 등 센서 선택

사용하는 센서가 MPU6050이므로 아래와 같이 커멘트를 삭제한다.

```
#define MPU6050    //combo + ACC
```

(4) MPU 6050의 LOW PASS FILTER

```
#define MPU6050_LPF_42HZ  // 적정 주파수를 선택해야
```

(5) 스로틀 범위 설정

모터의 시동을 잘 걸리게 하고 잘 중지시키기 위해서 스로틀 범위를 조정한다.

```
#define MINTHROTTLE  1150  // 최소 모터 출력값
#define MAXTHROTTLE 1850  // 최대 모터 출력값
#define MINCOMMAND  1000  // 비 시동 시 최소 모터 출력값
// 조종기 출력이 1000 이하에서는 모터가 구동되지 않을 수 있다.
```

2) 센서 초기화

[그림 8.5]는 모드1 조종기에서 스틱으로 가속도 초기화, 지자기 초기화 자이로 초기화 등을 수행하는 방법을 보여준다. 물론 모터의 시동을 걸고, 끄는 방법도 보여주고 있다. 가속도계와 지자기계는 MultiwiiConf에서도 초기화할 수 있다.

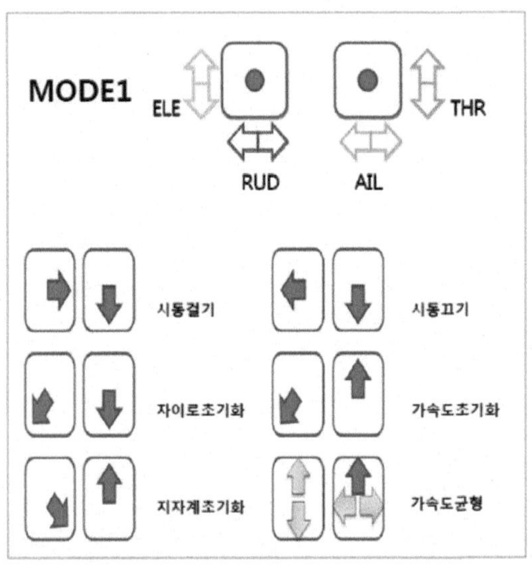

[그림 8.5] 조종기 스틱에 의한 센서 초기화

3) 변속기 초기화

변속기를 초기화한다는 것은 조종기 스로틀 스틱의 최대 값과 변속기 최대 값을 일치시키는 것이고, 조종기 스로틀 스틱의 최소 값과 변속기 최소 값을 일치시키는 것이다. 이렇게 함으로써 4개의 모터가 동시에 동일한 속도로 구동하게 하는 것이다.

Multiwii에서는 4개 변속기를 동시에 초기화하기 위하여 다음 명령문의 주석 기호 //를 제거하고 업로드한다.

```
//#define ESC_CALIB_CANNOT_FLY  // uncomment to activate
```

변속기를 초기화 하는 절차는 다음과 같다.

① 조종기 스로틀을 최대로 올리고 전원을 켠다.

② 드론에 배터리를 연결하여 전원을 켠다.

③ 전원이 켜지면 변속기에서 '삐리릭' 소리가 울리면 즉시 스로틀을 최소로 내린다.

④ 스로틀이 최소일 때 다시 '삐릭'하는 소리가 들린다.

⑤ 초기화가 완료되었으므로 조종기와 드론의 전원을 모두 내린다.

스로틀을 최대로 올린 상태에서 변속기에 전원을 켜서 '삐비릭' 소리가 나는 것은 조종기와 변속기의 최대 값이 동기화되었음을 알려주는 것이다. 스로틀을 최소로 내렸을 때 '삐릭' 소리가 나는 것은 조종기와 변속기의 최소 값이 동기화되었음을 알려주는 것이다.

4) MultiwiiConf

MultiwiiConf는 Multiwii가 실행되고 있는 드론의 상태를 보여주고 특정한 값들을 설정할 수 있는 그래픽 도구이다. 오픈 소스 비행제어 SW들 중에서 Multiwii가 인기가 있는 이유 중의 하나가 MultiwiiConf라는 그래픽 도구가 있기 때문이다. MultiwiiConf가 있으므로 드론의 상태를 정확하게 파악할 수 있고 드론의 상태를 쉽게 개선할 수 있는 장점이 있다.

MultiwiiConf에는 앞 화면과 뒤 화면이 있는데 [그림 8.6]은 앞 화면이다. MultiwiiConf는 그림과 같이 몇 개의 구역으로 나뉘어 정보를 표현하고 정보를 수정할 수 있다. 뒤 화면을 보려면 1번 구역의 상단의 오른쪽에 있는 SETTINGS 버튼을 누르면 뒤 화면으로 바뀐다.

(1) Java 설치

MultiwiiConf는 그래픽 도구이기 때문에 그래픽을 지원하는 Java 소프트웨어가 필요하다. Java를 Java 사이트[3]에서 무료도 내려 받아서 설치하고 사용할 수 있다. PC와 아두이노 보드를 USB로 연결하고 MultiwiiConf > application.windows64 > 디렉토리에 있는 MultiwiiConf 응용 프로그램을 실행하면 [그림 8.6]과 같은 MultiwiiConf 화면이 떠오른다.

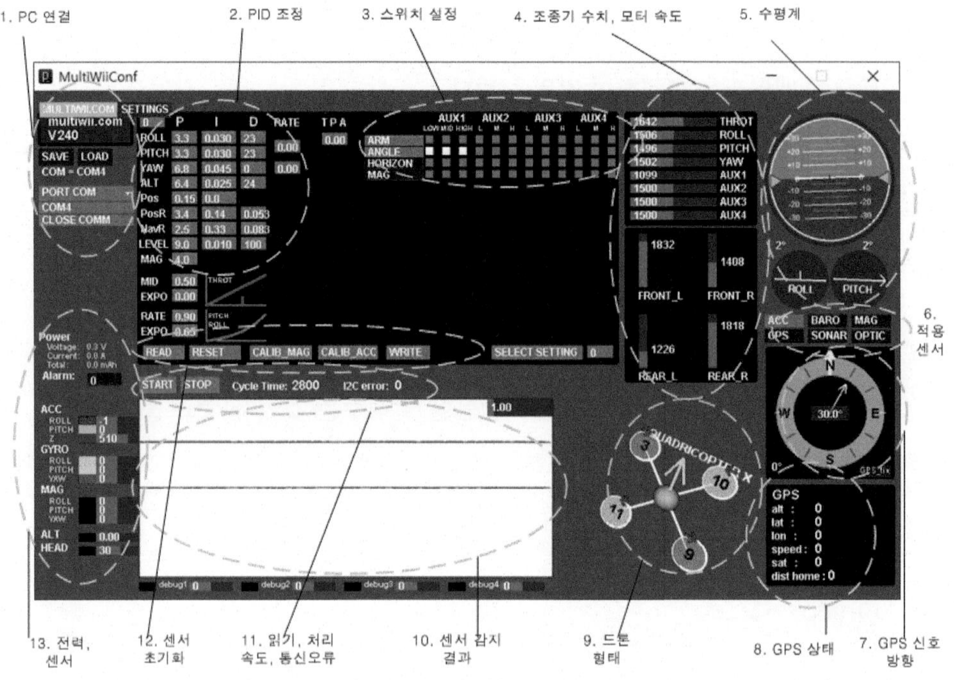

[그림 8.6] MultiwiiConf의 앞 화면 구성도

(2) PC와 연결

MultiwiiConf 화면의 1번 구역은 PC와 MultiwiiConf를 드론과 연결하는 장치이다. 포트 번호를 두 번 클릭하고 11번 구역의 START 버튼을 누르면 MultiwiiConf 화면의 각종 수치가 표시되고 9번 구역의 드론 형태가 표시되면서 프로그램이 동작한다. 이때 확인할 사항은 11번 구역의 오른쪽에 있는 I2C error가 0이라고 표시되어야 한다. 여기 숫자가 0이라는 것은 아두이노 보드와 센서 사이에 통신 오류가 없다는 의미이다. 만약 이 숫자가 0 이상이라면 통신 오류가 있는 것이다. 대부분 오류가 발생하면 이 숫자가 점차 증가하므로 증가 속도를 보면 오류의 정도를 알 수 있다. 오류가 있으면

3 https : //www.java.com/ko/download/win10.jsp

I2C 센서 회로를 점검하고 수리해야 한다. 대부분 접촉 불량일 때 오류가 나타난다.

(3) 센서 초기화

가속도계를 초기화하려면 드론을 평평한 곳에 놓고 12번 구역의 CALIB_ACC 버튼을 누르고 10초를 기다리면 된다. 초기화된 상태를 EEPROM에 저장하기 위하여 WRITE 버튼을 누른다. 지자기계가 있다면 CALIB_MAG 버튼을 누르고 드론을 들고 오른쪽으로 360°한 바퀴 돌리고(roll), 드론을 앞으로 360° 돌리고(pitch), 드론을 수직축을 기준으로 오른쪽으로 360° 돌린다(yaw). 3차례의 회전이 완료되면 저장하기 위하여 WRITE 버튼을 누른다. 이 동작은 가속도계와 지자기계에 드론의 수평 상태와 회전 방향을 알려주는 초기화 작업이다.

센서가 초기화되면 5번 오른쪽 상단의 수평계가 수평 상태를 유지한다. 드론을 좌우, 앞뒤로 움직여보면 움직이는 대로 수평계가 반응을 보여야 정상적으로 초기화된 것이다. 13번 구역의 센서 값들은 가속도계, 자이로, 지자기계 순으로 Roll, Pitch, Yaw 값들을 표시한다. MPU6050은 지자기계가 없으므로 모두 0일 것이다. 드론이 정지되어 있으므로 자이로 값들도 모두 0일 것이다. 다만 가속도계는 중력에 대한 값이므로 약간의 수치 값들을 보일 것이다. 10번 구역의 그래프는 센서들이 시간적으로 변동하는 값들을 보여주고 있다.

(4) 조종기 연결

드론을 조종기와 연결하기 위하여 조종기를 켜면 수신기의 LED가 점멸에서 점등으로 바뀌며 연결된다. 스로틀을 올려보면 4번 구역의 THROT 수치가 올라가는 것을 볼 수 있다. 에일러론과 피치, 러더 스틱들을 움직여서 수치가 화면에 잘 반영된다면 조종기 신호가 수신기에 잘 연결된다는 의미이다.

(5) 모터 구동

Multiwii에서 모터를 구동하려면 스로틀을 최소로 내리고 러더를 최대로 올리고 있으면 1초 안에 3번 구역의 ARM 메뉴가 고동색에서 초록색으로 바뀐다. 이것은 모터를 구동할 수 있는 상태가 된 것을 의미한다. 이 때 스로틀을 천천히 올리면 4번 구역의 아래쪽에 있는 4개의 모터들의 속도가 올라간다. 스로틀을 올릴 때 4개의 모터 속도들이 동일하게 올라가지 않고 많은 차이를 보이며 올라가면 드론이 정상적으로 비행하기 힘들다. 이 때는 변속기 초기화 상태와 함께 모터로 가는 신호선들의 접촉 불량을 점검해야 한다.

스로틀을 1400 정도로 올리고 에일러론과 엘리베이터(피치) 스틱을 움직여서 모터들의 속도가 의도하는 대로 동작하는지 확인한다. 의도하는 대로 움직이지 않는다면 이상이 있는 것이므로 모터들의 회로를 점검해야 한다.

⑹ PID 값

2번 구역의 PID 값들은 드론을 비행하면서 비행 상태를 조정하기 위한 값들이다. 우선적으로 중요한 값들은 ROLL, PITCH, YAW에 대한 P, I, D 값들이다. 초기에는 기본적으로 안정적으로 비행할 수 있는 값들을 입력했으므로 조정할 필요 없이 비행할 수 있다. 그러나 비행 상태에 이상이 발생하고 조정해야 한다면 PID 제어에서 기술한 대로 PID 값들을 갱신하고 시험 비행을 통하여 개선해야 한다.

⑺ 통신 속도

[그림 8.7] 뒤 화면의 14번 구역에서 아두이노 보드와 PC 간의 통신 속도를 나타낸다.

⑻ 스로틀 정의

[그림 8.7] 뒤 화면의 15번 구역에서 스로틀의 최소 값, 최대 값, 구동 시 최소 값 등을 나타낸다.

⑼ 경고

뒤 화면의 16번 구역에서 배터리 잔량 등의 비행에 위험 요소가 되는 것들을 설정한 경우에 나타내주는 값들이다.

[그림 8.7]과 같이 뒤 화면에는 세 가지 구역을 제외하면 모두 앞 화면에서 나타내는 값들과 같다.

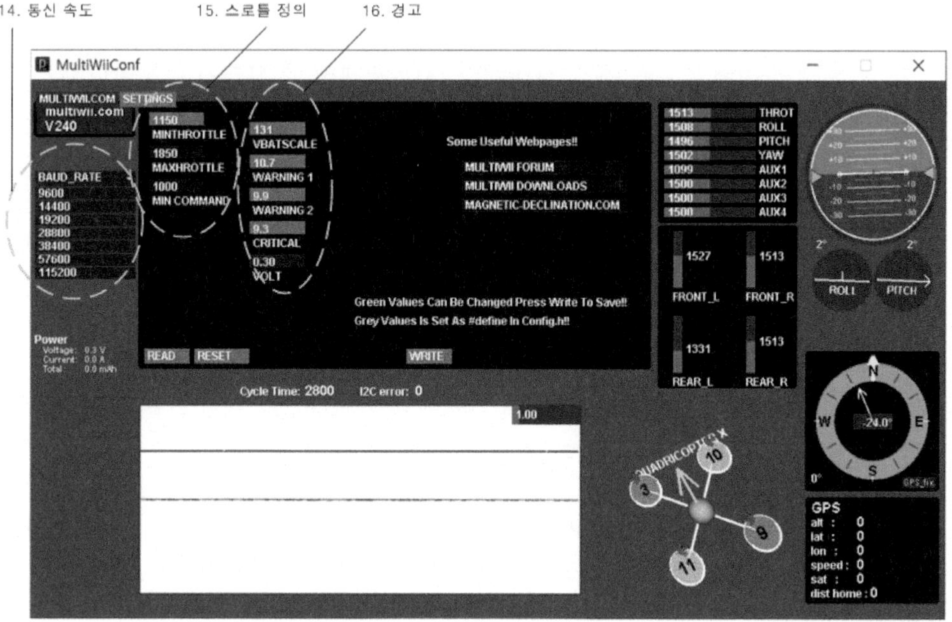

[그림 8.7] MultiwiiConf 뒤 화면

8.2.3 조율 Tuning

Multiwii에서 비행제어를 위한 매개변수들을 잘 설정해놓았다고 하지만 실제로 드론을 만들어서 Multiwii를 설치했을 때 정확하게 모든 수치들이 일치하기는 어렵다. 따라서 비행 전에 여러 가지 기능들을 검사하고 확인하고 필요하면 비행제어 수치들을 갱신해주어야 한다. 비행에 관련된 모든 사항을 하나씩 확인하면서 최적의 비행 상태로 만드는 과정을 조율이라고 한다. 조율해야할 사항들을 차례대로 살펴보면 다음과 같다.

(1) I2C 오류 제거

MPU6050 센서와 아두이노 보드 사이의 통신이 불안하면 MultiwiiConf의 11구역의 I2C error에 0 이상의 수치가 나타난다. 이 수치가 빠른 속도로 올라가는 경우에는 위험한 상황이므로 반드시 해결해주어야 한다. 주로 접촉 불량으로 야기되므로 납땜 상태를 확인해야 한다. 아니면 센서 불량일 수도 있으므로 교체도 생각해야 한다.

(2) 모터 구동하기

모터를 구동하려면 스로틀 최소 상태에서 러더 최대일 때 모터가 구동한다. 그러나 아무리 모터를 구동시키려 해도 안 되는 경우에는 스로틀 하한과 러더 상한을 조율해야 한다. 스로틀 스틱을 최소로 했을 때 1000에 가까워야 한다. 1000 이하이면 구동이 안 되므로 1000에서 1099 사이로 조정해야 한다. Multiwii 프로그램의 config.h에서 #define MINTHROTTLE 1150로 설정하였다면 조종기에서 스로틀 하한을 1150으로 낮아지도록 조정해야 한다. 러더의 최대 값이 1850 이상이 되도록 조종기의 러더 상한을 조정해야 한다. 스로틀 하한과 러더의 상한을 조정해놓으면 모터 구동이 잘된다. 모터 정지가 잘되려면 스로틀 최소에서 러더 최소가 되어야 하므로 러더 최소 값도 1150이 되도록 조종기를 설정해놓아야 한다. 조종기에서 스틱 값을 조정하는 것은 Devo7의 경우에는 FUNCTION 메뉴에서 TRVAD 서브 메뉴에서 스틱들의 값을 조정한다.

(3) 변속기 초기화 ESC Calibration

모터를 구동하고 스로틀만 천천히 올렸을 때 4개의 모터들이 모두 동일한 속도로 증가해야 한다. 어느 모터는 빠르고 어느 모터는 느리다면 드론이 비행하기 어려워진다. 모터 속도의 동기화는 변속기 초기화부터 잘 설정해야 한다. 변속기 초기화에 이상이 없었다면 변속기에서 모터로 가는 신호선들의 접속 상태와 접지 상태를 확인해야 한다. 4개 모터에 연결된 접지선들이 서로 다른 저항 값을 가지면 곤란하다. 역시 납땜 불량인지를 확인하는 것이 좋다.

(4) PID 조율

PID 조율은 호버링을 하면서 이상이 있을 때 시도한다. 드론이 어느 한쪽으로 기울던가 흐르던가하면 PID 값들을 확인해보아야 한다. 이것은 시험 비행에서 확인할 사항이므로 여기서는 언급하지 않는다.

8.3 Pixhawk

Pixhawk는 오픈 소스 비행제어 하드웨어로서 저비용과 높은 효율과 높은 수준의 기능이 특징이다. 따라서 드론의 용도를 크게 완구용, 취미용, 사업용으로 나눈다면 Pixhawk는 사업용으로 분류되며 산업 표준이 되고 있다. Pixhawk는 Linux 재단의 Dronecode 프로젝트에서 과제로 추진되었으며 3DR과 Ardupilot group의 개발 합작팀에 의하여 고안된 비행제어기이다. Pixhawk에서 실행되는 비행제어 소프트웨어는 PX4로서 NuttX 운영체제에서 실행된다.

8.3.1 Pixhawk 구성

Pixhawk로 만드는 드론 구성품들은 [그림 8.8]과 같으며 다음과 같이 간략하게 부품들의 내용을 기술한다.

- Pixhawk 제어기 : STM32F427 : 32bit 168MHz, 256KB SRAM, 2MB flash PPM, S-BUS, DSM, DSM2, DSM-X 지원
- microSD 카드 : 제어기와 관련된 정보를 기록하는 장치.
- Power Module : Pixhawk 제어기에 공급하는 5V와 모터에 공급하는 12V를 분리한다.
- 안전 스위치 : 전력이 모터에 공급되는 것에 대한 안전을 위하여 안전 스위치를 길게 눌러야 전원이 공급된다.
- 부저 : 제어기의 상태를 소리로 표현한다.
- Telemetry radio : 지상국(GCS)과 통신하는 장치이다.
- PPM Encoder : 구형 수신기는 조종기로부터 PPM 신호를 받아서 여러 개의 채널로 PWM 신호를 분리하여 제공한다. Pixhawk는 수신기 입력 포트가 RCIN과 SBUS 두 개뿐이다. 6채널의 신호선을 하나의 RCIN 포트에 연결하려면 [그림 8.8]과 같이 PPM Encoder를 거쳐야 한다. Futaba 조종기의 SBUS 수신기를 사용하려면 SBUS 포트를 이용한다.
- Mini On Screen Display : 드론에서 촬영한 영상을 지상에서 모니터로 볼 때 모니터에 드론의 상태를 나타내는 장치이다.

- GPS : GPS 위성에서 보내는 신호를 수신하는 장치이다. 외장용으로 제어기 안에 있는 것과 별도이다.

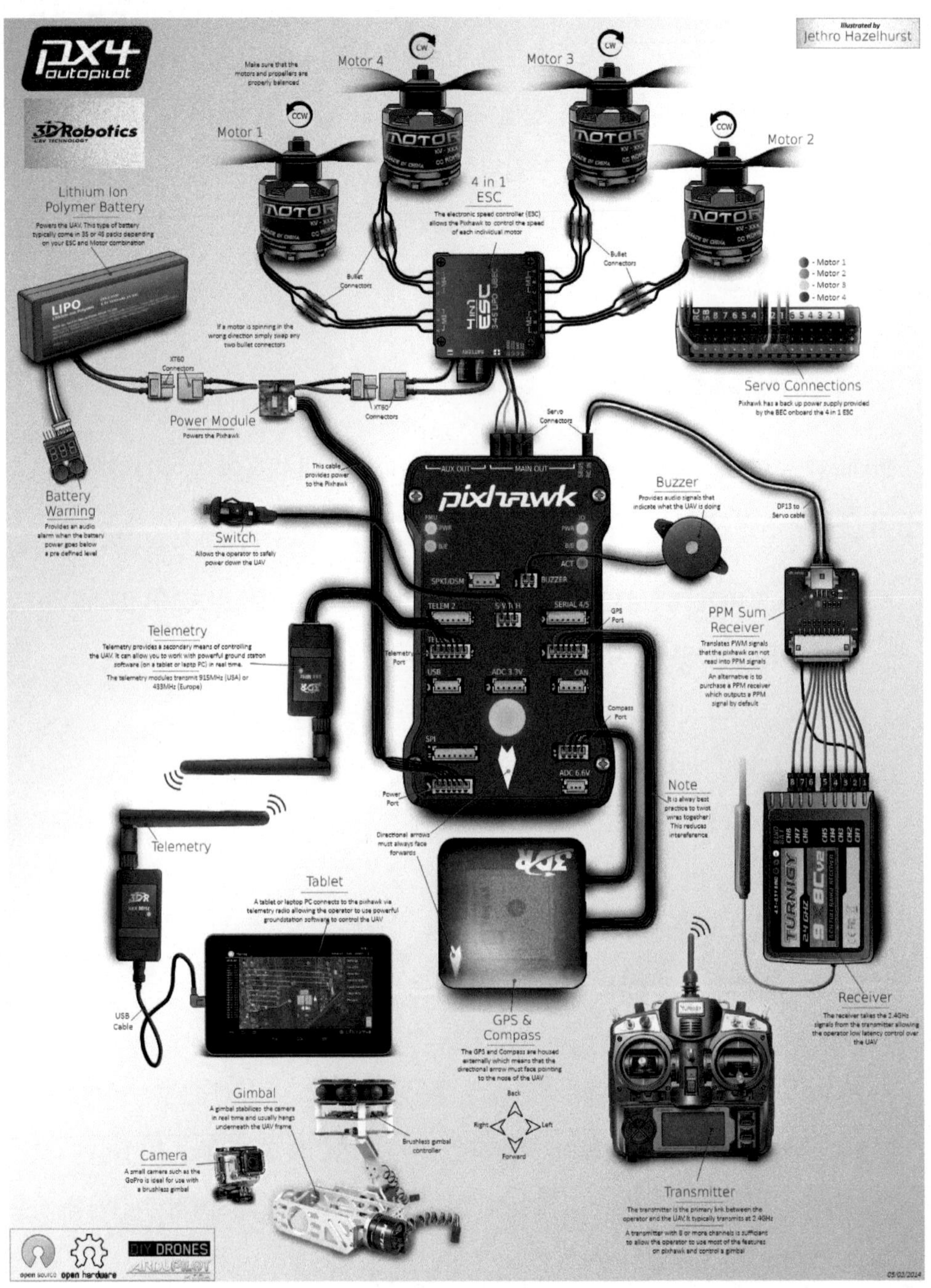

[그림 8.8] Pixhawk 구성도

이밖에도 카메라를 설치하기 위한 짐벌 등을 설치할 수 있다.

[그림 8.9]에서 1번은 Spektrum 수신기를 사용하기 위한 포트이다. Pixhawk 제어기에는 지상국과의 무선 통신과 OSD를 위하여 Telemetry 포트가 2 개가 있다. 4번은 컴퓨터의 Mission Planner와 통신하기 위한 마이크로 USB 포트이다. 5번은 Pixhawk 제어기의 제어 프로그램을 갱신할 수 있는 SPI 포트이다. 6번은 PowerModule의 5V 전원을 받는 포트이다. 7번은 안전 스위치를 연결하는 포트이다. 8번은 제어기의 상태를 나타내는 소리를 출력하는 부저용 포트이다. 9번은 Serial 장치들을 연결하는 I2C용 포트이다. 10번은 GPS 수신기를 연결하는 포트이다. 12번은 여러 개의 I2C 장치들을 연결할 수 있는 멀티 포트이다. 15번은 제어기의 상태를 표시하는 LED 장치이다.

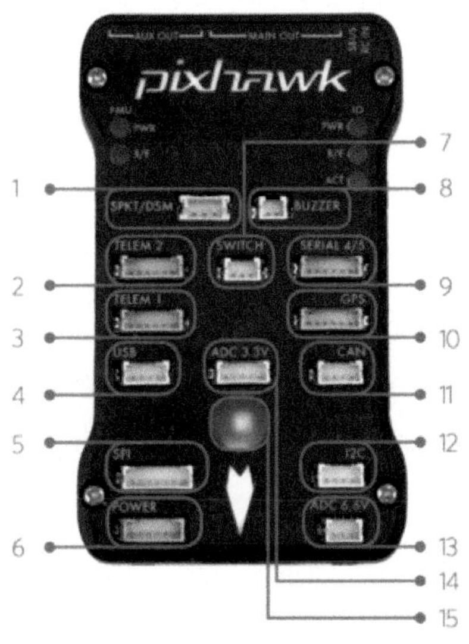

1 Spektrum DSM receiver
2 Telemetry (radio telemetry)
3 Telemetry (on-screen display)
4 USB
5 SPI (serial peripheral interface) bus
6 Power module
7 Safety switch button
8 Buzzer
9 Serial
10 GPS module
11 CAN (controller area network) bus
12 I^2C splitter or compass module
13 Analog to digital converter 6.6 V
14 Analog to digital converter 3.3 V
15 LED indicator

[그림 8.9] Pixhawk 본체

[그림 8.10]은 Pixhawk 본체의 옆면에 배치된 기능들이다. 측면의 1번은 입출력 재설정(reset) 버튼이고, 2번은 메모리 저장을 위한 SD card를 장착하는 입구이고, 3번은 비행관리 재설정(reset) 버튼이고 4번은 컴퓨터 Mission Planner와 연결하는 micro USB 포트이다. 아랫면에 있는 1번은 일반 수신기와 연결하고, 2번은 Futaba S.BUS 수신기와 연결하고, 3번은 메인 출력이고, 4번은 보조 출력 포트이다.

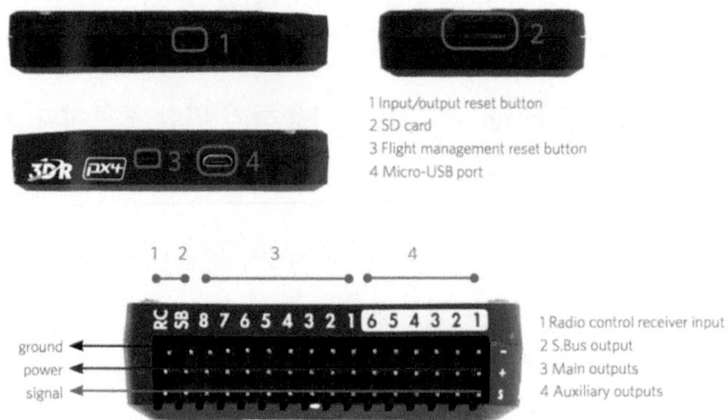

[그림 8.10] Pixhawk 측면 입출력장치

[그림 8.11](a)는 Pixhawk의 상태를 LED 불빛으로 나타내는 정보들이고, [그림 8.11](b)는 Pixhawk 본체에 연결된 안전 스위치의 상태를 보여주는 신호이다.

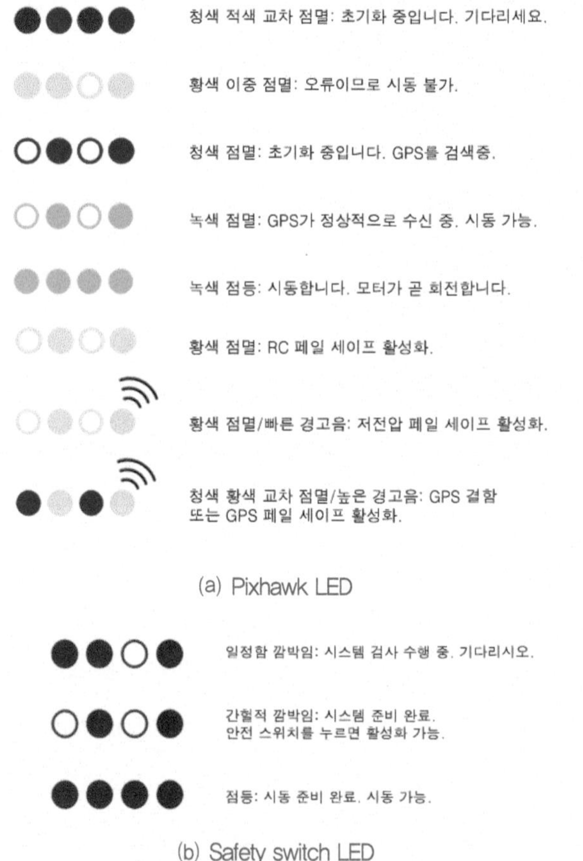

[그림 8.11] Pixhawk의 LED와 안전 스위치 신호

[그림 8.12]는 인터넷에서 판매하는 Pixhawk 묶음이다. Pixhawk는 정품보다 유사품이 많고 부품들이 작고 케이블들도 가늘어서 불량이 많다고 알려져 있다. 따라서 신뢰할 수 있는 곳에서 부품들을 구매해야 드론 제작이 용이할 것이다. 다음은 Pixhawk 이외의 기본적인 사항들이다.

- 조종기 : 8채널 이상이어야 좋다.
- GCS : 여러 가지가 있으나 mission Planner가 가장 널리 보급되어 있고 안정적이다.
- 소모품 : 50mm 동 테이프, 양면 테이프

[그림 8.12] Pixhawk 부품 세트

■ 부품 설치 시 유의 사항

- 기체의 중심점(CG, center of gravity)을 찾는다. 기체의 중심점은 기체에 대각선을 그어서 교차점을 만들면 그곳이 중심점이다.
- Pixhawk 제어기에 충격을 막기 위하여 양면 테이프로 기체에 접착한다.
- 노이즈를 막기 위하여 신호선들은 전력선에서 멀리 배치한다. 굵기가 가는 전선들이 분리되지 않도록 글루 건으로 접착시킨다.
- 파워 모듈은 XT60 커넥터를 자르고 전원 분배기에 납땜으로 연결한다.
- 수신기는 PPM encoder를 통하여 RC in으로 연결한다.
- GPS는 전파 간섭이 적은 곳에 설치하되 앞 방향을 비행제어기와 일치시킨다.
- 텔레메트리는 전파 간섭을 줄이기 위해서 GPS와 멀리 설치한다.
- 안전 스위치는 길게 눌러야 작동한다.

8.3.2 Pixhawk 프로그램 설치

Pixhawk를 사용하기 위해서 GCS인 Mission Planner와 텔레메트리인 CP210 프로그램을 설치한다.

1) Mission Planner 설치

Mission Planner는 지상제어시스템(GCS)으로서 Pixhawk firmware를 갱신할 수 있는 몇 개의 프로그램 중의 하나이다. Mission Planner 설치는 Google에서 Mission Planner를 검색하여 여러 사이트가 나오면 그중 하나에 접근하여 최신 버전을 내려 받는다. 여기서는 Ardupilot Firemware 사이트의 Mission Planner Archive[4]에 들어가서 MissionPlanner-1.3.44.zip을 내려 받아서 사용한다. [그림 8.13]은 Mission Planner를 설치하는 절차이다.

4 Ardupilot Firmware Site : https : //firmware.ardupilot.org/Tools/MissionPlanner/archive/

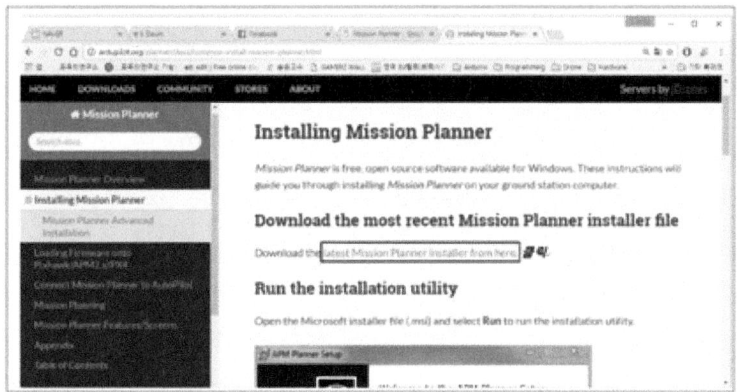

(a) 설치 초기 화면

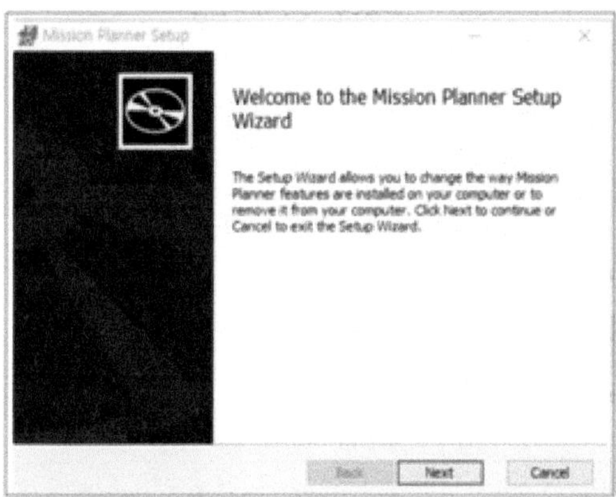

(b) 설치 중간 화면

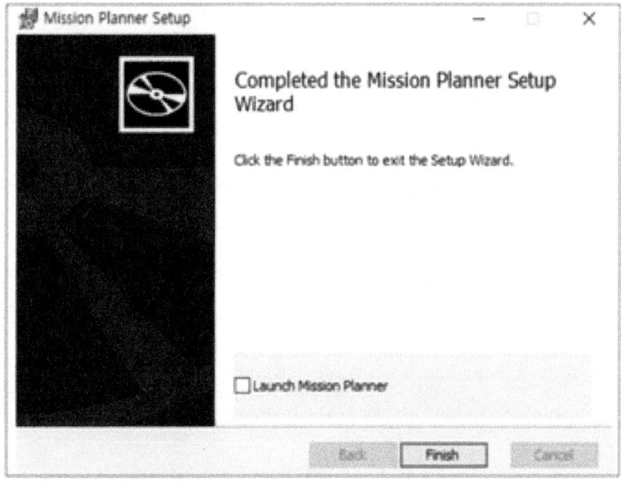

(c) 설치 마지막 화면

[그림 8.13] Mission Planner 설치 화면

2) 텔레메트리 드라이버 설치

Mission Planner에서 사용할 텔레메트리를 이용하기 위하여 SILICON LABS 사이트[5]에 들어가서 Windows 버전에 따라서 해당 CP210x Windows 드라이버를 내려 받는다. 제공된 CP210x_Windows_Drivers.zip의 압축을 해제한 후, 32비트 Windows의 경우는 CP210xVCPInstaller_x86.exe 파일을 실행하고, 64비트 Windows의 경우는 CP210xVCPlnstaller CP210xVCPInstaller_x64.exe 파일을 실행한다. 텔레메트리 드라이버는 [그림 8.14]와 같이 간단하게 설치된다.

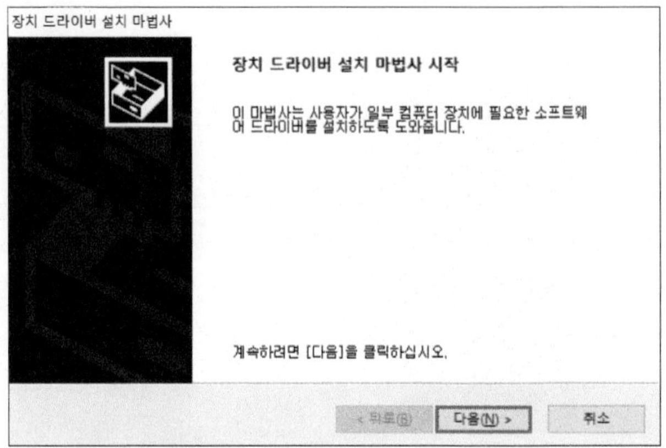

(a) 설치 초기 화면

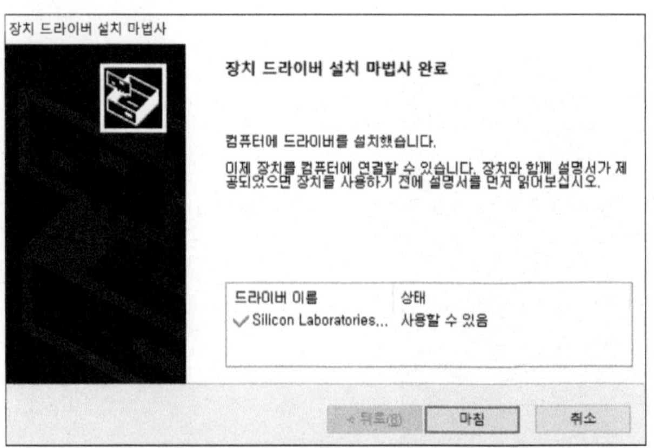

(b) 설치 마지막 화면

[그림 8.14] Pixhawk용 텔레메트리 설치 화면

---

5 SILCON LABS : https : //www.silabs.com/products/development-tools/software/usb-to-uart-bridge-vcp-drivers

3) Mission Planner 갱신

내려 받은 Mission Planner 파일을 클릭하고 실행을 누르고 계속 Next를 누르면 마침 표시가 나오고 [그림 8.15]와 같은 초기 화면이 떠오르면 설치에 성공한 것이다.

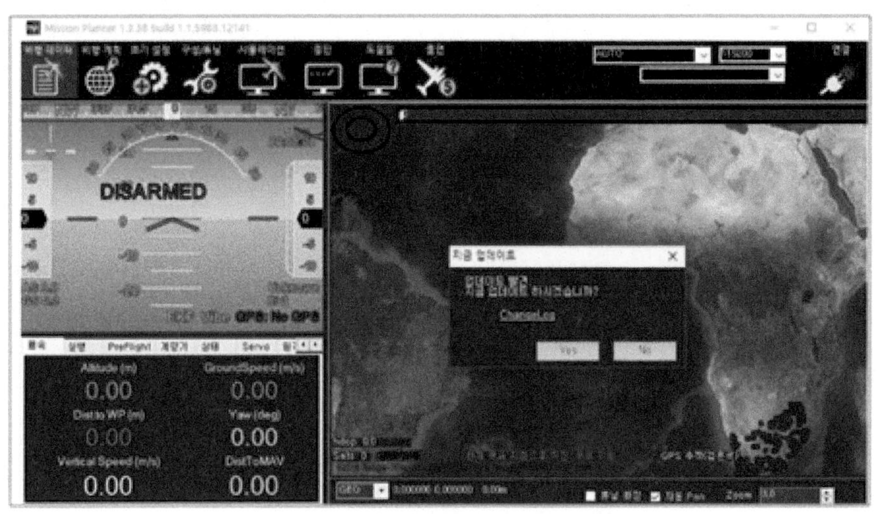

[그림 8.15] Mission Planner 초기 화면

(1) Mission Planner 갱신

Mission Planner를 설치했으면 최신 버전으로 갱신하고 매개변수들을 적정한 값으로 바꾸어주어야 한다.

① Mission Planner를 실행한다.
② 기본 통신 포트를 확인한다.
③ Pixhawk에 USB를 연결한다. 연결한 후에 노란색 LED가 점멸하는 것을 확인한다.
④ 통신 속도를 115200으로 설정한다.
⑤ 새로 생성된 포트를 확인한다. ex. COM3
⑥ CONNECT를 누른다. Mavlink가 연결되고, 매개변수들을 갱신하고, 새로운 firmware를 설치하는 것으로 정상적으로 완료된다.

Mission Planner를 새로운 버전으로 갱신하는 작업은 [그림 8.16]과 같은 과정을 거쳐서 완성된다. 새로운 Mission Planner가 정상적으로 기동되면 드론의 상태를 보여주는 각종 수치와 함께 [그림 8.17]과 같은 화면이 떠오른다. 이 그림의 왼쪽 하단에는 각종 수치들이 설정되어 표시되고, 상단에는 드론의 수평계가 동작하고, 오른쪽 화면에는 GPS가 수신하는 지역의 지도가 표시된다. 이때 Pixhawk를 움직이면 화면 왼쪽 상단의 HUD 창이 반응하면서 같이 움직인다.

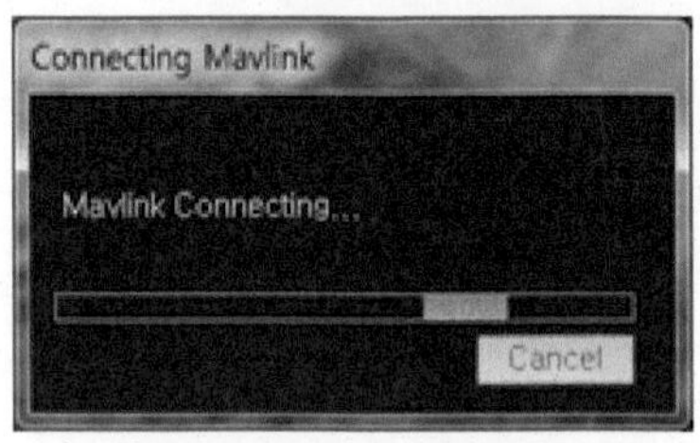

(a) Mavlink 연결 화면

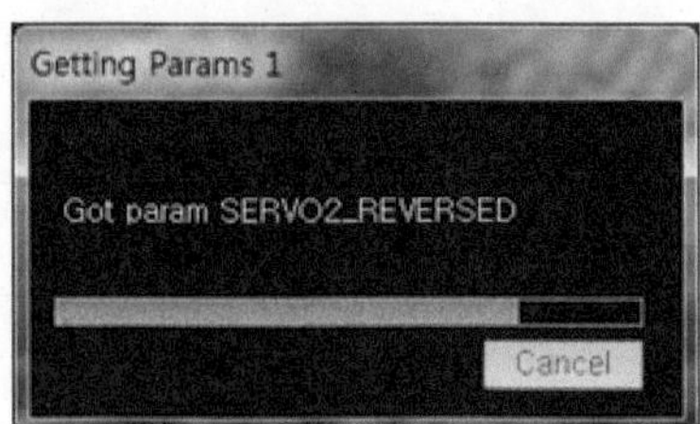

(b) 매개변수 설정 화면

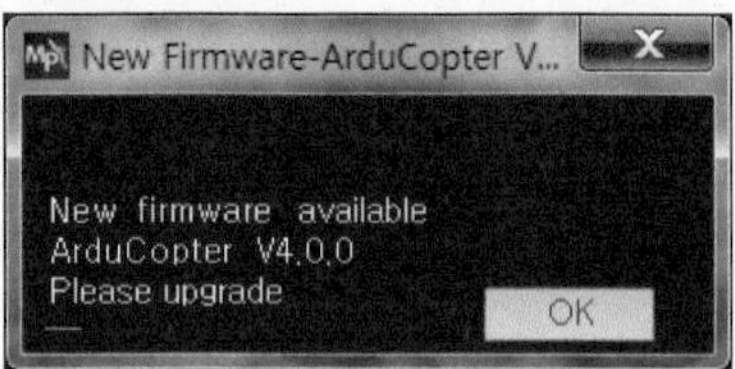

(c) Firmware upgrade 화면

[그림 8.16] Misson Planner 갱신 화면

[그림 8.17] Misson Planner가 정상적으로 연결된 화면

(2) Mission Planner 기본 설정

① 언어 : 가급적 영어를 사용하는 것이 오류를 줄인다.

- [CONFIG/TUNING] → [Planner]로 진입한다.
- 'UI Language' 항목을 'English(United States)'로 변경한다.
- 안내에 따라 Mission Planner를 다시 실행한다.

② 경고음 : 경고음을 듣기 위해서 'Speech' 기능이 활성화되어야 한다.

- [CONFIG/TUNING] → [Planner]로 진입한다.
- 'Speech' 항목에서 'Enable Speech'로 선정하고 다음 선택 창에서 'Mode'와 'Arm/Disarm'을 선택한다.
- 안내 메시지가 출력되면 OK를 누른다.

③ Advanced 메뉴 활성화

- [CONFIG/TUNING] → [Planner]의 'Layout' 항목이 'Basic'이라면 'Advanced'로 변경한다.
- Mission Planner의 아무 탭이나 누르면 메뉴가 바뀐다.

4) Pixhawk의 firmware를 최신 버전으로 갱신

① Mission Planner 실행 후에 Pixhawk에 USB를 연결한다.

② Pixhawk firmware 유형과 버전을 확인한다.
ex. Mission Planner 1.3.56 APM Copter V3.5.7 (b11c6af3)

③ [INITIAL SETUP]을 클릭한다.

④ 'Install Firmware' 탭을 클릭하면 [그림 8.18]과 같은 Firmware 설치 화면이 나타난다.

⑤ 오른쪽 상단의 [DISCONNECT] 클릭 -> Pixhawk와 연결 해제

⑥ Upload 가능한 목록이 표시된다.

⑦ 제시된 기체 중에서 원하는 멀티콥터를 선정한다. 여기서는 ArduCopter V4.0.2 Quad의 그림을 선택한다.

⑧ 업로드 여부에서 OK 버튼을 누른다.

⑨ USB 연결을 해제한다.

⑩ 보드에서 플러그 빼고 OK를 누른 후 다시 플러그를 끼운다. 메시지 → OK

⑪ Mission Planner가 firmware를 자동으로 업로드 완료하고 부저를 울린다. 울림 후에 OK 버튼을 누른다.

⑫ 업로드 완료 메시지가 나타난다.

이것으로 새로운 비행제어 프로그램이 Pixhawk에 업로드 되었다. 이제부터는 센서들과 텔레메트리 등을 설정하고 이용하면 된다.

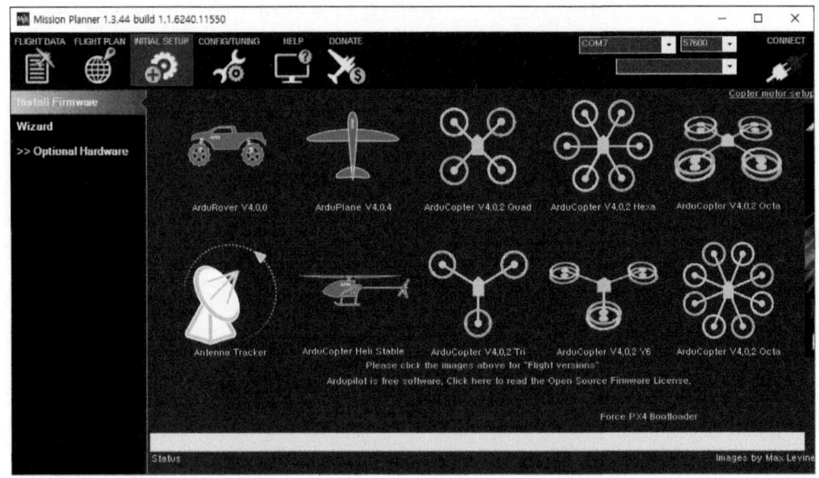

[그림 8.18] Firmware를 설치하는 화면

5) Telemetry 연결 절차

Telemetry는 자료를 송신기를 이용하여 다른 곳으로 보내어 처리하는 일을 한다. 즉, 드론에서 발생한 자료(예를 들어, 카메라로 찍은 영상 등)를 지상국으로 보내서 검색하게 하는 일이다. Pixhawk는 이와 같은 통신 작업에 Mavlink[6] 프로토콜을 사용한다. Telemetry가 연결되면 당장 드론과 노트북을 USB 케이블로 연결할 필요가 없이 무선으로 센서 초기화 작업을 할 수 있어서 매우 편리하다.

6 MAVLink(Micro Air Vehicle Link) : 소형 무인기와 지상국 또는 내부 장치들 사이를 통신하기 위한 양방향 프로토콜. 헤더 전용 메시지 마샬링 라이브러리로 설계되어 널리 보급되고 있다. GCS를 통해 원격으로 드론의 상태를 파악하고 명령을 전달할 수 있다.

■ 숙지 사항

- USB를 통해 전원을 받을 수 없으므로 배터리를 연결한다.
- 통신 속도는 57600이다.
- 텔레메트리를 위한 포트는 USB용 포트 외에 새로 개설된다.

■ Telemetry를 Mission Planner와 연결하는 절차

① TELEM1와 TELEM2 포트에 Telemetry 모듈을 연결한다.

② 파워모듈로 전원을 연결한다.

③ 전원이 정상적이면 Telemetry 모듈에 적색과 녹색 LED가 점멸하다 녹색 LED가 점등한다.

④ Mission Planner가 설치된 컴퓨터에 지상용 TELEMETRY 모듈을 연결한다.

⑤ 새로 생성된 COM 포트를 확인하고 통신 속도를 '57600'으로 변경한다.

⑥ [CONNECT] 클릭해서 Mission Planner와 접속하고 [초기 설정] > 옵션 하드웨어 > Sik Radio를 누르면 [그림 8.19]의 Telemetry 연결 화면이 나타난다. 아직 Pixhawk와 Mission Planner가 연결되지 않았으므로 화면이 비어있다. Load Setting 버튼을 누르면 왼쪽 화면의 빈칸들이 채워진다. 화면 아래에 있는 Copy 버튼을 누르면 [그림 8.20]과 같이 오른쪽 화면에 복제된다. 이때 Save Settings 버튼을 누르고 connect를 누르면 지상 노트북과 Pixhawk 드론이 연결된다.

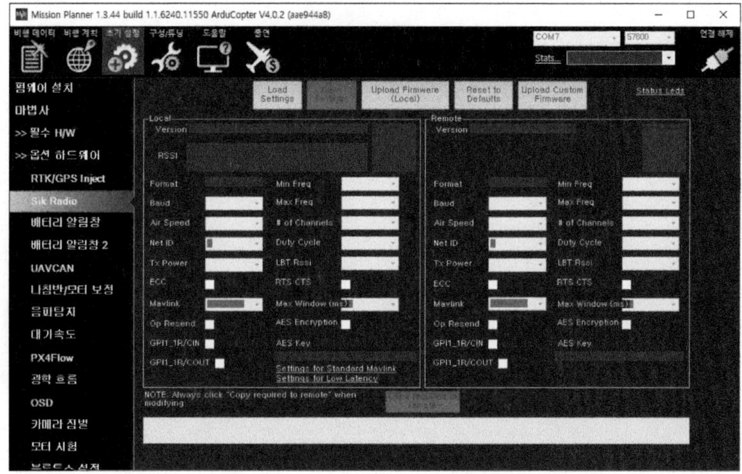

[그림 8.19] Telemetry가 연결되기 전의 화면

⑦ 정상으로 연결되면 USB로 연결했을 때와 같은 화면을 출력한다.

⑧ Pixhawk를 움직여서 HUD 창의 반응을 확인한다. 같이 반응하면 성공이다.

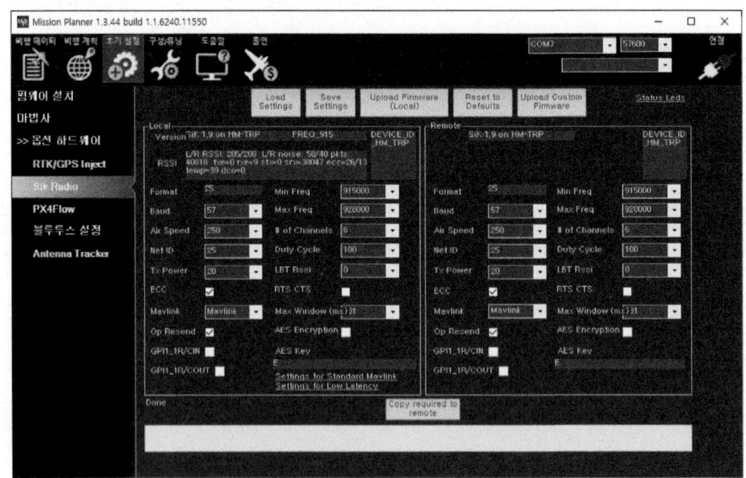

[그림 8.20] Telemetry가 연결된 화면

Telemetry가 연결되면 [그림 8.21]과 같이 Flight Data 화면에 다양한 수치 값들이 보이고 오른쪽 화면에 지도가 나타난다. 이 지도는 드론의 GPS 수신기가 수신한 바로 그 지역이다.

[그림 8.21] Telemetry가 연결된 Flight Data 화면

6) 프레임과 모터 설정 확인

■ Frame Class와 Type 설정 절차

Pixhawk 버전 3.5부터는 드론을 이룩하기 위하여 Frame Class와 Type을 다시 확인하고 모터 회전 방향까지 시험할 수 있다. 프로펠러를 제거하고 모터 시험을 한다. 배터리를 연결하고 Telemetry로 Mission Planner를 연결한다.

① Mission Planner에서 [INITIAL SETUP] [Mandatory Hardware] → 'Frame Type' 탭 순으로 클릭한다.

② 클래스에서 [Quad] 선택한다. 하위 메뉴가 활성화된다.

③ 활성화된 type 중에서 [X]를 선택한다. //만들려고 하는 드론이 'X' 형태이므로

④ [INITIAL SETUP] [Optional Hardware] → [Frame Type-Motor Test] 클릭한다.

⑤ 'Test Motor' 항목이 설정한 기체에 유형에 따라 모터들의 이름이 표기되어 있다.
ex. Quad : A, B, C, D Hexa : A, B, C, D, E, F, G

[그림 8.22]에서 스로틀을 10%까지 올리고 'Test Motor A' 버튼을 클릭하면 1초 동안 A번 모터가 회전한다. Pixhawk의 모터 번호는 앞의 오른쪽 모터가 A번이고 시계 방향으로 A, B, C, D가 부여되므로 버튼을 눌러가면서 모터 번호와 회전 방향을 확인할 수 있다.

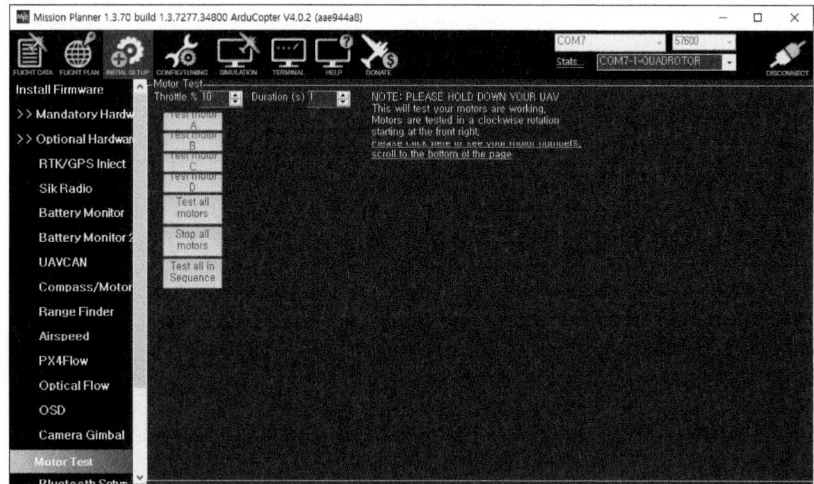

[그림 8.22] 모터 시험 화면

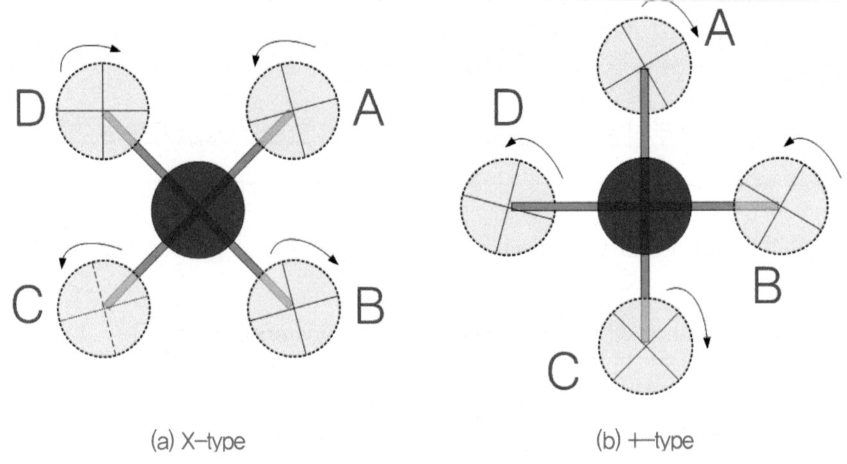

(a) X-type (b) +-type

[그림 8.23] 모터 회전 방향

7) Pixhawk 가속도계 초기화 절차

Pixhawk의 firmware를 갱신하면 항상 가속도계를 초기화해야한다. 가속도계가 제대로 초기화되지 않으면 시동이 걸리지 않거나 걸려도 기체가 흐르는 현상이 나타날 수 있다.

① 평평한 곳에 기체를 설치한다.

② Telemetry로 Mission Planner를 [그림 8.24]처럼 연결한다. Telemetry로 무선으로 연결해야 전선들이 방해하지 않아서 초기화가 원활하게 된다.

③ [INITIAL SETUP] [Mandatory Hardware] → [Accelerometer Calibration]를 클릭한다.

④ 기체나 Pixhawk를 수평으로 두고 아무 키든지 클릭한다.

⑤ 기체나 Pixhawk를 왼쪽으로 90° 기울이고 아무 키든지 클릭한다.

⑥ 기체나 Pixhawk를 오른쪽으로 90° 기울이고 클릭한다.

⑦ Nose Down하고 클릭한다. //기체의 앞면을 아래로 향하게 한다(90° 회전).

⑧ Nose UP하고 클릭한다. //기체의 앞면을 위로 향하게 한다(90° 회전).

⑨ 기체를 뒤집어 놓고 클릭한다.

⑩ 'Calibration Successful'이 나오면 완료된다.

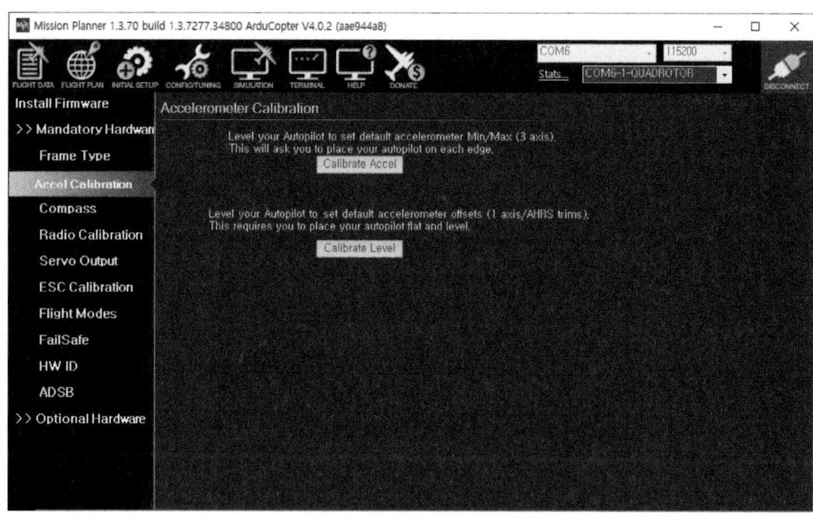

[그림 8.24] 가속도계 초기화

8) Pixhawk 지자기계 초기화

Pixhawk의 firmware를 갱신하면 항상 지자기계를 초기화해야한다. 지자기계가 제대로 초기화되지 않으면 드론이 갑자기 이상한 방향으로 날아가거나 빙글빙글 돌면서 추락하는 현상이 나타날 수 있다.

■ 지자기계 초기화 준비 작업

① 가속도계 초기화를 반드시 완료하고 진행하다.

② Telemetry 모듈로 Mission Planner와 기체를 연결한다.

③ Pixhawk의 내부 지자기계보다 GPS에 달린 외부 컴퍼스를 사용한다.

④ 기체를 회전하기 때문에 기체 부착물들을 견고하게 부착한다.

⑤ 실내보다 실외에서 진행한다.

■ 지자기계 초기화 절차 1

이것은 Mission Planner 버전 3.70에서 지자기계 초기화 방법입니다.

① 정북 방향을 확인하고 기수를 북쪽으로 향한다.

② [INITIAL SETUP] [Mandatory Hardware] → [Compass]로 이동한다.

③ Compass #2, Compass #3 탭 선택을 해제한다.

④ Compass #1의 'Externally Mounted' 항목을 선택한다.

⑤ [Onboard Mag Calibration]의 [Fitness]를 [Strict]로 변경한다.

⑥ [Onboard Mag Calibration]의 'start' 버튼을 클릭하고 초기화를 시작한다. 기체를 수평 상태에서 수직 축을 기준으로 CW 방향으로 한 바퀴, 왼쪽으로 한 바퀴, 오른쪽으로 한 바퀴, Nose Down, Nose Up, Back Side 자세의 순으로 기체를 들고 각각 오른쪽으로 2-3바퀴 회전하며 초기화를 진행한다.

⑦ 진행이 시작되면 'Onboard Mag Calibration'에 초기화 상태가 그래프와 수치로 표시되기 시작한다. 기체를 중심으로 각 축을 회전시킨다.

⑧ 진행이 완료되고 각 축의 값이 표기되면 종료한다.

⑨ 종료되면 다시 부팅하라는 메시지가 표기된다.

⑩ ctrl+F 키를 눌러서 'reboot pixhawk'를 찾아서 클릭하여 'yes'를 누르면 다시 부팅한다.

⑪ 재부팅 결과 오프셋 값이 600이상이면 다시 초기화를 수행한다.

■ 지자기계 초기화 절차 2

[그림 8.25]와 같이 화면 오른쪽에 'Live Calibration'이라는 버튼이 있는데 이것은 Mission Planner 버전 3.44에 있는 것이다.

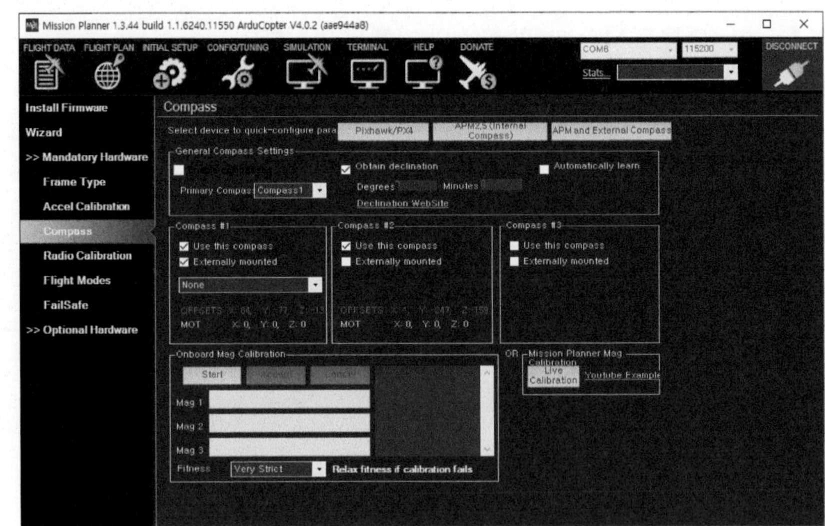

[그림 8.25] 지자기계 초기화

① 정북 방향을 확인하고 기수를 북쪽으로 향한다.

② [INITIAL SETUP] [Mandatory Hardware] → [Compass]로 이동한다.

③ Compass #2, Compass #3 탭 선택을 해제한다.

④ Compass #1의 'Externally Mounted' 항목을 선택한다.

⑤ [Onboard Mag Calibration]의 [Fitness]를 [Strict]로 변경한다.

⑥ 'Live Calibration' 버튼을 클릭하고 초기화를 시작한다.

⑦ 드론이 수평인 상태에서 수직선을 축으로 CW 방향으로 한 바퀴를 돌린다.

⑧ 드론을 오른쪽으로 90° 세운 상태에서 수직선을 축으로 CW 방향으로 한 바퀴를 돌린다.

⑨ 드론을 앞쪽으로 90° 세운 상태에서 수직선을 축으로 CW 방향으로 한 바퀴를 돌린다.

⑩ 드론을 뒤집은 상태에서 수직선을 축으로 CW 방향으로 한 바퀴를 돌린다.

새로운 오프셋이 저장되었다는 메시지가 나오면 초기화가 완료된 것이므로 OK 버튼을 눌러서 종료한다. 지자기계를 초기화하는 방법은 이상과 같이 두 가지가 있으므로 편리한 방법을 선택하여 수행한다.

9) Pixhawk 조종기 초기화

Pixhawk는 조종기 스틱을 이용하여 드론 시동을 켜거나 끌 수 있다. 조종기 초기화가 적절하지 못하면 시동이 안 걸리거나 안 꺼질 수 있고 각종 모드 변경이 어려워질 수 있다.

■ 조종기 초기화 준비 작업

- USB 케이블로 Mission Planner와 연결하면 초기화가 신속해진다.
- 조종기와 수신기를 미리 바인딩한다.
- 조종기의 모든 값을 초기화 상태로 돌린다.
- 초기화 후 최소 값은 1100, 최대 값은 1900±39를 유지한다.

■ 조종기 초기화 절차

① 조종기 전원을 켜고 Pixhawk와 Mission Planner를 연결한다.

② Mission Planner의 [INITIAL SETUP] [Mandatory Hardware] → [Radio Calibration] 탭으로 이동한다.

③ 정상적으로 연결되면 녹색 그래프 화면 표기에서 [Calibrate Radio]를 클릭한다.

④ 다음 문구가 나타나면 확인하고 OK 버튼을 누르면 초기화가 진행된다.

※ 경고문 : 조종기와 수신기가 연결되었어야 한다.(이미 바인딩 되었어야 한다)
모터에 전원이 켜지면 안 되고 프로펠러가 설치되지 않았어야 한다.

⑤ 모든 조종기 스틱과 스위치들을 천천히 크게 부드럽게 움직여서 최대값에 이르게 한다. OK 버튼을 클릭한다.

⑥ 초기화가 진행되는 채널은 붉은색 그래프가 움직이면서 최대값과 최소 값을 표시한다.

⑦ 채널 초기화가 완료되면 'Click well Done' 버튼을 누른다.

⑧ 모든 스틱을 중립에 놓고 스로틀은 최소로 놓고 OK 클릭, OK 클릭을 계속한다. 각 채널의 최소 값과 최대 값을 표기하면 OK 클릭으로 종료

⑨ 정상적으로 초기화가 완료되면 각 채널의 최소 값과 최대 값을 표시한다. 이를 확인하면 OK 버튼을 클릭하여 종료한다.

10) Pixhawk 변속기 초기화

변속기 초기화는 조종기 스틱의 최소 및 최대 값과 변속기의 모터 속도 최소 및 최대 값들을 일치시키는 작업이다. 이 작업이 제대로 되지 않으면 모터 속도의 불일치로 인하여 비행이 불가하거나 사고가 날 수 있다.

■ 변속기 초기화 준비 작업

① 프로펠러를 제거한다.

② 스로틀 스틱을 최대로 올리고 전원을 연결한다.

③ 스피커에서 소리가 나는지 확인한다.

④ 안전 스위치를 3초 이상 길게 누른다.

■ 변속기 초기화 절차

이 절차는 대부분의 조종기에서 변속기를 초기화하는 방법과 유사하다. 다만, 중간에 기체 전원을 껐다가 켜는 것만 다르다.

① Mission Planner를 기체와 연결한다.
② 스로틀 최대로 올리고 전원을 연결한다.
③ Mission Planner가 'ESC Calibration Restart Board' 음성이 들리고 LED가 적, 청, 녹색으로 점멸한다.
④ 스로틀 스틱이 최대 상태에서 기체 전원을 끈다.
⑤ 스로틀 스틱이 최대 상태에서 기체 전원을 다시 켠다.
⑥ 안전 스위치 버튼 길게 눌러 전원 연결을 해제한다.
⑦ 안전 스위치 해제와 동시에 변속기 비프 음이 들리면 스로틀을 최하로 내린다.
⑧ 변속기 낮은 비프 음이 들리면 스틱을 최대로 서서히 올린다. 이 때 모든 모터가 같은 속도로 반응하면 초기화가 완료된 것이다.
⑨ 모든 모터가 동일하게 반응하면 전원을 분리한다.

11) 모터 배열과 회전 방향

멀티콥터의 형태에 따라서 모터의 배열이 바뀌므로 배열을 설정하고 회전 방향도 설정한다.

■ 모터 설정을 위한 준비 작업

① 프로펠러를 제거한다.
② Telemetry 모듈로 Mission Planner와 기체를 연결한다.
③ 모터에 테이프를 붙여서 실험 모터를 확인한다.
④ 모터 A를 기준으로 항상 시계 방향의 순서를 가진다(A, B, C, D). 모터 수가 맞아야 한다.

■ 모터 배열 확인 절차

① 프로펠러를 제거하고, Telemetry로 Mission Planner를 연결한다.

② [INITIAL SETUP] [Optional Hardware] →[Motor Test]로 찾아간다.

③ 쿼드콥터(Quad)이므로 A, B, C, D가 보여야 한다.

④ 스로틀을 10%까지 올린다

⑤ A, B, C, D 순으로 클릭하며 배열을 확인한다. 방향은 무시

⑥ 배열이 맞지 않으면 서보 레일을 바꾸어서 순서를 맞춘다.

■ 모터 회전 방향 확인 절차

① 프로펠러를 제거하고 모터에 테이프를 붙인다.

② Telemetry로 Mission Planner를 연결한다.

③ [INITIAL SETUP] [Optional Hardware] →[Motor Test]로 찾아간다.

④ 쿼드콥터(Quad)이므로 A, B, C, D가 보여야 한다.

⑤ 화면에서 스로틀을 10%까지 올린다

⑥ A, B, C, D 순으로 클릭하며 방향 확인한다.

⑦ 방향이 맞지 않으면 ESC 전력선 두 개를 바꾼다.

⑧ 다시 'Test Motor A' 버튼을 눌러서 방향을 확인한다.

12) 시동과 시동 정지 연습

Pixhawk 드론이 만들어지고 비행제어 소프트웨어까지 준비되었으므로 드론의 시동을 걸고 호버링을 해보아야 한다. 호버링은 비행의 시작이므로 안전을 위하여 철저한 준비를 해야 한다.

■ 호버링 전 유의 사항

- 호버링은 지면 효과를 막기 위하여 1.2미터 이상에서 실시한다.
- 호버링은 야외에서 바람이 없는 날에 실시한다.
- 기체에 전원을 넣으면 Pixhawk의 부팅이 끝날 때까지 드론을 수평 상태로 놓아두어야 한다.
- 홈 위치로 지정하고자 하는 장소에서 시동을 건다.

■ 시동 전 준비

① 조종기, 드론, 컴퓨터 배터리 충전 확인

② 소프트웨어 확인

- Telemetry로 Mission Planner와 기체 연결 확인.
- Mission Planner HUD 수평계 확인
- FailSafe 확인 : 조종기 전원을 껐을 때 HUD에 'PreArm : Throttle below Failsafe' 문구가 나타나야 한다.
- 헴 수신율 확인

■ 시동

- Pixhawk 메인 LED가 녹색으로 점멸하고 있어야 한다.
- 안전 스위치의 LED는 붉은색으로 느리게 점멸 중이어야 한다.
- 안전 스위치 해제 : 2초 이상 길게 누르면 LED가 붉은 색으로 점등해야 한다.
- 스로틀 최하 상태에서 러더를 오른쪽으로 끝까지 5초 이상 밀어준다.
- '삐~'하는 비프 음과 함께 시동 상태가 되어 프로펠러가 회전하기 시작한다.
  * 시동 후 15초 안에 스로틀을 올리지 않으면 시동이 중지된다.
- 메인 LED와 안전 스위치 LED가 점멸에서 점등으로 바뀐다.
- GCS 스피커에서 'Armed'라는 음성 안내가 나오고 HUD 화면에 메시지가 나타난다.

■ 시동 정지

스로틀을 최하로 내린 상태에서 러더를 왼쪽으로 끝까지 2초 이상 밀어준다.

메인 LED와 안전 스위치 LED는 녹색 점등에서 점멸로 바뀐다.

요 약

- 비행제어기는 비행제어 소프트웨어를 구동하는 마이크로 제어장치(MCU)이다.
- 비행제어 시스템(FCS, Flight Control System)은 항공기에 탑재되어 항공기의 비행을 제어하는 시스템이다.
- 지상제어 시스템(GCS, Ground Control System)은 지상에 있는 컴퓨터에 설치되어 항공기의 비행을 제어하는 시스템이다.
- Multiwii는 아두이노 보드와 닌텐도 Wii 게임기의 관성측정장치를 융합한 비행제어 장치이다.
- MultiwiiConf는 Multiwii의 비행 상태를 점검하고 갱신할 수 있는 소프트웨어이다.
- 3DRradio는 Multiwii에서 텔레메트리를 이용하여 지상과 공중의 드론을 연결해주는 통신 프로그램이다.
- MultiwiiWinGUI는 비행 중인 Multiwii 드론의 비행 상태를 점검하고 갱신할 수 있는 소프트웨어이다.
- Mission Planner는 비행 중인 Pixhawk 드론의 비행 상태를 점검하고 갱신할 수 있는 소프트웨어이다.
- Multiwii는 IBM PC 계열에서 잘 실행되지만 Pixhawk는 Linux 계열 컴퓨터에서 잘 실행된다.
- 비행제어 시스템의 주요 기능은 드론의 자세를 제어하는 일과 드론을 비행시키는 일이다.
- 지상제어 시스템의 첫째 기능은 모니터에 지도를 올려놓고 드론의 위치를 표시하는 일이고, 둘째 기능은 드론을 제어하여 원하는 대로 비행시키는 일이다.

연습문제

1. 다음 용어들을 정의하시오.
   (1) FCS
   (2) GCS
   (3) 비행제어기
   (4) Telemetry
   (5) Mission Planner

2. 비행제어기의 구조와 기능들을 설명하시오.

3. 비행제어 시스템(FCS)의 구조와 기능을 설명하시오.

4. Multiwii의 구조와 기능을 설명하시오.

5. 비행제어 시스템과 지상제어 시스템의 관계를 설명하시오.

6. 대표적인 오픈 소스 비행제어기들을 열거하고 주요 특징들을 설명하시오.

7. 드론에 비행제어기를 설치한 후에 어떤 작업을 해야 하는지 기술하시오.

8. 드론에 Multiwii나 Pixhawk를 설치한 후에 어떤 초기화 작업을 해야 하는지 기술하시오.

9. 가속도계 초기화 작업이 하는 일은 무엇인가?

10. 지자기계 초기화 작업이 하는 일은 무엇인가?

11. 변속기 초기화 작업이 하는 일은 무엇인가?

12. MultiwiiConf와 Mission Planner의 주요 기능들을 비교하시오.

연습문제

13. MultiwiiWinGUI와 Mission Planner의 주요 기능을 비교하시오.

14. Multiwii에 사용되는 3DRRadio와 Pixhawk에 사용되는 Telemetry의 기능을 비교하시오.

15. Multiwii와 Pixhawk의 주요 기능들의 차이점을 비교하시오.

CHAPTER 9

조종기

비행기 조종석에 설치된 비행기 조종 장치가 하는 일은 엔진을 조작하여 추력을 발생하고 조종면들을 조작하여 비행기를 이륙하고 비행하고 착륙하게 하는 것이다. 드론에서 조종기가 필요한 것은 비행기 조종석의 조종 장치들을 지상에서 무선으로 조종하기 위한 것이다. 무선 통신이 발전하기 전에는 무선 조종을 할 수 없었다. 무선 통신이 발전하면서 무선 제어(RC, radio control)라는 말에서 RC라는 용어가 탄생하였다. 조종기가 하는 일이란 비행기 엔진과 조종면들을 조작하는 명령들을 무선으로 비행기에 송신하는 일이다.

이 장의 목적은 드론을 조종하는데 GPS를 이용한 자율비행에 필요한 스위치 조작법들을 설명하는데 있다. 이를 위하여 조종기 사용에 필요한 기본적인 지식들도 함께 설명한다.

9.1 조종기 개요

드론을 조종하는 조종기(transmitter)의 종류는 무수하게 많이 있으나 목적이 같기 때문에 원리와 기능이 동일할 수밖에 없다. 조종기의 원리와 기능은 동일하지만 조종기마다 특징이 있고 용도가 다를 수 있기 때문에 기능과 사용법에서 조금씩 다를 수 있다. 이해를 돕기 위해서 실제 조종기를 예를 들어서 설명할 필요가 있다. 여기서는 모든 조종기들에 대하여 설명할 수 없으므로 하나의 조종기를 선택하여 설명하고자 한다. 나머지 조종기들도 대부분 유사하기 때문에 한 조종기의 설명을 원용하여 다른 조종기들도 사용할 수 있을 것이다.

9.1.1 조종기 구조

조종기는 조종기 스틱과 스위치들의 움직임들을 전기 신호로 만들어서 드론의 수신기로 전송하는 장치이다. 조종기는 첫째 조종기의 기능을 설정하는 기능키와 LCD, 둘째 스틱과 트림, 셋째 스위치와 POT[1] 등의 3개 부분으로 구성되어 있다. 대부분의 조

1 POT : 스위치가 0 또는 1 값 중에서 하나를 선택하거나, 0 또는 1 또는 2 중에서 하나를 선정하

종기들은 기능키와 LCD는 하단에 위치하고, 스틱과 트림들은 중간에 위치하고, 스위치들은 상단에 배치해서 사용하고 있다. 조종기의 출력은 1,000 - 2,000μs의 펄스이며, 수신기는 이들 전파를 수신하는 장치이므로 조종기와 수신기는 같은 제조사에서 제작한 제품을 사용해야 한다.

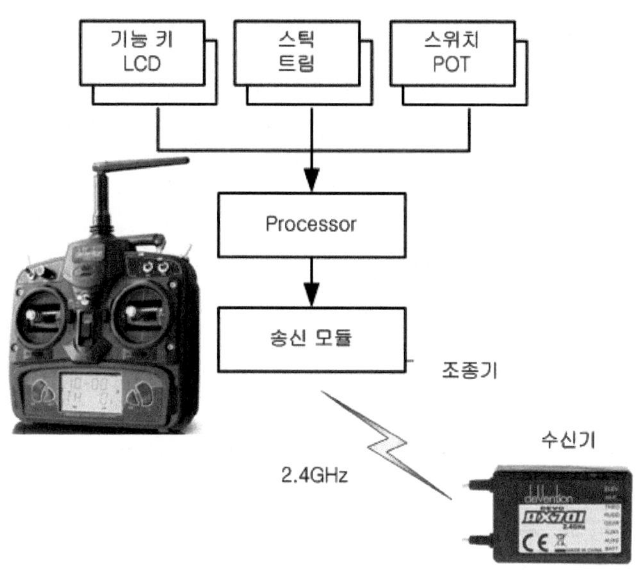

[그림 9.1] 조종기 구조

[그림 9.1]은 조종기의 구조를 나타낸다. 조종기 전면에 있는 3부분의 장치들이 동작한 내용은 조종기의 처리기(processor)에서 취합하여 PPM 패키지를 만들어서 송신 모듈로 보낸다. 송신 모듈은 스틱과 스위치 신호들을 2.4GHz의 반송파에 실어서 수신기로 전송한다. 수신기는 반송파에서 조종 신호를 분리하여 비행제어기에 보낸다.

다음은 조종기 전면에 있는 3가지 기능에 대한 설명이다.

(1) 기능키와 LCD

대부분의 조종기들은 스틱과 스위치들은 비슷한 반면에 기능키와 LCD 부분은 제조회사마다 다르게 만들고 있다. 그 이유는 스틱과 스위치들은 사용자들의 손가락 운동

는 장치라면 POT은 볼륨처럼 0에서 1까지 연속적인 값을 선정하는 장치이다.

과 습관을 유지해야 하기 때문에 표준을 따르는 것이 좋지만 조종기의 기능은 여유 있는 시간에 설정하는 것이기 때문에 다르게 설계하고 있다.

(2) 스틱과 트림

모든 조종기들은 기본적으로 4개의 스틱과 4 개의 트림을 갖고 있다. 4개의 스틱은 비행기의 스로틀, 에일러론(roll), 엘리베이터(pitch), 러더(yaw) 등의 조종면을 조작하기 위한 것이고, 4개의 스틱에는 비행 중에 미세한 수정이 필요할 때 사용하기 위하여 각각 트림키를 설정하고 있다. Corrective Pitch라는 용어가 나오는데 이것은 엘리베이터를 의미하는 것이 아니고 헬리콥터의 경우에 로터의 타각을 조종하기 위하여 사용된다.

(3) 스위치와 POT

스위치는 모터 정지, 타각 조정 등으로 사용하기 위한 것이다. 스위치의 목적은 비행하는 도중에 비행 기능을 바꾸기 위하여 사용한다. 즉 비행 중에 급하게 모터를 정지시키기 위하여 HOLD 스위치를 사용하거나, 조종면이 움직이는 범위를 처음에는 작게 비행하다가 비행 중에 크게 조작하고 싶을 때 특정 스위치를 내리거나 올려서 조종면의 동작 범위를 수정한다. 또는 여러 가지 비행 모드를 사용하는 경우에 비행 중에 비행 모드를 필요할 때 즉시 스위치로 바꿀 수 있다. 처음에는 일반 모드로 비행하다가 비행 중에 GPS 모드로 변경할 때도 특정 스위치를 이용하여 순간적으로 비행 모드를 변경한다.

스위치는 0과 1처럼 어떤 기능을 설정하든가 설정을 해제하는데 사용하는 것이고, POT은 볼륨 스위치로서 어떤 값을 연속적으로 바꾸는 경우에 사용한다. 카메라를 사용하는 경우에 카메라 촬영 각도를 왼쪽에서 오른쪽으로 천천히 움직이고 싶은 경우에 볼륨 스위치를 사용한다.

(4) Processor

각 스틱들이 미끄러지면서 발생하는 아날로그 신호를 2.0ms 길이의 디지털 신호로 바꾸어 프로세서로 보내면 프로세서는 이들을 묶어서 20.0ms 단위로 송신 모듈로 보낸다. 이 때 스위치 값들도 함께 보낸다. 프로세서는 스틱과 스위치들의 신호를 만들 때 지수 함수 등의 다양한 기능들을 포함하여 PPM 방식의 신호를 만들어낸다.

(5) 송신 모듈

프로세서가 보낸 20.0ms의 PPM 신호 패키지를 2.4GHz의 반송파에 실어서 송신한다. 과거에는 AM, FM 등을 반송파[2]로 사용하였으나 안정성이 문제가 되어 이제는 별로 사용하지 않는다.

9.1.2 조종기 선택

무인기를 조종하는 조종기들은 멀티콥터 이전의 모형 항공기 시절부터 다양하게 사용되고 있었다. 드론이 출현하면서 더 많은 조종기들이 출시되고 있다. 조종기의 종류는 용도별로 크게 완구용, 취미용, 업무용 등으로 구분할 수 있다. 완구용은 채널 수와 통달 거리가 작고, 취미용은 채널 수와 통달 거리와 다양한 기능을 갖추고 있으며, 업무용은 성능과 신뢰도가 높다는 점이 다르다. 같은 종류의 조종기라도 성능에 따라서 가격이 크게 차이가 난다. 드론의 종류를 가격대로 구분하면 5,6만원부터 시작하여 수백만 원에 이르기까지 매우 다양하다. 조종기의 가격이 다른 것은 성능에 많은 차이를 보이기 때문이다. 조종기들을 성능을 기준으로 살펴보면 다음과 같이 다양하다.

(1) 채널 수

조종기의 스틱이나 스위치마다 신호를 송신하기 위해서 채널이 필요하다. 기본적인 비행기의 채널은 스로틀, 엘리베이터, 에일러론, 러더 등을 위한 4개이다. 스로틀 홀드, 듀얼레이트 등의 스위치를 사용하려면 더 많은 채널이 필요하다. 헬리콥터는 기본적으로 6개 이상의 채널이 필요하다. 가격을 결정하는 첫째 요소는 채널의 수이다. 고급 조종기일수록 채널 수가 많다.

(2) 통달 거리

조종기와 드론까지의 통달 거리가 1km 미만에서 수km까지 큰 차이를 보인다. 드론을 비행하는 도중에 자칫 실수하여 드론이 통달 거리를 벗어나면 찾지 못하고 잊어버

---

2 반송파((carrier wave) : 통신에서 자료 전달을 위해 사용하는 높은 주파수의 전파. 낮은 주파수의 음성을 송신하기 위하여 AM, FM 등의 고주파(반송파)를 사용한다.

리거나 사고로 이어질 수 있다. 사람이 있는 곳으로 추락하면 큰 사고가 날 수 있으므로 조심해야 한다.

⑶ 기능과 성능

음성 서비스, 메인 LCD의 크기, 드론의 배터리 잔량 표시와 경고, 시간을 측정하는 타이머, 익스포넨샬, 수신 상태 표시, 모델의 수, 기타 기능 등에서 차이가 난다. 두 눈으로 드론을 계속 보면서 조종하려면 조종기 상태를 읽을 수 없으므로 음성 서비스는 안전에 매우 도움이 된다.

⑷ 신뢰성

안전성과 신뢰성에서 차이가 난다. 고가의 비행기를 비행하다가 제어가 안 되면 추락이나 다른 사람들에 대한 피해로 이어질 수 있다.

⑸ 사후관리

저가의 조종기는 판매한 후에 수리가 되지 않기 때문에 고장이 나면 버려야 한다. 고급 제품은 계속 펌웨어가 업그레이드되기 때문에 같은 하드웨어를 가지고도 계속 고급 소프트웨어를 적재하여 사용하는 것이 가능하다. 고급 제품은 고장이 났을 때 수리를 할 수 있다.

⑹ 통신 프로토콜

조종기의 신뢰성을 향상하기 위하여 조종기 회사마다 통신 프로토콜을 개선하고 있다. 초기에는 PWM, PPM, PCM만을 제공하는 조종기가 많았으나 이제는 신뢰성이 많이 향상된 직렬 프로토콜을 제공하고 있다. 예를 들면, Futaba의 SBUS, Flysky의 IBUS, Graupner의 SUMD, Spektrum의 MSX 등이 직렬 프로토콜을 제공한다.

이상과 같은 이유로 인하여 조종기는 비싸더라도 좋은 제품을 사야 한다고 경험자들이 말한다. 비행기를 잃어버리거나 추락 사고를 당하고 후회하지 말아야 한다는 것이다. 조종기는 저가의 휴대폰과 고가의 휴대폰 차이라고 생각하는 것보다 더 큰 차이가 있다. 그 이유는 휴대폰과 달리 드론은 실종, 추락, 충돌 등의 사고를 야기할 수 있기 때문이다.

[그림 9.2]는 가장 상단 왼쪽의 10만 원대 조종기에서 하단 오른쪽의 90만 원대 조종기까지 단계적으로 가격이 올라가는 제품들이다. 사용자가 제자리 비행이나 활공하는 것이 아니고 비행 성능을 시험하려면 상단보다 하단이 좋고 왼쪽보다 오른쪽 제품의 신뢰도가 높다.

[그림 9.2] 조종기 종류

9.1.3 조종기 설정

조종기를 사용하려면 반드시 설정해야 하는 몇 가지 사항들이 있다.

1) 조종기 모드

조종기 모드는 1,2,3,4 네 가지가 있으나 모드1과 모드2가 주종을 이룬다. 모드1은 스로틀이 오른쪽에 있고, 모드2는 왼쪽에 있다. 한국과 일본은 모드1을 주로 사용하였고 유럽과 미국은 모드2를 주로 사용하였다. 요즈음에는 한국에서도 모드2를 사용하는 사람들이 늘고 있다. 그 이유는 게임 조종기들이 주로 모드2이기 때문에 게임에 익숙한 사람들이 자연히 모드2를 많이 사용한다고 한다. 중요한 것은 어느 한 쪽 모드를 사용하기 시작하면 나중에 모드를 바꾸기 어렵다고 한다. 그 이유는 손가락이 어느 한 모드에 익숙해지면 무의식적으로 조종기를 조작하기 때문에 다른 모드로 비행하면 어색하기 때문이다.

2) 비행기 모델 이름

조종기가 사용할 수 있는 비행기의 수는 8개, 15개 등으로 한정되어 있다. 특정 비행기를 사용하려고 설정하려면 그 비행기 모델 이름을 등록해야 한다. 이 때 모델의 이름을 의미 있게 부여해야 나중에 혼동하지 않는다. 이때 부여한 모델 이름을 해당 수신기에 적어놓아야 실수하지 않는다. 모델 이름을 의미 있게 부여하지 않으면 조종기가 모델 이름을 MOD1, MOD2, … 같이 부여하므로 시간이 지나면 설정된 것인지 무엇인지 아닌지 혼동하기 쉽다. 예를 들면, CRIUS, APMA2, PIXHW, … 등과 같이 비행기 이름 등을 모델 이름으로 저장하는 것이 나중에 기억하기 좋다.

3) 비행기 형태

비행기 모델 이름이 설정되면 비행기 형태를 HELI(헬리콥터), ACRO(비행기), GLID(글라이더) 등에서 하나를 선정해야 한다. 멀티콥터의 경우에 발음이 비슷해서 헬리콥터(HELI)로 설정하기 쉬운데 멀티콥터는 비행기(AERO)로 설정해야 한다. 비행기 형태를 잘못 설정하면 사고를 유발할 수 있다.

4) 수신기 바인딩

조종기를 사용하려면 신호를 수신해주는 특정한 수신기와 바인딩해야 한다. 바인딩(binding)이란 컴퓨터 용어로서 두 개의 객체에 주소를 부여하고 서로 통신할 수 있도록 연결한다는 의미이다. 바인딩하는 방법은 대부분의 조종기가 일반적인 방법을 사용하고 있지만 Devo7, Taranis 같은 조종기들은 자신들만의 독특한 방법을 사용하고 있으므로 사용자 설명서를 확인해야 한다.

가장 일반적인 바인딩 방식은 다음과 같다.

① 조종기 뒷면에 있는 송신 모듈의 스위치를 꽉 누른 상태에서 송신기 전원을 켠다. 송신 모듈의 빨간 불빛이 점멸에서 점등으로 바뀐다.
② 수신기에 전원을 넣으면 적색 불빛이 깜박거리다가 녹색 불빛으로 바뀐다.
③ 수신기 전원을 해제하고 조종기 송신 모듈도 해제한다.
④ 수신기에 전원을 넣으면 바인딩 상태를 확인할 수 있다.

이런 방식은 최근에 조종기 LCD 화면을 이용하여 유사한 방식으로 처리하도록 바뀌고 있다. 하지만 조종기 제작 사에서 자신만의 바인딩 방식을 채택하는 경우가 많아지므로 항상 매뉴얼을 참조해야 한다.

9.1.4 수신기

수신기(receiver)는 조종기가 보내주는 조종 신호를 받아서 채널별로 신호를 분리하고 PWM 신호로 변환하여 비행제어기에 제공하는 통신 장치이다. [그림 9.3]은 조종기가 PPM 패키지 신호를 보낸 경우를 가정하고PPM 신호를 6개의 채널로 분리해주는 수신기이다. 수신기는 FM이든지 2.4GHz든지 모두 PPM 신호를 받아서 Decoder로 분해하여 PWM 신호로 변환하여 6개의 슬롯으로 제공한다. 배터리 슬롯에 바인딩 플러그를 끼우고 전원을 넣으면 기존에 설정된 바인딩 자료가 삭제되어 새로운 바인딩을 설정할 수 있다.

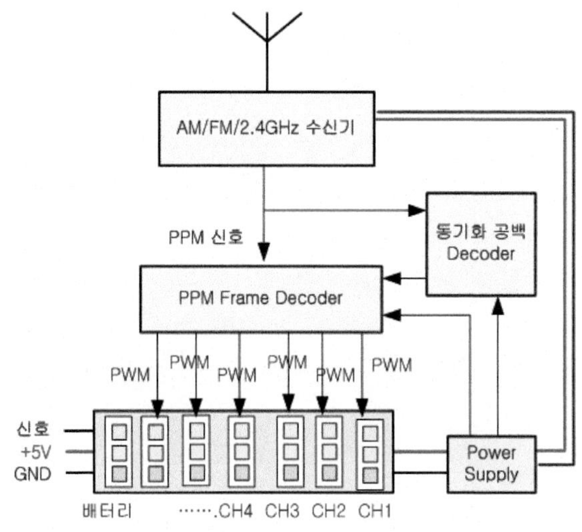

[그림 9.3] 6채널 수신기 구조

9.2 Devo 7

Devo7 조종기는 Welkera사의 제품으로 7채널을 지원하며 RX601, RX701 등의 수신기와 짝을 이루어 제공한다. RX601은 6채널을 지원하며 RX701은 7채널을 지원한다. Devo10, Devo12 조종기는 10개, 12개 채널을 지원하며 필요에 따라 RX801, RX1201 등을 사용할 수 있다. 7개의 채널을 지원하는 조종기들은 대부분 가격이 수십만 원에서 백만 원 사이에 이르기 때문에 초보자들이 시작하기 적합한 조종기로 가격이 저렴한 Devo7을 선택하였다.

9.2.1 조종기 구성

조종기는 하단의 기능 키, 중간에 스틱과 트림, 상단에 스위치 등 3부분으로 구성된다.

(1) 조종기 하단의 기능 키

[그림 9.4]의 붉은색 점선은 Devo7 조종기의 기능키를 다음과 같이 보여준다.

[그림 9.4] Devo7 조종기 앞 면

① EXT(EXIT) : 취소 키.

② ENT(ENTER) : 확인 키. // 세부 메뉴 진입.

③ UP : 커서를 위로 이동.

④ DN(DOWN) : 커서를 아래로 이동.

⑤ R : 세팅 값 감소, 커서 이동 //Right 의미

⑥ L : 세팅 값 증가, 커서 이동 //Left 의미

(2) 스틱과 트림

Devo7의 스틱과 트림은 다른 모든 조종기들과 동일하다.

SYSTEM	MODEL	FUNCTION
DISPL	SELEC(모델변경)	REVSW(방향전환)
BUZZ	NAME(이름변경)	TRVAD(타각조정)
STMOD(모드변경)	COPY	SUBTR
CALIB	TRANS	DREXP
ABOUT	RECEI	THHLD
	RESET(초기화)	THCRV
	TYPE(기체설정)	MIXTH
	Trim System(STEP)	GYRO
	INPUT(스로틀 홀드)	PTCRV
	OUTPU(스위치설정)	PRGMX
	SWASH	MONIT
	AMPLI	SAFE
	FIXID (수신기고정)	TRAIN
		TIMER

[그림 9.5] Devo7 조종기의 메뉴 트리

(3) 스위치

Devo7의 스위치는 모두 6개이며 그 중 하나가 POT이다. 기본적으로 사용하는 용도가 부여된 것도 있지만 사용자가 임의로 기능을 선택하고 설정하여 사용할 수 있다.

- HOLD 스위치 : 가장 왼쪽의 HOLD 스위치는 긴급하게 모터를 중지시킬 때 사용한다. 위험할 때 긴급하게 사용하는 스위치이므로 가장 중요한 장치이므로 반드시 설정하고 사용해야 한다.
- GEAR 스위치 : GEAR 스위치는 2단 스위치로 수신기의 GEAR에 해당한다. 원래는 비행기의 바퀴를 내리고 올릴 때 사용하기 위하여 이름을 부여했다.

- AUX2 스위치 : AUX2 스위치는 POT으로 볼륨 조절용도로 사용한다. 카메라의 각도를 돌리기 위하여 짐벌을 조작할 때 사용한다.
- MIX 스위치 : MIX 스위치는 두 가지 기능을 혼합하여 사용할 때 이용된다. 예를 들어, 러더를 오른쪽으로 움직일 때는 비행을 부드럽게 하기 위하여 오른쪽 에일러론을 올리고 왼쪽 에일러론을 내리도록 하는 것이다.
- D/R 스위치 : D/R 스위치는 엘리베이터나 에일러론을 움직일 때 타각을 조금 움직이다가 많이 움직이게 하는 2중적으로 조작하게 하는 기능에 사용된다.
- FMOD 스위치 : 가장 오른쪽의 상단에 있는 FMOD 스위치는 비행 모드를 변경하는 3단 스위치이다. 비행제어기마다 여러 가지 비행 모드를 제공하는데 그 중에서 하나를 선정할 때 사용한다.

9.2.2 메뉴 구성

Devo7의 사용자 메뉴는 [그림 9.5]와 같이 SYSTEM, MODEL, FUNCTION 등 3개의 기본 메뉴로 구성된다. SYSTEM 메뉴에는 5개의 하부 메뉴가 있고, MODEL 메뉴에는 13개의 하부 메뉴가 있고, FUNCTION 메뉴에는 14개의 하부 메뉴가 있으므로 모두 32개의 메뉴를 사용할 수 있다.

9.2.3 SYSTEM 메뉴

Devo7 조종기에 저장되어 있는 5가지의 SYSTEM 자료를 설정할 수 있다.

[그림 9.6] 메인 LCD 화면

① DISPL : [그림 9.6]과 같이 조종기의 LCD 화면의 밝기를 조정한다.

② BUZZ : 부저 소리를 조정한다.

③ STMOD : 스틱 모드를 조정한다. Mode1, Mode2. Mode3. Mode4 중에서 선택한다.

④ CALIB : 조종기 스틱의 범위를 초기화한다. 꼭 필요할 때 수행한다.

⑤ ABOUT : 조종기 펌웨어 버전을 나타낸다.

9.2.4 MODEL 메뉴

Devo7 조종기에 저장되어 있는 13가지의 MODEL 자료를 설정할 수 있다.

(1) 모델 선택 SELEC

저장된 모델을 불러온다.

(2) 모델 초기화 RESET

특정 모델에 저장된 값을 공장 초기화한다.

(3) 모델 종류 선택 TYPE

비행기는 AERO, 헬리콥터는 HELI를 선택한다. 멀티콥터도 AERO를 선택한다.

(4) 트림 시스템 STEP

트림 시스템은 엘리베이터, 에일러론, 스로틀, 러더 각 채널의 트림 범위와 트림 동작 방식을 설정한다. 트림 단계는 20이며 기본 값은 4이다. 트림을 클릭할 때 숫자가 작으면 세밀하게, 크면 큰 단위로 반영된다.

- NORM : 조종면의 트림 스위치를 항상 동작 시킨다.
- LIMIT : 스틱이 최대 위치에 있을 때는 동작 시키지 않는다.

(5) 디바이스 선택 INPUT

가. 비행 모드 스위치 Flight Model Switch/FM SW

비행 모드 스위치는 헬기 모드에서 비행모드(노멀, 아이들)를 변경하는 역할을 담당한다. 조종기 우측 상단에 있는 FMD 또는 MIX 스위치 중 하나를 선택할 수 있으며, 기본 값은 FMD 스위치이다.

나. 트림 동작방식 Stunt Trim Select/FMTRM

비행 모드에 따른 트림 동작방식을 설정하며, FM SW 설정에서 스위치가 지정되어 있어야 활성화된다. 값이 Common(COMM) 일 경우 각 비행모드에서 트림은 공통적으로 사용한다. 값이 Flight Mode(FMOD) 일 경우 각 비행모드에 따라 트림을 따로 지정 할 수 있다. 기본 값은 COMM이다.

다. 스로틀 홀드 스위치 Throttle Hold Switch/HLDSW

스로틀을 올려도 모터가 돌아가지 않는 기능을 On/Off하는 HOLD TRN 스위치이다. 추락사고 등에 대비하여 항상 스로틀 홀드 스위치를 설정하는 것이 좋다.

라. Flap 스위치

조종기의 6번 채널을 제어하는 스위치이다. 모델 종류에서 비행기가 선택되었을 때만 활성화된다. MIX와 FMD 스위치 중에서 하나만 선택된다.

(6) 디바이스 출력 OUTPUT

조종기의 채널 5번(GEAR)과 6번(Aux2)을 스위치에 할당한다.

(7) 고정 ID FIXID

조종기와 수신기의 바인딩을 고정시킨다.

가. 조종기 고정 ID 설정

MODEL > ENT > L > FIXID > ENT > ON으로 > DN > (고유 식별 번호) > ENT ENT(번호 깜박임(L/R로 변경가능) 후 > ENT > RUN NO를 YES로 > ENT > ----- 후 :

완료 > EXT

나. 고정 ID 해제

- 수신기용 바인드 플러그(BIND PLUG)를 수신기의 BATT 단자에 연결한다.
- 수신기에 전원을 넣으면 붉은 불이 깜빡인다. 이것은 수신기에 저장된 고정 ID가 해제된 것을 의미한다.
- 바인드 플러그를 뺀다.

9.2.5 FUNCTION 메뉴

Devo7 조종기에 저장되어 있는 14개의 FUNCTION 자료를 설정할 수 있다.

(1) 리버스 스위치 REVSW

서보가 움직이는 방향을 반대로 바꾸어준다. FUNCTION > REVSW에서 UP/DN 버튼으로 원하는 채널을 선택하고, R/L 버튼으로 NORM/REV를 선택한다.

(2) 서버 타각 조절 TRAVEL Adjust/TRVAD

서보 타각 조절은 서보가 움직이는 양을 늘리거나 줄이는 기능이다. FUNCTION > TRVAD에서 UP/DN 버튼으로 원하는 채널을 선택하고, R/L 버튼으로 움직이는 양을 지정한다. UP/DN 버튼으로 원하는 채널을 선택하고, R/L 버튼으로 움직이는 양을 지정한다. 각 채널은 U/D(위/아래) 와 L/R (좌/우)의 타각을 서로 다르게 지정할 수 있다

(3) 서브 트림 SUBTR

서브 트림은 처음에 서보 혼의 중립 위치를 정밀하게 조정할 때 사용한다. 각 채널별로 ±62.5%의 변경 값을 가질 수 있다. 서브 트림을 과도하게 사용하면 서보 자체의 기계적 타각이 모자라서 실제 비행 시 서보가 한쪽으로는 많이 움직이지 못하는 경향이 나타날 수 있다. 따라서 서브 트림을 사용하기 전, 기계적으로 서보혼의 위치를 최대한 중립에 맞춰 두고 기계적으로 더 이상 중립에 가깝게 맞출 수 없을 때 서브 트림 기능을 사용한다.

(4) 듀얼레이트와 익스포넨셜 DREXP

가. 듀얼레이트 Dual Rate

기능은 조종기의 듀얼레이트 스위치(D/R)를 이용하거나, 비행 모드(Flight Mode) 스위치를 이용해서 비행 중 실시간으로 2~3개의 서보 타각을 변환해 가며 사용하는 기능이다. 엘리베이터, 에일러론, 러더 3개 채널에 대해 듀얼레이트를 할당할 수 있으며, 각 레이트는 0~125% 범위 내에서 지정할 수 있다.

나. 익스포넨셜 Exponential

기능은 [그림 9.7]과 같이 스틱이 중립 근처에 있을 때와 스틱이 끝 근처에 있을 때의 타각을 서로 다르게 지정 하는 것이다. 이 기능을 이용하면 중립 근처에서 타각을 낮춰 미세한 조종을 하고, 끝 근처에서 타각을 높여 높은 기동성을 보일 수 있다. 각 레이트는 ±100% 범위 내에서 지정할 수 있다. 이것은 조종기 스틱의 감도를 구간별로 설정하는 기능이다. 익스포넨셜이 없으면 [그림 9.7](a)와 같이 스틱의 모든 범위에서 1:1로 조종기 출력이 반응한다. 그러나 정지 비행을 하는 경우에는 스틱의 중심점에서 스틱을 조금만 움직여도 드론이 1대1으로 크게 반응하기 때문에 조종하기 어려워진다. (b)와 같이 스틱 입력에 대한 조종기 출력을 지수 함수로 반영하면 스틱이 10으로 크게 움직여도 조종기 출력이 4로 작게 움직이므로 드론을 미세하게 조종할 수 있다는 점에서 조종이 수월해진다. 지수 반응은 (b)와 같이 다양하게 설정할 수 있다.

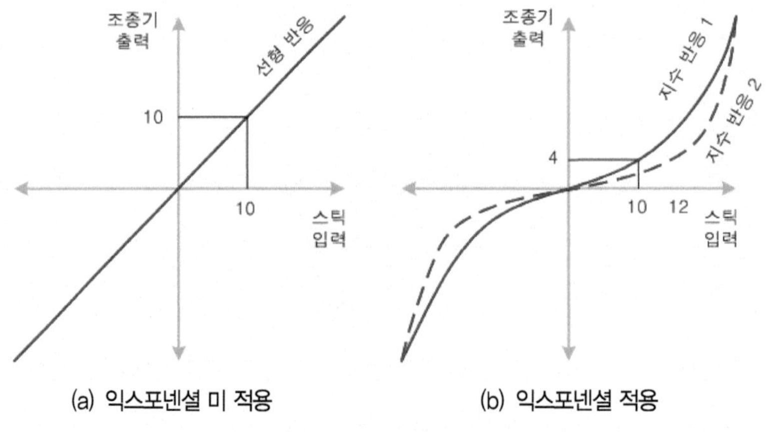

[그림 9.7] 익스포넨샬 동작 개요

(5) 스로틀 홀드 THHLD

스로틀 홀드 기능은 조종기의 HOLD 스위치를 동작시켰을 때 스로틀의 동작을 일정 수준으로 고정시킨다. FUNCTION > THHLD > STATE / INH 에서 R/L 버튼을 눌러 ACT 로 변경한다. DN 버튼을 누르면 스로틀홀드 동작 시 고정할 스로틀 위치를 지정할 수 있다. 기본 값은 0% 이며, -20% ~ 50% 까지 설정할 수 있다. (-5% 로 설정하는 것을 추천한다.)

(6) 페일 세이프 Fail Safe/SAFE

페일 세이프(Fail Safe)는 조종기가 수신기를 제어하지 못할 때 드론이 자동으로 취할 수 있는 조치를 설정하는 기능이다. 신호가 끊기기 직전의 상태를 유지하거나, 신호가 끊기면 미리 설정한 위치로 서보를 이동시킬 수 있다.

- FUNCTION > SAFE에서 UP/DN 버튼으로 설정을 원하는 채널을 선택.
- 기본적으로 모든 채널이 HOLD(마지막 상태 유지)로 되어 있다. 변경을 원하면 R/L 버튼으로 HOLD를 SAFE로 변경한다.
- SAFE로 변경 후 DN 버튼을 눌러 값을 설정할 수 있다. 조종 신호가 끊길 경우 여기에서 설정한 값으로 서보가 이동한다.

(7) 타이머 TIMER

- LCD에 시간을 표시하는 방법을 설정하거나 타이머를 설정한다.
- FUNCTION > TIMER 메뉴에서 R/L 버튼을 이용하여 TYPE 항목에서 스톱워치(STOPW) 와 카운트다운(COUNT)를 선택할 수 있다. 기본 값은 스톱워치 이며, 스톱워치는 0에서 부터 시간이 증가한다. 카운트다운 선택 시 DN 버튼을 눌러 TIME 설정이 가능하다. R/L 버튼으로 시간 설정이 가능하며, 설정된 시간부터 시간이 줄어든다. [그림 9.8]에서 “00-00”의 앞의 두 자리는 분, 뒤의 두 자리는 초를 의미한다.

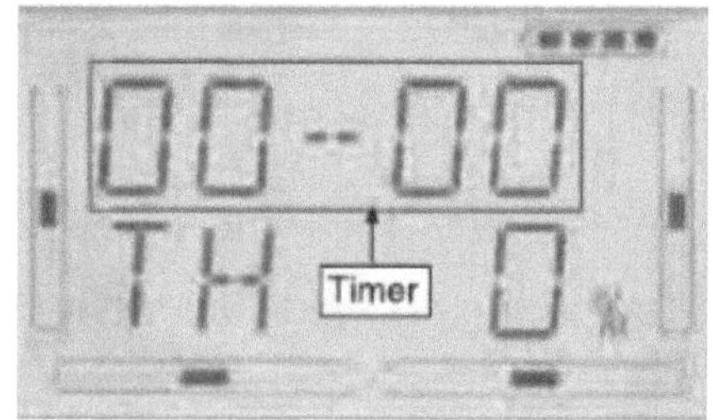

[그림 9.8] Timer의 시간 표시

9.3 스위치와 비행제어

조종기는 스위치마다 이름을 부여하고 그 이름에 걸맞게 사용하기를 권장하고 있으나 사용자가 필요하면 얼마든지 다른 목적으로 설정하여 사용할 수 있다. 예를 들어, 특정 스위치를 RTH로 설정하면 GPS로 비행하다가 이 스위치가 동작하면 드론을 홈으로 돌아오게 할 수 있다.

조종기에서 사용하는 스위치는 비행제어기에서 사용하는 스위치와 다르기 때문에 프로그램에서 서로 일치시키는 노력이 필요하다. 드론을 비행하기 위해서는 조종기 스위치를 적극적으로 활용해야 한다. 스위치를 설정하고 이용하는 것은 조종기와 수신기와 비행제어 프로그램에서 이루어지는데 각각 스위치 설정 방식이 다르므로 이들을 잘 일치시켜야 한다.

9.3.1 Multiwii

Multiwii 프로그램도 스위치를 사용하기 위하여 [그림 9.9]와 같이 채널들을 할당하고 있다. 그림의 가운데 상단을 보면 Aux1, Aux2, Aux3, Aux4를 스위치로 할당한 것을 볼 수 있다. 그림의 오른쪽 상단의 '조종기 채널'을 보면 THROT, ROLL, PITCH, YAW, Aux1, Aux2, Aux3, Aux4에 각각의 1000에서 2000 사이의 값들이 부여된 것을 볼 수 있다. 이것은 Multiwii가 채널1부터 채널7까지 조종기 스틱과 스위치에 할당한 것을 알 수 있다. 이 그림에서는 스위치 Aux1이 ANGLE 모드에 LOW, MID, HIGH 모두에 설정되어 있다. 이것은 스위치 Aux1을 어느 위치에 놓든 비행 모드는 ANGLE 모드로 적용한다는 의미이다. ANGLE 모드는 자이로와 가속도계를 모두 이용하여 자동으로 수평을 유지하는 비행 모드이다.

Multiwii 비행제어 프로그램과 Devo7 조종기, RX701 수신기들은 스위치를 설정하기 위하여 각각 [그림 9.10]과 같이 상이한 명칭을 부여하고 있다. Multiwii에서는 스위치를 Aux1, Aux2, Aux3, Aux4라고 명명하였고, 수신기에서는 CH1부터 CH4까지는 조종기 스틱에 할당했으므로 CH5, CH6, CH6에 스위치를 할당하였으며, 조종기의 물리적인 스위치들은 모두 6개가 조종기 앞면에 있고, 조종기 SW에는 GEAR, AUX2, HLDSW 등 여러 가지 이름으로 정의되어 있다.

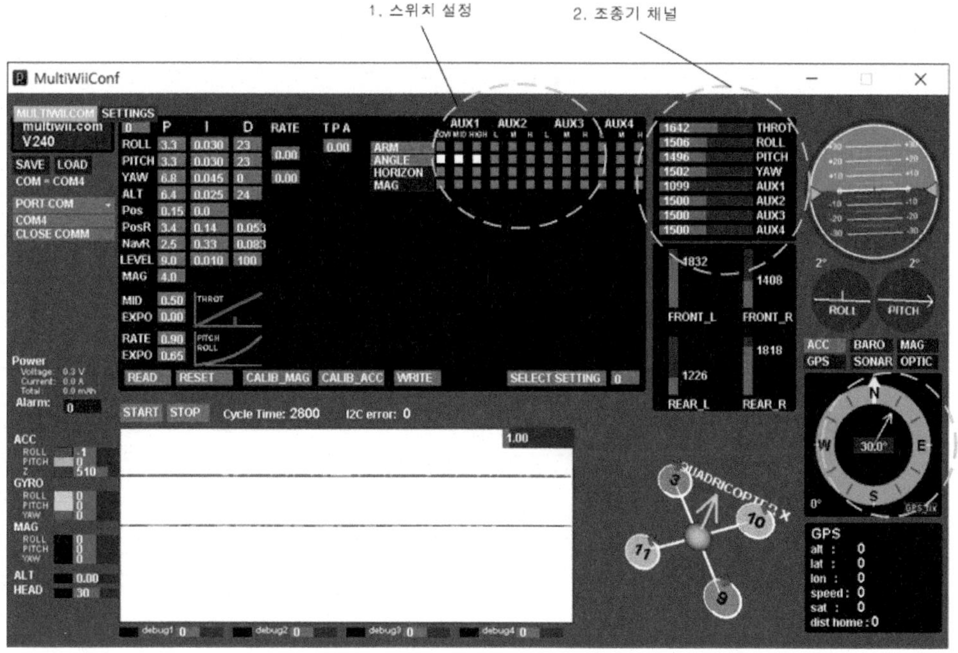

[그림 9.9] MultiwiiConf에 표시된 조종기 채널

(1) 모터를 정지 시키는 스위치 설정

Devo7 조종기에서 긴급 시에 모터를 정지시키려면 조종기의 MODEL > INPUT 메뉴에서 HLDSW를 조종기 HOLD 스위치에 할당해주면 된다. HLDSW를 HOLD 스위치에 할당한 상태에서 조종기로 비행하다가 HOLD 스위치를 당기면 조종기는 스로틀 신호를 최저치인 1000으로 송신함으로써 모터가 정지된다.

(2) 조종기 5번 채널 GEAR 의 스위치 설정

조종기 메뉴의 MODEL > OUTPUT > GEAR를 누른다. GEAR 메뉴에서 GEAR 채널(5번)을 동작시킬 스위치를 선택한다. 스위치는 FMD, MIX, D/R, HOLD, GEAR, TRN, AUX2 중에서 선택이 가능하며 기본은 GEAR이다. 스위치 선택 후에 DN을 눌러서 GEAR 채널의 사용 여부를 선택할 수 있다. ACT면 GEAR 채널을 사용하는 것이고 INH면 사용하지 않는 것이다.

(3) 조종기 6번 채널 AUX2 의 스위치 설정

앞 절에서 GEAR 스위치 설정 후에 DN을 누르면 FLAP가 나온다. 멀티콥터에는

FLAP이 없으나 TYPE에서 AERO를 선정했기 때문에 FLAP가 나온 것이다. FLAP은 사용하지 않으므로 아무 스위치를 선정한 후에 INH로 처리하고, DN을 누르면 AUX2 메뉴가 나온다. AUX2에서 FMD, MIX, D/R, HOLD, GEAR, TRN, AUX2 중에서 원하는 HW 스위치를 선택할 수 있다. 원하는 스위치를 선택 후에 DN을 누른 다음에 ACT 나 INH를 누르면 사용 여부가 결정된다. FLAP을 스위치로 선정했으면 FLAP가 6번 채널에 할당되고 AUX2는 7번 채널에 할당된다.

Multiwii	RX701 수신기	Devo7 조종기 HW	Devo7 조종기 SW	Multiwii 비행 모드
Aux1	CH5: GEAR	FMD	CH5: GEAR	BARO
Aux2	CH6: AUX1	MIX	CH6: FLAP	GPS HOME
Aux3	CH7: AUX2	D/R	CH7: Aux2	GPS HOLD
Aux4		HOLD TRN	HLDSW	MISSION
		GEAR	…..	LAND
		Aux2		

[그림 9.10] 각 개체들의 스위치 분배

9.3.2 Pixhawk

Pixhawk 비행제어기를 사용하는 경우에도 마찬가지로 Devo 7조종기를 이용하여 6개의 비행 모드를 설정할 수 있다. [그림 9.11]은 Pixhawk 비행제어기 채널과 Devo7 조종기의 채널 할당을 비교한 것이다. Pixhawk 비행제어기에서 Devo7 조종기를 사용할 때 의미 있게 연결해야 한다. 비행모드 설정은 2 단 AILE D/R 포지션 스위치와 3 단 FMOD 위치 스위치를 사용할 수 있다.

Pixhawk CH	Devo7 CH
1 Roll	1 Elevator
2 Pitch	2 Aileron
3 Throttle	3 Throttle
4 Yaw	4 Rudder
5 Aux1	5 Gear
6 Aux2	6 Aux1
7 Aux3	7 Aux2:
8 Aux4	

[그림 9.11] Pixhawk와 Devo7의 스위치 설정

■ 참조 사항 : Trim 이란?

조종기에 있는 트림(trim)과 서브 트림(subtrim)을 이해하기 위하여 실제 비행기의 트림을 살펴본다.

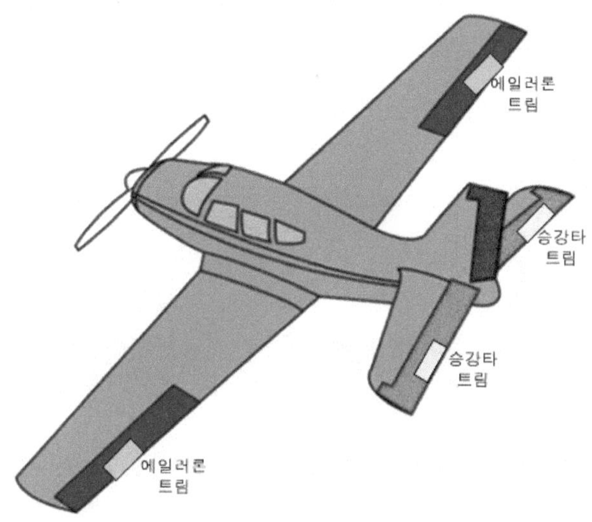

[그림 9.12] 비행기의 조종면에 있는 트림

비행기에는 실제로 [그림 9.12]와 같이 조종면에 트림이 장착되어 있다. 주로 승강타(pitch)에 붙어 있으나 때에 따라서 에일러론과 방향타(rudder)에 붙어 있기도 하다. 비행기가 일정한 고도에서 수평 비행을 하면 이론상으로는 조종사가 조종간을 잡고 있지 않아도 된다. 모든 조종면들이 정확하게 중립 위치에 있다면 비행기는 정확하게 수평으로 직진해야 한다. 그러나 아무리 지상에서 조종면들을 중립 위치에 놓았다고 해도 하늘에서 비행하면 공기 흐름과 중력에 의하여 비행기가 위로 조금씩 올라가거나 내려간다. 만약 비행기가 조금씩 하강한다면 수평으로 직진하기 위하여 조종간을 조금 당겨서 하강하지 못하게 해야 한다. 그렇게 하려면 조종사는 계속 조종간을 당기고 있어야 하므로 피로가 발생한다. 이때 승강타 트림을 미세하게 올려주면 조종간을 당기지 않아도 비행기가 수평으로 비행할 수 있다. 비행기는 기본적으로 프로펠러에 의하여 앞으로 나가고 중력에 의하여 땅으로 하강하기 때문에 승강타를 약간 당겨야 한다. 승강타를 당기지 않고 수평 비행을 위하여 승강타 트림이 필요하다.

[그림 9.13]은 실제 비행기의 승강타에 붙어 있는 작은 크기의 승강타 트림(pitch trim)이다. 트림을 조작하기 위하여 조종석에는 원판으로 만든 트림 조작 판이 설치되어 있다. 조종사는 비행기가 내려가면 트림 조작판을 약간 돌려서 천천히 비행기의 반응을 살펴본다. 비행기가 미세하게 반응하는 것을 보면서 비행기가 수평으로 직진하도록 조정하면 조종사는 조종간을 잡지 않아도 비행할 수 있다. 대부분의 비행기들은 중력의 영향을 피하기 위하여 승강타 트림을 장착하고 있다.

[그림 9.13] 비행기의 승강타 트림(pitch trim)

요 약

- 조종기(transmitter)는 조종기 스틱과 스위치들의 움직임들을 신호로 만들어서 드론 수신기에 전송하는 방식으로 드론을 조종하는 통신 장치이다.
- 조종기 구조는 기능키와 LCD, 스틱과 트림, 스위치와 POT 등의 3개 부분으로 구성된다.
- 수신기(receiver)는 조종기가 보내주는 조종 신호를 받아서 채널별로 신호를 분리하고 PWM 신호로 변환하여 비행제어기에 제공하는 통신 장치이다.
- 조종기의 용도는 완구용, 취미용, 업무용에 따라 성능과 기능이 다양하다.
- 조종기의 성능은 채널 수, 통달 거리, 서비스 기능, 사후관리 등에 따라 큰 차이가 있다.
- 페일 세이프(Fail Safe)는 조종기가 수신기를 제어하지 못할 때 사고를 예방하기 위하여 드론이 자동으로 취할 수 있는 조치를 설정하는 기능이다.
- 조종기는 특정한 수신기와 배타적으로 통신하기 위하여 두 주소를 바인딩하는 작업이 필요하다.
- 수신기가 바인딩되어야 변속기 초기화 등의 작업을 수행할 수 있다.
- 조종기의 스위치 번호 배정은 조종기 내장 프로그램에서의 번호가 있고 조종기의 물리적인 스위치 번호가 있다. 또한 비행제어 소프트웨어 안에도 조종기 스위치 번호가 있고, 수신기에도 스위치 번호가 주어진다. 이들 스위치 번호를 동기화 시켜야 스위치 사용이 용이하다.
- 트림 시스템(STEP)은 조종기 스틱의 트림 값의 단위를 숫자로 설정한다.
- 서브 트림(SUB TRIM)은 서보 혼의 중립 값을 정밀하게 설정한다.
- 비행기들은 프로펠러의 추력과 중력의 힘에 의하여 조금씩 하강하려고 한다. 대부분의 비행기들은 승강타 트림을 장착하고 있다.

연습문제

1. 다음 용어들을 정의하시오.
   (1) 조종기
   (2) 채널
   (3) 스위치
   (4) Trim
   (5) 듀얼 레이트

2. 조종기의 구조와 기능을 설명하시오.

3. 조종기를 선택하는 대표적인 기준들을 설명하시오.

4. 현재 조종기의 통신 프로토콜들을 설명하시오.

5. 수신기의 구조와 기능을 설명하시오.

6. 조종기와 수신기의 바인딩 절차를 설명하시오.

7. 스틱이 움직이는 방향과 드론이 반대로 움직일 때 어떤 조치가 필요한지 설명하시오.

8. 드론 시동이 잘 걸리지 않을 때 어떤 조치를 해야 하는지 설명하시오.

9. Multiwii에서 스위치 할당하는 방법을 설명하시오.

10. Pixhawk에서 스위치 할당하는 방법을 설명하시오.

11. Trim과 Sub Trim의 차이를 설명하시오.

12. 페일 세이프(fail safe)를 설정하는 이유는 무엇인가?

13. 비행기에 승강타 트림이 있는 이유를 설명하시오.

CHAPTER 10

시험 비행

비행기를 만들면 설계된 대로 잘 만들어졌는지 확인한 다음에 기능과 성능이 인증이 되면 비로소 비행할 수 있다. 새로 제작된 비행기가 처음 비행을 할 때는 기능과 성능이 제대로 동작한다는 보장이 없기 때문에 어찌 보면 매우 위험한 일이다. 공군에서 시험 비행사(test pilot)들은 가장 유능한 비행사들이 맡아서 수행하지만 늘 위험 부담을 안고 있다고 한다. 실제로 세계2차 대전 시에 독일의 제트기 시험 비행사들은 시험 비행 과정에서 많은 희생이 있었다고 전해진다.

10.1 개요

항공기를 시험 비행하는 이유는 여러 가지가 있다. 중요한 것은 시험 비행이 모든 비행 중에서 가장 위험한 비행이라는 사실이다. 새로 출고된 항공기는 아무리 육상에서 검사를 많이 했더라도 실제로 비행하지 않았기 때문에 예상하지 못한 경우가 발생할 수 있으므로 시험 비행이 가장 위험할 수밖에 없다.

10.1.1 시험 비행 사유

시험 비행(test flight)이란 항공기가 규정된 상태를 유지하는지 여부를 확인하는 검사이다. 모든 항공기는 생산될 때부터 정부 항공관리당국으로부터 규정된 성능과 상태를 유지하도록 성능을 확인받는다. 항공기뿐만 아니라 모든 선박과 차량도 규정된 기간마다 성능을 확인받아야 사용할 수 있다.

항공기를 시험 비행하는 이유는 다음과 같이 다양하다.

- 새로 연구하고 신규 개발한 항공기의 기능과 성능을 평가하기 위하여
- 새로 제작한 항공기의 성능을 확인하기 위하여
- 기존 비행기의 기능과 성능을 업그레이드한 후에 성능을 확인하기 위하여
- 사고 발생 후에 문제를 찾고 해결하기 위하여
- 오래 운행했기 때문에 완전히 분해하고 새로운 부품으로 교체하고 결합한 후에 성능을 확인하기 위하여

※ 전투기와 잠수함 등은 10년마다 완전히 분해하고 결합하여 성능을 유지한다.

세상에서 가장 위험한 기계 는 공장에서 갓 출고한 항공기나 선박, 차량이라고 한다. 잘 설계하고 잘 제작했지만 아무도 타보지 않았기 때문에 무슨 결함이 발생할지 모르기 때문이다. 특히 항공기는 공중에서 문제가 발생하면 즉시 추락으로 연결될 수 있기 때문에 가장 위험하다고 한다. 따라서 시험 비행사는 가장 위험한 임무를 수행하기 때문에 비행사들 중에서 가장 경험이 많고 위기에 적절히 대처할 수 있는 능력자를 선정한다고 한다. 실제로 선박 진수 과정에서 침몰한 경우가 있고 항공기 시험 비행 과정에서 추락한 사례들이 많이 있다.

항공기 사고를 막기 위하여 조종사를 훈련시킬 때 모의실험기(simulator)를 사용한다. 항공기 모의실험기는 컴퓨터 프로그램을 이용하여 항공기 조종석과 유사한 장치를 지상에 만들고 항공기가 이륙부터 비행, 착륙까지 실제 비행과 유사하게 동작하는 장치이다. 이제는 항공기뿐만 아니라 탱크, 차량, 로켓 등 위험이 예상되는 장치들을 원활하게 사용하기 위하여 많은 분야에서 모의실험기가 사용되고 있다. 실제로 드론 비행을 즐기는 동호인들은 드론이 추락하는 것을 막고 비행기술을 연마하기 위하여 모의실험기를 많이 사용하고 있다.

항공기를 새로 개발할 때도 설계를 하면 모의실험기를 만들어서 시험 비행사가 새로 제작된 항공기를 시험 비행할 수 있도록 준비한다. A380 여객기를 만들 때도 시제기를 제작하면서 동시에 모의실험기를 만들어서 시험 비행사들을 훈련시켰다. 시제기가 완성되었을 때는 시험 비행사들도 모의실험기 훈련을 통하여 A380 조종법을 익혔으므로 즉시 시험 비행에 착수할 수 있었다. 즉 새로운 항공기를 제작할 때는 설계 시에 모의실험기도 함께 설계하는 것이다.

드론 비행 연습을 위한 모의실험기들도 많이 나와 있으므로 드론을 비행하는 사람들은 반드시 모의실험기를 구매하여 연습을 해야 한다. 드론 비행은 비행 방법이 중요한 것이 아니고 조종기를 손으로 잡고 손가락으로 스틱과 스위치들을 조작해야 하는데 완전히 감각적으로 손에 익혀야 한다. 그리고 매일 30분 이상 훈련을 하지 않으면 드론을 추락시킬 수 있는 가능성이 높다.

10.2 비행 전 검사

조종사가 비행을 하기 전에 준비할 사항이 많다. 차량이나 선박을 운전하는 운전자와는 비교할 수 없을 정도로 준비 사항들이 많고 복잡하다. 비행하기 전에 하는 검사는 새로운 드론을 만들었을 때와 마찬가지로 언제나 비행을 하기 전에 반드시 수행해야 하는 검사이다.

10.2.1 비행 전 검사

초경량 항공기(1-2인승)을 비행하기 전에 조종사가 검사 목록을 가지고 항공기를 확인하는 사항이 무려 100가지가 넘는다. 연료가 충분한지, 배터리가 충분한지, 엔진이 규정된 출력을 내는지, 발전기 전압이 충분한지, 점등에 이상이 없는지 등 목록을 보면 셀 수 없을 정도로 점검할 사항이 많다. 어느 비행 교관의 말을 빌리면 항공기를 이륙시켰는데 활주로를 달려서 막 이륙하려는 순간에 엔진이 꺼졌다는 것이다. 그 순간 교관의 머릿속에 연료가 충분하고 모든 이상이 없는데 엔진이 정지된 것은 무엇일까 하고 고민하는 순간에 날개에 있는 연료통에서 엔진으로 내려가는 연료 호스가 잠겨 있을 것이라는 생각이 들어서 연료 호스의 코크를 열고 위기를 모면 했다고 한다. 연료 호스가 중간에 잠겨 있었지만 연료 호스 아래에 있던 연료로 시동을 걸고 이륙을 위해 질주를 했던 것이다. 만약 항공기가 더 빨리 이륙했더라면 추락 사고를 면치 못했을 것이다.

1) 실험실 검사

실험실에서 제작된 드론을 검사하는 방법은 다음과 같이 비행제어 소프트웨어마다 다른 프로그램을 사용한다.

(1) MultiwiiConf 검사

Multiwii 비행제어 소프트웨어를 사용할 때 드론의 비행 상태를 그래픽으로 보여주는 도구가 MultiwiiConf이다. 이 도구를 이용하면 다양한 비행 상태 정보를 확인할 수 있고 매개변수들을 새로운 값으로 갱신하고 상태를 확인할 수 있으므로 편리하다.

(2) Mission Planner 검사

Pixhawk 비행제어 소프트웨어를 사용할 때 드론의 비행 상태를 그래픽으로 보여주는 도구가 Mission Planner이다. MultiwiiConf와 유사한 기능을 수행하는 프로그램이지만 더 상세하고 다양하게 서비스를 제공한다.

2) 비행장 가기 전 검사

비행장으로 출발하기 전에 실험실에서 점검할 사항은 다음과 같다.

(1) 준비물 점검

- 드론 배터리가 충전되어 있는가?
  예비 배터리도 충전되어 있고 충분한가?
- 조종기 배터리도 충전되어 있는가?
  예비 배터리도 충전되어 있는가?
- 프로펠러가 정확한 방향으로 설치되어 있는가?
  예비 프로펠러가 충분한가? 유사시에 대체품이 있는가?

3) 비행장 검사

비행장에 도착하여 비행 순서를 기다리면서 검사할 사항들은 다음과 같다.

(1) 기체 점검

- 프로펠러가 뒤집혀 설치되지 않았는가?
  실제로 회전 시켜서 바람 부는 방향으로 확인한다.
- 가속도계, 자이로, 지자기계가 초기화되어 있는가?
- 변속기가 초기화되어 있는가?
- 모터 회전 방향이 정확하게 돌아가는가?
- 스로틀 홀드 스위치가 동작하는가?
- 짐벌 스위치, 듀얼레이트 스위치 등이 잘 동작하는가?
- 배선 전기 줄들이 단단하게 묶여있는지, 바람에 풀어지지 않는지?
- 안테나 줄이나 배터리 충전 선들이 프로펠러에 걸리지 않는지?

(2) 기상 및 시야 점검

- 날씨가 맑은가 아니면 흐린가?
- 바람이 많이 불어오는가? 바람 속도가 적절한가?
- 바람이 불어오는 방향이 어느 쪽인가?
- 햇빛이 어느 방향으로 오는가? 비행에 지장이 없는가?
- 비행기가 날아가는 방향의 시야가 잘 보이는가?
- 큰 나무, 전봇대, 송전탑 등의 장애물이 보이는가?
- 사람이 다니는 길이나 공간으로 날아갈 위험은 없는가?

4) 비행 직전 검사

이륙하기 위한 장소에 드론을 위치시킨다. 조종기에 전원을 넣고 드론에 전원을 연결하고 모터를 구동 상태로 전환한 다음에 다음과 같은 검사를 한다.

- 스로틀을 조금 올렸을 때 모터가 의도한 대로 회전하는가?
- 엘리베이터, 에일러론, 러더를 각각 조금씩 움직이면서 스로틀을 올릴 때 각각 의도대로 드론이 동작하는가?
- 드론을 약 1.5m 정도로 올려서 호버링을 하고, 의도대로 움직이는지 확인하다. 이상이 발견되지 않으면 비행을 시작한다.

10.3 모의실험(simulation)

모의실험(simulation)은 현실과 유사한 상황에서 가상적으로 수행하는 실험이다. 실제 상황에서 실제로 수행하는 것이 매우 어렵고 비용이 많이 소요되는 경우를 대비하여 가상적으로 수행하는 실험이다. 드론을 비행하기 위해서는 비행 실력을 갖추어야 하는데 실물 드론으로 연습하는 것은 추락의 위험이 따르기 때문에 컴퓨터 모의실험기를 이용한다. 모의실험기의 목적은 두 가지이다. 첫째 드론에 익숙해짐으로써 비행 사고를 예방하는 것이며, 둘째 비행 기술을 향상하는 것이다.

10.3.1 비행 모의실험기 Flight Simulator

모의실험기(simulator)는 현실과 유사한 상황에서 가상적으로 실험을 수행하는 도구이다. 시중에서 많이 사용되고 있는 비행기용 컴퓨터 모의실험기들은 다음과 같다.

- Reflex
- Real Flight
- FMS
- Pheonix

이들 중에서 동호인들이 가장 많이 사용하는 프로그램은 Real Flight이고, 가장 널리 보급된 프로그램은 FMS이다. Reflex는 한 때 많이 사용되었으나 공급원이 사라졌고, 현재는 Pheonix가 많이 보급되고 있다. 따라서 여기서는 가장 저렴하게 보급된 Pheonix로 설명하고자 한다.

10.3.2 Pheonix

Pheonix 비행 모의실험기를 설치하고, 비행을 위한 각종 매개변수들을 설정하고, 모의 비행을 훈련하는 방법을 설명한다. Pheonix 프로그램을 잘 사용할 수 있으면 다른 종류의 모의비행 프로그램들도 기능이 유사하기 때문에 쉽게 사용할 수 있다.

1) Pheonix 설치

Pheonix 파일을 하드 디스크에 옮겨놓고 autorun 프로그램을 실행하면 프로그램이 설치되고, 설치된 프로그램을 실행하면 처음에 [그림 10.1]과 같은 초기 화면이 나타난다. 여기서 비행을 위하여 각종 매개변수들을 설정할 수 있고 조종기도 설정할 수 있다. 화면의 상단에 있는 메뉴들이 이 프로그램들의 주요 기능을 보여주고 있다. 훈련하기 위한 Training 메뉴를 이용하면 초보자들이 호버링을 연습할 수 있고 실력자들이 여러 가지 훈련을 할 수 있다.

[그림 10.1] Pheonix v5.5 초기 화면

메인 메뉴의 System에서 Setup new transmitter를 눌러서 조종기를 초기화한다. 조종기 초기화는 조종기의 스틱들의 최소와 최대 값의 범위를 모의실험 프로그램의 최소와 최대 값의 범위와 일치시키는 작업이다. [그림 10.2]는 조종기 스틱을 중앙에 위치 시키셔 스틱들의 중앙 위치를 프로그램에게 확인시킨다. next 버튼을 눌러서 다음 화면으로 간다.

[그림 10.2] 조종기 스틱 초기화 화면

[그림 10.3]이 나오면 조종기의 두 스위치들을 모두 움직여서 네 모서리가 닫도록 한 바퀴 돌린 다음에 Next를 눌러서 다음으로 간다.

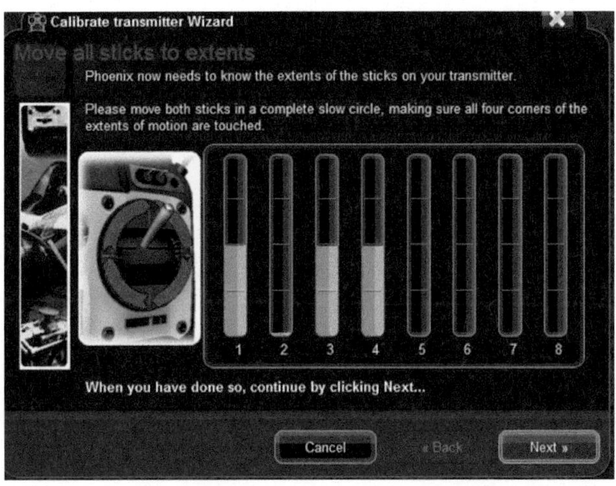

[그림 10.3] 조종기 스틱 최소 및 최대 값 확인

초기화 작업이 완료되었다. 초기화 작업이 성공적인지를 확인하기 위하여 [그림 10.4]에서 각 스틱들을 차례대로 올리고 내리면서 정상적으로 움직이는지를 점검한다. 각 채널별로 정확하게 움직이면 초기화 작업을 종료한다.

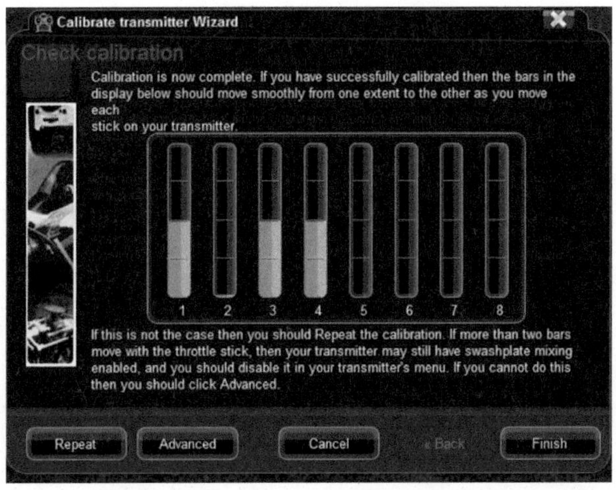

[그림 10.4] 조종기 스틱 초기화 작업 확인

[그림 10.5]는 모의실험 프로그램을 초기화하는 화면이다. 초기화 작업 이름을 입력하고 빠른 초기화를 할 것인지 고급 초기화를 할 것인지를 결정하고 Next 버튼을 눌러서 다음으로 간다. 초보자들은 빠른 초기화를 하고 경험자들은 고급으로 초기화할 것을 추천한다.

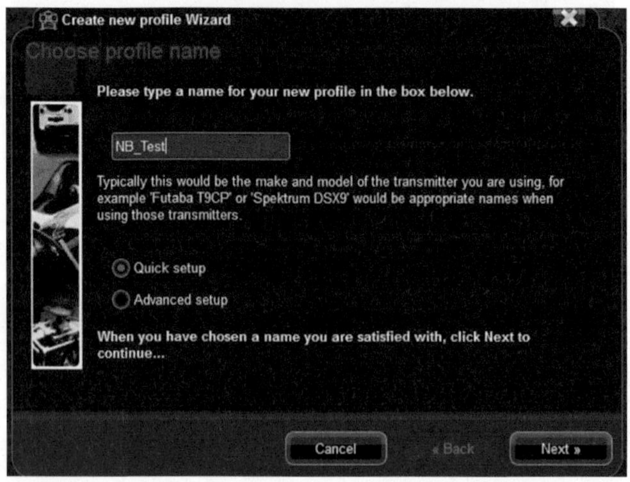

[그림 10.5] 프로그램 초기화 화면

[그림 10.6]은 스로틀 스틱을 초기화하는 화면이다. 스로틀 스틱을 올렸을 때 channel2의 주황색 막대가 오른쪽으로 증가하면서 꽉 채우고, 스로틀을 최하로 내리면 주황색

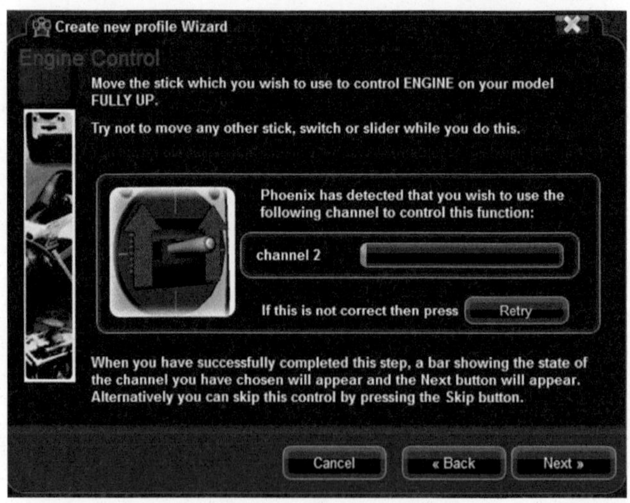

[그림 10.6] 스로틀 스틱 초기화

이 점점 줄어서 없어지면 초기화된 것이다. 만약 스틱 올리는 것과 반대로 주황색 막대가 움직이면 스틱의 방향을 바꿔주면 된다. 바꾸는 방법은 화면 중앙에 있는 Retry 버튼을 눌러서 다시 시도 하는 것이고, Retry 해도 잘 되지 않으면 그냥 Next를 눌러서 넘어 가고 나중에 스로틀 스틱을 Edit하여 방향만 바꿔주면 된다.

[그림 10.7]은 러더 스틱을 초기화하는 화면이다. 러더 스틱을 오른쪽으로 밀었을 때 channel4의 주황색 막대가 오른쪽으로 증가하면서 꽉 채우고, 러더 스틱을 왼쪽으로 내리면 주황색 막대가 점점 줄어서 없어지면 초기화된 것이다. 만약 스틱을 미는 것과 반대 방향으로 주황색 막대가 움직이면 스틱의 방향을 바꿔주면 된다. 바꾸는 방법은 화면 중앙에 있는 Retry 버튼을 눌러서 다시 시도 하는 것이고, Retry 해도 잘 되지 않으면 그냥 Next를 눌러서 넘어 가고 나중에 스로틀 스틱을 Edit하여 방향만 바꿔주면 된다.

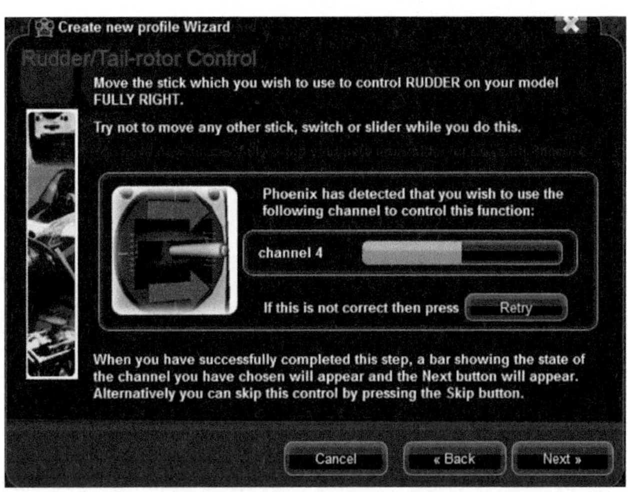

[그림 10.7] 러더 스틱 초기화

[그림 10.8]은 엘리베이터 스틱을 초기화하는 화면이다. 엘리베이터 스틱을 올렸을 때 channel3의 주황색 막대가 오른쪽으로 증가하면서 꽉 채우고, 엘리베이터 스틱을 최하로 내리면 주황색이 점점 줄어서 없어지면 초기화된 것이다. 만약 스틱 올리는 것과 반대로 주황색 막대가 움직이면 스틱의 방향을 바꿔주면 된다. 바꾸는 방법은 화면 중앙에 있는 Retry 버튼을 눌러서 다시 시도 하는 것이고, Retry 해도 잘 되지 않으면 그냥 Next를 눌러서 넘어 가고 나중에 엘리베이터 스틱을 Edit하여 방향만 바꿔주면 된다.

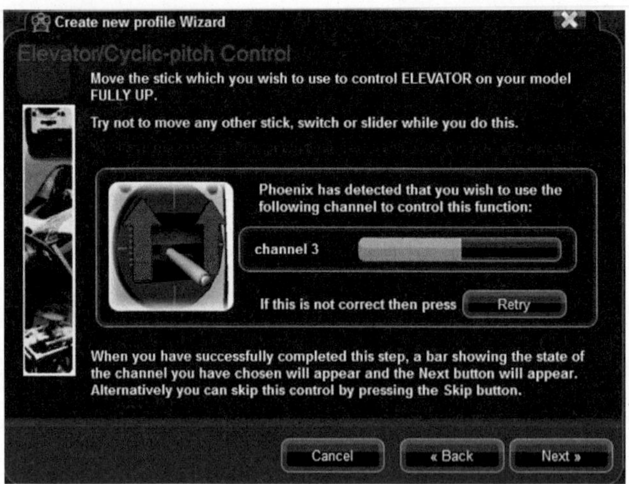

[그림 10.8] 엘리베이터 스틱 초기화

[그림 10.9]는 에일러론 스틱을 초기화하는 화면이다. 에일러론 스틱을 오른쪽으로 밀었을 때 channel1의 주황색 막대가 오른쪽으로 증가하면서 꽉 채우고, 에일러론 스틱을 왼쪽으로 내리면 주황색 막대가 점점 줄어서 없어지면 초기화된 것이다. 만약 스틱을 미는 것과 반대 방향으로 주황색 막대가 움직이면 스틱의 방향을 바꿔주면 된다. 바꾸는 방법은 화면 중앙에 있는 Retry 버튼을 눌러서 다시 시도 하는 것이고, Retry 해도 잘 되지 않으면 그냥 Next를 눌러서 넘어 가고 나중에 에일러론 스틱을 Edit하여 방향만 바꿔주면 된다.

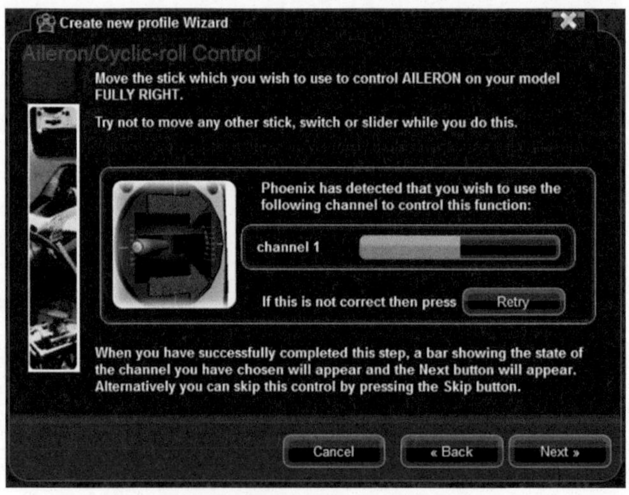

[그림 10.9] 에일러론 스틱 초기화

[그림 10.10]은 모의실험 프로그램의 초기화 작업이 성공했을 때 나오는 화면이므로 Finish 버튼을 누르는 것으로 종료된다.

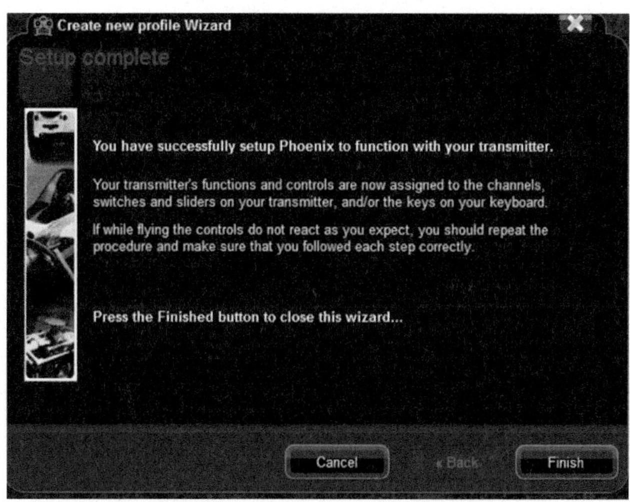

[그림 10.10] 조종기 스틱 초기화 종료 화면

2) 프로그램 조정

[그림 10.11]은 이미 설정된 비행 모의실험 매개변수들을 변경하기 위한 화면으로 전개하는 화면이다.

[그림 10.11] 모의실험기 설정을 변경하는 화면

모의실험 프로그램의 초기 메인 화면의 System 메뉴에서 Your Control을 누르고 Edit profile을 누르면 [그림 10.12] 화면이 나타난다. 이 화면은 조종기 스틱들의 방향이 바뀌었을 때 수정하는 화면이다. 여기서 원하는 스틱의 방향을 바꾸려면 해당 스틱의 invert를 눌러주면 방향이 반대로 바뀐다.

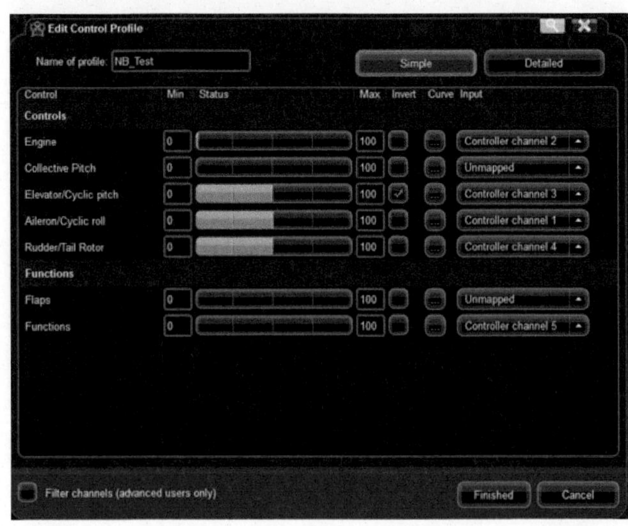

[그림 10.12] 조종기 스틱 Edit 화면

3) Pheonix 사용

Pheonix 프로그램이 설치되었고 조종기 초기화도 설정되었으면 프로그램을 이용하여 비행기를 선정하고 훈련을 할 수 있다. [그림 10.13]은 프로그램의 Model > Change를 눌러서 원하는 비행기를 선정할 수 있다. 이밖에도 Model > Launch를 눌러서 이륙 방법을 변경할 수 있다. 메인 메뉴에서 Flying Site를 누르면 비행장을 변경할 수 있고, Weather를 눌러서 비행하는 대기 환경을 변경할 수 있다. Training 메뉴를 누르면 호버링 이외에 착륙 연습 등 여러 가지 훈련 방식을 선택할 수 있다. Competition 메뉴에서는 여러 가지 방식으로 게임을 즐길 수 있다.

[그림 10.13] 비행기 선정 및 매개변수 변경을 위한 화면

[그림 10.14]는 Model > Change를 이용하여 특정한 드론을 선정한 화면이다. 이 드론을 선정하고 조건을 부여해서 여러 가지 훈련을 시작할 수 있다.

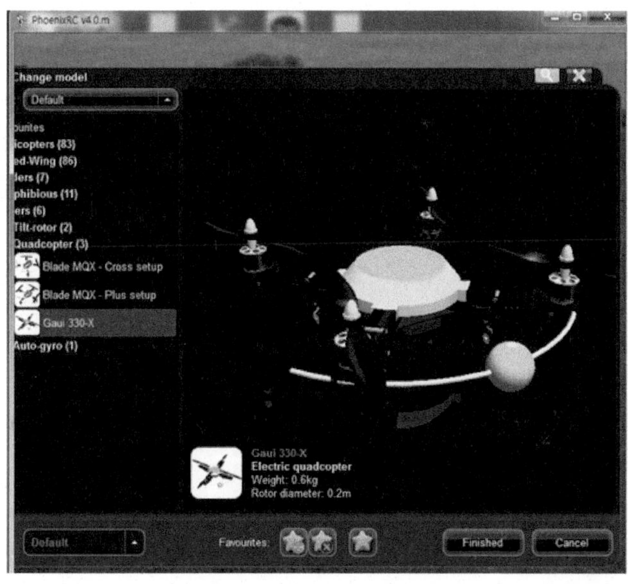

[그림 10.14] 드론 선택과 연습

10.4 호버링

호버링을 하기 전에 기체에 이상이 없는지 확인한다. 기체에 이상이 없으면 호버링하고 비행에 이상이 없는지 확인한다.

10.4.1 호버링 준비

조종기를 조종할 장소에 내려놓고 10미터 앞에 드론을 내려놓고 조종할 장소로 돌아온다.

(1) 조종기 전원 켜기

조종기의 모든 키들을 위로 올리고, 스로틀 스틱을 완전히 내리고, 조종기 전원을 켠다. 조종기가 초기 화면으로 나타나면 사용할 모델이 해당 드론과 일치하는지 확인한다. 드론 type이 ACRO인지 HELI인지 확인한다.

조종기보다 드론의 전원을 먼저 켜면 다른 조종기와 수신기가 바인딩될 수 있으므로 항상 조종기 전원을 켠 다음에 드론 전원을 켠다.

(2) 드론 전원 켜기

드론의 전원을 켜고 수신기가 바인딩되는지 확인하고 바인딩되었으면 비행제어기가 초기화될 때까지 기다린다. 비행제어기의 LED가 초기화되었음을 알리면 비행 준비가 완료된 상태이다. 조종기 스틱을 이용하여 드론을 시동 상태로 변경한다. 여기서 스로틀을 조금 올려서 모터가 회전하는지 확인한다. 드론의 4개 모터가 동일하게 움직이면 호버링할 수 있는 상태가 된 것이다.

10.4.2 호버링

드론이 구동 상태에 이르면 호버링을 한다. 호버링은 드론을 땅 위 약 1.2미터 높이에서 세우는 것이다. 드론을 1.2미터로 올리는 것은 드론의 바람이 땅에 부딛쳐서 올라오는 지면 효과를 방지하기 위한 것이다. 호버링을 하면서 조종기의 스틱들이 정확하게 드론을 정상 상태로 조종할 수 있도록 트림을 조정한다.

(1) 조종기 스틱 반응

스로틀을 약간 올렸을 때 엘리베이터를 앞으로 약간 밀어본다. 이때 드론이 약간 앞으로 나가려고 반응하면 합격이므로 엘리베이터를 중립에 놓는다. 다시 엘리베이터를 뒤로 약간 당겨보아서 약간 뒤로 오려고 반응하면 합격이므로 엘리베이터를 중립에 놓는다. 에일러론을 오른쪽으로 약간 밀어본다. 이때 드론이 약간 오른쪽으로 가려고 반응하면 합격이므로 에일러론을 중립에 놓는다. 다시 에일러론을 왼쪽으로 약간 밀어보아서 약간 왼쪽으로 오려고 하면 합격이므로 에일러론을 중립에 놓는다. 러더를 오른쪽으로 약간 밀어본다. 이때 드론이 약간 오른쪽으로 돌아가려고 반응하면 합격이므로 러더를 중립에 놓는다. 다시 러더를 왼쪽으로 약간 밀어보아서 약간 왼쪽으로 돌아가려고 하면 합격이므로 러더를 중립에 놓는다.

이상과 같이 스로틀을 약간 올린 상태에서 엘리베이터, 에일러론, 러더를 약간 밀고 당겨보면서 스틱에 대한 드론 반응이 얼마나 예민하고 정확한지를 검사한다. 이 검사에 합격하면 드론을 1.2미터 이상 공중에 띄워서 트림을 조정한다.

(2) 트림 조정

드론이 약 1.2미터 정도 부양하도록 스로틀을 올리고 정지 비행을 한다. 드론이 정지 비행을 하면서도 어느 방향으로 기울려고 하는지를 파악하여 엘리베이터, 에일러론, 러더 스틱에 대한 트림을 조정한다. 앞으로 가려고 하면 엘리베이터 트림을 약간씩 뒤로 조정하고 뒤로 오려고 하면 약간씩 앞으로 조정한다. 이 작업을 각 스틱마다 조정하면 드론이 공중에 정지한 것처럼 보일 것이다.

조종기 앞면에는 두 개 스틱의 옆과 아래에 트림이 위치한다. 드론이 스틱을 조정하지 않아도 정지 비행할 수 있을 정도로 스틱과 모터를 일치화 시키는 작업이 트림 조정이다.

(3) 정지 비행 Hovering

드론을 약 1.2미터 공중에 올려놓고 정지 상태로 유지하는 것이 정지 비행이다. 정지 비행은 후면 정지 비행, 측면 정지 비행, 정면 정지 비행, 배면 정지 비행 등으로 구분된다. 드론을 비행하려면 배면 정지 비행은 못하더라도 최소한 정면 호버링은 해야 한다.

■ 후면 호버링

드론의 앞부분이 조종사의 앞 방향으로 위치하면서 호버링 하는 것은 조종사가 드론의 후면을 보면서 호버링 하는 것이므로 후면 호버링이라고 한다. 드론은 공중에서 자꾸 앞이나 뒤로 또는 왼쪽이나 오른쪽으로 움직이려고 하거나 위로 또는 아래로 내려오려고 한다. 드론을 공중에 계속 정지 비행할 수 있다면 후면 호버링에 성공한 것이다.

후면 호버링을 잘하면 측면 호버링을 시도한다.

■ 측면 호버링

드론이 후면 호버링 하는 상태에서 드론의 앞부분을 왼쪽 또는 오른쪽으로 90° 돌려놓은 것을 측면 호버링이라고 한다. 처음부터 90° 측면 호버링이 어려우면 45° 측면 호버링을 하다가 잘되면 90°로 바꾸면 더 쉽게 할 수 있다. 후면 호버링이 잘 될 때 왼쪽 측면 호버링과 오른쪽 측면 호버링을 시도한다. 조종사는 왼쪽 호버링과 오른쪽 측면 호버링을 모두 잘해야 이동 비행이 가능하다.

측면 호버링이 잘 되면 정면 호버링을 시도한다.

■ 정면 호버링

정면 호버링은 후면 호버링 상태에서 앞부분을 180° 돌려놓는 것이다. 즉, 조종사가 드론의 정면을 보면서 정지비행을 하는 것이다. 드론이 왼쪽으로 움직이려고 하면 조종기의 에일러론 스틱을 오른쪽으로 밀고, 드론이 조종사 앞으로 오려고 하면 엘리베이터 스틱을 당겨서 드론이 뒤로 가도록 해야 한다. 이와 같이 정면 호버링을 하려면 왼쪽과 오른쪽이 조종사의 방향과 반대 방향이 되기 때문에 조금이라도 실수하면 추락하기 쉽다. 논리적으로는 왼쪽과 오른쪽이 바뀐 것을 알지만 비행을 하려면 손가락이 감각적으로 즉시 스틱을 반대로 움직여야 하기 때문에 많은 연습이 필요하다. 드론을 비행한다고 말하려면 최소한 정면 호버링을 할 수 있어야 한다.

정면 호버링이 잘되면 배면 호버링을 시도한다.

■ 배면 호버링

정면 호버링 상태에서 드론을 왼쪽으로 또는 오른쪽으로 180° 회전시키면 드론의 아래가 위로 바뀌는 배면 호버링이 된다. 배면 호버링을 하려면 위와 아래가 반대로 바뀐 것을 감안하여 스틱을 움직여야 한다. 그러나 왼쪽 방향과 오른쪽 방향은 다시 180° 바뀌었으므로 후면 호버링할 때와 같은 방향이 된다. 동호인들 사이에서는 배면 호버링이나 배면 비행을 하는 조종사들을 고수라고 칭한다.

10.5 시험 비행

정지 비행을 성공적으로 수행할 수 있으면 이동 비행을 시작한다. 정지 비행은 후면 호버링으로 시작해서 측면 호버링을 거쳐서 정면 호버링을 한다. 배면 호버링은 너무 어려우므로 이동 비행부터 시작한다. 시험 비행을 하려면 정부에서 허가한 지역에서 해야 한다. 휴대폰이나 컴퓨터에서 '비행금지 구역'을 찾아보면 어느 곳에서 비행을 하면 안 되는지 알 수 있다. 비행 허가 지역이라 하더라도 비행을 하려면 한국모형항공협회(KAMA, Korea Aero Model Association : http : //www.k-ama.org/)에 가입하고 보험에 들어야 한다.

10.5.1 직선 비행

(1) 전진 후면/정면 비행

후면 호버링 상태에서 앞으로 전진 했다가 기체를 돌리지 않고 [그림 10.15](a)처럼 후면으로 되돌아오는 비행이다. 후면 호버링 상태에서 이동하는 비행이다. 전진 후면

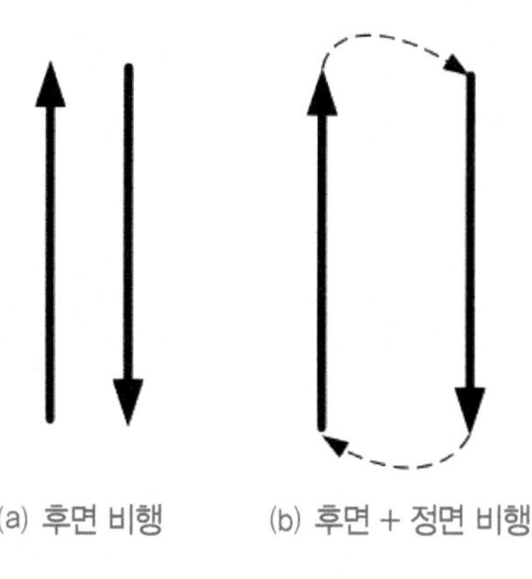

(a) 후면 비행 (b) 후면 + 정면 비행

[그림 10.15] 직진 비행

비행이 잘 되면 후면 호버링 상태에서 전진했다가 기체를 180° 돌려서 [그림 10.15](b)처럼 정면 호버링으로 되돌아오는 비행이다.

(3) 측면 비행

측면 비행은 [그림 10.16]처럼 측면 호버링 상태에서 전진했다가 그 상태로 뒤로 오는 비행이다. 측면 호버링으로 이동 비행이 잘되면 측면으로 전진했다가 180° 회전하여 되돌아오는 비행이다. 좌측면 비행이 잘되면 우측면 비행을 시도한다.

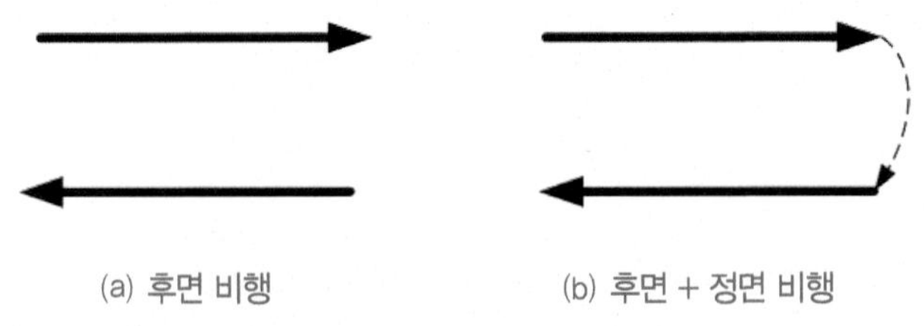

(a) 후면 비행 (b) 후면 + 정면 비행

[그림 10.16] 측면 비행

(4) 3각 비행

후면 호버링으로 정지 비행을 하다가 [그림 10.17](a)처럼 삼각형을 그리면서 되돌아오는 비행이다.

(4) 4각 비행

후면 호버링으로 정지 비행을 하다가 [그림 10.17](b)처럼 4각형을 그리면서 되돌아오는 비행이다.

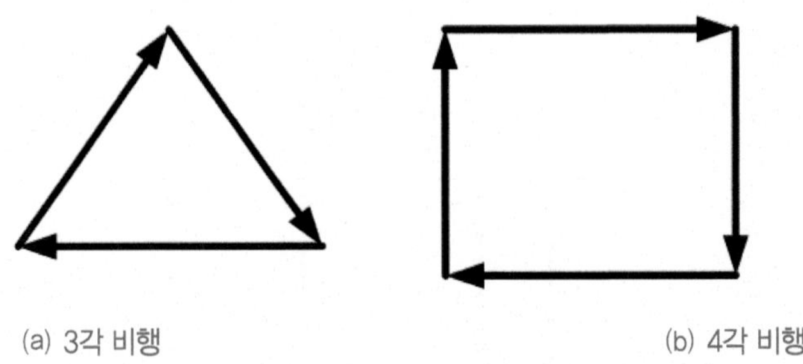

(a) 3각 비행 (b) 4각 비행

[그림 10.17] 직선 귀환 비행

10.5.2 곡선 비행

(1) 호버링 서클

후면 호버링으로 정지 비행을 하다가 [그림 10.18]처럼 조종사가 자신의 주위에 타원형을 그리면서 곡선으로 비행한다.

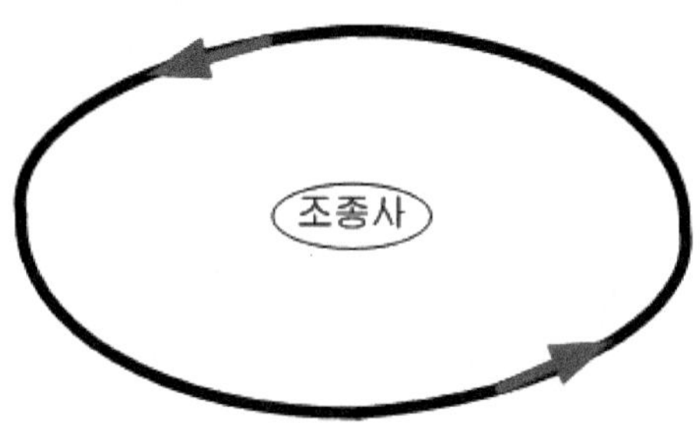

[그림 10.18] 호버링 서클

(2) 8자 비행

후면 호버링 상태에서 정지 비행을 하다가 [그림 10.19]처럼 공중에서 8자를 그리면서 되돌아오는 비행이다.

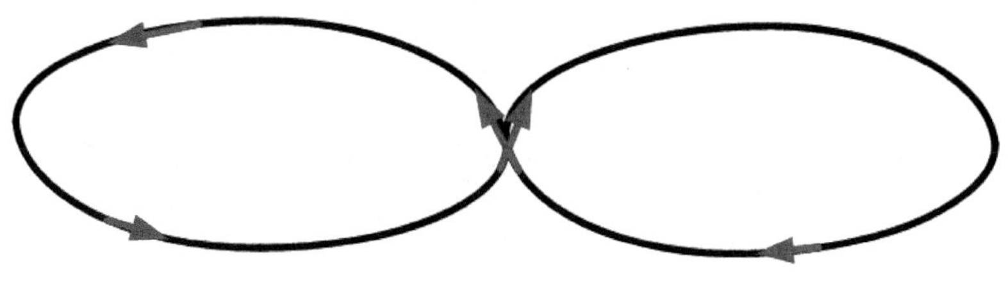

[그림 10.19] 8자 비행

(3) Stall Turn 비행

스톨턴 비행은 [그림 10.20]과 같이 후면 호버링에서 앞으로 직진하다가 90° 수직으로 상공으로 올라갔다가 상공에서 한 바퀴 반을 돌아서 수직으로 내려오다가 다시 수평으로 비행한다.

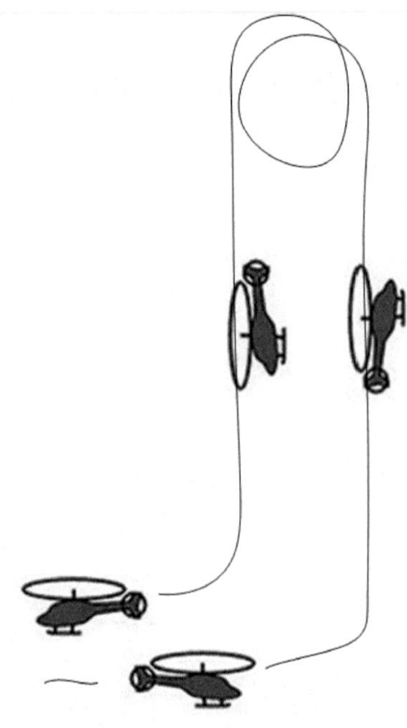

[그림 10.20] 스톨턴 비행

(4) 루프 비행

루프 비행은 후면 호버링 하다가 [그림 10.21]과 같이 공중에서 원을 그리며 제 자리로 돌아오는 비행이다. 정지 상태에서 90°로 상승하다가 원의 정상에서 잠시 배면 상태를 거쳐서 수진으로 내려오다가 다시 제 자리로 돌아오는 비행이다.

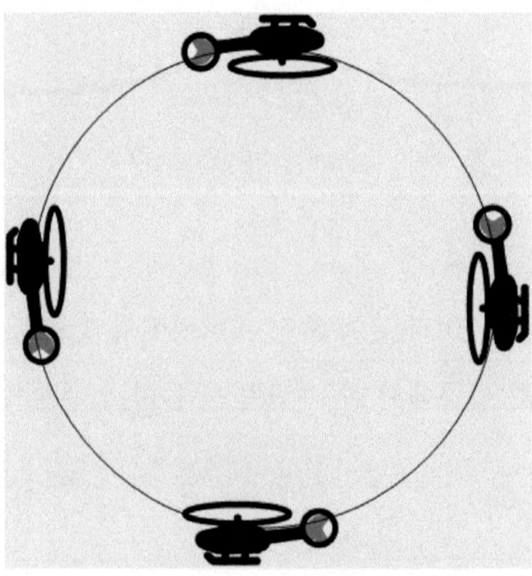

[그림 10.21] 루프 비행

(5) 배면 비행

배면 비행은 [그림 10.22]와 같이 비행하다가 기체를 180° 뒤집어서 비행하는 것이다. 비행기의 위아래가 바뀐 상태로 비행하는 것이다. 엘리베이터와 러더가 반대 방향으로 바뀌는 비행이다.

헬리콥터를 정면 호버링할 수 있으면 헬리콥터를 날리는 조종사라고 할 수 있고, 배면 비행을 할 수 있으면 고수라고 할 수 있다.

[그림 10.22] 배면 비행

요약

- 모의실험(simulation)은 현실과 유사한 상황에서 가상적으로 수행하는 실험이다.
- 시험 비행(test flight)이란 항공기가 규정된 상태를 유지하는지 여부를 확인하는 검사이다.
- 모의실험기(simulator)는 현실과 유사한 상황에서 가상적으로 실험을 수행하는 도구이다.
- 비행 모의실험기의 종류는 FMS, Reflex, Real Flight, Pheonix 등이 있다.
- 호버링은 드론을 사람의 키 높이에서 정지 비행하는 것이다.
- 호버링 훈련 절차는 후면 호버링, 측면 호버링, 정면 호버링, 배면 호버링으로 진행한다.
- 이동 비행 훈련 절차는 직진 비행, 삼각 비행, 4각 비행, 호버링 서클 비행, 8자 비행, 스톨턴, 루프, 배면 비행으로 진행한다.
- 배면 비행은 비행기의 위가 아래를 향하고 비행하는 것이다.
- 드론을 제작하면 시험 비행을 해야 하므로 드론 조종을 잘해야 한다. 드론 조종을 잘 하려면 비행 모의실험기로 자주 훈련해야 한다.

연습문제

1. 다음 용어들을 정의하시오.
   (1) 모의실험
   (2) 시험 비행
   (3) 모의 비행
   (4) 호버링
   (5) 8자 비행

2. 모의실험의 목적이 무엇인지 실례를 들어 설명하시오.

3. 비행 모의실험기(simulator)를 사용하는 목적을 설명하시오.

4. 비행하기 전에 드론의 비행 상태를 점검하는 방법들을 설명하시오.
   Multiwii와 Pixhawk의 경우를 나누어 설명하시오.

5. 프로펠러를 장착하기 전에 검사할 사항들을 설명하시오.

6. 프로펠러를 장착한 후에 검사할 사항들을 설명하시오.

7. 비행장으로 가기 전에 드론을 검사할 사항들을 설명하시오.

8. 비행장으로 가기 전에 준비할 사항들을 설명하시오.

9. 비행장에서 드론을 이륙하기 전에 검사할 사항들을 설명하시오.

10. 드론으로 호버링하는 훈련 절차를 설명하시오.

11. 후면 호버링과 정면 호버링의 차이는 무엇인가?

12. 시험 비행의 목적을 설명하시오.

13. 자작한 드론으로 호버링을 수행하시오.

CHAPTER 11

GPS와 촬영

사람들은 아주 오래 전부터 원하는 위치를 찾기 위하여 지도를 개발하였고, 원하는 위치를 찾아가기 위해서 항법을 개발했다. 정확한 지도와 항법장치가 있으면 아무리 먼 곳이라도 거리와 시간을 예상하고 여행할 수 있다. 항법장치는 나침판으로 시작하여 이제는 인공위성을 이용하는 GPS 위성 항법으로 발전하였다.

드론이 처음 개발된 곳은 군대이며 가장 많이 사용되는 용도는 정찰이었다. 드론이 정찰을 하기 위해서는 원하는 위치를 찾아가는 항법장치가 필요하고, 목적지에서 정찰을 하기 위해서는 카메라로 촬영을 해야 한다. GPS와 촬영은 전혀 다른 분야에서 다른 목적으로 개발되었지만 드론에서 이종 교배에 성공한 융합 사례이다.

11.1 개요

항법(navigation)이란 비행기, 선박, 차량 등을 한 지점에서 다른 지점으로 이동하도록 유도하는 방법이다. 촬영이란 카메라를 이용하여 영상을 기록하는 장치이다. 드론은 항법장치를 이용하여 목적지까지 비행하고 카메라를 이용하여 원하는 영상을 촬영한다.

11.1.1 항법

과거에는 지형지물이나 하늘을 보고 길을 찾았으나 이제는 과학적인 도구를 이용하여 원하는 방향과 위치를 찾아갈 수 있다. 항법은 한 지점에서 다른 지점까지 이동하는 길을 안내하는 방법이다.

1) 항법의 종류

위치와 방향을 찾는 항법은 천문 항법으로 시작하였으며 전자공학의 발전으로 전파 항법을 이용하게 되었다. 외부의 도움 없이 길을 찾을 수 있는 관성 항법을 도입하였고 마지막으로 위성 항법이 도입되어 광범위하게 사용되고 있다.

(1) 천문항법 astronomical navigation

천문항법은 태양, 달, 별과 같이 천체를 관측하여 방향과 위치를 찾는 항법이다. 수

렵시대에 사람들은 하늘의 별과 지형지물을 보고 방향을 찾았고 야생 짐승들은 지금도 자연을 보고 여행을 한다.

(2) 관성항법 Inertial navigation

관성항법은 자이로, 가속도계 등을 이용하여 물체가 움직인 각도와 거리를 측정하여 목표를 찾아가는 방법이다. 항공기들은 위성항법이 발전하기 전까지 전파 항법과 관성항법을 이용하여 비행을 하였다. 전파 항법은 많은 지역에 전파 시설을 만들어야 하는 부담이 있고 관성항법은 오류가 누적된다는 문제점이 있다. 수 천 km를 비행했을 때 관성항법으로 생기는 오차는 약 10km라고 한다.

〈표 11.1〉 항법의 종류

구 분	내 용	수 단
천문항법	해, 달, 별, 산, 강 등을 관측	육분의, 크로노미터
관성항법	관성을 이용한 거리, 방향 측정	자이로, 가속도계
전파항법	무선국의 전파 이용	지상의 무선 시설
위성항법	인공위성의 전파 이용	위성과 중계국

(3) 전파항법 radio navigation

전파항법은 이미 알려진 위치로부터 전파를 수신하고 방향과 거리를 계산하여 목표를 찾아가는 방법이다. 원거리를 항해하는 선박들을 위하여 등대처럼 중요한 지점에 전파 기지국들을 설치하고 항해를 도왔다. 전파항법은 전파가 방해나 장애를 받는다는 문제점이 있다.

(4) 위성항법 satellite navigation

위성 항법은 위성이 보내는 신호를 수신하여 지구 좌표를 계산하여 위치와 방향을 찾아가는 항법이다. 위성은 고정된 지구궤도에서 보내는 위치와 시간을 포함한 신호를 발신하고 지상에서는 기지국과 위성전파 수신기들이 전파를 수신하여 자신의 위치와 방향을 찾는다. 3개 이상의 위성들이 보내는 신호를 수신하면 3차원의 위치를 계산할 수 있다. 하늘에 위성들이 충분히 떠 있으므로 지구상의 모든 이동체들이 위성항법을 이용할 수 있다. 우리나라에서 사용하는 차량의 내비게이션도 GPS라는 위성항법을 이용한다.

〈표 11.1〉과 같이 사람들은 천문항법으로 시작해서 관성항법, 전파항법, 위성항법 등을 개발해왔다. 자동차에서 사용하는 내비게이션도 GPS라는 위성항법을 이용하고 있다. 그러나 지금도 대양을 항해하는 외항선들은 네 가지 항법들을 모두 사용하고 있다. 만약 사고를 당하여 선박의 동력이 끊어지면 믿을 수 있는 것은 천문항법밖에 없기 때문이다. 그러나 날씨가 흐리면 천문항법은 쓸모가 없다.

2) 위성항법 GNSS

GNSS는 언제, 어디서나 정확한 위치와 방향과 시간 정보를 제공하는 시스템이다. 국제사회에서 위성항법의 공식 명칭은 GNSS(Global Navigation Satellite System)이다. 위성항법은 언제 어디서나 정밀한 위치와 방향과 시간 정보를 제공한다. GPS는 미국이 구축한 GNSS이다.

GNSS의 기능은 다음과 같다.

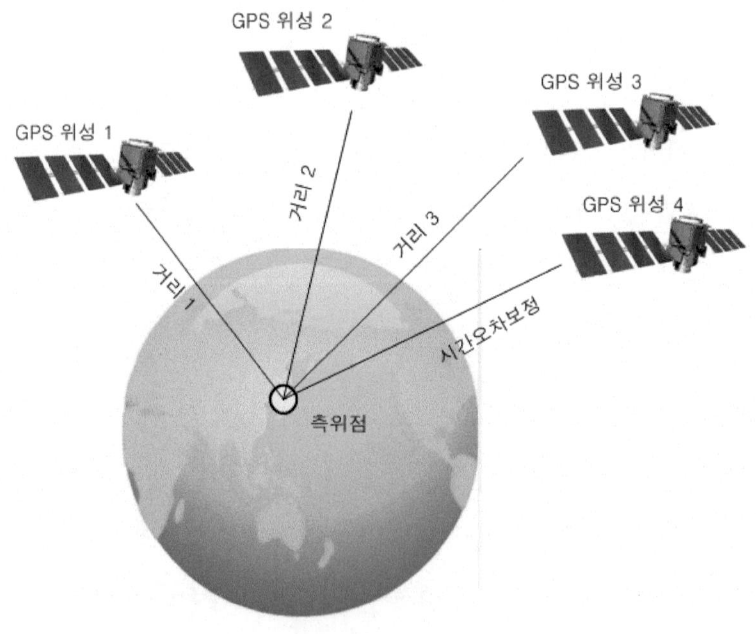

[그림 11.1] 위성과 측위

- GNSS는 위성, 지상 제어국, 사용자 수신기 등으로 구성되어 있다.
- 고도 20,200km에 위치하여 시간과 위치 등의 정보를 송신한다.
- 위성의 위치, 위성 시계, 전리층 모델, 위성궤도의 변수, 위성 상태 등으로 현재 위치를 계산한다.
- 위성 신호가 수신기에 도달하는 시간을 측정하여 위성과 수신기의 거리를 계산하고 사용자 위치를 계산한다.

위성항법의 원리는 [그림 11.1]과 같이 3개의 위성이 보내주는 신호를 이용하여 3차원의 공간 좌표를 계산하고 4번째 위성이 보내주는 신호를 이용하여 시간을 정확하게 보정함으로써 정확한 위치를 계산한다.

11.1.2 GPS

GPS는 대표적인 GNSS의 하나로 미국이 1970년대부터 개발한 위성항법 시스템이다. 미국은 폭격이나 포격 등의 군사적인 목적을 위하여 지리좌표 계산기를 만들기 시작하였으며 대형 민간항공기 사고[1] 이후에 민간용으로 널리 보급되었다. GPS 위성은 고도 26,500km 상공에 6개의 원형 궤도에 위치하며 각 궤도에 4개씩 배치되어 전 세계를 포함한다. 12시간 주기로 지구를 회전하며 측위 정밀도는 10m 내외이다. 1978년부터 군사용으로 운영되고 있다.

11.1.3 카메라 촬영

드론이 가장 많이 사용되는 분야는 군사용으로 정찰 목적으로 개발이 시작되었다. 정찰의 대표적인 방법은 목적지에 가서 사진 촬영을 하는 작업이다. 따라서 드론을 만들면 이어서 잘 촬영할 수 있는 카메라를 싣고 촬영한 영상을 지상으로 전달하는 작업이 중요하다. 과거에는 정찰한 결과로 얻은 영상 필름 테이프를 지상으로 가져오는 것

---

1 대한항공기 추락사건 : 1983년에 알라스카를 출발하여 한국으로 가던 대한항공 007기가 소련 전투기에 의하여 추락하여 승객과 승무원 269명 전원이 사망한 사건. 이 사건 이후에 미군이 사용하던 GPS를 민간에서 사용하도록 허용하였다.

이지만 지금은 목적지의 상황을 촬영하고 영상을 실시간으로 지상국으로 보내는 방법을 주로 이용한다.

카메라로 촬영하려면 정확한 초점을 맞추기 위해서 카메라가 흔들리지 않아야 한다. 드론은 비행하면서 모터의 진동과 바람에 의하여 흔들리기 때문에 카메라 촬영에 어려움이 많다. 짐벌(gimbal)은 카메라의 진동을 막아주고 카메라가 촬영하고 싶은 방향으로 앵글을 돌려주는 장치이다. 카메라에는 가시광선뿐만 아니라 적외선. 초음파 등 다양한 전자파를 이용하여 촬영하는 방법이 있다.

11.2 Multiwii GPS

Multiwii는 아두이노 보드(ATmel 프로세서, 8bit 16MHz)에서 실행되는 비행제어 시스템(FCS)이므로 비행기에 탑재되어 비행기를 제어한다. Multiwii에서 GPS를 이용하여 영상을 촬영하기 위해서는 드론이 보내주는 영상 신호를 받아서 보여줄 수 있는 지상제어 시스템(GCS)이 필요하다. Multiwii는 경유지(waypoint) 비행을 수행할 수 있다. 이를 위해서 GPS 신호를 수신하는 것과 함께 드론과 지상의 노트북을 무선(텔레메트리)으로 연결해야 한다.

11.2.1 Multiwii의 GPS 비행 절차

Multiwii 비행제어 프로그램을 이용하여 GPS 비행을 하기 위한 절차는 [그림 11.2]와 같다.

GPS비행 절차를 정리하면 다음과 같다.

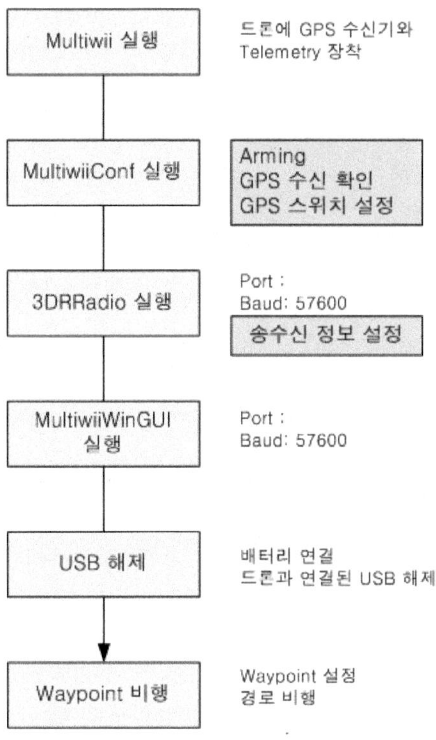

[그림 11.2] Multiwii의 GPS 비행 절차

(1) Multiwii와 MultiwiiConf 기동

드론에 GPS수신기와 텔레메트리 송신기를 부착하고 노트북에는 텔레메트리 수신기를 부착한다. Multiwii 프로그램이 실행되는 상태에서 MultiwiiConf를 실행한다. MultiwiiConf는 드론의 비행 상태를 노트북 모니터에 문자와 그래픽으로 표시하고 갱신하는 도구이다.

(2) 모터 Arming과 GPS 신호 수신

MultiwiiConf에서 모터를 arming 상태로 전환하고, GPS신호가 수신될 때까지 기다린다. 즉 조종기를 켜서 모터를 기동시킨다. GPS신호가 오기 시작하면 오른쪽 중간의 방위를 가리키는 흰색 원이 깜박거리고, 신호가 충분히 잡히면 GPS_fix 문자에 초록색 불이 들어온다. 이어서 GPS정보들이 문자로 나타난다. 위성의 수가 10개가 될 때가지 기다린다. 위성이 잘 잡히지 않으면 신호가 잘 잡히는 공간으로 이동하고 시간적 여유를 가지고 기다린다.

GPS를 이용하여 비행하기 위해서는 GPS HOLD, GPS HOME, MISSION 등에 스위치를 설정한다.

(3) 3DRRadio 프로그램

Telemetry 통신을 개통하기 위하여 텔레메트리를 초기화하는 3DRRadio 프로그램을 기동한다. 3DRRadio는 텔레메트리 송신기와 수신기의 통신을 개설하기 위하여 양쪽 통신 규약을 일치시키는 작업을 수행한다.

(4) MultiwiiWinGUI 실행

MultiwiiWinGUI 프로그램을 기동하고, Port 번호를 새로 설정하고 통신 속도를 57600으로 설정하고 연결하면 지도 위에 드론의 위치가 나타난다.

(5) 노트북 USB 해제

드론을 비행하기 위하여 노트북과 드론을 연결한 USB를 해제한다.

(6) MultiwiiWinGUI waypoint 비행

MultiwiiWinGUI 화면에서 Waypoint 지점을 설정한다. MultiwiiConf에서 미리 설정했던 스위치들을 이용하여 GPS 비행을 수행한다.

11.2.2 Multiwii와 MultiwiiConf 기동

MultiwiiConf는 Arduino 보드의 비행제어기에서 Multiwii 프로그램이 동작하면 노트북에 있는 화면으로 드론의 비행 상태를 그림으로 보여주는 프로그램이다. Arduino 보드에 Multiwii 프로그램을 업로드하려면 USB로 연결된 포트 번호를 알 수 있다. Multiwii가 기동된 상태에서 MultiwiiConf를 실행하면 [그림 11.3]과 비슷한 비어 있는 화면이 나타난다. 노트북과 연결된 포트번호를 두 번 클릭하면 포트번호 버튼의 색이 푸른색에서 초록색으로 바뀐다. 이때 'start' 버튼을 누르면 빈 화면에 정보들이 채워지며 드론 그림도 나타난다. 아직 모터가 기동(arming)되지 않았고 GPS도 가동되지 않았다. 화면의 오른쪽 상단에 있는 수평계가 정면으로 정확하게 보이지 않을 수 있다. 이때 CALIB_ACC 버튼을 누르고 가만히 10초를 기다린 후에 WRITE 버튼을 누르면 수평계가 정확하게 자리를 잡고 아래의 드론 모양도 제 자리를 잡는다.

[그림 11.3] 모터가 기동된 상태에서 GPS신호가 잡히지 않은 상태

가속도계와 지자기계를 초기화하고 조종기를 연결하고 모터를 기동하면 [그림 11.4]와 같이 모터 기동 표시인 ARM이 갈색에서 초록색으로 바뀐다. 여기서 스로틀을 올리면 THROT의 숫자가 올라가고, 그 아래에 있는 4개의 모터 속도들이 증가하는 것을 볼 수 있다.

GPS 신호가 수신되기 시작하면 그림 오른쪽 중간에 있는 동그랗게 생긴 흰색의 테가 껌벅거리기 시작한다. GPS 신호가 더 잘 잡히기 시작하면 GPS 수신기에서 초록색 불빛이 깜박거리기 시작한다. GPS 신호가 확실하게 많이 잡히면 [그림 11.4]와 같이 화면 오른쪽 중간에 gps_fix 글씨 상자가 고동색에서 초록색으로 바뀌고 그 아래쪽 상자에 관측된 GPS 정보들이 나타난다. GPS 상자에는 alt, lat, long, speed, sat, dist home 등의 표지 옆에 숫자로 GPS 정보가 나타나기 시작한다. 여기서는 alt가 94m이고, 위도는 37.4959216도이고 경도는 127.1039283이고, 속도는 5km이고, 위성의 수는 5개이며, 홈에서의 거리는 12km이다.

[그림 11.4] GPS신호가 잘 잡힌 상태

11.2.3 3DRRadio와 MultiwiiWinGUI 기동

MultiwiiWinGUI를 기동하기 위하여 3DRRadio 프로그램을 실행하여 통신 규약을 일치시킨다.

(1) 3DRRadio 초기화

모터가 기동되고 GPS 신호가 잘 잡히면 Telemetry를 연결할 차례이다. Telemetry가 연결되어야 드론에 있는 GPS 신호를 받아서 지상에서 활용할 수가 있다. 3DRRadio 프로그램을 실행하면 [그림 11.5](a)와 같은 빈 화면이 나타난다. 노트북에 지상용 Telemetry를 연결하면 새로운 포트 번호가 부여된다. Port(포트번호) 입력 칸에 새로운 포트번호와 Baud(통신 속도) 입력 칸에 57600을 넣고 가운데 상단에 있는 'Load Settings' 버튼을 누르면 화면의 왼쪽 반이 천천히 문자들로 채워진다. 왼쪽의 빈 칸들이 모두 채워진 것을 확인하면 가운데 하단에 있는 'Copy Required Items to Remote' 버튼을 누르고 오른쪽 반에도 문자들이 채워지는 것을 확인한다. 이것은 지상과 드론의 통신 정보가 일치하게 되었음을 의미한다. 가운데 상단에 있는 'Save' 버튼을 눌러서 통신 정보를 비행제어 보드에 저장한다. 이것으로서 Telemetry를 이용할 수 있는 준비가 끝났다.

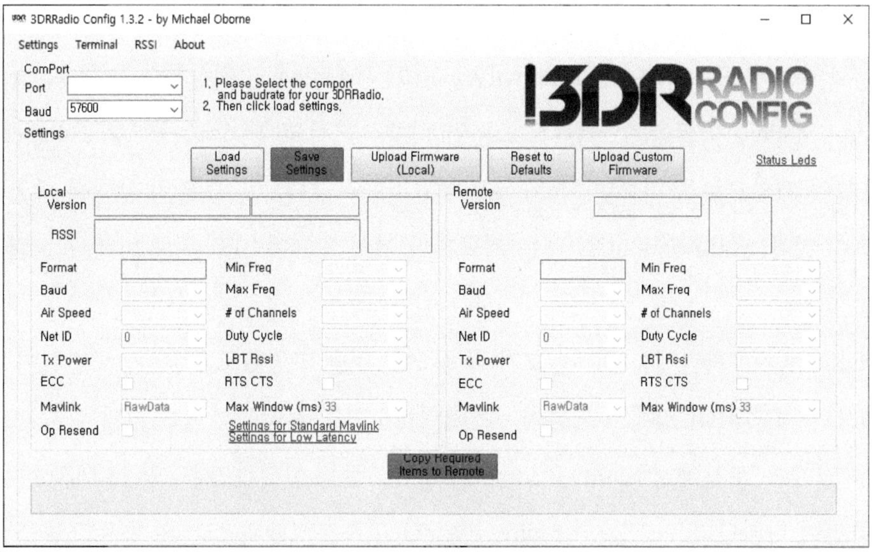

(a) 3DRRadio의 초기 화면

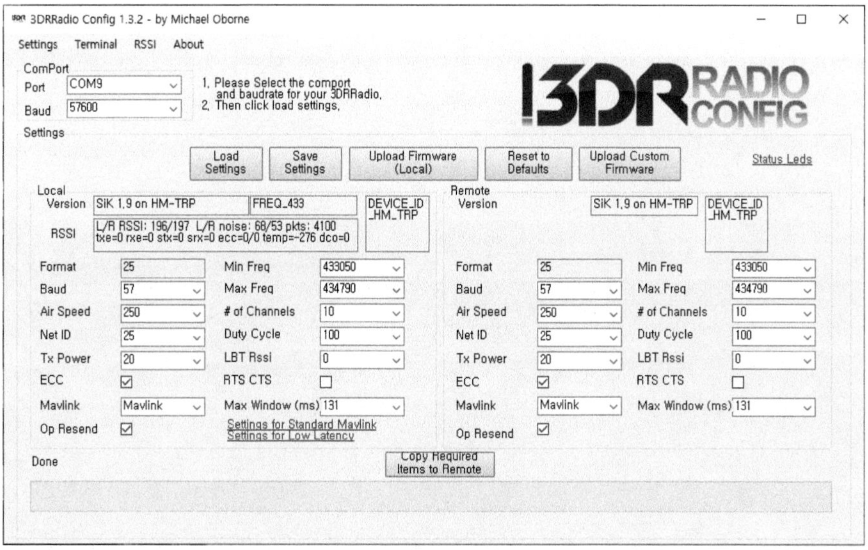

(b) 3DRRadio의 완료된 화면

[그림 11.5] 3DRRadio의 Telemetry 연결 화면

(2) MultiwiiWinGUI

MultiwiiConf는 드론의 Multiwii 비행제어기가 노트북과 유선(USB)으로 연결되었을 때 드론의 비행 상태를 나타낸다. 드론이 공중으로 날아오르면 드론과 노트북의 유선 연결이 끊어지므로 무선으로 연결하고 드론 상태를 노트북에 나타내야 한다.

MultiwiiWinGUI는 무선(텔레메트리)으로 드론의 비행 상태를 지상에 있는 노트북 모니터로 보여주는 프로그램이다. MultiwiiWinGUI는 Multiwii의 지상제어국(GCS, Ground Control Station) 역할을 수행한다. 드론이 비행하면서 비행 상태 정보를 Telemetry를 이용하여 지상으로 보내주면 MultiwiiWinGUI 프로그램으로 드론의 상태를 확인하고 읽을 수 있다. MultiwiiWinGUI에는 지도가 있어서 드론이 지도 위로 비행하는 위치를 보여준다.

MultiwiiConf 화면에서 GPS신호가 잘 잡히는 것을 확인했고 Telemetry 연결이 확인되었으면 지상국(GCS)에서 드론이 수신한 GPS 신호를 이용하여 드론의 위치를 확인할 수 있다. 노트북에서 MultiwiiWinGUI 프로그램을 실행하면 [그림 11.6]과 같은 초기 화면이 나타난다. 노트북의 MultiwiiWinGUI 프로그램과 드론의 프로그램을 연결하기 위해서는 상단 왼쪽의 포트번호를 Telemetry 포트번호로 입력하고 통신 속도는 57600으로 바꾸고 'connect' 버튼을 누른다. 통신이 개설되면 [그림 11.7]과 같이 MultiwiiWinGUI의 Mission 탭의 화면에 드론이 위치한 곳의 지도가 나타나고 드론의 위치를 표기해준다.

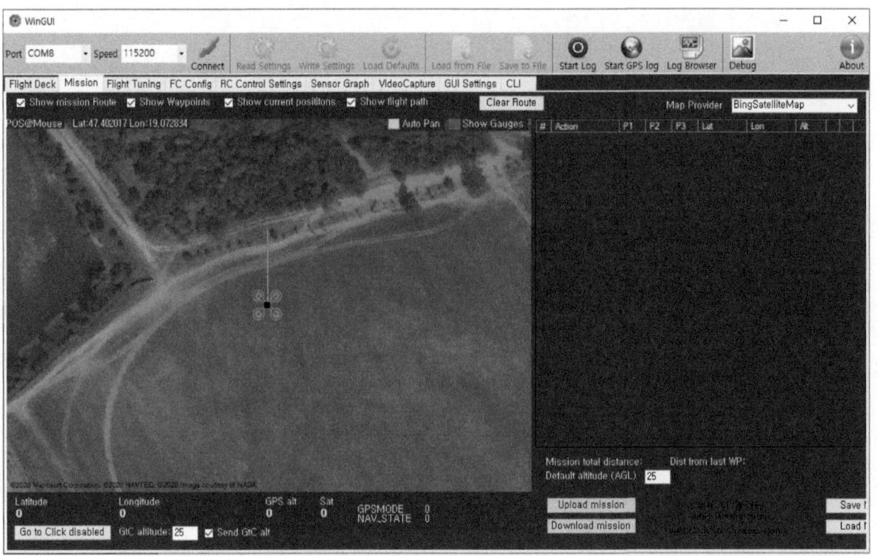

[그림 11.6] MultiwiiWinGUI 초기 화면

[그림 11.7] MultiwiiWinGUI Mission 탭 화면

Flight Deck 탭을 누르면 [그림 11.8]의 화면이 나타난다. 이 화면은 MultiwiiConf 화면과 매우 유사하다. 화면의 맨 왼쪽에 수평계가 보이고 수평계 아래에 인공위성 정보가 나타나고 오른쪽에는 조종기에서 보내는 수신기의 입력 정보들이 1000에서 2000 사이의 수치를 그림으로 나타낸다.

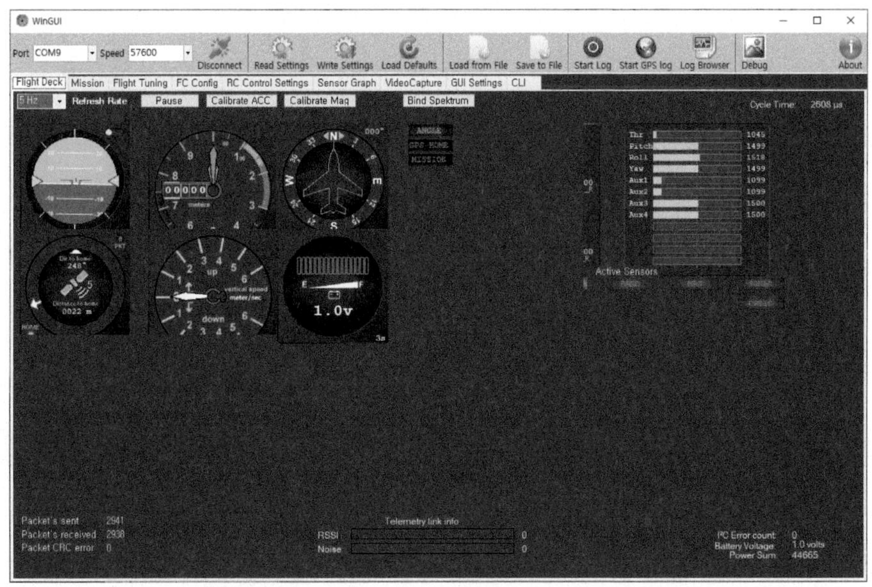

[그림 11.8] MultiwiiWinGUI Flight Deck 탭 화면

[그림 11.9]는 드론의 PID 정보를 Roll, Pitch, Yaw, 고도 등으로 나타낸다. 이 PID 자료들은 MultiwiiConf에서 보여주는 것과 동일하다. 다만 공중에서 비행 중인 드론의 PID값들을 확인할 수 있는 것이다.

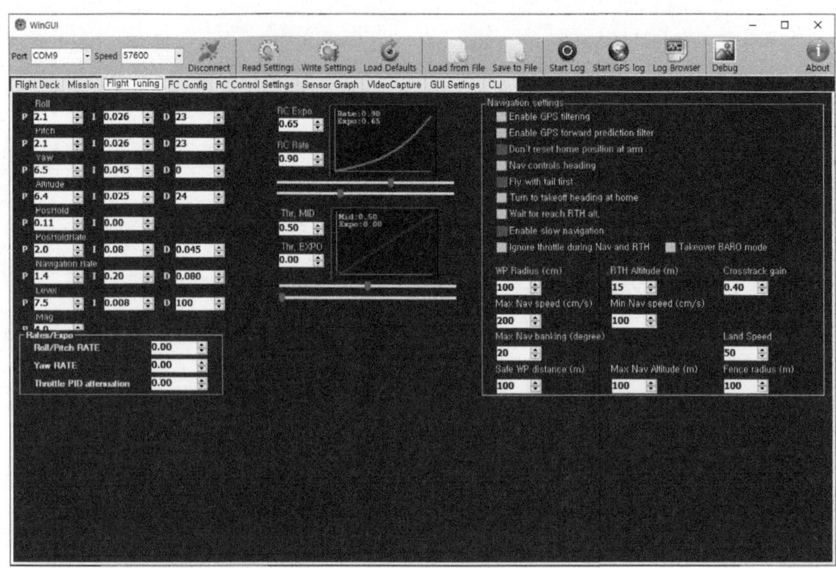

[그림 11.9] MultiwiiWinGUI Flight Tuning탭 화면

(3) 노트북 USB 해제

텔레메트리가 가동되면 드론과 노트북이 무선으로 연결된다. 드론의 비행 정보를 지상에서 MultiwiiWinGUI 프로그램을 통해서 관측할 수 있고 비행 정보를 수정하여 새로운 비행을 시작할 수 있다. 따라서 MultiwiiConf를 보기 위하여 연결한 USB를 연결할 필요가 없어진다. 드론을 비행시키기 위해서도 USB를 풀어주어야 한다.

(4) MultiwiiWinGUI waypoint 비행

MultiwiiWinGUI 프로그램의 특징은 지도 위에 목적지와 경유지들을 설정하고 드론이 자동으로 이들 지점을 경유하여 비행할 수 있는 것이다. [그림 11.10] 화면의 지도 위의 한 지점에 마우스를 올려놓고 오른쪽 마우스를 누르면 waypoint를 추가할 수 있다. Waypoint를 계속 추가한 다음에 RTH를 추가하면 처음 출발했던 지점으로 돌아올 수 있다. MultiwiiConf에서 미리 설정했던 스위치들을 이용하여 GPS 비행을 수행한다.

[그림 11.10] MultiwiiWinGUI waypoint 비행

11.3 Pixhawk GPS

Pixhawk의 GPS를 잘 사용하려면 Mission Planner의 HUD(Head Up Display) 화면을 잘 이해해야 한다. [그림 11.11](a)의 번호별 내용은 다음과 같다.

① Air speed (대기 속도 : 속도 센서가 장착되지 않은 경우의 지상 속도)

② 크로스 트랙 오류 및 선회율 (T)

③ Heading direction (기수 방향)

④ Bank angle (뱅크 각) : 기체가 롤링한 각도.

⑤ Wireless telemetry connection (무선 원격 측정 연결 (% 불량 패킷))

⑥ GPS 시간

⑦ Altitude (고도 (파란색 막대는 오르막 속도 임))

⑧ Air speed (대기 속도)

⑨ Ground speed

⑩ Battery status

⑪ Artificial Horizon (인공 수평선)

⑫ Aircraft Attitude (항공기 자세)

⑬ GPS Status

⑭ Distance to Waypoint > Current Waypoint Number (웨이포인트까지 거리 > 현재 웨이포인트 번호)

⑮ Current Flight Mode

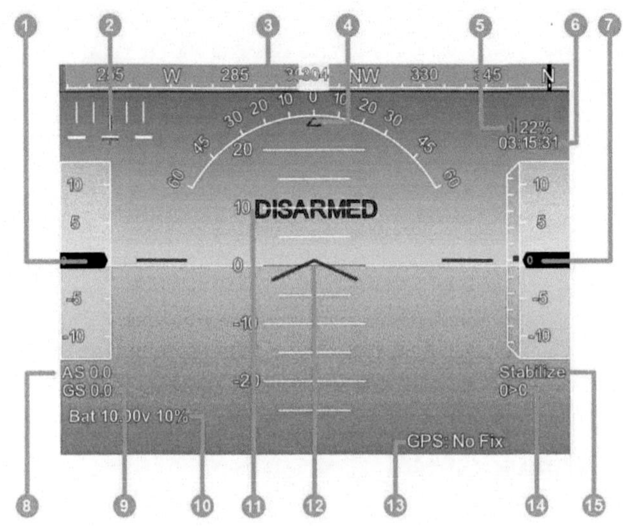

(a) HUD 화면 표시 내용

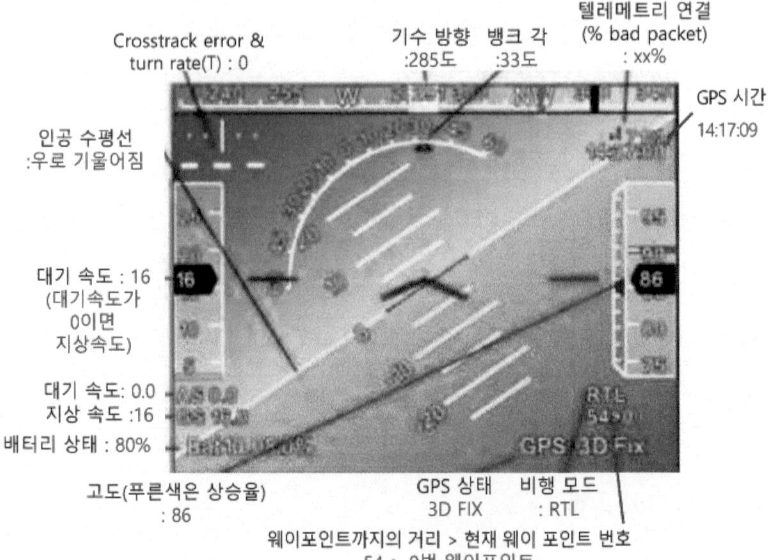

(b) HUD 화면 사례

[그림 11.11] HUD 화면

[그림 11.1](a)의 11에서 인공 수평선의 작동 방식은 기체가 오른쪽으로 기울이면 수평선이 왼쪽으로 기울어진다. (b)에서 인공 수평선의 모양이 기체가 왼쪽으로 기울어졌다고 생각하기 쉬우나 실제로는 오른쪽으로 기울어졌다. 왼쪽과 오른쪽이 반대로 바뀌었다고 생각하기 쉬우나 그렇지 않다. Pixhawk는 Pixhawk 보드(ARM 32bit 프로세서, 168MHz)에서 실행되는 비행제어 시스템(FCS)이므로 비행기에 탑재되어 비행기를 제어한다. Pixhawk에서 GPS를 이용하여 영상을 촬영하기 위해서는 드론이 보내주는 영상 신호를 받아서 보여줄 수 있는 지상제어 시스템(GCS)이 필요하다. Pixhawk는 경유지(waypoint) 비행을 수행할 수 있다. 이를 위해서 GPS 신호를 수신하는 것과 함께 드론과 지상의 노트북을 무선(텔레메트리)으로 연결해야 한다.

11.3.1 Pixhawk Telemetry

Pixhawk는 3DR 등에서 제작하는 비행제어기 하드웨어이고, PX4는 Pixhawk에서 실행되는 비행제어 시스템(FCS)이고, Mission Planner는 Pixhawk에서 FCS가 실행될 때 드론의 비행 상태를 노트북에 나타내고 갱신해주는 지상제어 시스템(GCS)이다. 드론이 비행할 때는 Pixhawk에서 Telemetry를 연결해야 드론이 비행하는 위치를 해당 지역의 지도에 표시할 수 있고 waypoint를 지정하여 경로 비행을 수행할 수 있다. 이를 위해서 HUD(Head-Up Display)의 [그림 11.11] 속의 내용[2]들을 다음과 같이 숙지할 필요가 있다.

Telemetry를 연결하기 위해서 [INITIAL SETUP] → [Optional Hardware] → [Sik Radio]를 누르면 [그림 11.12]와 같은 Telemetry 초기 화면이 나타난다. 새로 설정된 포트번호를 확인하고 통신 속도를 57600으로 갱신한 다음에 'Load Settings' 버튼을 누르면 화면의 왼쪽 화면(지상국)의 정보들로 채워진다. 다시 화면 중앙의 아래에 있는 'Copy' 버튼을 누르면 [그림 11.13]과 같이 왼쪽 화면의 자료들이 오른쪽 화면에 복제된다. 이때 'Save Settings' 버튼을 누르면 통신 정보들이 노트북과 비행제어기 양쪽에 저장되면서 지상과 드론이 연결할 수 있는 상태가 된다.

2 Ardupilot Mission Planner : https : //ardupilot.org/planner/docs/mission-planner-ground-control-station.html

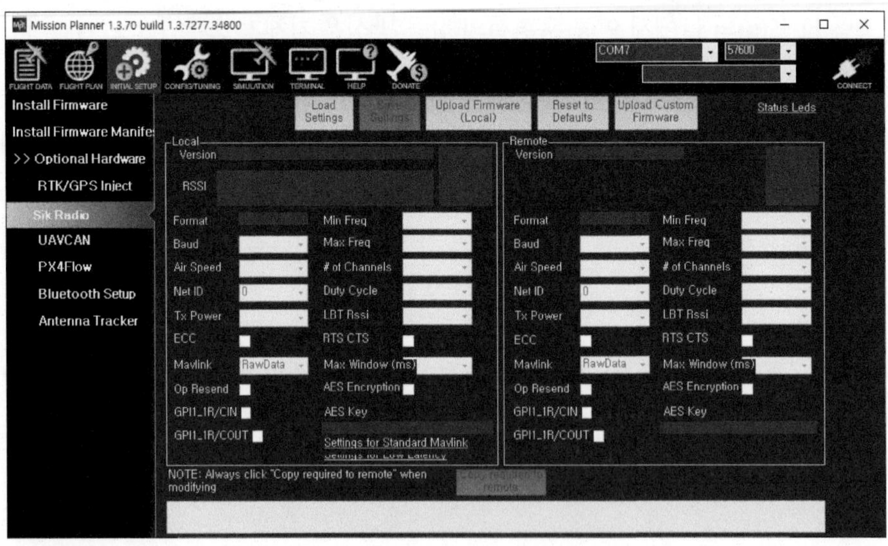

[그림 11.12] Telemetry 초기 화면

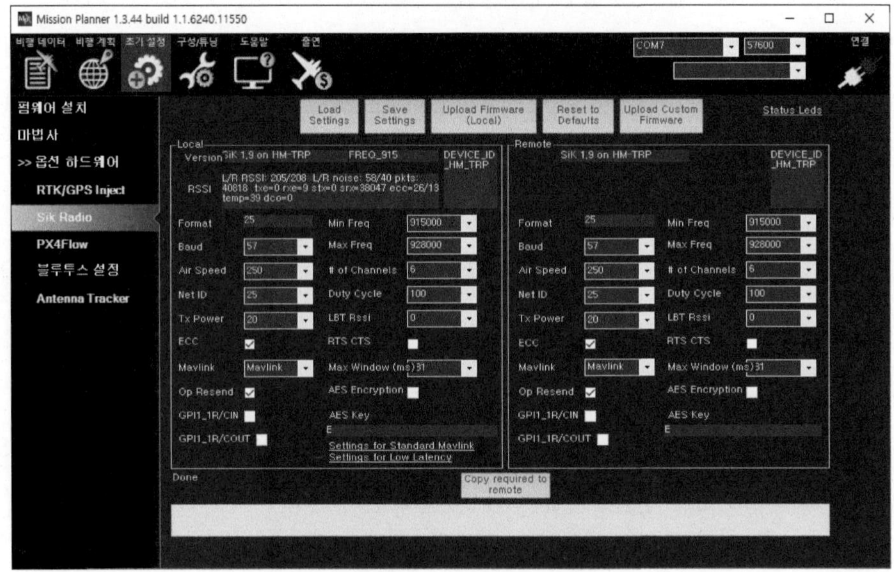

[그림 11.13] 지상과 드론이 연결된 Telemetry 화면

지상과 드론의 통신 정보가 일치된 상태에서 [그림 11.13]의 오른쪽 상단에 있는 연결 그림의 버튼을 누르면 통신이 연결되고, Flight Data 탭을 누르면 [그림 11.14]와 같은 화면이 나타난다. 아직 GPS 신호가 수신되지 않아서 HUD의 오른쪽 하단에 GPS : No Fix가 붉은 글씨로 나타난다.

[그림 11.14] 지상과 드론이 연결된 FLIGHT DATA 탭 화면

드론의 GPS 안테나가 수신을 잘하면 [그림 11.15]와 같이 GPS : NO Fix 글씨가 붉은색에서 회색으로 바뀌면서 GPS 수신 상태가 지도에 반응한다. 지도 위에 있는 드론 그림이 현재 드론의 지도 상의 위치이다.

[그림 11.15] GPS 신호가 수신된 FLIGHT DATA 탭 화면

11.3.2 GPS를 이용한 경로 비행

GPS를 이용하면 원하는 목적지를 지도 위에 설정하고 중간의 경유지를 설정하면 경로를 따라서 드론을 비행시킬 수 있다. 경로를 설정할 때 비행 고도를 설정하면 원하는 고도로 설정된 경로를 따라서 비행할 수 있다. 즉, 조종사가 눈으로 드론을 보면서 시계 비행을 하는 것이 아니고 드론 스스로 설정된 경로를 따라서 비행할 수 있으므로 자율비행이 가능한 것이다.

Flight Plan 버튼을 누르면 [그림 11.16]과 같은 지도와 함께 화면 아래쪽에 Waypoint 정보가 보인다. 화면 아래에 있는 'Add Below' 버튼을 누르면 [그림 11.17]과 같이 waypoint 정보를 위한 한 줄이 생긴다. 1번의 드론 위치는 위도가 37.4이고 경도가 127.2이며 고도가 100m이다. 원하지 않는 지점이라면 Delete 칸을 눌러서 한 줄을 삭제한다.

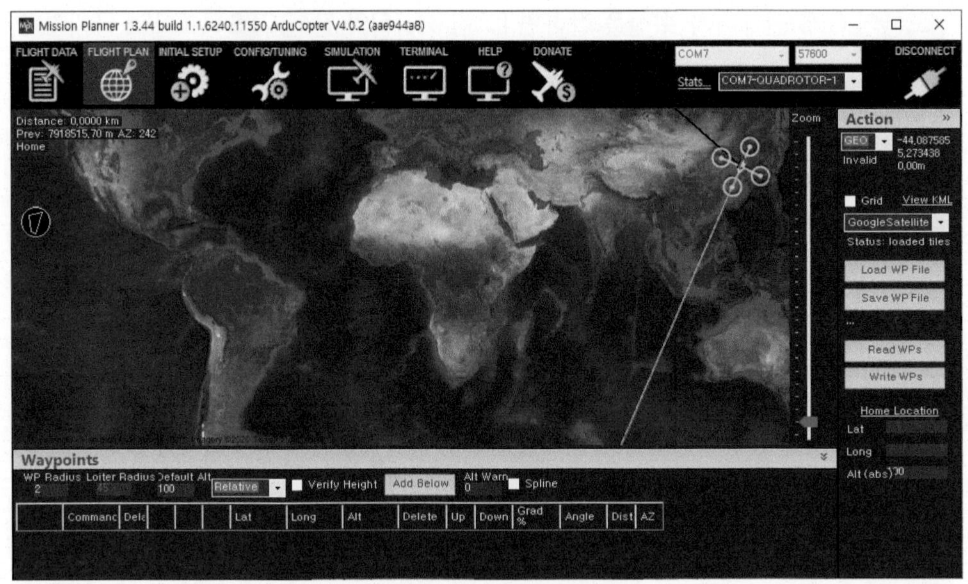

[그림 11.16] FLIGHT PLAN 탭 화면의 waypoint

[그림 11.17] waypoint 정보가 추가된 화면

11.4 카메라와 영상

드론은 대공화기를 훈련하는 목표로 개발이 시작되었으나 주로 전장에서 적군의 위치를 영상으로 촬영하는 정찰이 주요 임무였다. 민간에서는 방송국이나 영화회사에서 주로 영상 촬영을 목적으로 사용되었다. 지금은 매우 다양한 분야에서 사용되고 있지만 예전에는 군대와 민간에서 모두 촬영이 드론의 주요 용도였다.

11.4.1 촬영 장비

드론이 영상을 촬영하기 위해서 필요한 것은 카메라와 카메라의 진동을 막기 위한 짐벌(gimbal)과 영상송수신 장치와 영상을 보여주는 디스플레이 장치 등이다. 이들 중에서 가장 중요한 것은 카메라이다. 해상도가 좋은 영상을 얻으려면 카메라가 커야 하고, 카메라가 크면 카메라를 떠받쳐주는 짐벌도 커야 하므로 드론의 크기도 커져야 하기 때문이다.

[그림 11.18]은 짐벌과 영상 송신기와 조종기와 수신기의 관계를 보여주는 그림이다. 조종기 스위치의 동작 신호를 드론의 수신기가 받아서 짐벌을 움직인다. 짐벌 위에

놓인 카메라가 찍은 영상은 영상 송신기에 의하여 지상의 영상 수신기에 전달되어 영상 모니터에 출력된다.

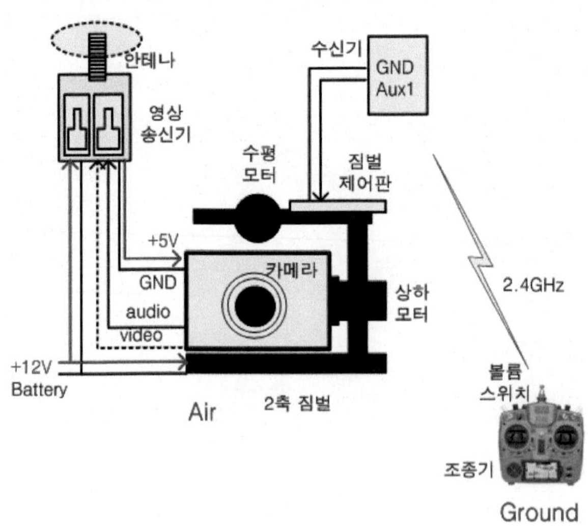

[그림 11.18] 짐벌과 카메라

(1) 카메라와 짐벌

카메라는 짐벌에 실려 있고 카메라의 영상은 영상송신기를 통하여 일방적으로 지상으로 전달되기 때문에 카메라와 드론과는 전혀 전기적으로 연결될 일이 없다. 그러나 지상에서는 카메라의 앵글을 잡기 위하여 짐벌을 제어해야 한다. 짐벌을 제어하는 방법은 지상에서 조종기의 스위치를 이용한다. 조종기 스위치들 중에서 볼륨으로 만들어진 POT를 돌리면 짐벌이 돌아가서 카메라 앵글이 돌아간다.

짐벌의 전원이 12V인 반면에 카메라 전원은 5V에서 12V로 다양하므로 배터리 전원에 주의해야 한다. 카메라에 따라서 음성을 영상 수신기로 출력하는 경우가 있다. 더 좋은 카메라는 스테레오 음성을 출력하므로 왼쪽 채널과 오른쪽 채널 두 개의 음성 출력 선을 지원하기도 한다. 이런 경우에는 스테레오 음성을 송신할 수 있는 영상 송신기를 설치해야 한다.

■ 짐벌 gimbal

짐벌(gimbal)은 카메라와 같은 물체가 항상 진동하지 않고 수평을 유지하도록 지지하는 장치이다. 짐벌은 카메라의 수평을 유지하고 상하로 각도를 돌려주는 2축 짐벌과 수평, 좌우, 상하 3축을 지원하는 3축 짐벌이 있다. 하나의 축마다 모터가 자이로의 제어로 움직이기 때문에 2축보다 3축 짐벌이 크고 무거울 수밖에 없다. 짐벌을 설치하려면 최소한 프레임의 크기가 500급 이상이 되어야 한다. 짐벌은 모터를 제어하기 위하여 자이로 등의 관성측정장치가 필요하다.

짐벌을 상하 또는 좌우로 움직이기 위해서는 조종기에서 AUX1, AUX2 채널을 볼륨 스위치로 설정한다. 드론 수신기의 AUX1 또는 AUX2 채널을 짐벌과 연결하고 접지선을 연결하면 조종기에서 짐벌을 움직일 수 있다. 짐벌의 배터리 소모가 많이 예상되면 배터리를 짐벌 전용으로 설치한다.

2) 영상 송신기와 수신기

영상 송신기는 카메라에서 촬영한 영상을 지상으로 전송하기 위한 통신장치이다. 조종기가 2.4GHz를 사용하기 때문에 영상 송신기는 주로 5.8GHz를 사용한다. 영상송신기는 출력을 유지하기 위하여 전력을 많이 사용하기 때문에 열이 많이 난다. 안테나는 열을 발산하는 기능이 있기 때문에 영상송신기에 전원을 넣기 전에 반드시 안테나를 설치하는 것이 필요하다. 영상 송신기는 카메라에서 보내주는 음성도 함께 송신할 수 있다.

영상 송신기에 5V로 감압하는 변압기가 있어서 카메라 전원으로 사용하는 경우가 많이 있으나 가끔 12V를 사용하는 카메라도 있으므로 전원 연결에 주의해야 한다.

■ 영상 수신기

영상 수신기는 드론에서 보내는 영상 신호를 지상에서 수신하기 위한 수신 장치이다. 영상 수신기와 모니터가 별개인 경우와 두 개가 하나로 합쳐진 제품이 있다. 영상 수신기가 없는 경우에는 스마트 폰으로 영상을 수신하여 스마트폰의 화면으로 영상을 보여준다. 스마트폰을 수신 장치와 모니터로 사용하기 위해서는 'Easy_GUI' 등의 응용 프로그램을 설치해야 한다.

영상 수신기는 모니터와 분리형과 일체형으로 구분된다. [그림 11.19]는 영상 수신기가 모니터와 분리되어 있어서 영상 수신기에서 동영상과 오디오 선을 별도로 연결해야 한다. 물론 12V 전원도 영상 수신기와 모니터에 별도로 공급해주어야 한다. [그림 11.20]은 영상 수신기가 모니터가 결합되어 있어서 12V 전원만 공급해주면 되므로 배선이 간단하다.

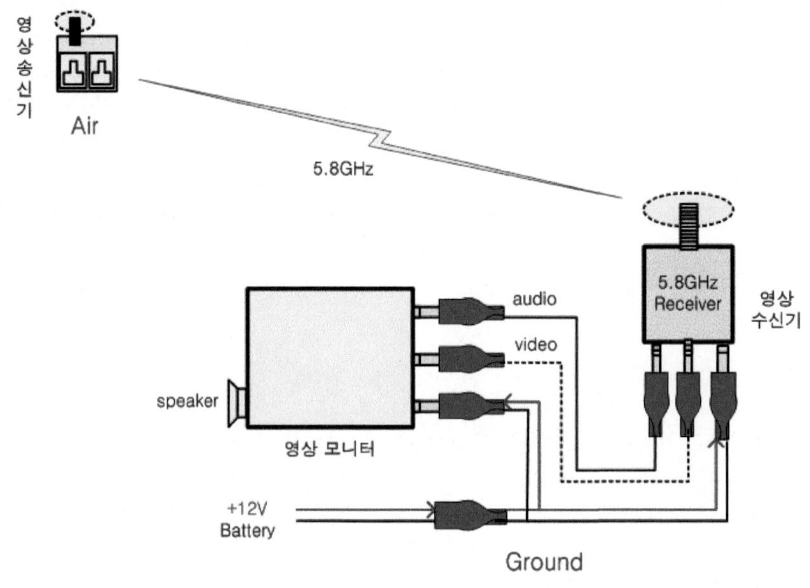

[그림 11.19] 영상 수신기와 모니터 분리형

3) 모니터

드론에서 보내는 영상을 실시간으로 보기 위한 스크린 장치이다. 모니터 기능만 하는 장치를 사용할 수도 있고 영상 수신기와 모니터를 포함한 장치를 사용할 수도 있다. 영상 수신기와 모니터의 전원이 대부분 11.1V이므로 야외에서 미리미리 준비해야 한다. 드론을 일인칭 시점(FPV)[3]으로 비행하는 경우에 [그림 11.20]과 같은 고글을 머리에 쓰고 비행을 한다. 고글에는 영상 수신기와 모니터 스크린이 두 눈을 가리고 있어서 드론의 시야로 밖을 보면서 비행한다.

3 일인칭 시점(First Person View) : 기체 전면에 카메라를 설치하고 지상에서 실시간으로 기체 전면을 보면서 기체에 탄 것처럼 느끼면서 비행할 수 있도록 하는 장치

전선을 색으로 구분하는 기준을 이용하면 편리하다. 전원은 붉은색, 접지는 검은색, 영상은 노란색, 음성은 흰색 전선을 사용하므로 이 기준대로 배선하는 것이 바람직하다.

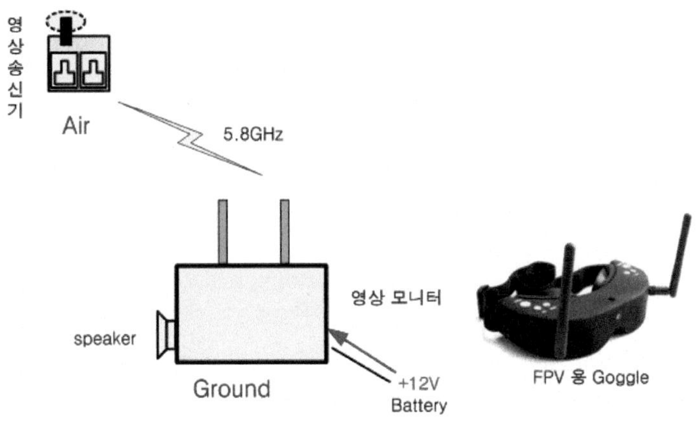

[그림 11.20] 영상 수신기와 모니터 일체형

요약

- 항법(navigation)이란 차량을 한 지점에서 다른 지점에 이동하도록 유도하는 방법이다.
- 항법은 지도위에 출발 위치와 목적의 위치를 표시하고 목적지까지 가는 길을 안내하는 것이다.
- 천문항법은 하늘의 해와 달과 별 등을 보고 방향과 위치를 찾는 방법이다.
- 관성항법은 자이로, 가속도계 등의 관성측정장치를 이용하여 움직인 각도와 거리를 측정하여 자신이 이동할 위치의 거리와 방향을 측정한다.
- 전파항법은 이미 알려진 곳으로부터 전파를 수신하여 방향과 거리를 계산하여 목표를 찾아가는 방법이다.
- 위성 항법은 위성이 보내는 신호를 수신하여 지구 좌표를 계산하고 위치와 방향을 찾아가는 항법이다.
- GNSS는 위성을 이용하여 지구에서 언제, 어디서나 정확한 위치와 방향과 시간 정보를 제공하는 시스템이다.
- GPS는 GNSS의 일종으로 미국 고유의 위성 항법 시스템이다.
- MultiwiiConf는 드론의 비행 상태를 노트북 모니터에 문자와 그래픽으로 표시하고 갱신하는 도구이다.
- MultiwiiWinGUI는 무선(텔레메트리)으로 드론의 비행 상태를 지상에 있는 모니터로 보여주는 프로그램이다.
- 드론 카메라는 공중에서 영상을 촬영하는 장치이므로 지상으로 영상을 전송하는 영상 송신기가 필요하다. 지상에서는 영상을 수신하는 영상 수신기와 영상을 보여주는 모니터가 필요하다.
- 짐벌(gimbal)은 카메라와 같은 물체가 항상 진동하지 않고 수평을 유지하도록 지지하는 장치이다.
- 드론이 사용하는 영상 송수신기의 주파수는 2.4GHZ 또는 5.8GHz이다.
- 일인칭 시점(FPV)은 조종사가 무인기에 타고 비행하는 것과 같은 느낌을 갖도록 드론 카메라가 촬영하는 영상을 실시간으로 조종사의 고글로 전송하는 기술이다.
- 지상제어 시스템의 첫째 기능은 모니터에 지도를 나타내고 지도 위에 드론의 위치를 표현하는 일이다. 둘째 기능은 드론을 제어하여 비행을 시키는 일이다.

연습문제

1. 다음 용어들을 정의하시오.
   (1) 항법
   (2) GNSS
   (3) 짐벌
   (4) FPV
   (5) 전파항법

2. 항법이 역사적으로 발전해온 원인을 설명하시오.

3. 천문 항법의 장점과 문제점을 기술하시오.

4. 관성 항법의 장점과 문제점을 기술하시오.

5. 전파 항법의 장점과 문제점을 기술하시오.

6. 위성 항법의 장점과 문제점을 기술하시오.

7. 항공기에서 현재 사용하는 항법은 무엇인지 설명하시오.

8. GNSS가 동작하는 시스템의 구성을 설명하시오.

9. Multiwii에서 GPS 항법을 이용하여 비행하기 위한 절차를 설명하시오.

10. Pixhawk에서 GPS 항법을 이용하여 비행하기 위한 절차를 설명하시오.

11. 카메라 영상과 드론의 관계를 설명하시오.

12. 짐벌을 구동하기 위하여 드론에서 취할 사항들을 설명하시오.

CHAPTER 12

자율 비행

12.1 개요

12.2 천문 항법

12.3 전파 항법

12.4 관성 항법

12.5 위성 항법

12.6 자동조종장치와 자율 비행

■ 연습문제

사람들은 오래 전부터 새처럼 하늘을 날아다니는 꿈을 꾸어왔다. 초창기 비행사들은 새처럼 육안으로 지형지물을 보면서 비행하였으나 점차 기계에 의존하여 비행하게 되었다. 이제는 수많은 기계장치의 도움을 받으며 비행하고 있으나 앞으로는 비행기 스스로 조종하는 자율 비행 시대가 오고 있다. 인공지능 기술이 발전하면 사람이 머릿속으로 생각하는 것만으로도 비행기가 날아가는 시대가 올 것이다.

12.1 개요

3억 년 전에 곤충이 진화하면서 하늘을 날기 시작하였다. 사람들은 새들이 날아다니는 것을 보고 새들의 동작을 흉내 내어 하늘을 날아보려고 노력하였다. 1903년에 미국의 라이트 형제가 비행에 성공한 이후 비행기와 비행 설비와 비행 기술이 비약적으로 발전하였다. 조종사가 육안으로 지상을 보면서 비행하다가 비행장과 기지국의 무전 신호를 기반으로 전파 항법이 발전하였고, 자이로와 가속도계에 의한 관성 항법이 발전하였으며, 이어서 무선 신호를 기반으로 위성 항법이 개발되었다. 이들 항법들이 컴퓨터 프로그램과 융합하여 자율 비행이 가능하게 되었다.

12.1.1 비행 방식

비행기가 날아가는 방식은 시계 비행 방식과 계기 비행 방식으로 구분할 수 있다. 시계 비행으로 시작한 비행은 계기 비행으로 발전하였고, 이어서 자동비행(automatic flight)으로 발전하였으며, 이제는 무인기와 자율 비행 시대가 오고 있다. 자동비행은 조종사가 자동장치에 비행 정보를 입력하면 비행기 스스로 비행 정보대로 비행하는 기술이다. 자율비행(autonomous flight)이란 비행기 스스로 방향과 거리를 측정하고 목적지를 찾아가는 기술이다. 더 나가서 비행 중에 충돌을 예방하고 회피하는 기술 등이 포함된다.

항공기를 조종하는 것은 크게 두 가지로 구분할 수 있다. 첫째 [그림 12.1]과 같이 이륙, 상승, 방향 전환, 순항, 하강, 착륙하는 것과 둘째 비행 자세가 불안정하게 되었을 때 원래 자세로 복원하는 것이다. 비행 자세 복원은 비행의 전 과정에서 언제나 발생할 수 있다. 첫 번째 조종은 조종사가 여유를 가지고 할 수 있지만 두 번째 비행 자세를 복원하는 것은 경우에 따라서 매우 신속하게 이루어져야 하므로 관성제어장치의 도움을 자동적으로 받아야 한다.

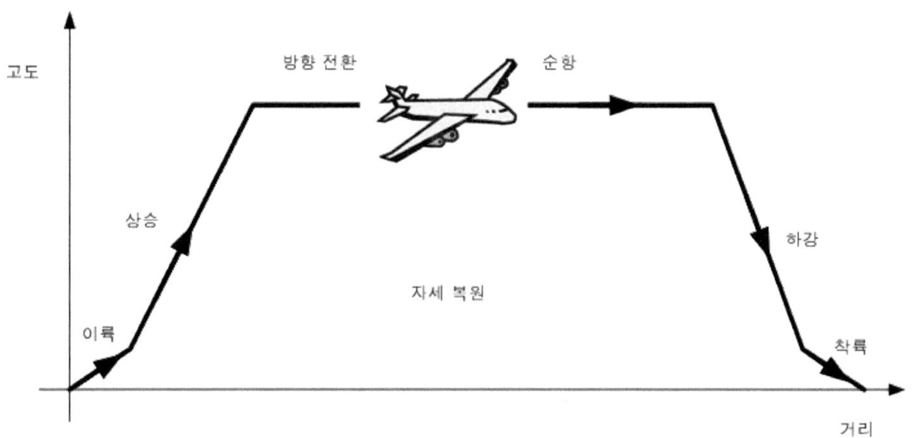

[그림 12.1] 항공기의 비행 조종

[그림 12.2]는 조종사가 도르래와 강선을 이용하여 비행기의 조종면들을 움직이고, 발판을 이용하여 비행기의 방향타를 조작하는 그림이다. 비행기를 조종하는 것은 조종사가 다음과 같이 세 가지 장치를 조작하는 것이다.

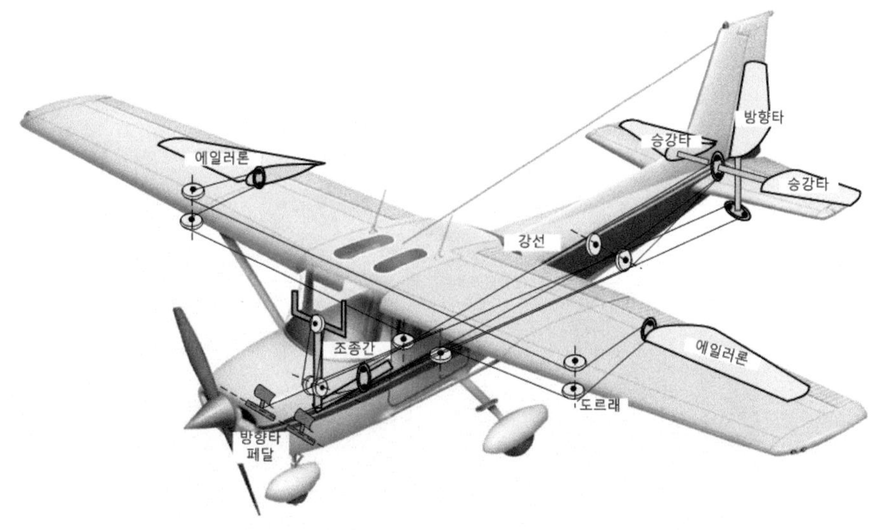

[그림 12.2] 항공기 조종장치

① 조종간 : 승강타와 에일러론을 조작한다. 조종간을 당기면 승강타가 올라가서 기수가 올라가고, 조종간을 밀면 기수가 내려간다. 조종간을 오른쪽으로 밀면 동체가 오른쪽으로 돌고(roll), 왼쪽으로 밀면 왼쪽으로 돌아간다.

② 페달 : 방향타를 조작한다. 오른쪽 페달을 밟으면 오른쪽으로 가고, 왼쪽 페달을 밟으면 왼쪽으로 간다.

③ 엔진 스로틀 : 스로틀은 엔진의 출력을 조작한다. 스로틀을 밀면 엔진 속도가 올라가고 당기면 속도가 내려간다.

자동조종장치가 하는 일도 이들 세 가지 장치를 조작하는 것이다. 비행을 하는 방식도 시계 비행과 계기 비행으로 구분된다.

1) 시계 비행 VFR(Visual Flight Rules), Contact Flight

초창기 조종사들은 비행기에서 육안으로 지형지물을 보면서 비행하였다. 시계 비행은 조종사가 직접 눈으로 주변 장애물을 보면서 조종하는 비행이다. 시계 비행을 하기 위해서 날씨가 좋아야 하고 조종사의 눈이 밝아야 한다. 날씨가 맑아도 구름의 높이와 구름 간의 거리 등이 시계 비행에 장애가 될 수 있다. 가시거리가 넓어야 하고 조종사가 주변 장애물들을 인식할 수 있어야 시계 비행이 가능하다. 조종사는 항공기 계기에 의존하지 않고 자신의 눈으로 하늘과 지형지물을 확인하고 항공기 자세와 위치를 파악하여 이루어지는 비행 규칙이다.

[그림 12.3] 항공기 조종석(cockpit)

[그림 12.3]은 항공기의 조종석(cockpit)이다. 수많은 계기들과 조종 장치들이 설치되어 있어서 조종사 한 명이 수많은 장치들이 표현하는 정보를 읽고 대처하기는 매우 어려워 보인다. Cockpit이라는 단어도 닭장과 같이 비좁고 복잡하다는 뜻에서 유래되었다.

2) 계기 비행 IFR, Instrument Flight Rules

계기비행은 조종사 시각 외에 항공기의 자세, 고도, 위치, 방향 등을 항공기에 장착된 기계장치들을 보면서 조종하는 비행이다. 항공기와 지형의 상호관계를 대조하지 않고 탑재된 계기에만 의존하여 비행하거나 착륙하는 방식이다. 계기 비행은 비행장 시설과 항공기 탑재 장비가 정교하게 발전함으로써 출발에서 착륙까지 계기를 이용하는 방식이다. 야간에 비행하거나 안개가 많이 끼었을 때 매우 유용하다. 지상에서 비행기의 경로를 관측하고 관제하기 때문에 항공기 충돌방지에 도움이 된다.

〈표 12.1〉 비행을 위한 계기

구분	계기 이름	기 능	비 고
1	Airspeed Indicator	비행 속도를 mile 또는 knot로 표시	속도계
2	Attitude Indicator	항공기의 수평 자세를 표시	수평계
3	Altimeter	항공기의 높이를 해수면 기준으로 표시	고도계
4	Turn Coordinator	시간 당 선회하는 비율을 표시	선회계
5	Heading Indicator	항공기가 앞으로 나가는 방위를 표시	방향 지시계
6	Vertical Speed Indicator	상승 또는 하강 상태를 분당 feet로 표시	승강계

계기 비행은 감독관청이 정한 계기 비행 규칙에 따라 이루어진다. 항공기는 항공관제 기관에 의하여 지상으로부터 항상 감시 받고 있으므로 비상시에 신속한 조치가 가능하다. 항공기의 이륙에서 착륙에 이르는 전 과정의 관제권이 비행장 관제소에 있으므로 조종사는 관제소의 지시에 따라 비행경로를 운항해야 한다. 관제소에서 사람이 관제할 때는 관제 능력에 한계가 있었으나 대형 레이더와 컴퓨터가 결합한 시스템이 다수의 항공기들을 동시에 관제할 수 있게 되었다. 계기 비행을 위하여 사용되는 주요

계기는 〈표 12.1〉과 같다. 항공기에서 사용하는 계기는 비행용, 항법용, 엔진용 계기로 구분된다. 여기서는 비행용 계기만을 기술하였다.

3) 항공기 조종실 승무원

항공기가 처음 개발되었을 때는 조종사 한명이 탑승하여 항공기를 조종하였으나 항공기 장비가 증가하면서 조종 인력이 점차 증가하였다. 항공기에 탑승하여 비행 업무에 참여하는 인력은 다음과 같다.

(1) 조종사/부조종사 pilot/co-pilot

조종사는 조종 장치들을 조작하여 이륙부터 착륙까지 비행기를 조종한다. 항공기가 현대화되면서 대형 항공기에는 장비들이 많이 설치되었으므로 이들을 조작하기 위하여 부조종사가 조종사의 일을 도와준다.

(2) 항법사 navigator

항법사는 항공기가 비행하는 과정에서 항공기 위치와 비행 방향을 파악하고 조종사에게 알려준다. 비행경로 상에 있는 전파 기지국들과 비행장에서 오는 전파를 수신하여 거리와 방향을 계산하는 일을 한다.

(3) 기관사 flight engineer

항공기가 현대화되면서 장치들의 종류와 수가 많아졌기 때문에 조종장치를 제외한 나머지 장치들을 전담하여 관리하는 사람이 (항공)기관사이다. 비행기가 이륙하고 착륙할 때 바퀴가 접히는지 펴지는지를 확인하는 것도 기관사의 업무이다.

(4) 통신사 radio operator

항공기는 이륙하기 전부터 착륙하여 주기장에 주기할 때까지 비행장 관제소와 많은 통신을 해야 한다. 항공기는 안전을 위하여 통신이 항상 가능하도록 2중 3중으로 다양한 통신장비들을 운영하고 있다. 통신 장비의 종류와 수가 많아서 통신사가 통신장비와 통신 업무를 전담한다.

대형 비행기들은 조종사, 부조종사, 항법사, 기관사, 통신사 등 다섯 명이 조종실에서 비행 업무를 수행하였다. 항법 장비들이 컴퓨터로 자동화되면서 항법사의 업무는 부조종사가 맡게 되었다. 통신장비도 컴퓨터로 제어되면서 통신사 업무도 부조종사가 맡게 되었다. 항공기의 기계장치들도 컴퓨터로 제어되면서 역시 조종사와 부조종사가 나누어 맡게 되었다. 구형 비행기가 아니라면 이제는 조종실에는 조종사와 부조종사만 남게 되었다. 장거리 비행에서는 조종사/부조종사가 화장실에 가거나 휴식할 때 조종사/부조종사 한 명만 남아있으면 매우 위험할 수 있다. 테러에 대비하기 위하여 조종사와 부조종사 외에 다른 승무원이 필요하다.

이처럼 항공기의 자동조종장치들이 현대화되면서 조종 인력이 조종사와 부조종사로 줄어들었다. 앞으로는 자동조종장치들이 더욱 현대화되어 조종실에는 아무도 남지 않고 비행기 스스로 비행할 날이 멀지 않았다.

12.1.2 자율 비행 장치

항공기가 장거리를 비행하면 조종사들의 피로가 쌓이므로 조종사들을 도와줄 보조장치들이 필요하다. 대륙과 대양을 횡단하는 조종사들은 수십 시간 동안 조종간을 잡고 조종하는 동안 긴장을 풀 수 없기 때문에 과로가 누적될 수 있다. 항공기가 이륙하여 비행 고도에 오르면 고도와 속도를 일정하게 유지하면서 목적지 방향으로 비행하게 해주는 기계가 자동조종장치의 시작이다. 자동조종장치가 발전을 거듭하여 자율비행 장치로 진화하고 있다.

(1) 자동조종장치

자동조종장치의 핵심은 항공기가 자동으로 원하는 방향으로 비행할 수 있으며, 원하는 고도를 유지하고, 원하는 속도로 비행하는 것이다. 이 장치가 있으면 바람이 시시각각 방향을 바꾸어 불어도 항공기는 목적지를 향하여 비행하고, 일정한 고도를 유지하며 비행할 수 있기 때문에 조종사들에게 큰 도움이 된다. 항공기가 공항을 이륙하여 일정한 비행 고도에 오르면 자동조종장치를 가동하여 목적지 부근까지 항공기 스스로 비행할 수 있다.

(2) 자동 이 · 착륙장치

자동조종장치가 발전하여 이륙과 착륙도 자동으로 수행할 수 있는 자동이착륙장치들이 개발되었다. 이륙할 때는 활주로 중앙선으로 발신되는 신호를 따라서 전진하고, 일정한 경사도를 따라서 상승하면 비행 고도에 다다르고, 정해진 비행 고도에서 자동 비행장치를 작동하여 목적지까지 비행한다. 목적지 비행장에 가까이 가면 일정한 거리마다 고도와 속도와 방위를 유지하도록 비행장 시설로부터 신호를 받는다. 활주로 진입로의 중앙선을 따라 진입할 수 있는 신호(localizer)를 받고, 활공 경사도(glideslope) 신호를 따라 활공하면 자동으로 착륙할 수 있다.

(3) 자동 충돌 방지장치

항공기가 장거리 비행을 하는 도중에 높은 산맥을 만날 수 있고, 인구 밀집 지역에 있는 공항에 갈 때는 높은 건물을 만나기 쉽다. 대형 공항 근처에 가면 고도에 따라서 소형, 중형, 대형 항공기들을 만나기 쉽다. 자동충돌 방지장치 스스로 전후방의 항공기들을 식별하고 방향과 속도와 위치를 예상하여 충돌을 회피해야 한다. 일정 규모 이상의 항공기들은 항공 법규에 따라 자동충돌방지장치를 설치해야 한다.

조종사들을 도와주기 위하여 개발된 보조 장치들이 지속적으로 진화를 거듭하여 자율 비행 장치가 되고 있다. 자율 비행은 최근에 갑자기 나타난 기술이 아니라 비행기가 출현하면서부터 조종사들을 도와주기 위한 장치들이 진화를 거듭하여 나타난 기술과 현상이다.

12.1.3 자율 비행 기술

항공기를 비행하는 기술은 항공기가 원하는 위치를 찾는 기술과 기체의 자세를 제어하는 기술 그리고 비행 중에 장애물을 회피하는 기술로 구분된다. 이들이 자율 비행의 핵심요소이다.

1) 위치 제어

대항해 시대에 대양을 항해하던 선박들의 가장 큰 어려움은 선박의 위치를 알아내는 일이었다. 지구에서 위치를 알아내는 것은 위도와 경도를 알아내는 것이다. 현재 위치를 알아야 목적지를 향하여 항해할 수 있다. 위도를 알아내는 기술은 북반구에서 북극성을 보는 각도를 이용하기 때문에 비교적 쉽지만 경도를 알아내는 기술은 지구가 자전하기 때문에 쉽지 않았다. 북극성을 보더라도 언제 보느냐에 따라서 위치가 달라지기 때문에 정교한 시계가 필요했다. 위도를 찾는 것은 육분의(sextant)로 해결했고 경도를 찾는 것은 정교한 시계(chronometer)로 해결하였다.

전파 기술이 발전하여 LORAN 등의 전파 항법으로 위치를 파악할 수 있게 되었고, 관성측정장치들의 발전으로 관성 항법이 발전하였고, 인공위성의 발전으로 GPS를 이용한 위성 항법이 발전하여 위치 제어가 점차 쉬워지고 있다.

2) 자세 제어

비행기의 자세 제어는 수평을 유지하는 것과 고도를 유지하는 것과 방향을 유지하는 세 가지로 구성된다.

(1) 수평 유지

비행기가 비행하기 위해서는 기본적으로 수평 자세를 유지해야 한다. 비행기가 공중에서 수평 자세를 유지하지 못하면 추락으로 이어지기 쉽다. 비행기 기체의 자세를 파악하기 위하여 자이로와 가속도계가 필요하다. 이들 관성측정장치들을 이용하면 수평 자세를 유지할 수 있고 비행 자세를 만들 수 있다. 자이로를 이용하면 방위를 계산할 수 있고 가속도계를 이용하면 이동 거리를 계산할 수 있다. 이 장치들을 이용하면 비행기는 스스로 자세를 유지할 수 있고 출발지로부터 이동한 거리를 계산할 수 있으므로 위치도 계산할 수 있다.

(2) 고도 유지

비행기는 고도계를 이용하여 고도를 알 수 있으므로 조종면들을 이용하여 고도를 유지할 수 있다. 문제는 자동으로 정해진 고도를 유지하는 기술이다. 자이로와 가속도계를 이용하면 기체가 기울어진 각도를 알 수 있으므로 원래 위치로 돌아갈 수 있다.

(3) 방위 유지

비행기가 목적지로 비행하기 위해서는 기체의 방향을 유지해야 한다. 나침판을 이용하면 기체의 기수와 목적지와의 편각을 알 수 있으므로 편각이 0이 되도록 조종면을 조작하여 방향을 유지할 수 있다. 비행기가 목적지와의 편각을 알면 자이로를 이용하여 그만큼 기수를 돌릴 수 있으므로 방향유지가 가능하다.

3) 충돌 제어

모든 비행기들은 관제소의 지시에 따라 일정한 고도와 경로를 따라서 비행한다. 관제소는 모든 비행기들의 비행을 관측하고 있으므로 충돌을 예방하고 회피할 수 있도록 관제하고 있다. 그러나 어떤 관제 노력에도 불구하고 공중에서 충돌이 발생할 수 있으므로 비행기들은 자신들의 장비로 충돌을 예측하고 예방하는 장치들을 갖추고 있다.

(1) Radar Radio Detecting and Ranging

레이더는 극초단파를 물체에 발사하고 반사파를 수신하여 물체와의 거리와 고도, 방향 등을 식별하는 무선장치이다. 레이더 화면에 비행기 전방에 나타나는 물체들을 인식할 수 있으므로 야간에도 충돌을 예상할 수 있고 회피할 수 있다. 항공기에는 지상기지국에서 발사하는 레이더를 잘 반사하기 위하여 레이더 반사장치를 설치한다.

(2) Lidar Light Detecting and Ranging

라이다는 레이저(laser)에서 나오는 가시광선을 발사하고, 반사파를 받아 거리, 방향, 속도, 온도, 물질 분포 및 농도 특성을 감지하는 기술이다. 라이다는 주변 사물, 지형지물 등을 감지하고 이를 3D 영상으로 모델링할 수 있으므로 시각적으로 매우 유용하게 사용할 수 있다 자율주행 자동차에서도 Lidar를 사용하고 있다.

12.2 천문 항법

사람들은 옛날부터 자신의 위치를 알기 위해서 많은 노력을 했다. 사냥꾼들은 짐승들을 몰기 위해서 위치를 알아야 했고 사냥이 끝나면 집으로 돌아와야 하기 때문에 위치를 아는 방법이 중요했다. 태양과 달과 별을 보고 방위를 알아내는 것이 천문 항법이다.

항법(navigation)이란 드론이 한 곳에서 다른 곳으로 이동할 수 있게 유도하는 방법이다. 항법 기술의 핵심은 현재 위치와 목적지 위치를 파악하는 것이다. 위치와 거리를 측정하는 측지 기술은 나침판으로 남북 방향을 확인하는 것으로부터 시작되었다.

〈표 12.2〉 항법의 특징

구분	천문 항법	전파 항법	관성 항법	위성 항법
시기	1903년 이후	1940년대 이후	1960년대 이후	1980년대 이후
장비	육분의, 크로노미터	기지국, LORAN	자이로, 가속도계	인공위성, GPS
오차	1해리(1,852m)	100-200m	거리에 비례	수십m
장점	무동력. 비 도청	안전성	독립성	정확성
단점	날씨 의존성	전파 방해 기지국 건설비	오차	전파 방해 위성망 구축비

12.2.1 항법의 역사

사람들은 아주 옛날부터 태양과 달과 별을 보고 위치를 찾았다. <표 12.2>와 같이 17세기 대항해시대부터 천문 항법이 발달하였다. 선박의 위치를 알기 위해서는 위도와 경도를 파악해야 한다. 육분의와 크로노미터를 발명하여 천문 항법이 정확해지기 시작하였다. 1940년대 이후에는 전파 기술이 발전하여 여러 곳에서 오는 전파를 수신하여 자신의 위치를 파악할 수 있었다. 1960년대 이후에는 관성측정장치들이 개발되어 외부의 도움 없이 비행기 스스로 위치를 계산할 수 있었다. 1980년대 이후에는 GPS를 이용하여 비행할 수 있게 되었다.

천문 항법을 이용하던 선박과 항공기들은 1940년대에 개발된 전파 항법을 이용하기 시작하였으며, 관성 항법이 개발되면서 전파 항법과 관성 항법을 같이 사용하게 되었다. 위성 항법이 출현한 1980년대 이후에는 관성 항법으로 비행하고 GPS로 위치를 보정하고 있다. 2000년대 이후에는 전파 항법과 GPS가 도청에 취약하다는 이유로 인하여 천문 항법도 같이 활용하고 있다.

12.2.2 천문 항법 기술

고대 사람들은 태양과 달과 별빛을 보거나 지형지물을 보고 방향과 위치를 알 수 있었다. 햇빛의 방향을 보고 해시계를 만들었고 물이 흐르는 속도를 이용해서 물시계도 만들었다. 천체가 돌아가는 것은 시간과 연결되었으므로 시간과 방위는 밀접한 관계이다. 고대에도 시계를 만드는 것은 권력자들에게도 매우 중요한 일이었다. 천문을 관측하고 정교하게 달력을 만들어 배포하는 것은 농업 생산과 선박의 운항과 장거리 여행에 관계되는 것이므로 국가적인 과업이었다. 동서양의 거대한 권력자들은 달력을 만들어 자신이 지배하는 세계에 배포하는 것이 천문과 백성을 다스리는 권력의 상징이었다.

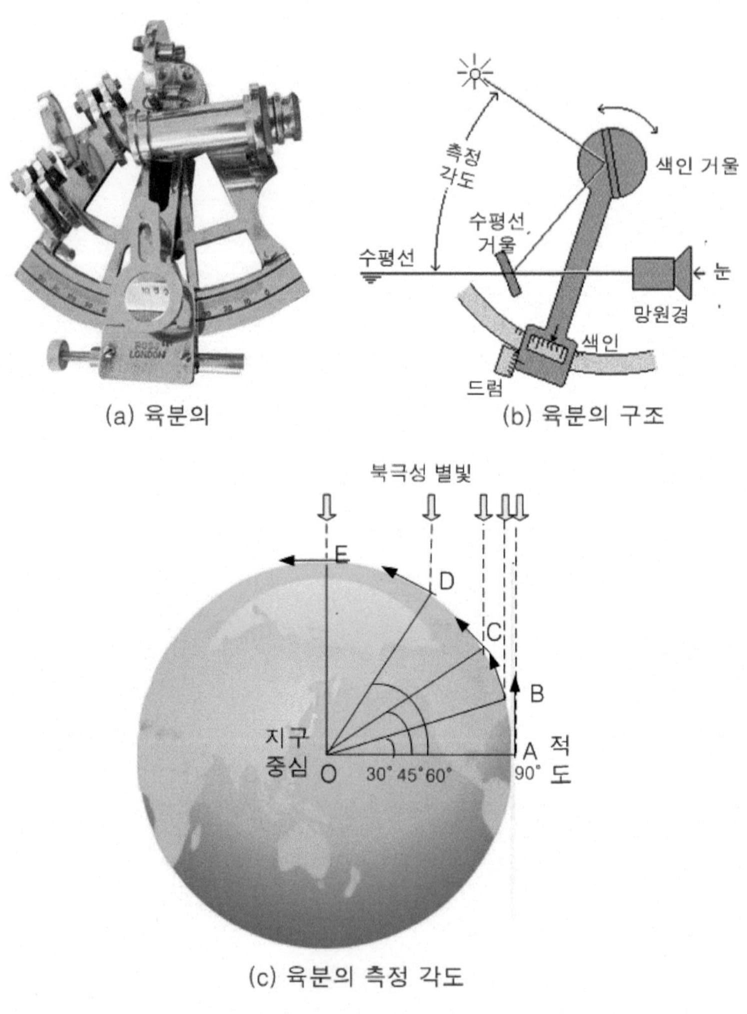

(a) 육분의 (b) 육분의 구조

(c) 육분의 측정 각도

[그림 12.4] 위도 측정과 육분의

천문 항법(Astronomical Navigation)이란 천체의 고도와 방위를 관측하여 위치를 찾고 목적지로 유도하는 기술이다. 지구 위에서 위치를 찾는 것은 위도와 경도를 알아내는 일이다. 지구가 동쪽에서 서쪽으로 회전하기 때문에 북반구에서 북극성을 관측하면 [그림 12.4](b)와 같이 일정하게 위도를 측정할 수 있다. 선박에서 위도를 측정하는 것은 [그림 12.4](a)와 같은 육분의(sextant)를 이용하는 것이었다. 육분의를 수평선 위에 놓고 북극성을 보면 그림과 같이 위도에 따라서 각도가 달라지므로 위도를 알 수 있다. [그림 12.4](c)에서 적도 A 지점에서 육분의로 수평선을 바라보면 북극성이 보일 것이다. 지점 E에서 수평선을 보면 북극성은 수평선과 90°되는 머리 위로 보일 것이다. 지점 B에서 수평선을 보면 수평선과 30°되는 상공에 북극성이 보일 것이다. [그림 12.4](b)와 같이 육분의 망원경으로 수평선을 볼 때 북극성이 거울에 반사되어 보이는 각도로 손잡이를 돌리면 그 각도를 이용하여 위도를 계산할 수 있다.

[그림 12.5] 해리슨의 경도 시계(크로노미터)

북반구에서 북극성을 보는 것은 지구가 계속 회전하기 때문에 경도를 측정하는 것이 곤란하다. 서울에서도 북극성이 보이고 뉴욕에서도 보이지만 시간에 따라서 경도가 달라진다. 경도를 정확하게 측정하려면 정확한 시간을 측정할 수 있는 정밀 시계가 필요하다. 당시에도 정밀한 시계는 있었지만 선박의 심한 흔들림과 높은 온도 차이를 극복할 수 있는 정교한 시계는 만들지 못했다.

영국에서는 1675년에 그리니치 천문대를 개설하고 천문 연구를 시작하였다. 영국 의회는 1707년에 발생한 전함 4척의 해상 사고에 대한 대책으로 경도 측정 시계를 만들기로 하였다. 경도를 측정할 수 있는 정밀 시계를 만드는 사람에게 200만 파운드의 상금을 주기로 발표하였다. 영국 의회는 뉴톤(Newton)을 중심으로 하는 경도위원회를 만들어 사업을 추진하였고 수많은 수학자와 물리학자, 천문학자들이 노력하였다. 그러나 정교한 시계를 만드는 일은 실패를 거듭하였다. 20여년의 세월이 지나고 1735년에 존 해리슨(John Harrison, 1693~1776)이 정교한 경도 측정 시계를 만들었다. 해리슨은 평범한 목수이자 시계 수리공이었으므로 세간의 놀라움은 대단하였다. 해리슨은 연구를 거듭하여 중력과 기압과 온도가 크게 변화하는 험한 바다에서도 정밀하게 동작하는 경도 시계(chronometer)를 완성하였다. 해리슨이 만든 [그림 12.5]의 크로노미터[1]로 인하여 바다의 뱃길인 해도를 완성할 수 있었다.

12.3 전파 항법

전파 항법은 전파를 이용하여 이미 알려진 기지국 위치로부터 자신과의 거리와 방향을 측정하는 기술이다. 전파가 직진하고, 일정한 속도로 움직이고, 반사하는 성질을 이용하여 거리를 측정한다. 1895년 마르코니(Guglielmo Marconi, 1874~1937)가 무선 신호 실험에 성공한 이후에 무선 통신 기술과 함께 전파 항법 기술이 개발되기 시작하였다.

12.3.1 전파 항법

전파는 라디오파(radio)라고 하며, 파장이 1mm부터 100km 사이에 있는 전자기파로, 주파수는 3kHz 부터 300GHz 사이이고, 전파의 주파수를 RF(radio frequency)라고 한다. 전파는 1895년 마르코니[2]의 무선 신호 전달 실험 성공으로 통신에 활용되었으며 1907년 진공관 발명 이후에 급속도로 무선 통신이 보급되기 시작하였다. 전파항법은 전파의 특성을 이용하여 거리와 방향을 측정하는 기술이다.

전파 항법(radio navigation)을 정의하면 다음과 같다.

---

1 https : //amkorinstory.com/1545

2 Guglielmo Marconi, 1874~1937 : 이탈리아 물리학자.

- 전파의 특성인 직진성, 반사성, 등속성을 이용하여 항로를 표시하고 안내하는 항법 기술이다.
- 무선 방위 측정기, 레이더(RADAR), ROLAN 등의 전파 장비를 이용하여 자신의 위치와 항로를 찾는 기술이다.
- 고정된 전파 발신국이 보내주는 정보(전파 표지)를 이용하여 자신의 위치를 찾는 기술이다.

천문 항법으로 정확하게 위치를 찾고 비행하는 것이 가능하였지만 기상의 변화에 따라서 제약이 많이 발생하였다. 진공관이 발명되어 무선 통신 기술이 발전하면서 이 기술을 이용하여 전파 항법도 함께 발전하였다. 항공기가 비행하는 항로를 따라서 무선 기지국을 세우고 기지국에서 전파를 발신하면 항공기는 기지국의 전파를 수신하고 자신의 위치를 확인할 수 있다. 기지국에서는 레이더를 발사하여 항공기를 식별할 수 있는데 항공기에 레이더 반사장치를 설치하면 기지국에서는 더 쉽게 항공기들을 식별할 수 있었다.

[그림 12.6]은 항공기가 전파 항법을 이용하여 출발지에서 목적지까지 비행하는 과정을 보여준다. 항공기는 목적지까지 직선으로 비행하지 않고 전파를 발신하는 기지국들을 따라서 목적지까지 비행한다. 항공기가 이륙하면 기지국A에서 오는 전파를 수신하여 거리를 계산하고 지정 받은 고도를 유지하며 기지국A까지 비행한다. 기지국A를 지나면 기지국B에서 오는 전파를 수신하면서 기지국B까지 비행하고, 기지국B를 지나면 목적지에서 발신하는 전파를 수신하면서 목적지까지 비행한다. 목적지 비행장 근처에 가면 자동착륙장치의 신호를 받아서 활주로를 따라 진입하고 착륙한다. 따라서 항공기는 출발지에서 목적지까지 직선으로 비행하는 것이 아니라 기지국들을 경유하면서 비행한다. 비행 과정에서 각 공역마다 일정한 고도를 유지하라는 기지국들의 지시에 따라 비행함으로써 항로를 비행하는 항공기들의 충돌을 예방하고 안전을 유지한다.

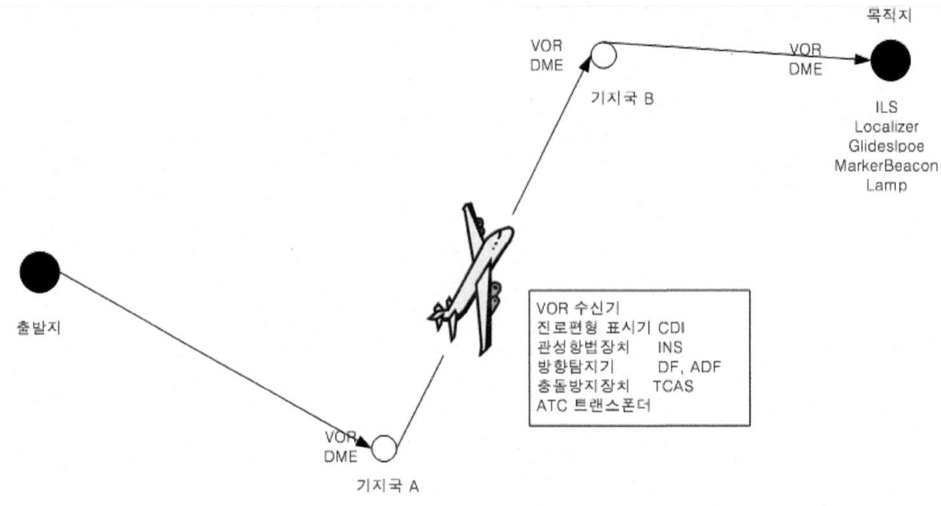

[그림 12.6] 전파 항법에 의한 비행 항로

모든 나라의 항공교통 관리국들은 비행하는 모든 항공기들을 항공 법규에 따라 위치를 추적하고 교통을 통제한다. 항공기는 여러 나라의 국경을 넘나들고, 유사시 대형 인명 사고를 유발하고, 테러리스트들의 공격 대상이 되기 때문에 모든 항공기들은 지상 차량과 달리 교통 당국의 엄격한 통제를 받는다. 대한항공 여객기는 비행 도중에 소련 국경선을 넘어 들어가서 강제로 불시착[3]당한 경우도 있고, 전투기 미사일에 맞아 탑승객 전원이 사망한 사고[4]가 있었다.

12.3.2 전파 항법 장치

전파 항법은 전적으로 전파를 생성하고 관리하는 전자 장비에 의존하는 기술이다. 항공기는 출발지부터 여러 가지 전자 장비들을 이용하여 자신의 위치와 경유지와 목적지 위치를 식별하는 것으로 비행을 시작한다. 일정한 고도에 오르면 지상 관제소와 통신을 유지하면서 목적지로 비행하고 기지국의 전파를 수신하여 정해진 항로를 확인

---

3 1978년 4월 20일 : 프랑스 파리에서 서울로 오던 대한항공 902편 여객기가 항법장치 이상으로 소련 영공을 침범하여 소련 전투기에 격추당한 사고. 무르만스크에 강제 착륙하고 탑승객 109명 중 2명이 사망하다.

4 1983년 9월 1일 : 뉴욕에서 서울로 오던 대한항공 007편 여객기가 항법장치 이상으로 소련 영공을 침범하여 전투기에 격추당한 사고. 탑승객 269명 전원 사망하다.

하고 목적지 공항 근처에서 관제소의 지시에 따라 착륙한다.

1) 전파 항법 장비

전파 항법에 사용되는 장비들은 다음과 같다.

(1) 초단파 전방향 무선항로표지 VOR, VHF Omni Directional Range

기지국에서는 기지국의 정보를 알려주는 초단파 무선 표지를 전 방향으로 송출한다. 이 기지국으로 비행하는 항공기들은 VOR을 수신하여 방향과 거리를 계산하고 자신의 위치를 파악하면서 비행할 수 있다.

(2) 자동무선방향탐지기 ADF, Automatic Direction Finder

항공기는 VOR 무선을 받으면 ADF가 방향을 탐지하고, 무선 표지에 담긴 시간을 이용하여 거리와 방향을 계산한다.

(3) 무지향성 무선표지 NDB, non-directional radio beacon

기지국에서 보내는 무선표지는 모든 방향으로 송출된다.

(4) 거리측정장치 DME, Distance Measurement Equipment

VOR 기지국과 항공기의 방위 차이는 VOR에 의해 전달되고, 거리는 DME가 알려주기 때문에 조종사는 자기의 위치를 알 수 있다.

(5) 장거리항로용 원조시설 LORAN, long range navigation

제2차 세계대전 중에 미국 MIT 대학에서 개발한 장거리 항로용 무선표지 시설이다. 2개 이상의 LORAN 기지국에서 송출되는 전파를 LORAN 수신기로 수신하여 시간 차이를 측정하고, LORAN 지도 위에 위치선을 그리고 교차점을 구하면 현재 위치를 알 수 있는 항법이다. 지금은 GPS로 인하여 사용이 감소하였으며 주로 연안 해안용으로 사용되고 있다.

(6) 항로 편차 표시장치 CDI, course deviation indicator

CDI는 항공기가 정확하게 항로상에 위치하고 있는지를 알려주는 장치이다. 항공기가 항로에서 벗어난다면 벗어난 정도와 방향을 지시해 준다. CDI 바늘이 정중앙에 있으면 항공기는 코스 선상에 위치해 있고 바늘이 좌우로 벗어나 있으면 항공기는 코스의 좌우측으로 벗어나 있음을 나타낸다. 항공기가 이륙하거나 착륙할 때 활주로 정중앙을 따라 가는지를 알 수 있다.

2) 전파 항법을 위한 비행장 시설

지상의 기지국과 관제소는 항공기들의 비행 위치를 관측하기 위하여 전파를 발신하고 항공기들은 자신의 위치를 알려주기 위하여 레이더 반사장비를 탑재하고 운항한다. 비행장에서는 항공기들을 자동으로 착륙시키기 위하여 자동 착륙 시설을 설치한다.

전파 항법을 위한 부수적인 시설은 다음과 같다.

(1) 항공교통관제 시스템 ATCS, Air Traffic Control System

항공기 사고의 80%가 이착륙 시에 발생하기 때문에 비행장에서는 이착륙하는 항공기들을 관제하는 일이 매우 중요하다. ATCS의 목적은 공항을 출발하는 항공기와 접근하는 항공기들의 현황을 파악하고 질서 있게 이착륙하도록 관제하는 것이다. 이 시스템은 크게 4가지 장치로 구성된다.

■ 레이더자료처리장치(RDP, Radar Data Processor)

레이더로 수신된 자료를 비행자료처리장치(FDP)와 연결하여 항공기의 위치를 식별하고 항공기 이름, 고도, 속도, 거리, 방위각 등의 비행 정보를 관제사 모니터에 제공한다.

■ 비행자료처리장치(FDP, Flight Data Processor)

관련 공항, 항공사 등 관련 통신망으로부터 수집된 비행 자료를 처리하여 관련부서에 제공한다.

■ 음성통신제어장치(VCCS, Voice Communication Control System)

조종사와 관제사간 통신, 기지국간 통신, 내부 통신을 위한 음성통신을 지원한다.

■ 지상국간 통신장비(GGCE, Ground to Ground Communication Equipment)
인접 공항, 관제탑, 방공통제소 등 외부기관과 비행정보를 상호 교환한다.

(2) 자동착륙장치 ILS, instrument landing system

항공기가 활주로에 착륙하기 위해서는 [그림 12.7]과 같이 활주로 중앙선을 따라서 내려와야 한다. 로컬라이저(localizer)는 활주로 끝에서 활주로 중앙선을 따라서 전파를 발신하는 장치이다. 항공기는 로컬라이저를 따라 활주로에 접근해야 한다. 항공기가 활주로 중앙선을 벗어나면 CDI(Course Deviation Indicator)가 벗어났음을 알려준다.

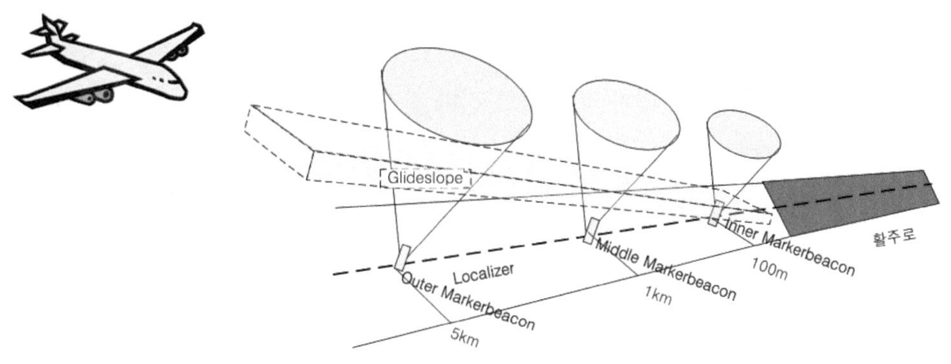

[그림 12.7] 자동착륙장치 ILS

항공기가 활주로에 착륙하기 위하여 적절한 경사도를 따라 내려오도록 발신하는 전파가 활공 슬로프(glideslpoe)를 따라 발신한다. 항공기는 이 경사도를 따라 착륙한다.

마커비콘(marker beacon)은 활주로 전방에서 일정한 거리마다 항공기가 하강해야 하는 높이를 알려준다. 항공기는 마커비콘에 따라서 하강을 해야 하고 높이가 맞지 않으면 다시 상승하여 재 하강해야 한다.

[그림 12.7]과 같이 항공기는 활주로 전방 5km부터 착륙하기 위하여 활주로 중앙선(localizer)을 따라서 일직선으로 내려간다. 전방 5km에서의 항공기 기울기를 맞추어야 하고 Glideslope를 따라서 계속 하강하면서 마커비콘을 확인하면서 기울기와 속도를 맞추어야 한다. 전방 1km에서 자세와 위치와 속도를 확인하고 전방 100m까지 확인하면서 하강한다. 글라이드슬로프와 로컬라이저와 마커비콘을 확인하면서 착륙을 시도하되 정확하지 않으면 다시 상승하여 다시 착륙을 시도한다.

12.4 관성 항법

비행기가 처음에는 조종사가 육안으로 지형지물을 보고 비행하였고, 다음에는 전파를 발신하고 식별하는 기술이 발전하여 지상의 유도 전파를 따라서 비행하게 되었다. 그러나 사람들은 외부 도움 없이 항공기가 스스로 자신의 위치와 목적지 위치를 추적하고 비행하는 방법을 원하게 되었다. 관성 항법은 자이로가 방위를 계산하고 가속도계가 거리를 계산하는 기능을 이용하여 스스로 기체의 자세와 위치를 계산하는 기술이다.

12.4.1 관성 항법

전파 항법은 지상 시설비가 많이 들고 전파 간섭과 도청 때문에 비행의 안전과 보안이 곤란하다는 문제가 있다. 외부의 영향을 받지 않고 외부 도움 없이 항공기 스스로 위치를 계산하고 항로를 따라 비행할 수 있는 기술이 요구되어 관성 항법이 개발되었다. 위치 계산이 아니더라도 항공기는 관성측정장치가 있어야 기체의 비행 자세를 유지할 수 있다.

관성 항법(IN, Inertial Navigation)의 정의는 다음과 같다.

- 스스로 자신과 목적지 위치를 계산하여 항로를 찾아가는 기술이다.
- 관성 감지기를 이용하여 비행기의 위치, 속도, 고도 등을 계산하고 목적지로 비행하는 기술이다.
- 물체의 운동 에너지를 감지하여 물체의 속도와 이동 거리와 방향 등을 계산하여 목적지로 유도하는 기술이다.
- 자이로와 가속도계를 이용하여 위치를 계산하고 항로를 찾아가는 기술이다.

관성 항법 시스템(INS, Inertial Navigation)은 물체의 운동을 감지하는 관성 감지기(자이로, 가속도계 등)로부터 가속도와 각속도 등의 운동 정보를 받아서 속도, 위치, 자세 등의 정보를 계산한다. 자이로에서 방위 기준을 설정하고, 가속도계에서 이동 변위를 측정하면 이동 위치를 계산할 수 있다. 항공기가 처음 출발한 곳에서 위치, 고도, 속도, 방향 전환 등의 정보를 입력하면 이동한 위치를 계산할 수 있다.

관성 항법은 미사일의 유도장치 등 군사용으로 개발되기 시작하여 민간용 항공기, 자동차, 선박 등에 적용되었다. 관성 항법이 적용된 첫 분야는 자이로를 탑재한 독일군 V2 로켓이었다. 미국 MIT 대학에서 개발하기 시작하여 1960년대부터 실용화되었다. 관성 항법은 외부의 도움이 필요 없이 항공기가 스스로 위치를 계산하면서 비행할 수 있기 때문에 급속하게 보급되었다.

■ 관성 항법의 장점

외부와 통신이 두절되어도 독립적으로 비행할 수 있다. 악천후에도 위치 계산이 가능하며 전파 방해를 받지 않는다. 지상에 전파 기지국과 같은 시설의 설치와 운영비용이 들지 않는다.

■ 관성 항법의 단점

장거리를 비행하면 오차가 커진다. 수천 km 비행하면 수 십 km의 오차가 발생한다.

관성 항법은 항공기나 미사일의 내부와 외부장치에 의하여 진로나 비행자세를 자동적으로 조정할 수 있는 비행 방식이다. 자동 비행은 위성 항법 장치나 관성 항법 장치를 이용한다.

12.5 위성 항법

전파를 수신하면 발신 시간과 수신 시간의 차이를 이용하여 전파 발신 지점과의 거리를 계산할 수 있다. 여러 지점에서 보낸 전파를 수신하면 삼각측량법에 의하여 수신된 위치를 계산할 수 있다. 전파 항법은 이와 같이 지상의 여러 기지국에서 보낸 전파를 수신하여 자신의 위치를 찾는 기술이다. 위성 항법은 인공위성이 지구 궤도에서 전파를 발신하는 것이므로 전파 항법의 일종이지만 전 지구적이고, 매우 정확하고, 편리하다는 것이 특징이다.

12.5.1 위성 항법

차량을 운전하는 사람들은 대부분 차량 내비게이션을 이용하고 있다. 차량 내비게이션에는 GPS 수신기가 내장되어 있어서 위성이 보내는 신호를 수신하여 계산한 위치를 지도 위에 보여주고 있다. 스마트 폰의 내비게이션을 사용하는 사람들도 당연히 GPS라는 위성 항법 기술을 이용하고 있는 것이다. 위성 항법이란 전파 기지국을 하늘 위에 올려놓고 땅에서 위치를 찾는 기술이라고 할 수 있다.

위성 항법을 정의하면 다음과 같다.

- 인공위성이 발신하는 전파를 수신하여 위치를 계산하고 항로를 유도하는 기술이다.
- 인공위성이 발신하는 전파를 수신하여 나의 위치를 위도, 경도, 높이로 계산할 수 있는 기술이다.
- 인공위성을 이용하여 전파 항법을 운영하는 기술이다.

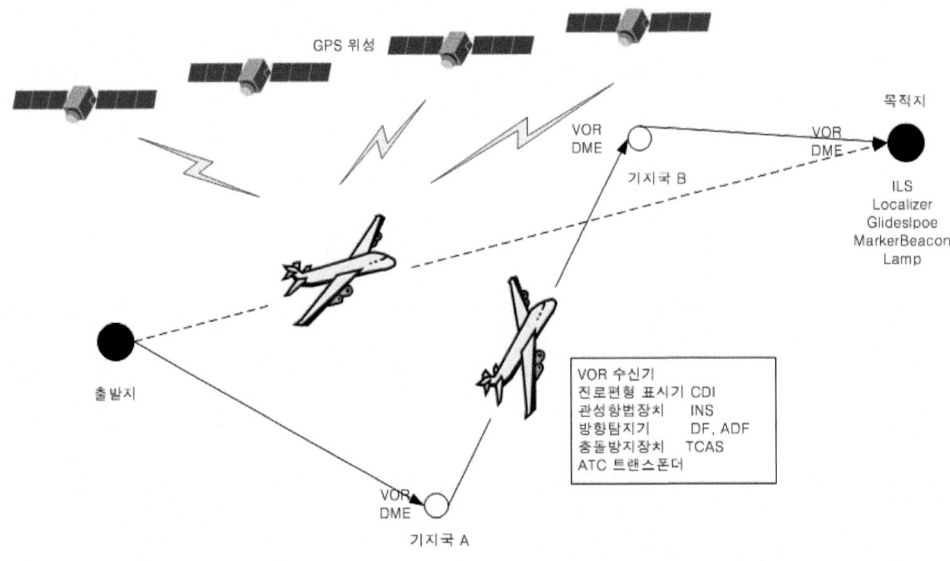

[그림 12.8] 위성 항법과 전파 항법을 이용한 비행

위성 항법 시스템은 위성이 보내주는 신호를 수신하여 나의 위치를 지도에 표시해 주고 목적지까지 유도해주는 시스템이다. 지구 위에 위성들을 촘촘하게 올려놓으면 지구의 모든 장소에서 자신의 위치를 정확하게 계산할 수 있다. 위성 수신기만 있으면

자신의 위치와 목적지 위치를 찾아서 정확하게 여행할 수 있다.

[그림 12.8]은 전파 항법과 위성 항법으로 비행하는 항공기의 경로를 보여준다. 전파 항법으로 비행하는 항공기는 기지국을 따라 지그재그로 비행하지만 위성 항법으로 비행하는 항공기는 출발지에서 목적지까지 직선으로 비행할 수 있다. 위성 항법이 여러 가지 측면에서 효율적이지만 항공 교통당국의 입장에서는 여러 가지 문제가 발생한다. 기지국을 따라 비행하면 속도와 고도 등 여러 가지 비행 정보로 교통 상황이 파악이 되므로 교통의 흐름을 안전하고 신속하게 관리할 수 있기 때문이다.

<표 12.3>은 세계 주요 국가들의 위성 항법 시스템을 구축하는 현황이다. 전 지구적으로 위성 항법을 구축하지만 인도와 일본은 지역 시스템으로 구축하고 있다. 1999년 인도와 파키스탄 사이에 국지전이 발생했을 때 미국 정부의 거부로 인도가 GPS를 사용하지 못했던 사례가 있다. 인도 정부는 이 전쟁을 계기로 위성 항법의 필요성을 절감하였다. 위성 시스템 구축은 국방 차원에서도 중요하지만 정밀한 공업을 유지하기 위해서 산업적 차원에서도 필요하다.

〈표 12.3〉 국가별 위성 항법 시스템 계획

구 분	Global 시스템(GNSS)				지역 시스템(RNSS)	
국가	미국	러시아	EU	중국	인도	일본
명칭	GPS	GLONASS	Galileo	BeiDou	IRNSS	QZSS
설계	24	24	30	35	7	7
운영(발사)	30(32)	24(25)	11(22)	15(27)	7(7)	2(4)
구축 시기	1995	1996	2020	2020	2016	2023

12.6 자동조종장치와 자율 비행

비행기가 처음 출현했을 때 비행기에는 조종사 외에 아무 것도 없었지만 여러 가지 용도를 목적으로 많은 장비를 실어야 했다. 비행기에서 정찰을 하기 위하여 사진 촬영 장치를 설치하였고, 적군 비행기와 싸우기 위해서는 자동으로 목표를 추적하는 기관

총을 설치하였고, 화물을 나르기 위해서는 화물을 고정하는 장비들도 설치하고, 레이더와 전파 탐지장치 등의 전기 장비들을 가동하기 위해서 발전기도 설치했다. 비행기가 커지고 무거워지면서 조종사의 일을 도와주기 위한 보조 장치들이 개발되었다. 방위를 설정하면 일정한 방향으로 비행하는 장치와 속도를 설정하면 일정한 속도로 날아가는 장치와 고도를 설정하면 일정한 고도를 유지하며 비행하는 장치들이 지속적으로 발명되었다. 이들 보조 장치들을 이용하면 제한된 범위 안에서 항공기 스스로 비행할 수 있으므로 이와 같은 장치들을 자동조종장치(autopilot)라고 한다. 자동조종장치들이 지속적으로 발전하여 자율 비행 장치까지 발전하였다.

12.6.1 자동조종장치 Autopilot

비행기 성능이 좋아지고 크기가 커지면서 장거리 비행을 하게 되었고 조종사들의 피로가 비행 안전에 큰 문제가 되었다. 대륙과 대양을 횡단하기 위하여 10시간 이상 조종하는 조종사들의 조종을 도와주는 보조 장치들이 개발되었다. 비행기의 수평 자세를 유지하거나 일정한 고도를 유지하거나 일정한 방위를 유지시켜주는 장치들이 개발되었다. 선박은 비행기보다 먼저 대양 항해를 시작하였으므로 많은 보조 장치들이 개발되었다. 1920년대에 미국 군함을 위한 자동조타장치를 개발하는 과정에서 PID 자동제어 기법이 고안되었다. 항공기가 이륙하여 일정한 비행 고도에 이르면 자동조종장치를 가동하여 목적지까지 비행하고 목적지 상공에 이르면 다시 조종사들이 조종하는 방식으로 사용되었다.

자동비행장치(autopilot)는 비행 정보가 입력된 대로 항공기 스스로 목적지까지 항공기를 조종해주는 장치이다. 이 장치의 정식 명칭은 자동비행제어시스템(Auto Flight Control System)이다. 자동조종장치는 [그림 12.9]와 같이 관성측정장치와 자동조종컴퓨터와 조종면 제어장치와 제어 판넬로 구성된다. 관성측정장치는 자세 자이로, 방향 자이로, 선회계(Turn coordinator)[5], 고도계로 구성되어 비행 정보를 수집한다. 조종면 제어장치는 자동조종장치의 명령에 의하여 에일러론, 방향타, 승강타 등의 서보를

5 Turn coordinator : 항공기가 회전할 때 실속을 방지하기 위하여 회전 자세와 회전 각도를 보여주고 조절해주는 장치이다.

조작하고 결과를 보고한다. 자동조종 컴퓨터는 고도와 방향과 속도 등을 계산하여 비행기를 자동조종하는 컴퓨터이며 조종사는 제어 판넬을 통하여 비행 정보를 입력한다. 항법 스위치와 고도 스위치는 조종사가 수동 조종할 때는 끄고 자동비행할 때는 켜는 스위치이다. [그림 12.10]은 실제 항공기 자동조종장치의 제어 판넬이다.

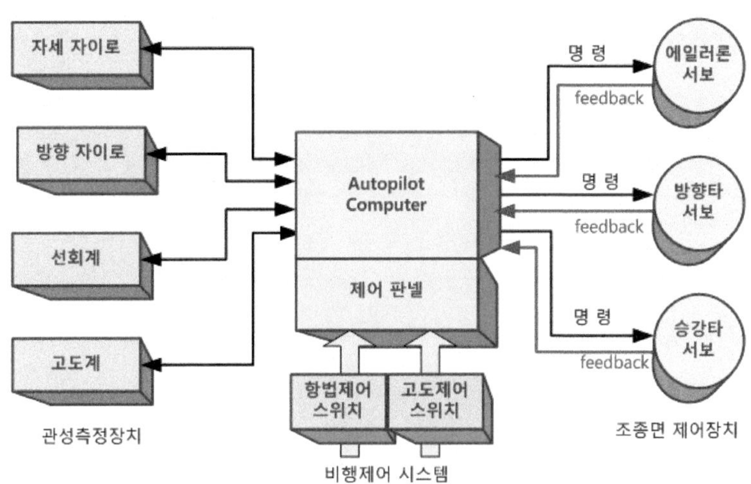

[그림 12.9] 자동조종장치(Autopilot)

(a) B777의 MCP(Mode Control Panel)

(b) 에어버스 A320의 FCU(Flight Control Unit)

[그림 12.10] 실제 보잉777과 에어버스 A320의 자동조종장치 제어 판넬

1903년 12월 17일에 라이트 형제가 비행기를 비행한 이래 비행자동조종장치와 관련된 역사를 살펴보면 다음과 같다.

- 1919년 자동항법장치

  미국의 Sperry 회사는 자이로 나침반을 이용한 자동균형 장치를 시연하였다. 비행기는 스스로 수평 자세를 유지하면서 직선으로 비행하였다.

- 1920년 자동조타장치

  Standard Oil 유조선 J.A 머펫이 최초로 자동조타장치를 이용하여 알래스카에서 미국 본토로 항해하였다.

- 1922년 자동조타장치

  미국 군함 뉴멕시코 호에서 Nicolas Minorsky는 PID 자동제어 기술을 이용하여 자동조타장치를 개발하였다.

- 1947년 미 공군 C-54 수송기

  자동조종장치를 이용하여 이륙부터 착륙까지 대서양 횡단에 성공하였다.

- 1989년 자동비행장치

  미 공군 틸트-로터(tilt-rotor) V-22 Osprey가 시험 비행에 성공하였다.

- 1995년 자동비행제어

  미 공군의 무인기 Predator(512kg, 101hp, 원격 조종사 2명)가 중동전에서 활약을 하였다.

- 2013년 무인 함재기

  미 해군의 X-47B 무인 함재기가 공중 급유기의 급유를 받는 등 항공모함에서 이륙과 비행에 성공하였다.

비행기가 이륙하여 예정된 비행 고도에 오르면 자동비행장치가 가동하여 목적지 비행장 근처까지 비행하고 비행장 관제소의 지시에 따라 착륙한다. 20인승 이상 비행기에는 비행자동조종장치를 의무적으로 장착해야 한다. 자동비행장치가 지속적으로 발전하여 자율 비행이 가능하게 되었다.

12.6.2 자율 비행

자율 비행(autonomous flight)이란 항공기 스스로 이륙부터 착륙까지 비행하면서 예기치 않은 상황이 발생해도 스스로 해결할 수 있는 비행을 말한다. 자동 비행(automated flight)은 미리 입력한 경로를 따라 비행하거나, 조종사의 조작에 의하여 주어진 비행 상태를 유지하는 비행이므로 충돌과 같은 돌발 상황이 발생하면 대처하지 못한다는 점에서 자율 비행과 다르다.

자동 비행(automatic flight)을 정의하면 다음과 같다.

- 특정한 구간 동안 입력된 정보에 따라서 항공기 스스로 비행하는 장치이다.

자율 비행(autonomous flight)을 정의하면 다음과 같다.

- 이륙부터 착륙까지 스스로 비행하면서 예기치 않은 상황에 대처할 수 있는 비행이다.
- 특정한 구간 동안 스스로 부여된 임무를 수행하는 비행이다.

차량을 자율주행 시키려고 시도한 것은 20세기 초에 선박으로부터 시도되었다. 제1차 세계대전이 발생하여 선박을 대량 투입해야 하는데 선박을 운항할 조타수가 너무 부족하였다. 선박은 조선소에서 설계도를 기반으로 대량생산이 가능한데 유능한 조타수를 양성하려면 오랜 시간이 걸렸다. 해군은 대양에서 전투를 수행할 군함에 경험이 많고 유능한 조타수를 공급해야 했다. 대안으로 나온 것이 유능한 조타수를 흉내 낼 수 있는 자동 조타 장치를 만드는 것이었다. 항공에서도 대륙과 대양을 횡단하는 장거리 비행기 조종사들을 도와주기 위한 자동조종장치들이 개발되기 시작하였다. 지상에서는 대륙을 횡단하는 대형 컨테이너 트럭들을 고속도로에서 안전하게 운행하게 도와주는 자동주행 장치들이 개발되었다.

1) 선박 자율 항해

국제 해운 업계의 최대 문제는 인력 부족과 해적과 해양 오염이다. 외항선은 한번 출항하면 수개월 이상 대양에서 운항하기 때문에 배를 타려는 선원들이 점차 줄어들고 있다. 중동과 아프리카 지역에서는 해적이 출몰하여 선원을 인질로 삼는 일이 더욱 선원들을 괴롭히고 있다. 선원을 많이 태우고 다니는 화물선은 해양수를 오염시킨다. 선박이 자율 항해를 하면 이런 문제들이 동시에 해결되기 때문에 각국은 자율 운항에 많은 투자를 하고 있다.

<표 12.4>와 같이 국제 해운 동맹 등에서는 자율 운항을 여러 단계로 구분하고 있다. 자율 운항을 지상국을 기준으로 다음과 같이 정의할 수 있다.

〈표 12.4〉 선박 자율 운항 5단계

발전 단계		내 용	비 고
0단계	선장 운행	선장 운항	선박과 지상국 분리
1단계		선장 지시	지상국 장비 모니터링, 정속 주행, 방위
2단계	자율 운행	선장 위임	지상국 상태 모니터링 자료 공유, 진단, 성능 개선
3단계		선장 감독	자동 항해, 지상국 원격 제어
4단계		선장 불필요	100% 자율 운항

- 0단계 : 자율 운항 없음

  완전 수동으로 선장이 운항하며 선박과 지상국은 완전 분리된 상태이다.

- 1단계 : 선장의 지시

  자동 항해 장비가 일정한 속도나 특정한 방위로 항해하도록 보조한다. 지상국에서는 선박의 장비를 모니터할 수 있다.

- 2단계 : 선장의 위임

  출발지에서 목적지까지 자동항해장비가 선박을 조종한다. 지상국에서는 선박의 상태를 모니터하고 자료를 공유하고 선박의 성능을 진단하고 개선할 수 있다.

- 3단계 : 선장의 감독

  운항 정보를 입력하면 자동조종장치가 선박을 운항하고 선장이 감독한다. 지상국에서 선박을 원격으로 조종할 수 있다.

- 4단계 : 선장 불필요

  선박의 자동조종 장비가 100% 자율 주행하므로 선장이 필요 없다.

인력 난, 해적, 해난 사고 등의 문제를 해결하기 위하여 선박의 자율 운항은 오래전부터 추진되어 왔으며 하드웨어 장비들은 거의 개발이 완료된 상태이다. 앞으로의 문제는 이들 장비들을 효과적으로 통합하고 관리할 인공지능 운항제어 프로그램을 개발하는 일이다.

2) 차량 자율 주행

미국, 캐나다, 유럽 등과 같이 국토가 방대하고 지역 사회가 골고루 퍼져 있는 나라들은 육상 물류 운송이 매우 중요하다. 수많은 대형 트럭들이 밤낮 없이 수 천 km가 넘는 고속도로를 주행하고 있다. 자율 주행이 가장 필요하고 적합한 분야가 고속도로에서의 대형 화물 트럭들이다. 신호등도 없고 차량도 많지 않은 대륙 횡단 고속도로는 자율 주행의 최적지이다. 여러 대의 트럭들이 함께 자율 주행한다면 더욱 효과적이다.

현재 자동차 업계의 핵심 주제는 전기 차와 자율 주행이다. 지상에서 석유 엔진이 사라지고 모든 차량은 전기 차가 대체할 것이다. 이미 도처에서 전기 차량이 운행하고 있으며 유럽의 각국들은 법적으로 석유 차량의 생산과 운행을 금지할 것을 예고하고 있다. 아울러 자율주행 차량으로 각종 교통사고를 예방하려고 시도하고 있다. <표 12.5>는 국제자동차기술자협회(SAE, Society of Automotive Engineers)에서 정의한 자율주행 차량에 대한 정의이다. 미국 도로교통안전국이나 미국자동차공학회에서 정의한 내용도 이와 크게 다르지 않다.

〈표 12.5〉 차량의 자율주행 정의

<table>
<tr><th colspan="2">단계</th><th>내용</th><th>비고</th></tr>
<tr><td>0단계</td><td rowspan="3">운전자 주행</td><td>자율주행 없음</td><td>100% 운전자 조종</td></tr>
<tr><td>1단계</td><td>운전자 지원</td><td>자동 브레이크, 정속주행장치</td></tr>
<tr><td>2단계</td><td>부분적 자율주행</td><td>고속도로 차량 간격 유지, 차선 유지 등</td></tr>
<tr><td>3단계</td><td rowspan="3">자율 주행</td><td>조건부 자율주행</td><td>제한적인 자율주행, 운전자 개입 필요</td></tr>
<tr><td>4단계</td><td>고급 자율주행</td><td>특정 도로 조건에서 운전자 개입 필요</td></tr>
<tr><td>5단계</td><td>완전 자율주행</td><td>운전자 불필요</td></tr>
</table>

차량의 자율 주행을 손과 눈을 기준으로 정의하면 다음과 같다.

- 0단계 : 자율 주행 없음

  손으로 핸들을 잡고, 눈을 크게 뜨고 운전한다.

- 1단계 : 운전 보조 장치 지원

  손으로 핸들을 잡고, 눈을 뜨고 운전하지만 보조 장치의 지원을 받는다.

  정속주행장치, 자동 브레이크 등이 도와준다.

- 2단계 : 부분적 자율 주행

  핸들을 잠시 놓을 수 있지만 눈은 크게 뜨고 운전한다.

  차량이 속도와 차선을 유지하며 주행하지만 불안하면 개입한다.

- 3단계 : 조건부 자율 주행

  핸들도 놓고, 눈도 감을 수 있지만 요청 시에는 개입한다.

  차량이 경고하면 즉시 개입하여 처리한다.

- 4단계 : 고급 자율 주행

  핸들도 놓고, 눈도 감고 있지만 운전자가 필요하면 개입한다.

  차량이 스스로 잘 할 수 있지만 운전자의 마음이 불안할 수 있다.

- 5단계 : 완전 자율 주행

  자율 주행이 완벽하므로 운전자가 필요 없다.

차량의 자율주행은 비행기의 자율비행과 크게 다르지 않다. 다른 점이 있다면 문제 발생 시에 차량은 충돌로 이어지고 비행기는 추락으로 이어진다. 모두 큰 사고를 발생하기 때문에 자율주행은 많은 기술력과 엄격한 안전 기준이 요구된다.

3) 항공기 자율 비행

비행기를 타고 대륙이나 대양을 횡단하려면 수십 시간 이상 조종을 해야 한다. 조종사들의 피로를 막기 위하여 많은 비행 보조 장치들이 개발되었다. 목적지를 설정하면 비행사가 조종간을 잡지 않더라고 비행기가 목적지까지 비행하고, 일정한 속도를 유지하거나, 일정한 고도를 유지하며 비행하는 장치들이 비행사들에게 큰 도움이 되었다.

드론은 지상에서 무선 통신을 이용하여 컴퓨터로 조종하는 무인 항공기이다. 드론이 시계 밖으로 벗어나면 드론은 사전에 입력된 정보와 지상에서 통신으로 전달되는 명령을 받아서 스스로 비행하게 된다. 비행 과정에서 주변 환경 정보를 습득하고 스스로 안전을 유지하며 비행해야 하므로 점차 자율비행 능력이 증가하게 되었다. 지상에서 차량들이 자율주행을 하듯이 드론도 자율비행이 필요한 상황이다.

자율비행 능력은 항공전자 기술에서 나오므로 항공전자 기술을 대폭 발전시켜야 한다. 자율비행은 <표 12.6>과 같이 5단계로 구분되어 추진되고 있다. 0단계에서 1단계까지는 사람이 조종하거나 기계장치가 보조하는 것으로 보고 2단계부터는 목적지와 고도와 경로만 입력하면 비행기 스스로 비행하는 자율비행으로 보고 있다. 아직까지 항공기관련 기관에서의 공식적인 자율비행에 대한 정의는 나오지 않았지만 학계와 항공기협회에서 주장하는 것을 정리하면 <표 12.6>과 유사하다.

〈표 12.6〉 자율비행 5단계

발전 단계		내용	비고
0단계	조종사 비행	자율 기능이 전혀 없음	100% 조종사 조종
1단계		비행 보조 장치 지원	정속비행, 고도 유지 비행
2단계	자율 비행	비행 중에 작은 문제는 스스로 해결	충돌 회피, 폭풍 회피
3단계		필요할 때만 조종사의 지원을 받는다.	조종사 감독 필요
4단계		완전한 자율 비행	조종사 불필요.

■ 0단계 : 자율 기능이 전혀 없는 비행

자율 비행 기능이 전혀 없이 조종사가 100% 조종하는 단계이다. 고도계나 위도와 경도를 알려주는 계기가 있더라도 조종사가 읽고 판단하며 조종하는 것이므로 완전 수동식이다.

■ 1단계 : 조종사 조종

조종사가 직접 조종간을 잡고 조종하지만 부분적으로 제어장치의 도움을 받는다. 조종사가 설정한 고도를 유지하거나, 설정한 목표 방향을 유지하거나, 속도를 유지하는 비행 제어장치이다. 차량에서 정속주행하거나 앞 차와의 거리가 가까워지면 브레이크를 밟아서 거리를 유지하는 것과 유사하다.

■ 2단계 : 조종사 위임

조종사가 비행의 상당 부분을 장치에 위임하고 통제하지 않는 수준이다. 목적지와 경유지들을 입력하면 스스로 경유지들을 거쳐서 목적지까지 비행한다. 비행 중에 충돌이 예산되면 비행기 스스로 충돌을 회피하고 비행을 계속한다. 폭풍이 불거나 이상 기류를 만나면 스스로 회피하는 비행을 한다. 고속도로에서 목적지를 입력하면 운전대를 놓고 있어도 차량이 차선을 유지하거나 차선을 스스로 변경하면서 주행하는 것과 같다.

■ 3단계 : 비행기 조종 : 조종사 감독

조종사가 비행의 모든 부분을 장치에 위임하고 통제하지 않는 수준이다. 조종사가 출발지와 목적지, 항로, 고도, 속도 등을 모두 입력하면 이륙에서 착륙까지 비행기 스스로 비행하는 장치이다. 비행 중에 이상한 상황을 만나거나 필요할 때만 조종사의 도움을 받는다. 차량에서 목적지를 입력하면 스스로 목적지까지 운전하되 필요시에는 운전사가 개입하는 것과 같다.

■ 4단계 : 완전 자율 비행

조종사가 장치에 입력한 명령대로 비행하지만 추가적으로 조종사의 도움을 받지 않는다. 무인기처럼 조종사가 탑승하지 않고도 비행이 가능한 비행 장치이다. 진정한 의미의 자율비행이다.

이상은 비행기를 자율로 비행하기 위해서 만든 규칙이므로 자동차와 선박에서의 자율운행 규칙은 조금씩 다르다. 중요한 것은 모든 이동체들은 자율주행을 향하여 진화하고 있다는 사실이다. 따라서 드론도 자율비행을 위한 발전을 거듭할 것이다. 미국자동차공학회에서 설정한 자동차의 자율주행 기준은 6단계로 자율비행과 약간 다르다.

4) 자율 비행제어 시스템

자율 비행 시스템은 자동조종장치들을 효과적으로 통합하는 비행제어 소프트웨어로 구성된다. 현대 항공기 조종석에는 이륙부터 착륙까지 완벽하게 비행할 수 있는 자동조종장치들이 구비되어 있으므로 조종사가 이들 장치에 비행정보를 입력하기만 하면 완벽한 비행이 가능하다. 따라서 자율 비행을 하려면 이들 장치들을 제어할 수 있는 비행제어 소프트웨어를 만들어서 설치하면 된다. 따라서 다음의 등식이 성립한다.

자율 비행 제어 시스템 = 자동조종장치 + 비행제어 소프트웨어

[그림 12.11]은 자율 비행을 하기 위한 비행제어 시스템의 구성도이다. 항공기는 자신의 위치를 탐색하고, 기상 등의 환경을 탐색하고, 경유지를 거쳐 목적지에 이르는 경로 계획을 세우고 항공기의 자세를 유지하면서 모터와 조종면들을 구동하여 비행한다. 관성 항법(INS) 장치를 이용하여 비행하면서 위성 항법(GPS) 장치를 이용하여 위치를 보정한다. 위성 항법은 위치 탐색을 잘하지만 자세제어를 할 수 없으므로 관성 항법 장치가 항상 필요하다. 주변 환경을 효율적으로 관측하기 위하여 Lidar를 사용한다. Lidar(light + RADAR)는 레이저 펄스를 발사하고, 반사파를 받아 거리, 방향, 속도, 온도, 물질 분포 및 농도 특성을 감지하는 기술이다. 주변 사물, 지형지물 등을 감지하고 이를 3D 영상으로 모델링할 수 있어서 낮은 고도에서 많이 사용되고 있다

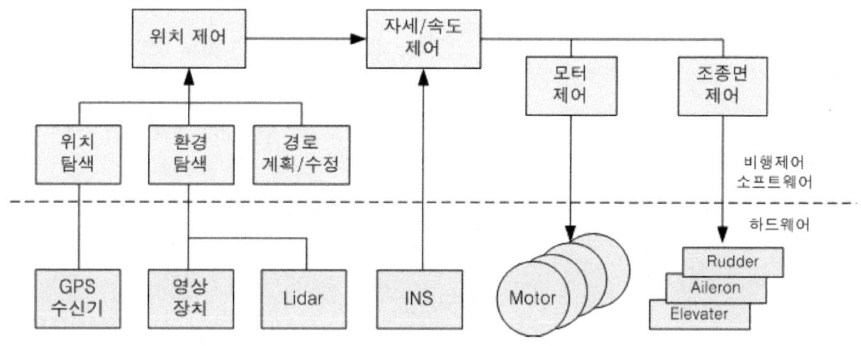

[그림 12.11] 자율 비행 제어 시스템

요약

- 시계 비행(VFR)은 조종사가 직접 눈으로 주변 장애물을 보면서 조종하는 비행이다.
- 계기비행(IFR)은 조종사 시각 외에 항공기의 자세, 고도, 위치, 방향 등을 항공기에 장착된 기계장치들을 보면서 조종하는 비행이다.
- 자동비행은 조종사가 자동장치에 비행 정보를 입력하면 비행기 스스로 비행 정보대로 비행하는 기술이다.
- 자율비행이란 비행기 스스로 방향과 거리를 측정하고 목적지를 찾아가는 기술이다.
- 전파 항법은 전파를 이용하여 이미 알려진 기지국 위치로부터 자신과의 거리를 측정하는 기술이다.
- 항공기 조종실에는 조종사/부조종사, 항법사, 기관사, 통신사 들이 각자 자신의 조종 업무를 담당하였으나 이제는 조종사/부조종사가 담당하고 있다.
- 레이더(RADAR)는 극초단파를 물체에 발사하고 반사파를 수신하여 물체와의 거리와 고도, 방향 등을 식별하는 무선장치이다.
- 라이다(Lidar)는 레이저(laser)에서 나오는 가시광선을 발사하고, 반사파를 받아 거리, 방향, 속도, 온도, 물질 분포 및 농도 특성을 감지하는 기술이다.
- 자율비행이란 위치제어, 자세제어, 충돌제어 등의 기술을 이용하여 스스로 비행 임무를 수행하는 비행이다.
- 천문항법은 육분의(sextant)와 경도 시계(크로노미터) 등을 이용하는 항법이다.
- 전파항법은 전파의 직진성, 등속성, 반사성 등을 이용하는 기술이다.
- 관성항법은 자이로와 가속도계의 관성을 이용하여 물체의 회전 각도와 이동 거리를 측정하는 기술이다.
- 위성항법은 인공위성에서 발사하는 전파를 수신하여 3차원의 지리좌표를 계산하는 기술이다.
- 선박 자율운항은 선장이 전적으로 배를 운항하는 0단계부터 선장이 필요 없는 4단계까지 구분된다.
- 항공기의 자율비행은 조종사가 전적으로 조종하는 0단계부터 조종사가 필요 없는 4단계까지 구분된다.

연습문제

1. 다음 용어들을 정의하시오.
   (1) 항법사
   (2) 육분의
   (3) 계기 비행
   (4) Autopilot
   (5) 자율 비행

2. 항공기가 비행하는 방식의 종류를 설명하시오.

3. 시계 비행에 필요한 장비들을 설명하시오.

4. 계기 비행에 필요한 장비들을 설명하시오.

5. 항공기를 비행하기 위하여 조종면들을 조작하는 장치들을 설명하시오.

6. 자동비행장치(autopilot)의 기능을 설명하시오.

7. 자동 비행에 필요한 장비들을 설명하시오.

8. 자율 비행에 필요한 장비들을 설명하시오.

9. 항공기 조종실에서 수행하는 업무와 인력을 설명하시오.

10. 선박의 자율 운항 목표를 설명하시오.

11. 차량의 자율 주행 장치의 기능을 설명하시오.

12. 항공기의 자율 비행 단계를 설명하시오.

13. 자율비행 시스템의 기능과 구성을 설명하시오.

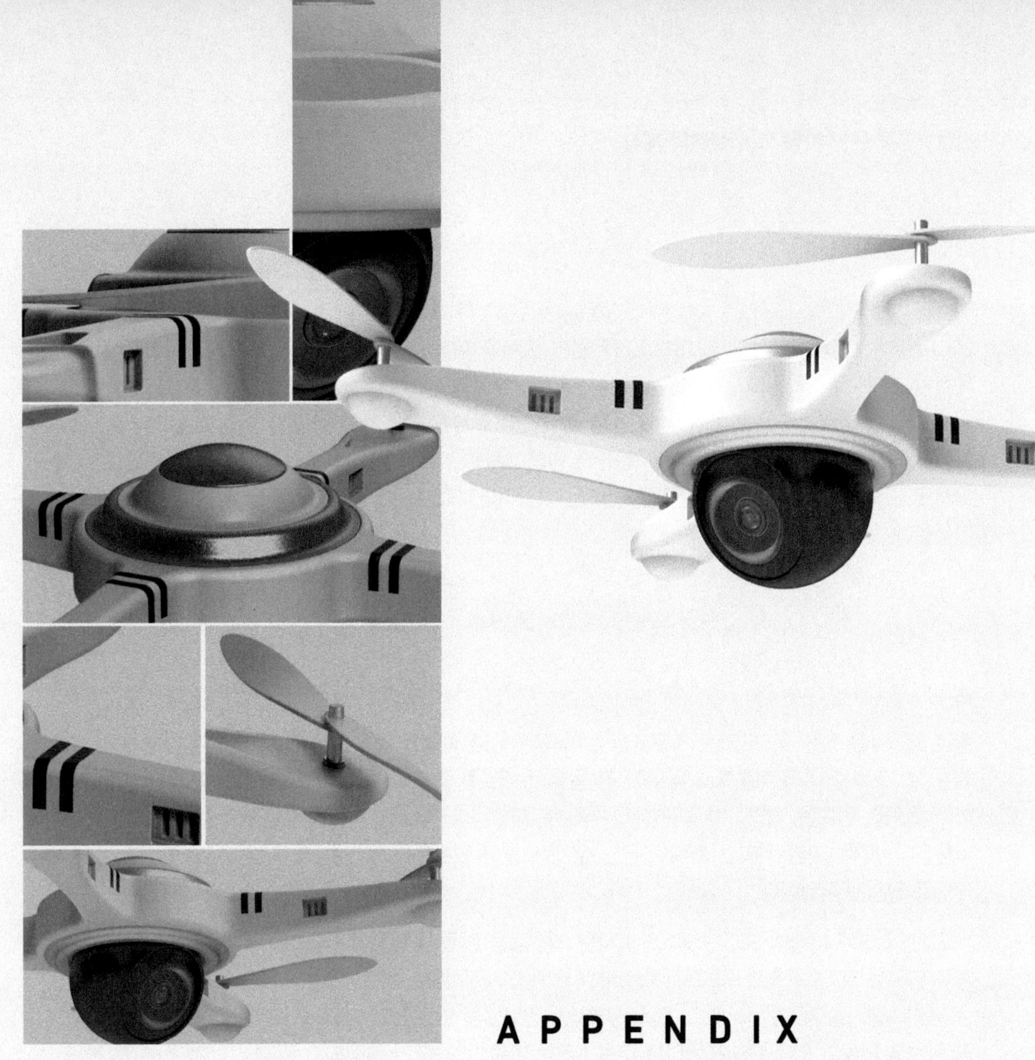

APPENDIX

3D 프린터를 이용한 드론 만들기

3D 프린터

3D 프린터는 입체적인 설계 도면으로 3차원의 물체를 제작하는 기계이다. 3D라고 하는 것은 입체적인 도면으로 3차원의 물체를 만든다는 뜻이고 프린터라고 하는 것은 인쇄기가 잉크를 2차원의 문자들을 출력하듯이 가루나 액체 등을 출력하여 물체를 만들기 때문에 붙여진 이름이다. 3D 프린터의 원리는 제작하려는 물체를 컴퓨터 안에 3차원으로 표현하는 파일을 만들고 이것을 읽어서 조금씩 재료를 출력하여 물체를 만드는 작업이다. 3D 프린터 작업은 다음과 같이 3단계로 진행한다.

3차원 모델링 > 3차원 인쇄 > 마감 처리

첫째, 3차원 모델링은 대상 물체의 설계 도면을 3차원의 컴퓨터 파일로 작성하는 단계이다. 모델링은 3D CAD 또는 3D 모델링 프로그램을 이용하여 3D 파일을 만드는 작업이다. 둘째, 3차원 인쇄는 3D 모델을 여러 계층으로 나누어 각 층별로 재료를 조금씩 출력함으로써 재료를 층층이 쌓아서 물체를 만드는 작업이다. 여기에 사용하는 재료는 플라스틱, 석고, 나일론 가루, 금속 등이 사용된다. 셋째, 마감 처리는 출력이 끝난 물체에 붙어 있는 부수적인 재료를 떼어내고 다듬거나 색체를 입히는 작업이다.

1980년대 초에 미국의 3D 시스템즈 회사는 시제품을 만들기 위하여 플라스틱 액체를 굳혀서 물체를 만드는 3D 프린터를 최초로 개발하였다. 영국 사우샘프턴대학에서는 시속 160㎞로 비행하는 무인비행기를 제작한 바 있고, 건축계에서는 건축물을 만들었고, 의료계에서는 인공 관절과 인공 장기를 만들고 있다. 3D 프린터는 더욱 다양한 분야로 용도가 확장되고 있다.

3D 프린터는 STL(Stereo Lithography) 파일을 주로 사용한다. STL은 3D 시스템즈 회사가 개발한 CAD 파일의 표준 형식이다. STL 파일을 3D 프린터에 읽히면 프린터는 주어진 소재를 층별로 미세하게 출력하여 물체를 만들어 나간다. 3D 프린터를 사용하기 위해서는 부품의 설계 도면을 3D 파일로 만들어야 한다. 3D 소프트웨어마다 사용하는 형식이 다르지만 대부분 STL 형식으로 호환된다.

■ 왜 3D 프린터인가?

멀티콥터 특징 중의 하나는 다양한 형태의 드론을 만들 수 있다는 점이다. 기존의 비행기들은 외형상으로 큰 차이가 없다. 경비행기, 수송기, 대형 여객기, 전투기들의 외형은 모두 유사하고, 헬리콥터도 자이로콥터, 전투 헬리콥터, 구난용 헬리콥터 등의 외형이 거의 유사하다. 그러나 멀티콥터의 외형은 매우 다양하다. X-type, +-type, H-type, Y-type, ㅁ-type, O-type 등과 이들의 조합이 가능하므로 무수한 형태의 드론을 만들 수 있다. 따라서 창의력이 높으면 얼마든지 새로운 형태의 드론을 상상하고 구현할 수 있다. 새로운 항공기의 시제품을 만들 때는 3D 프린터를 이용하는 것이 매우 편리하다.

설계자가 상상한 드론의 모형을 상세 설계 도면으로 만들어서 3D 프린터 기사에게 의뢰하면 부품을 하나씩 만들어준다. 이렇게 원하는 대로 부품을 하나씩 만들어주기 때문에 아이디어만 있으면 얼마든지 새로운 드론을 만들 수 있다. 새로운 부품 제작을 공장에 의뢰하면 최소한 수백 수천 개 이상의 주문을 해야 하기 때문에 쉽지 않다.

이 책의 앞에서는 기체의 재료로 목재를 사용했다. 드론 기체의 소재를 목재로 사용하는 이유는 가볍고 가공이 편리하고 비교적 강도가 좋기 때문이다. 그러나 목재를 가공하는 작업은 숙련된 기술이 요구되며 수작업으로 가공하면 일정한 품질을 유지하기 어렵다. 그래도 목재를 사용하는 이유는 대량 생산을 하기 전에 시제품(prototype)을 쉽게 만들 수 있기 때문이다. 그러나 3D 프린터가 보급된 후에는 3D 프린터가 시제품 제작의 대안이 되었다.

3D 프린터가 없거나 3D 프린터를 사용할 줄 몰라도 상관없다. 드론의 상세 설계도를 만들 수 있다면 3D 프린터 기사가 설계도를 보고 3차원 모델링 작업을 수행하고 부품을 만들어 준다.

〈표 A.1〉 3D 프린터 활용 시 드론의 장점

구분	내용	비고
1	다양한 구조와 형태의 부품 제작	구입하기 어려운 소수의 부품 제작 가능 창의력 발휘
2	정확한 설계 기록	출력을 하려면 정확한 설계도면 필요
3	균일한 품질관리	동일한 품질의 부품 제작
4	미려한 외관	표면이 매끄럽고, 색칠하기 좋다.
5	보안 유지	자체 생산하므로 외부 유출 방지
6	강도	소재에 따라 비교적 강도가 좋다.

■ 3D 프린터의 장점

<표 A.1>은 3D 프린터를 이용하여 드론을 만들 때 얻을 수 있는 장점으로서 주요 내용은 다음과 같다.

첫째, 3D 프린터는 다양한 구조와 형태의 부품들을 만들 수 있다. 새로운 형태의 부

품이 필요할 때 그것을 만들어 주는 공장을 찾는 것은 쉽지 않다. 주문 수량이 많지 않기 때문에 쉽게 만들어 주지 않는다. 그러나 3D 프린터는 하나의 작은 부품이라도 저렴하게 빨리 만들 수 있으며, 형태가 복잡하더라도 시간만 있으면 얼마든지 만들 수 있다. 따라서 개인의 창의력을 발휘하기 쉬워서 발명품을 제작하기 편리하다.

둘째, 3D 프린터로 기체의 부품을 만들기 위해서는 드론의 상세 설계 도면을 정확하게 작성해야 한다. 도면이 정확해야 3D 프린터 기술자가 드론 설계 도면을 보고 3차원 모델링을 하고 3D 모형을 만들 수 있기 때문이다. 목재를 수작업으로 만들 때는 도면이 정확하지 않아도 임의로 만들면서 수정할 수 있기 때문에 정확한 도면을 만들지 않을 수 있다. 작업 도중에 설계 내용이 달라졌는데 도면을 수정하지 않으면 나중에 도면과 실물이 달라서 고생을 할 수 있다.

셋째, 3D 프린터로 부품을 만들면 몇 개를 만들더라도 동일한 품질이 유지된다. 목재를 수작업으로 가공하면 작업할 때마다 부품들이 조금씩 다를 수 있다. 즉, 수작업으로는 동일한 품질을 유지하기 어렵다.

넷째, 3D 프린터의 출력물은 표면이 매끄러워서 미관상 보기에 좋다. 또한 락커 칠 등을 이용하여 새로운 색상을 입히기 좋으므로 상품성이 좋다.

다섯째, 시제품 제작을 외부 공장에 위탁하지 않아도 되기 때문에 디자인의 유출을 막을 수 있다. 3D 프린터의 가격이 저렴하기 때문에 스스로 제작하기 좋다.

여섯째, 소재에 따라서 강도가 다양하고 좋다. 목재보다 밀도가 높아서 무거운 대신 강도가 높다는 장점이 있다.

예전과 달리 3D 프린터의 가격이 많이 하락하여 이제는 직장이나 학교, 연구소 등에 3D 프린터가 많이 설치되어 있으므로 작은 비용으로 3D 프린터를 이용할 수 있게 되었다. 3D 프린터를 이용하여 드론을 만드는 과정은 목재를 소재로 할 때보다 좀 더 간단하다. 그 이유는 목재를 소재로 할 때는 부품 제작까지 스스로 완성해야 하지만 3D 프린터를 이용하면 설계 이후의 제작은 기계가 해주기 때문이다.

■ 부록 A의 기술 범위

드론을 설계하고 제작하는 방법은 이 책의 앞에서 기술하였으므로 여기서는 3D 프린터를 활용하는 방법을 설명한다. 3D 프린터가 기체 부품들을 잘 출력할 수 있도록 드론의 상세 설계 도면을 작성하는 방법을 설명한다. 즉, 드론을 설계하는 과정이나 기자재를 편성하는 방법 그리고 드론을 조립하고 제작하는 방법들은 이미 앞 장에서 기술하였으므로 여기서는 설명하지 않는다.

드론 기체를 설계하는 절차는 목재, 탄소섬유, 플라스틱, 3D 프린터 등의 소재와 관계없이 동일하다. 목표로 하는 드론의 개념 설계, 기본 설계를 통하여 상세 설계를 마치고 제작에 들어간다. 상세 설계 도면을 3D 프린터 기사에게 주면 부품을 만들어준다. 이 장에서는 대표적인 몇 가지 형태의 드론을 제작하기로 한다.

A.1 300급 X-type 드론

이 드론의 설계 목적은 3D 프린터를 이용하여 X-형태 드론을 제작하고 비행성을 실험하기 위한 것이다. 드론의 크기를 300급으로 설정한 것은 초보자들이 작업하기 쉽고 위험성을 줄이기 위한 것이다. 드론이 200급 이하로 작으면 부품들이 작아서 조립하기도 어렵고, 조종하기도 어렵다. 450급 이상으로 크면 조립하는 수작업도 편리하고, 조종하기도 쉬워지지만 모터 출력이 높아서 사고 발생 시 위험성이 커진다.

모터를 설치하는 arm을 구성하는 각재는 15*15mm의 3D 프린터 출력을 이용하고 판재는 4mm 두께를 이용한다. X-형태의 프레임을 만들기 위하여 두 개의 각목을 X 형태로 연결하면 하판과 중판 사이에 공간이 없어서 불편하다. 이 문제를 해결하기 위하여 4 개의 암(arm)들의 길이를 짧게 만들고 중앙에 공간을 만들어서 배전반을 설치하면 중간 층 하나를 설치하지 않아도 된다. 이 방식은 드론 프레임에서 한 층을 줄일 수 있는 장점이 있다. 여기에 단점이 있다면 암(arm)들이 직접 연결되지 않아서 암들을 판재(center mount)로 결합해야 한다. 이 문제는 암과 판재를 강력하게 결합할 수 있는 접착제와 나사 못 등을 이용하여 해결한다.

A.1.1 300급 X-type 드론 기체 설계

[그림 A.1]은 300급 X-type 쿼드콥터 설계의 평면도이다. 15*15*150mm 길이의 arm을 26mm 간격을 두어 설치하면 300급 드론이 된다. 4각형의 하판과 중판 사이에 arm을 대각선으로 결박하면 쿼드콥터가 된다. 하판과 중판 사이에 배전반을 설치하고 중판 위에 비행제어기를 설치한다. 추가적으로 중판 위에 알루미늄 봉으로 상판을 설치하면 상판 위에 수신기, 배터리 등을 설치할 수 있다.

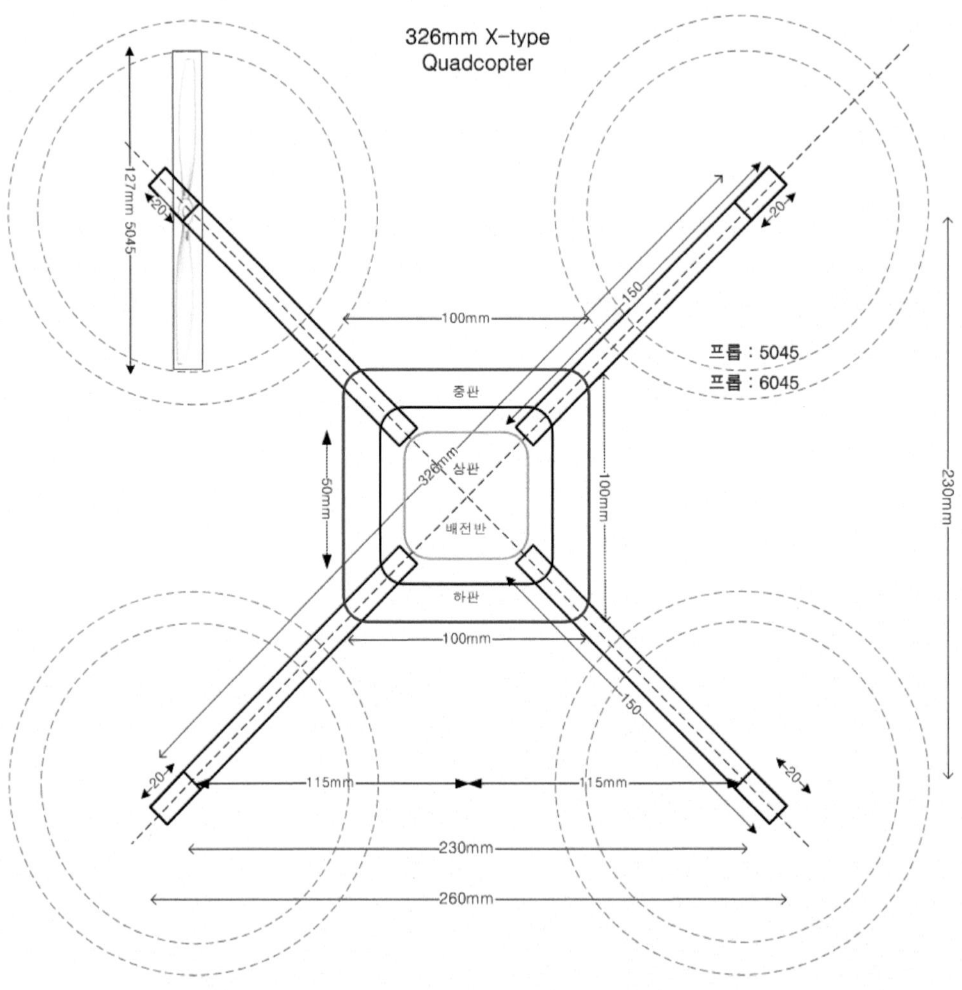

[그림 A.1] 4개의 arm이 분리된 300급 X-형태 드론의 평면도

Arm의 끝에서 20mm 거리에 모터를 설치하면, 설계 도면에서 모터 간의 거리를 확인할 수 있으므로 설치할 수 있는 프로펠러의 크기를 확인할 수 있다. 5030 프로펠러의 길이는 2.54cm*5 = 12.7cm = 127mm이므로 두 프로펠러 사이의 남은 공간 거리는 230mm - 127mm = 103mm이다. 6인치 프로펠러의 길이는 6*25.4mm = 152.4mm이므로 프로펠러 사이의 간격은 230mm - 152.4mm = 77.6mm이다. [그림 A.2]의 전면도에서 배터리를 상판 위에 설치하면 3개의 판재로 드론 구조를 완성할 수 있다. [그림 A.4]는 이 드론에 설치하는 판재들과 배전반(PDB, Power Distribution Board) 등이다. 상판에 배터리를 설치하면 저익기가 되어 드론의 기동성이 향상되는 대신에 안정성이 저하된다.

[그림 A.2]는 쿼드콥터를 앞에서 정면으로 본 전면도로서 기자재들의 배치를 표현하였다. 그림과 같이 암들 사이에 빈 공간이 있으므로 하판 위에 50*50mm 크기의 배전반(power distribution board)을 설치할 수 있다. 하판 아래에 배터리를 길게 설치하고 케이블 타이와 벌크로 테이프로 만든 끈으로 결박할 수 있다. [그림 A.3]은 이 쿼드콥터의 측면도이다. 이 드론의 장점은 저익기(배터리가 아래에 부착)이므로 무게 중심이 낮아서 안정성이 높다.

[그림 A.2]는 [그림A.1]의 설계도에 배터리, 모터, 변속기, 배전반 등의 주요 부품들을 기체에 배치한 상태를 보여주는 배치도이다. [그림 A.3]은 이 드론을 옆에서 바라본 측면도이다. 이 그림에서는 배터리를 하판에 설치했으므로 고익기가 되었지만 상판 위에 설치하면 저익기가 된다. [그림 A.2]와 [그림 A.3]을 통하여 우리는 드론을 구성하는 주요 부품들이 어떻게 배치될 것인지를 확인하고자 한다. 이 그림을 통하여 판재와 각재를 설계하고, 스키드, 모터 마운트, 중판과 상판을 연결하는 알루미늄 봉 등을 조립할 수 있도록 상세하게 설계한다.

평면도와 전면도와 측면도 등의 세 가지 설계도를 한 단어로 삼면도라고 한다. 하나의 대상을 상대로 세 가지 도면을 작성하는 이유는 여러 시야와 각도에서 목적물을 관찰함으로써 정확하고 정교한 설계도를 작성하는데 있다. 한 쪽 시각에서는 볼 수 없는 오류들을 다른 쪽 시각에서 발견할 수 있기 때문에 설계상의 오류를 미연에 방지할 수 있다.

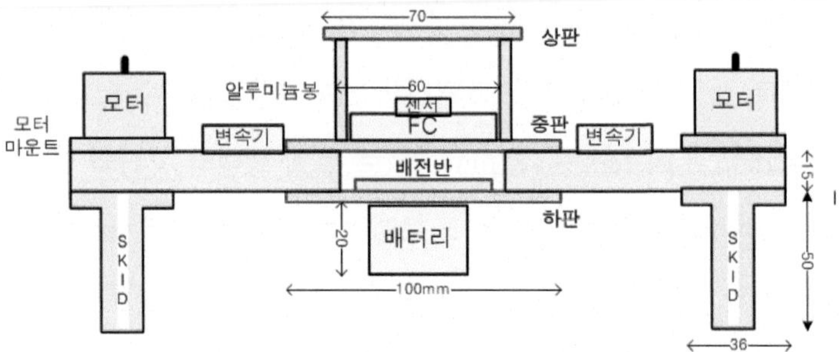

[그림 A.2] 4개의 arm이 분리된 300급 X-type 드론의 전면도

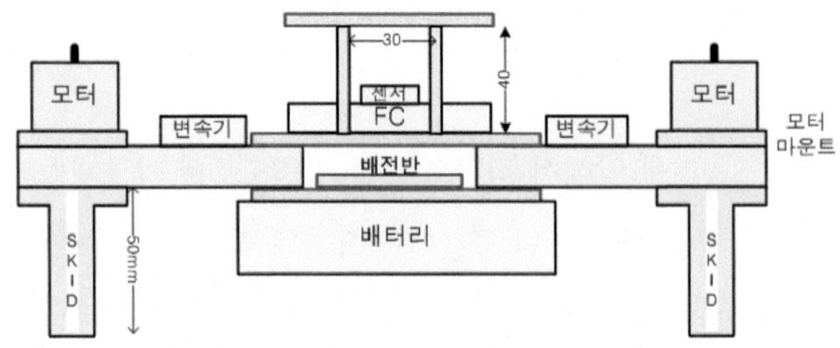

[그림 A.3] 4개의 arm이 분리된 300급 X-type 드론의 측면도

A.1.2 300급 드론 부품 설계

[그림 A.1]의 설계도는 드론의 전체적인 형태와 크기를 나타낸다. 이 설계도를 구현하기 위해서는 각 부품들의 상세 도면을 작성해야 한다. 즉, 드론을 구성하는 하판, 중판, 상판 등의 판재와 arm을 만드는 각재와 모터 마운트 등의 기체 부품에 대한 상세 설계 도면을 작성한다.

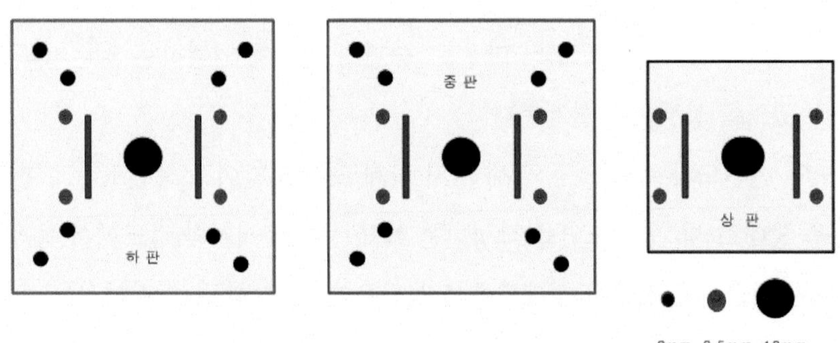

(a) 하판(lower center mount) (b) 중판(upper center mount) (c) 상판(receiver mount)

[그림 A.4] 300급 X-type 드론의 판재

[그림 A.4]는 300급 드론을 구성하는 판재들이다. 하판과 중판은 드론의 arm을 위와 아래에서 결박하는 역할을 수행하고, 하판 위에 배전반을 설치하고, 중판 위에 비행제어기 등을 설치하는 역할을 한다. 상판은 수신기와 배터리 등을 설치하는 역할을 한다. 고익기를 만든다면 배터리가 하판 아래에 설치되지만 저익기를 만든다면 상판 위에 배터리를 설치할 수 있다. 각 판재의 중앙에 있는 10mm 구멍은 판재 사이로 전선과 전력선들을 설치하기 위한 목적으로 사용된다. 중판과 상판의 3.5mm 구멍은 중판과 상판을 연결하는 알루미늄 봉을 설치하기 위한 구멍이다.

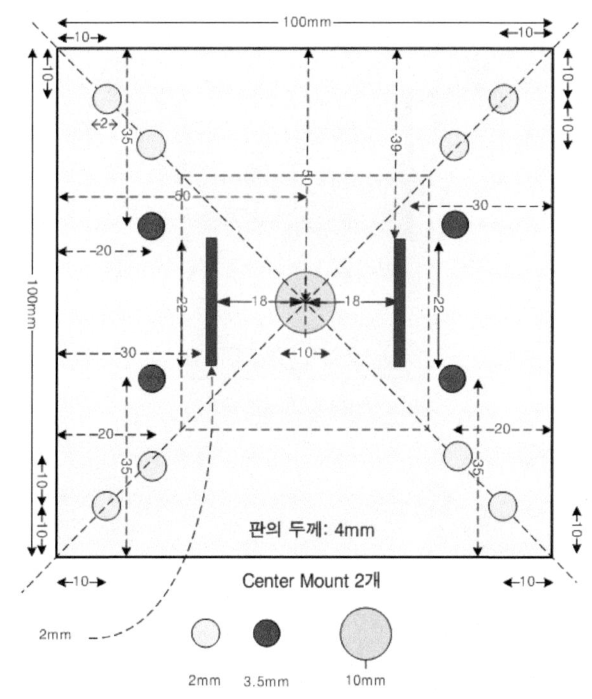

[그림 A.5] 300급 X-type 드론의 하판과 중판

[그림 A.5]는 300급 X-형태 드론의 하판(lower center mount)과 중판(upper center mount)의 설계도이다. 설계 도면의 수를 줄이기 위하여 하판과 중판의 설계를 동일하게 작성하였다. 노란색 2mm 구멍은 arm들을 하판(lower center mount)과 중판(upper center mount)에 연결하는 구멍이고, 10mm 구멍은 상판과 하판에 설치되는 부품들을 연결하는 배선을 위한 공간이고, 중앙에 2*22mm 폭의 긴 직선 구멍은 배터리를 벨크로 끈으로 묶기 위한 공간이고, 붉은 색의 3.5mm 구멍은 상판과 연결하는 알루미늄을

설치하기 위한 공간이다.

[그림 A.6]은 수신기 또는 배터리 등을 설치하기 위한 상판(receiver mount)이다. 상판에서 4개의 3.5mm 구멍은 중판과 상판을 연결하는 알루미늄 봉을 설치하는 구멍이다. 2*22mm의 긴 구멍은 배터리를 묶기 위한 벨크로 끈을 설치하기 위한 공간이다. 중앙의 10mm 구멍은 중판과 상판에 설치하는 부품들을 연결하는 전선을 위한 공간이다.

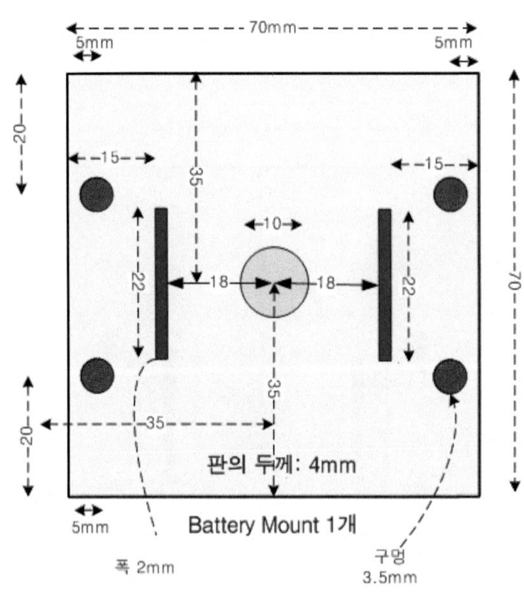

[그림 A.6] 300급 X-type 드론의 상판(receiver mount)

[그림 A.7]은 모터를 드론에 고정하기 위한 고정판으로 두 개로 구성된다. [그림 A.7]의 (a)는 모터 마운트와 모터를 고정하는 역할을 하고, (b)는 모터 마운트와 arm을 고정하는 역할을 한다. 즉, 모터 고정판(motor mount1)은 볼트로 모터를 고정하지만 볼트의 헤드가 밖으로 나오기 때문에 arm과 연결하기 어려우므로 arm 고정판(motor mount2)을 만들어서 모터 고정판과 연결한다. 모터 고정판을 arm에 고정하기 위하여 모서리에 있는 4개의 4.5mm 붉은 색 구멍에 케이블 타이를 넣어서 묶어준다. 모터 고정판 (a)의 4mm 구멍은 모터를 결박하기 위한 볼트 구멍이고, 7mm 구멍은 모터 축이 돌아가는 공간이다. arm 고정판 (b)의 4mm 구멍은 arm 고정판을 arm에 결박하는 공간이고, 7mm 구멍은 모터를 고정하는 볼트의 헤드가 arm에 닿지 않도록 여유를 두는 공간이다.

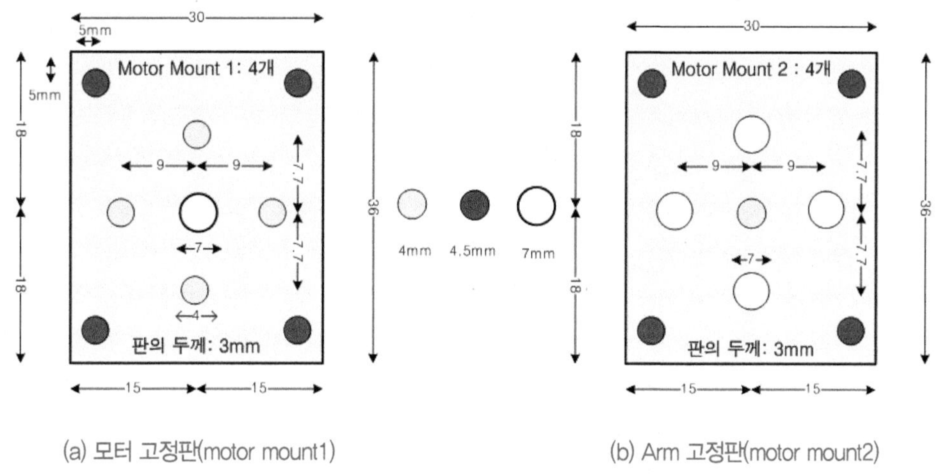

(a) 모터 고정판(motor mount1)　　(b) Arm 고정판(motor mount2)

[그림 A.7] 300급 X-type 드론의 모터 고정판(motor mount)

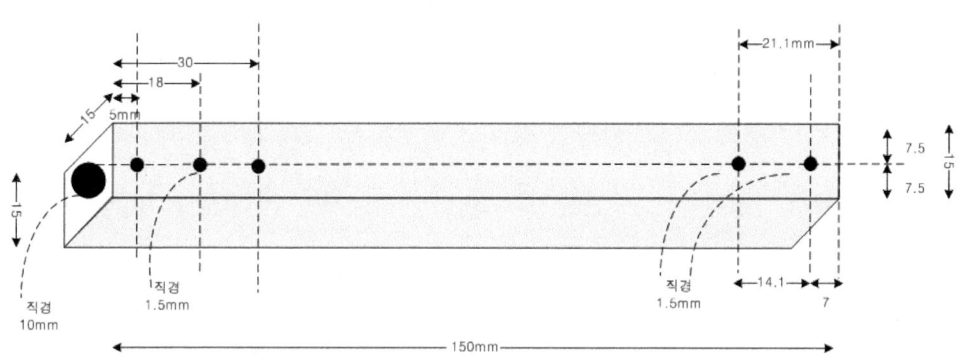

[그림 A.8] 300급 X-type 드론의 arm

[그림 A.8]은 드론의 arm으로 쿼드콥터에 4개가 필요하다. 3D 프린터로 만든 소재의 무게는 목재의 두 배가 된다. 실제로 15*15*150mm 목재의 무게는 10g인데 반하여 3D 프린터 소재의 무게는 20g이다. 소재의 무게를 줄이기 위하여 각재의 중앙에 직경 10mm의 구멍을 내었다.

[그림 A.9]는 드론의 하판에 배터리를 설치할 경우에 배터리를 보호하기 위한 4개의 스키드이다. 배터리를 상판 위에 설치할 때는 스키드를 길게 설치하지 않고 짧은 크기의 고무 쿠션으로 대신해도 된다. 2mm의 노란 색 구멍은 스키드를 arm에 결박하는 나사 구멍이다.

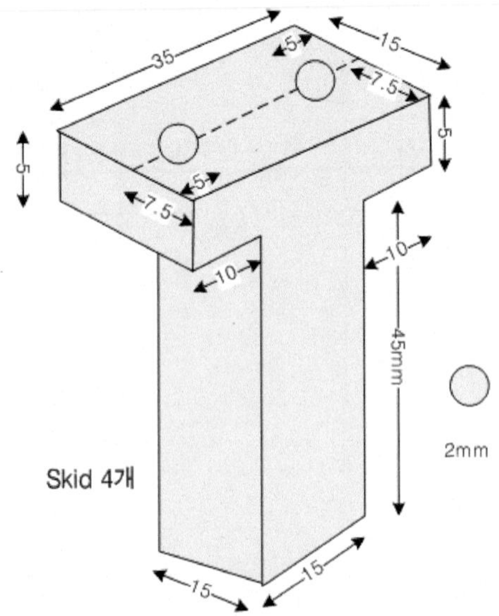

[그림 A.9] 300급 X-type 드론의 스키드

A.1.3 3D 프린터의 부품 출력

A.1.2 절에서 작성된 설계 도면을 3D 프린터 기사에게 주면 [그림 A.10] 등과 같은 부품들을 출력하여 준다. 하판과 중판은 제작을 편하게 하기 위하여 [그림 A.10]과 같이 동일하게 만들었다. 대각선으로 만든 2mm 구멍은 arm과 나사로 결합하기 위한 공간이고, 중앙의 10mm 구멍은 아래와 위에 있는 전선을 연결하기 위한 공간이고, 10mm 구멍의 좌우에 있는 3.5mm 구멍은 상판(Battery Mount)을 지지하기 위하여 알루미늄 봉을 연결하기 위한 공간이다.

(a) 하판(lower Center Mount) (b) 중판(upper Center Mount)

[그림 A.10] 300급 X-type 드론의 하판과 중판

[그림 A.11]의 상판은 드론을 저익기로 만들 경우에 대비하여 중판 위에 설치하는 배터리 마운트이다. 만약 고익기를 만들게 되면 배터리를 하판 아래에 설치하게 되는 경우에도 이 마운트 위에 수신기나 GPS 센서 등을 설치하는데 활용할 수 있다. 중앙의 10mm 구멍은 아래 판과 전선을 연결하는 통로로 사용하고, 그 옆의 2*22mm 길이의 홈은 배터리를 결박하기 위하여 벨크로 테이프를 연결하는 공간이다. 좌우 변에 있는 4개의 3.5mm 구멍은 하판과 결박하기 위하여 사용하는 알루미늄 봉을 연결하는 공간이다.

[그림 A.11] 300급 X-type 드론의 상판(battery mount)

[그림 A.12]는 arm을 만들기 위한 4개의 15*15*150mm 각재이다. 무게를 줄이기 위하여 각재의 중앙에 10mm 지름의 구멍을 뚫었다. 하판과 중판을 결합하기 위하여 각 개의 한 쪽 끝에 2mm 구멍을 2개 뚫었고, 모터 마운트와 스키드를 결합하기 위하여 다른 한 쪽 끝에 3개의 2mm 구멍을 뚫었다.

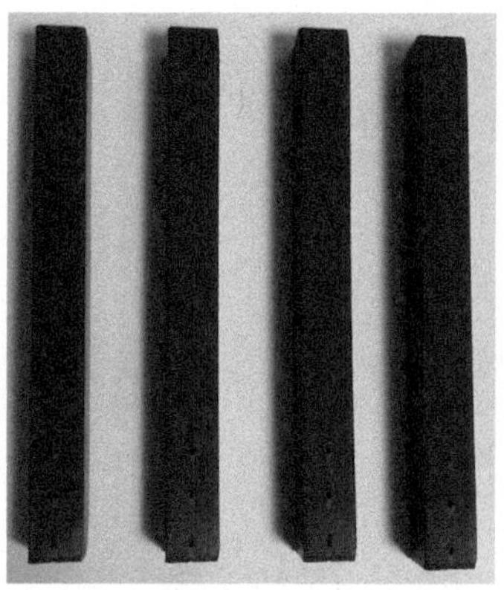

[그림 A.12] 300급 X-type 드론의 arm

[그림 A.13]은 모터를 드론에 결박하기 위하여 만든 두 개의 모터 마운트이다. (a)는 모터와 볼트로 결합하기 위하여 4개의 4mm 구멍이 있고, 중앙에는 모터의 축이 돌아가도록 만든 7mm 공간이 있으며, 각 모서리의 4개의 4.5mm 구멍은 케이블 타이로 arm과 스키드를 결박하기 위한 공간이다. (b)의 중앙에 있는 4mm 구멍은 마운트를 나사로 arm과 결박하기 위한 공간이고, 4개의 7mm 구멍은 모터를 결박하는 볼트의 헤드가 arm에 닿지 않도록 만든 여유 공간이고, 모서리에 있는 4개의 4.5mm 구멍은 케이블 타이로 결박하기 위한 공간이다.

(a) 모터 고정판(motor mount1) (b) Arm 고정판(motor mount2)

[그림 A.13] 300급 X-type 드론의 모터 고정판(motor mount)

[그림 A.14]는 드론을 지지하기 위한 4개의 스키드이다. 두 개의 2mm 구멍은 스키드와 arm을 나사로 부착하기 위한 공간이다.

[그림 A.14] 300급 X-type 드론의 스키드

A.1.4 드론 조립

(a) 앞에서 본 frame

(b) 위에서 내려다 본 frame

[그림 A.15] 300급 X-type 드론의 기체 조립 상태

[그림 A.15]는 3D 프린터 출력의 출력으로 만든 기체 부품들을 조립한 드론 기체이다. 여기에 모터, 변속기, 비행제어기 등의 기자재를 조립하면 완전한 드론이 만들어진다. 이 상태에서 드론의 무게는 220g이었다.

[그림 A.16]은 [그림 A.15]에서 만든 기체에 필요한 부품들을 모두 조립하여 물리적으로 완성한 모습이다. 완성된 드론의 전체 무게는 650g이다. <표 A.2>는 이 드론을 만드는데 필요한 모든 부품들과 자재들의 목록이다. 이 표를 이용하여 드론의 부품 목록을 작성할 수 있고, 중량을 계산할 수 있으며, 부품들의 가격을 입력하면 드론의 부품 비용을 계산을 할 수 있다.

[그림 A.16] 300급 X-type 드론의 완성된 모습

〈표 A.2〉 330급 쿼드콥터의 부품 목록과 중량

번호	부품	수량	무게g	소계g	비 고
1	프레임	1	220	220	450급 DJI S500
2	배터리	1	140	140	3S 11.1V 1500mAh
3	모터	4	31	124	MT2204 2300kv
4	변속기	4	11	44	12A EMAX BLHeli
5	비행제어기	1	40	40	Arduino UNO
6	드론 실드	1	30	30	MPU6050으로 대체 가능
7	수신기	1	20	20	Rx701 for Devo7
8	프로펠러	4	4	16	5045 APC
9	배전반	1	4	4	납땜 필요
10	배터리 끈	1	4	4	벨크로 끈
11	기타	4	2	8	케이블 타이, 양면테이프 등
	합계			650	

A.2 300급 H-type 드론

H-type 드론은 arm들의 결합도가 높아서 X-type 드론보다 튼튼하다. 그 대신 소재가 더 많이 들어가서 무게가 조금 증가한다. 우선 정사각형 H-type 쿼드콥터를 만들고 이것을 약간 변형하면 직사각형 형태의 H-type 드론을 만들 수 있다. 직사각형은 앞과 뒤 또는 좌우 균형이 안 맞기는 하지만 관성제어 장치들이 균형을 유지시켜 줄 것이다.

A.2.1 300급 H-type 드론 기체 설계

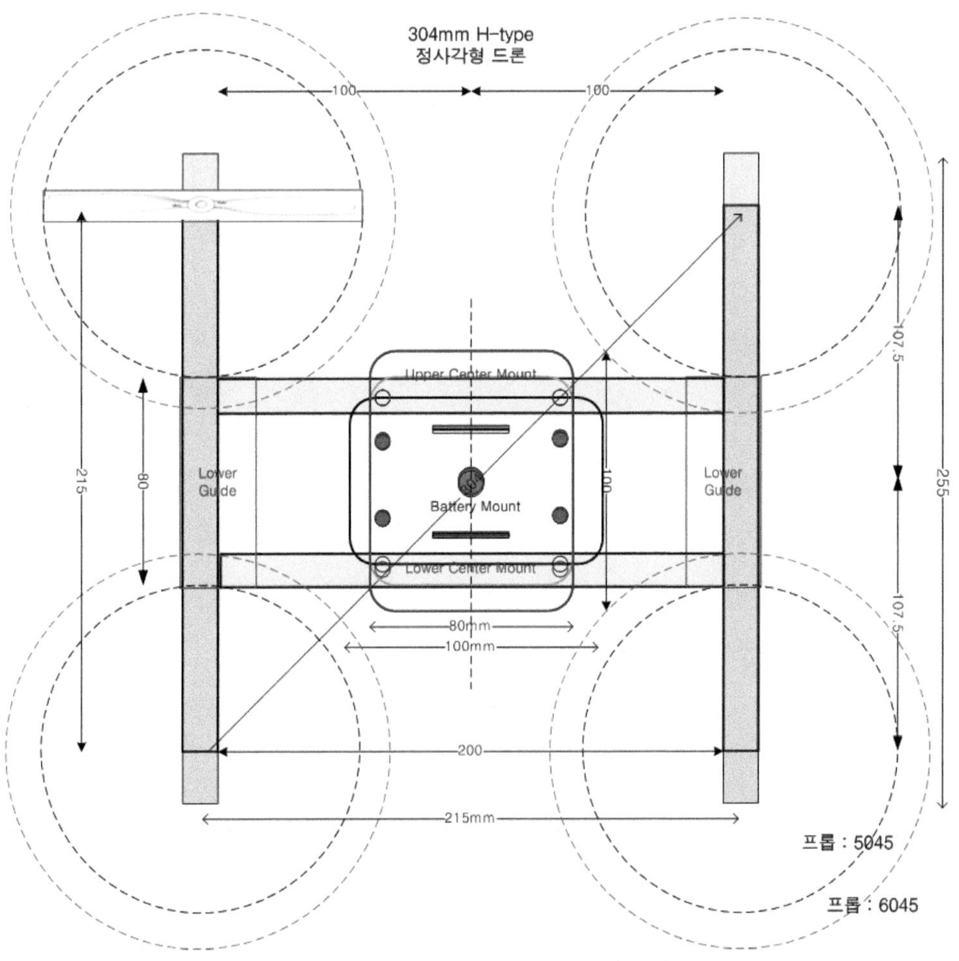

[그림 A.17] 300급 H-type 정사각형 드론의 평면도

정확하게 300급 H-type 정사각형 쿼드콥터를 만들기 위하여 [그림 A.17]과 같이 모터들이 만드는 사각형의 각 변의 길이를 215mm로 설정하였더니 모터 사이의 대각선 길이는 304mm가 되었다. 고익기와 저익기를 선택적으로 사용하기 위하여 배터리를 하판 아래와 상판 위에 설치할 수 있도록 설계하였다. 드론의 중앙에 80*80mm 크기의 하판을 설치하고, Arduino mega를 올려놓을 수 있도록 80*100mm 크기의 중판을 만들어서 두 arm을 연결하는 각재들을 결박한다. 양쪽 arm을 연결하는 각재를 튼튼하게 결합하기 위하여 30*80mm 크기의 보조 하판(lower guide)을 양쪽에 설치하였다.

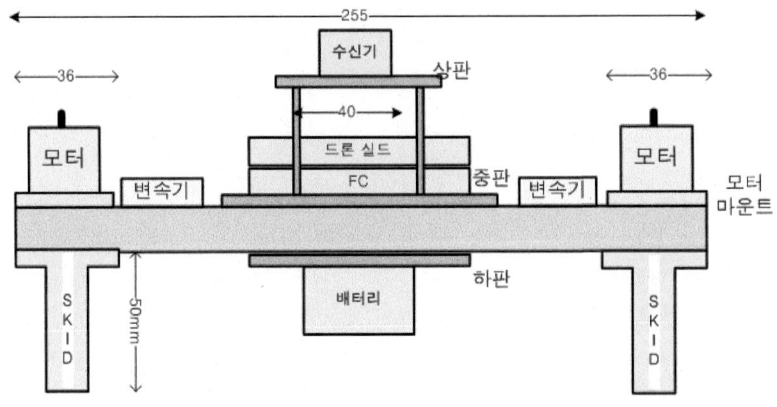

[그림 A.18] 300급 H-type 정사각형 드론의 전면도

[그림 A.18]은 H-type 드론의 전면도이므로 배터리의 단면이 보이고, Arduino Mega 보드는 길게 보인다. [그림 A.19]는 측면도이므로 배터리가 길게 보이고, Arduino Mega 보드는 짧게 보인다. 평면도와 전면도와 측면도를 함께 설계하면서 설계상의 오류와 문제점을 찾아낸다. 배터리는 하판 아래에 설치할 수도 있고, 상판 위에 설치할 수도 있다. 드론 실드는 아두이노 보드와 각 부품들을 연결하는 전선들을 쉽게 설치하기 위하여 사용하는 실드(shield)이므로 생략할 수도 있다. 드론 실드를 생략하면 전선 연결을 위하여 납땜 작업을 추가해야 한다.

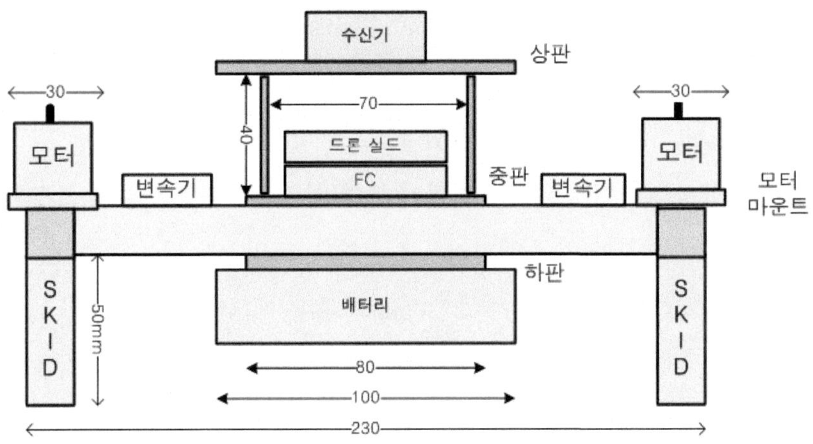

[그림 A.19] 300급 H-type 정사각형 드론의 측면도

A.2.2 300급 H-type 드론 부품 설계

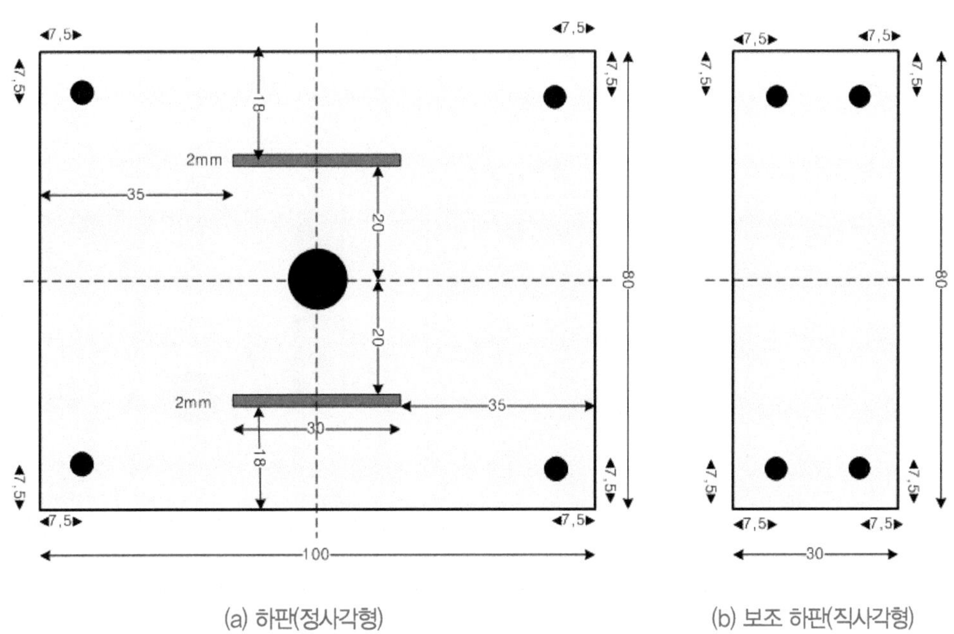

(a) 하판(정사각형)

(b) 보조 하판(직사각형)

[그림 A.20] 300급 H-type 정사각형 드론의 하판과 보조 하판

A.2.1 절에서는 제작하려는 드론의 전체적인 설계도를 작성한 것이므로 3D 프린터로 부품들을 제작하기 위해서는 부품별로 상세 설계 도면을 작성해야 한다. 상세 도면은 하판, 중판, 상판 그리고 두 개의 arm과 arm을 연결하는 각재, 모터를 결박하는 모터

마운트를 위한 것이다.

[그림 A.20]과 같이 드론의 (a) 하판(lower center mount)과 (b) 보조 하판(lower guide)은 서로 크기가 다르게 설계하였다. 보조 하판은 H-type 드론을 만드는 각재(arm)들의 결합력을 높이기 위하여 하판이 부착되는 각재의 양쪽 끝에 설치한다. 저익기를 만들 경우에는 상판 위에 배터리를 설치하고, 고익기를 만들 경우에는 배터리를 하판 아래에 설치한다. 하판에 있는 2*30mm의 홈은 배터리 설치를 위한 벨크로 끈을 묶는 공간이다. 하판에는 아무 것도 설치하지 않거나 길이가 짧은 배터리를 설치할 수 있고, 하판 아래와 전선을 연결하기 위한 10mm 구멍이 있다. 하판과 보조 하판의 검은 원은 2mm의 나사를 위한 구멍이다.

[그림 A.21]은 (a) 중판(upper center mount)과 (b) 상판(battery mount)의 도면이다. 3.5mm의 붉은색 구멍은 중판과 상판을 결박하는 알루미늄 봉을 설치하는 공간이다. 중판 위에는 약 100mm가 되는 아두이노 Mega 보드를 설치해야 하므로 약 100mm 길이로 설정하였다. 저익기를 만들 때는 상판 위에 배터리를 설치한다.

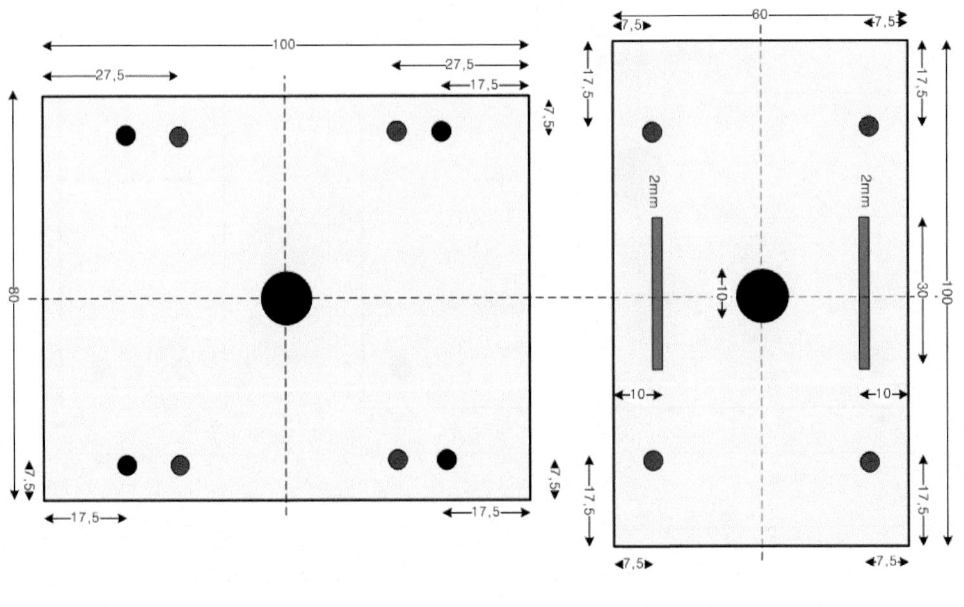

(a) 중판(upper center mount)　　(b) 상판 (battery mount)

[그림 A.21] 300급 H-type 정사각형 드론의 중판과 상판

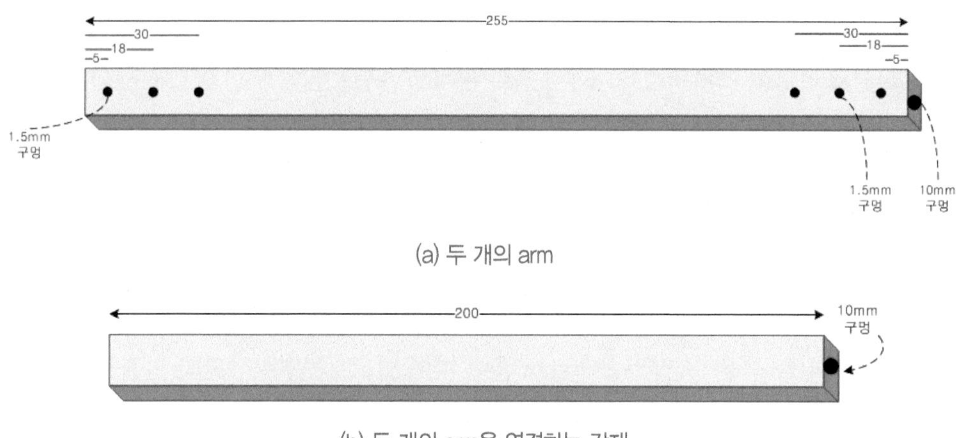

(a) 두 개의 arm

(b) 두 개의 arm을 연결하는 각재

[그림 A.22] 300급 H-type 정사각형 드론의 arm과 이들을 연결하는 15*15mm 각재

[그림 A.22](a)는 arm을 만들기 위한 두 개의 각재이고, (b)는 두 개의 arm을 연결하는 각재이다. 모터를 설치하는 모터 마운트는 [그림 A.7]과 동일한 설계와 규격을 이용하고, 드론을 지지하는 스키드는 [그림 A.9]와 통일한 설계와 규격을 이용한다.

A.2.3 3D 프린터의 부품 출력

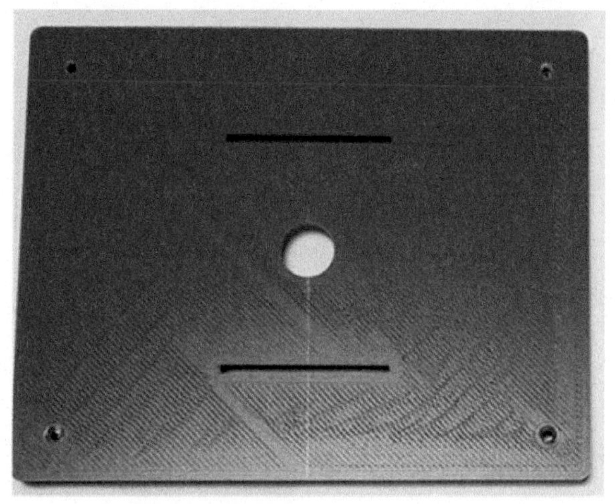

(a) 하판(lower center mount)

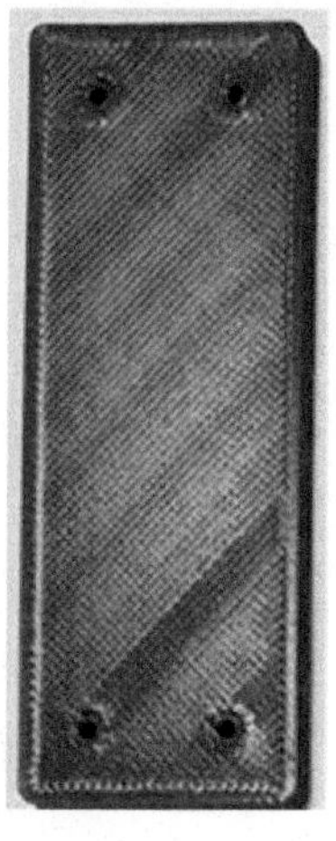

(b) 보조 하판(upper center mount)

[그림 A.23] 300급 H-type 드론의 하판과 보조 하판

A.2.2 절에서 작성된 설계 도면을 3D 프린터 기사에게 주면 [그림 A.23] 등과 같은 부품들을 출력하여 준다. [그림 A.23](a)의 하판과 (b)의 보조 하판은 H-type의 구조를 형성하기 위하여 arm 역할을 하는 각재와 두 개의 arm의 연결을 강화하는 기능을 한다. 하판은 H-구조의 중앙에 위치하고 보조 하판은 양쪽에 있는 arm과 arm을 연결하는 각재들을 연결한다.

[그림 A.23](a)의 하판은 [그림 A.24](a)의 중판과 80*100mm의 동일한 크기지만 하판에는 배터리를 묶을 수 있는 2*30mm 홈이 파여 있고, 중판은 상판과 연결을 위해 알루미늄 봉을 설치할 수 있는 4개의 구멍이 있다. 중판은 제작자의 편의에 따라 각재 위에 가로로 놓을 수도 있고 세로로 놓을 수도 있다. [그림 A.17]의 설계도에서는 중판을 가로로 설치한 반면에 [그림 A.26]에서는 세로로 설치하였다.

[그림 A.24](b)의 상판은 중판 위에 알루미늄 봉으로 연결하는 3.5mm 구멍이 설치되어 있고, 상판 위에 배터리를 설치할 수 있도록 2*30mm 길이의 홈이 설치되어 있다. 고익기의 경우에 배터리를 하판 아래에 설치하면 상판 위에는 수신기와 GPS 수신기 등을 설치하고, 저익기를 만들 경우에는 상판 위에 배터리를 설치한다.

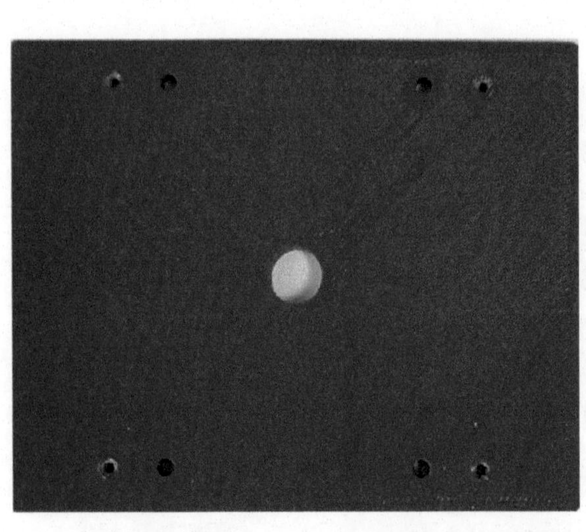

(a) 중판(upper center mount)

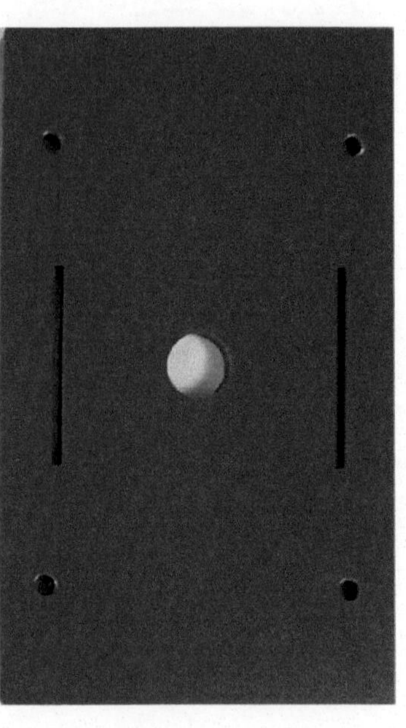

(b) 상판(battery mount)

[그림 A.24] 300급 H-type 드론의 중판과 상판

[그림 A.25]는 H-type 드론의 H 구조를 형성하는 두 개의 arm과 이들을 연결하는 두 개의 각재이다. 두 개의 연결 각재의 위와 아래에 하판과 중판을 설치한다. 4개의 각재에는 중앙에 10mm의 빈 공간을 두어서 드론의 무게를 줄이고 각재의 강도를 높여준다.

(a) 15*15*255mm의 두 개의 arm

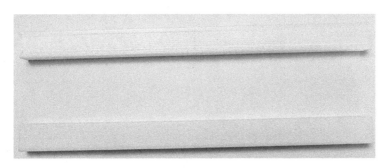

(b) 두 개의 arm을 연결하는 15*15*200mm 각재

[그림 A.25] 300급 H-type 드론의 arm과 arm을 연결하는 각재

모터 마운트와 스키드는 각각 [그림 A.7]과 [그림 A.9]와 동일한 부품을 사용한다. 저익기를 만들기 위하여 배터리를 상판 위에 설치하는 경우에는 하판 아래에 있는 배터리를 보호할 필요가 없으므로 스키드를 제거하고 그 자리에 충격을 막기 위하여 낮은 높이의 고무 쿠션을 설치하는 것이 바람직하다.

A.2.4 드론 조립

[그림 A.26]은 A.2.3 절에서 만든 3D 프린터 출력의 기체 부품들을 조립한 상태이다. 이 상태의 드론의 무게는 220g이다. X-type 드론과 무게가 동일하지만 X-type 드론

의 실제 크기는 326mm이고 H-type 드론의 실제 크기는 304mm이다. 따라서 예상했던 대로 H-type 드론이 조금 더 무겁다. 여기에 모터, 변속기, 비행제어기, 센서, 수신기 등의 기자재를 설치하면 완전한 드론이 만들어진다. [그림 A.26](a)는 중판이 각재의 좌우로 나와 있는 앞에서 본 그림이고 (b)는 상판이 옆으로 길게 있는 옆에서 본 그림이다.

[그림 A.27]은 [그림 A.26]에서 만든 기체에 필요한 부품들을 모두 조립하여 물리적으로 완성한 드론이다. <표 A.3>은 이 드론을 만드는데 필요한 모든 부품들과 자재들의 목록이다.

(a) 앞에서 본 그림

(b) 옆에서 본 그림

[그림 A.26] 300급 H-type 드론의 기체 조립 상태

[그림 A.27]의 드론의 전체 무게는 1500mAh 배터리 장착 시 665g이다. 단 중판과 상판을 90° 옆으로 돌려서 설치한 그림이다.

[그림 A.27] 300급 H-type 드론의 완성된 모습

〈표 A.3〉 300급 H-type 쿼드콥터의 부품 목록과 중량

번호	부품	수량	무게g	소계g	비 고
1	프레임	1	220	220	450급 DJI S500
2	배터리	1	140	140	3S 11.1V 1500mAh
3	모터	4	31	124	MT2204 2300kv
4	변속기	4	11	44	12A EMAX BLHeli
5	비행제어기	1	40	40	Arduino UNO
6	드론 실드	1	30	30	MPU6050으로 대체 가능
7	수신기	1	20	20	Rx701 for Devo7
8	프로펠러	4	4	16	5045 APC
9	배전반	1	4	4	
10	배터리 끈	1	4	4	벨크로 끈
11	기타	4	2	8	케이블 타이, 양면테이프 등
	합계			650	

<표 A.3>은 300급 H-type 쿼드콥터 제작에 소요되는 기자재들의 목록과 무게이다. 앞에서 만들었던 X-type 드론과 무게가 동일하다. 그러나 X-type 드론의 크기가 326mm인 반면에 H-type 드론의 크기는 304mm이므로 H-type 드론이 그만큼 더 무겁다고 할 수 있다.

A.3 300급 Y-type 드론

Y-type 드론은 기본적으로 3개의 모터에 3개의 프로펠러가 돌아가는 트라이콥터(Tricopter)이다. Multiwii의 트라이콥터[1]는 [그림 A.28]과 같이 역삼각형의 구조에서 전방에 두 개의 모터와 후방에 하나의 모터로 구성된다. 모터의 수가 짝수가 아니므로 반 토크 문제를 해결하기 위하여 후방 모터에 서보 모터를 달아서 프로펠러의 방향을 전환함으로써 반 토크 문제를 해결하고 있다. 트라이콥터의 특징은 기자재를 적게 사용하면서도 기동성이 좋다는 점이다. 모터의 수가 적으므로 가볍게 구성할 수 있고, 전방의 두 개의 모터는 서로 토크가 상쇄되므로 후방의 모터가 동체의 회전을 담당하므로 회전(rolling)이 용이하다. 다만 서보 모터가 후방 모터의 회전을 담당해야 하므로 기계적으로 복잡하다는 단점이 있다. 서보 모터가 후방 모터의 축을 움직이는 과정이

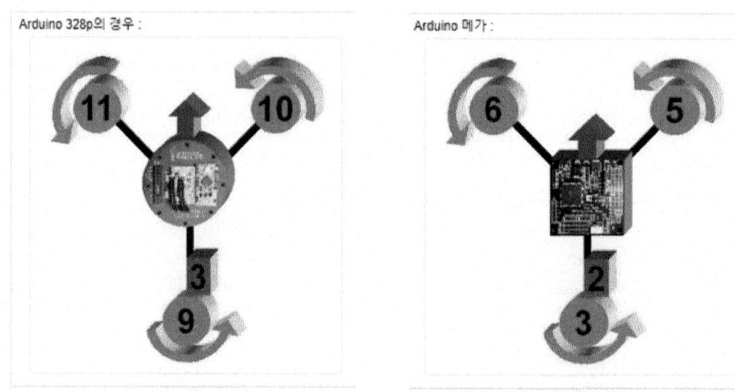

[그림 A.28] Multiwii의 트라이콥터 구성도

1 Multiwii: http://www.multiwii.com/connecting-elements

기계적으로 원활하지 않을 수 있다. Arduino UNO를 사용할 때와 Arduino Mega를 사용할 때 각각의 모터 핀 번호가 다르다는 점에 유의한다.

Y-type 쿼드콥터는 트라이콥터의 서보 모터를 해결할 수 있는 방식이다. [그림 A.29]와 같이 Y-type 쿼드콥터는 후방 모터에 서보 모터를 달지 않아도 된다. 이 방식에서는 후방의 두 개 모터가 서로 반대 방향으로 회전하므로 반 토크를 해결하기 때문이다.

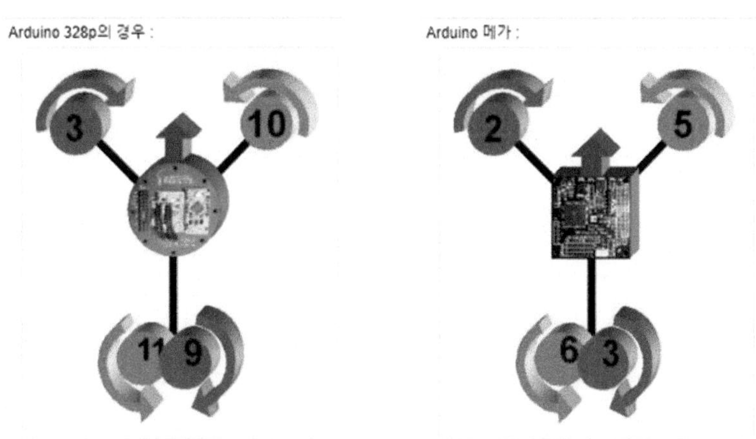

[그림 A.29] Multiwii의 Y-type 쿼드콥터 구성도

이 절에서는 상대적으로 구현하기 쉬운 300급 Y-type 쿼드콥터를 만들기로 한다.

A.3.1 300급 Y-type 쿼드콥터 기체 설계

X-type 드론과 +-type 드론은 arm들이 중앙의 한 점에서 연결되어 결합력이 취약하다는 단점이 있고, H-type 드론은 결합력이 좋은 반면에 부재가 많이 소요되어 무겁다는 단점이 있다. 부재를 적게 사용하여 무게를 줄이는 방법으로 Y-type의 삼각형 형태의 드론을 만든다. Y-type은 arm이 세 개이므로 가벼운 대신에 모터의 수가 홀수라서 반 토크를 해결해야 한다. 여기서는 이 문제를 해결하기 위하여 Y-type에 모터를 4개 설치하는 쿼드콥터를 도입하였다. 즉 [그림 A.31]과 같이 한 개의 arm에 모터를 위와 아래에 설치하여 반 토크를 해결한다.

[그림 A.30]에서 청색의 점선으로 만들어지는 200mm 정삼각형 ABC의 각 꼭지점들은 모터가 위치하는 장소이다. 정삼각형의 꼭지점에 모터를 설치하면 정삼각형이

되어 균형이 적합하지만 꼭지점 A에 모터를 설치하면 바로 아래에 스키드를 설치하기 어렵기 때문에 A의 위치를 40cm 뒤로 내려서 A'에 설치하였다. 따라서 정삼각형이 아니라 이등변 삼각형 형태의 드론이 되었다. 붉은 색의 다각형은 드론의 구조를 형성하는 각재를 설치하기 위한 하판의 모양이다. 하판에는 2*30mm의 홈을 파서 아래에 배터리를 설치하고, 하판 위에 50*50mm 배전반을 설치한다. 정삼각형의 각재 위에 집 모양의 검은색 중판을 설치하고, 중판 위에 알루미늄 봉으로 연결하는 청색의 상판을 설치한다.

[그림 A.31]은 후방 arm의 아래와 위에 모터가 설치된 것이 보이는 전면도이고 [그림 A.32]는 후방 스키드의 구부러진 모습이 보이는 측면도이다. 후방에 설치해야 하는 스키드는 arm의 끝에 설치할 수 없으므로 arm의 아래에서 회전하는 프로펠러를 피하

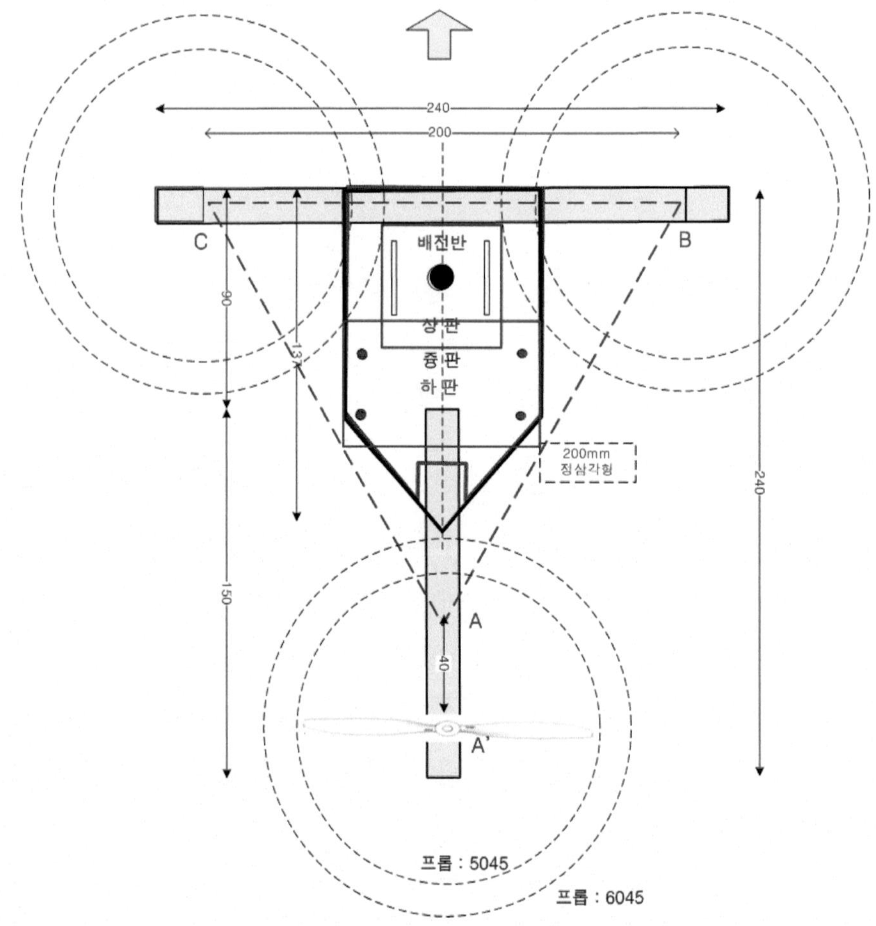

[그림 A.30] 300급 Y-type 직각삼각형 드론의 평면도

기 위하여 구부러지도록 설계해야 한다. [그림 A.32]의 측면도를 보면 길게 설치된 배터리와 후방 스키드의 모양을 살펴볼 수 있다. 하판의 중앙에 스키드를 설치하고 스키드의 다리는 약간 앞으로 위치하여 프로펠러의 회전 반경을 피하도록 한다. [그림 A.30]을 보면 중판과 상판을 연결하는 알루미늄 봉을 나타내는 붉은 색의 원이 있고, 6045 프로펠러가 그 근처를 돌아가고 있는데 약간의 여유가 있는 것을 알 수 있다. 평면도와 측면도 전면도 등을 통하여 프로펠러 회전에 방해가 되는 장치들이 없는지 확인할 수 있다.

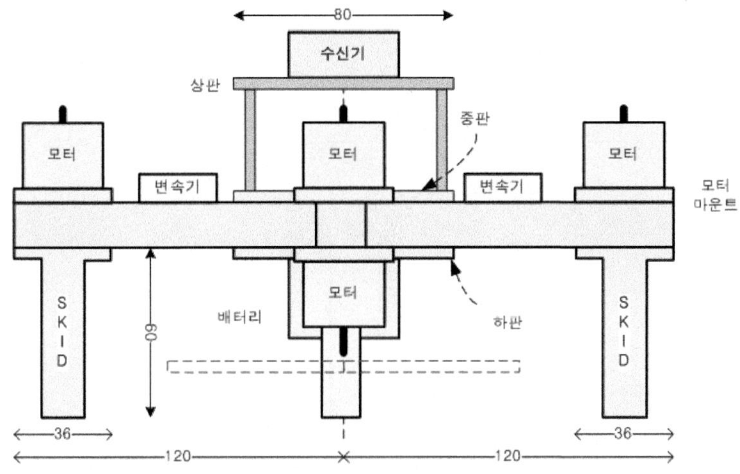

[그림 A.31] 300급 Y-type 직각삼각형 드론의 전면도

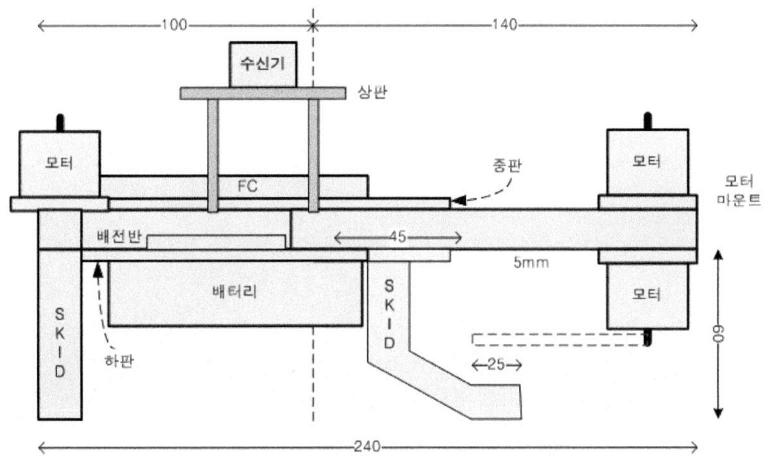

[그림 A.32] 300급 Y-type 직각삼각형 드론의 측면도

A.3.2 300급 Triangle-type 드론 부품 설계

[그림 A.33]의 (a)는 Y-type 드론의 하판으로 직사각형 위에 삼각형으로 만들었다. 하판 아래에 배터리를 설치하기 위하여 2*30mm 길이의 홈을 설치하였고 중앙에 전선을 연결할 수 있는 10mm 구멍을 설치하였다. 하판 위에 배전반을 설치하고, (b)와 같은 모양의 중판을 각재 위에 설치하고 그 위에 비행제어기 등을 설치한다. 중판 위에 3.5mm 구멍을 4개 설치하여 상판과 알루미늄 봉으로 연결한다.

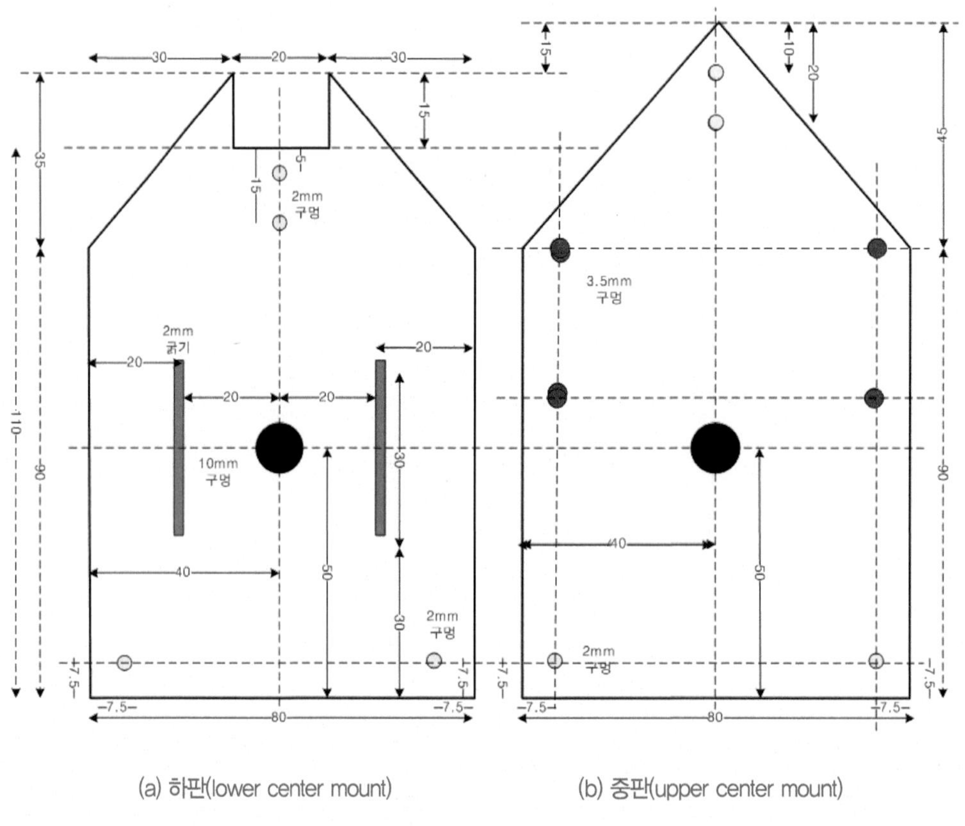

(a) 하판(lower center mount) (b) 중판(upper center mount)

[그림 A.33] 300급 Y-type 직각삼각형 드론의 판재

[그림 A.34]는 수신기, GPS 센서 등을 설치하는 상판(receiver mount)이다. 저익기를 만들기로 하면 상판 위에 배터리를 설치하고 수신기 등은 중판에 설치한다. 붉은 색의 원은 중판과 알루미늄 봉으로 연결하는 3.5mm의 구멍이다.

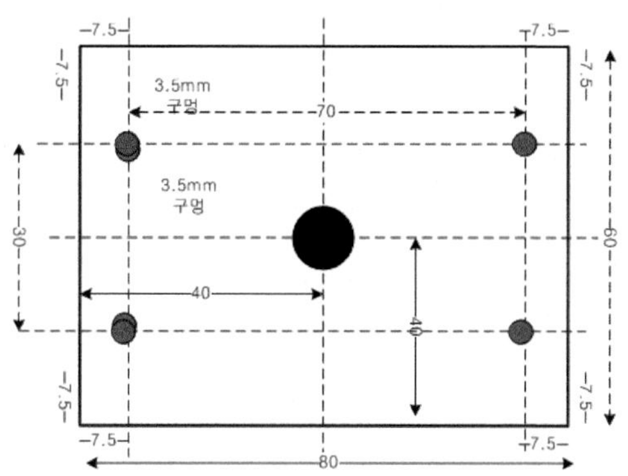

[그림 A.34] 300급 Y-type 직각삼각형 드론의 상판

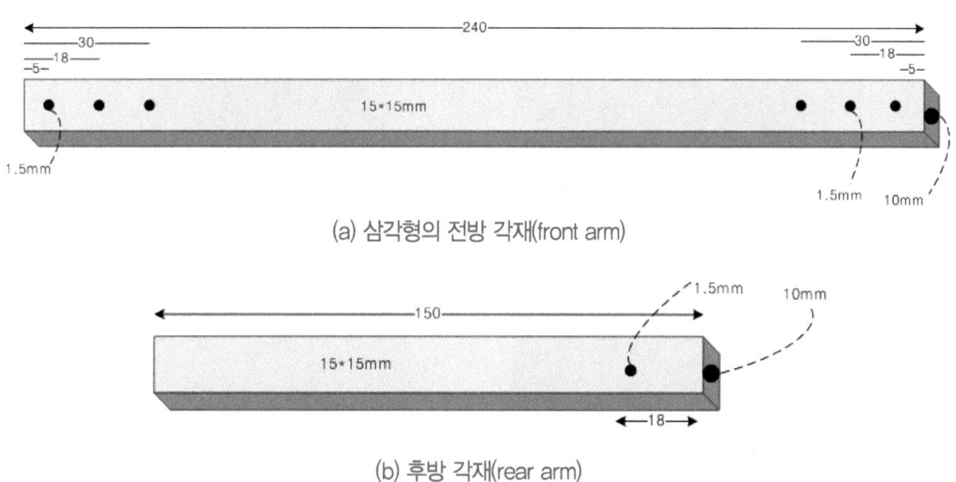

(a) 삼각형의 전방 각재(front arm)

(b) 후방 각재(rear arm)

[그림 A.35] 300급 Y-type 이등변 삼각형 드론의 구조를 만드는 각재

[그림 A.35]의 (a)는 삼각형 구조의 밑변에 해당하는 arm을 위한 도면이고, (b)는 두 개의 후방 모터 두 개를 위와 아래에 설치하기 위한 arm이다.

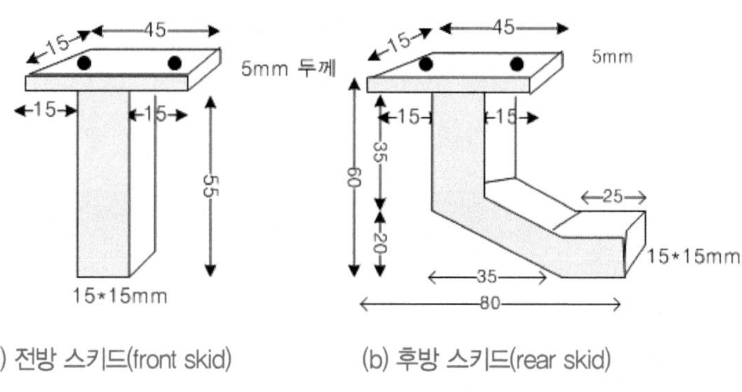

(a) 전방 스키드(front skid) (b) 후방 스키드(rear skid)

[그림 A.36] 300급 Y-type 직각삼각형 드론의 스키드

[그림 A.36](a)는 삼각형의 밑변에 해당하는 arm의 양쪽 끝에 설치하는 전방 스키드이다. 앞에서의 다른 스키드와의 차이점은 높이가 60mm라는 점이다. (b)는 모터 두 개가 위와 아래에 위치하는 후방 arm에 설치하는 후방 스키드이므로 프로펠러의 회전을 위하여 조금 복잡하게 만들었다.

A.3.3 3D 프린터의 부품 출력

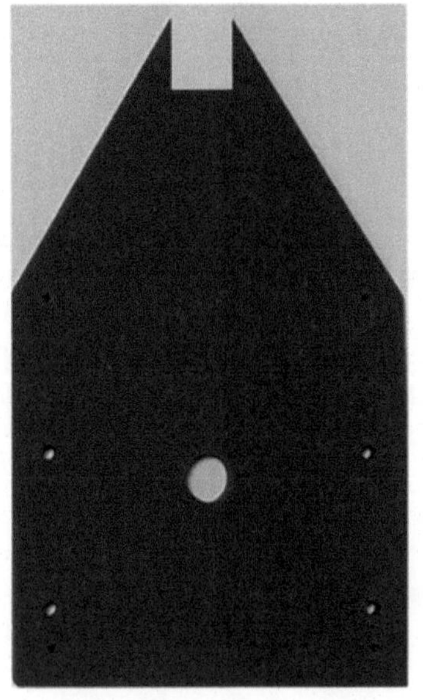

(a) 하판(lower center mount)

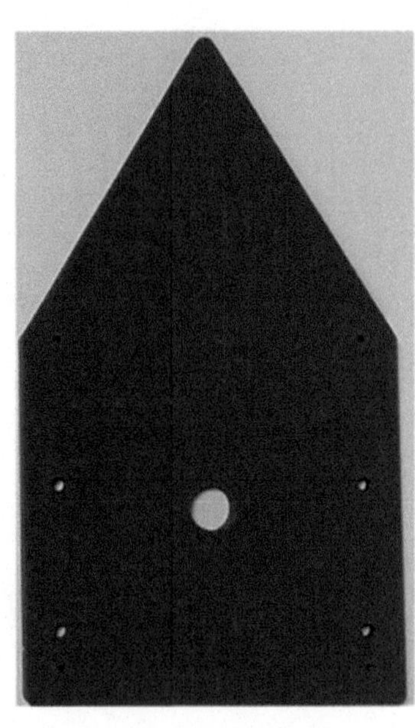

(b) 중판(upper center mount)

[그림 A.37] 300급 Y-type 드론의 하판과 중판

A.3.2 절에서 작성된 상세 설계 도면을 3D 프린터 기사에게 주면 [그림 A.37] 등과 같은 부품들을 출력하여 준다. [그림 A.37](a)는 설계도대로 3D 프린터에서 출력한 하판이다. 삼각형의 꼭지점에 보이는 사각형의 빈 공간은 후방 스키드의 받침대를 설치하기 위하여 삼각형의 하판을 잘라낸 부분이다. 이 하판 아래에 배터리를 장착하고 위에는 배전반을 설치하고, 삼각형 구조의 arm 두 개와 이들을 연결하는 각재 위에 중판을 설치한다. (b)는 arm들을 결박하기 위한 중판이다. 중판은 알루미늄 봉을 이용하여 상판과 연결된다.

[그림 A.38]은 중판과 알루미늄 봉으로 연결되는 상판이다. 3.5mm의 구멍 4개는 알

루미늄 봉을 위한 자리이다. 두 개의 판 모두 중앙에 10mm 크기의 구멍이 있어서 필요한 전선들을 연결하는 통로이다. 고익기의 경우에는 상판 위에 수신기 등을 올려놓고 저익기의 경우에는 배터리를 올려놓는다.

[그림 A.38] 300급 Y-type 드론의 상판

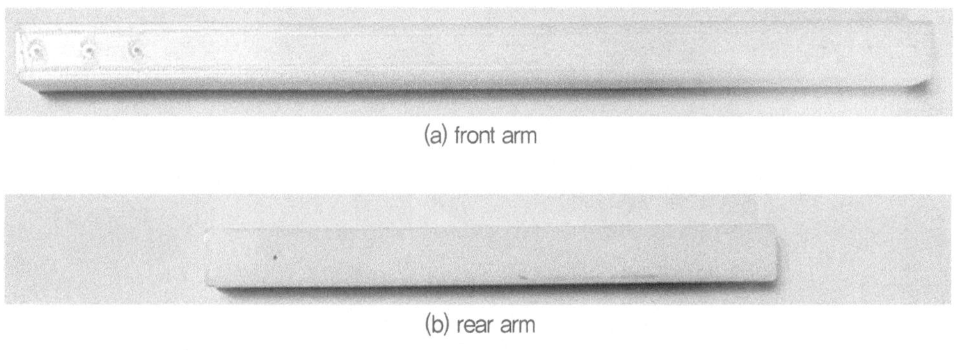

(a) front arm

(b) rear arm

[그림 A.39] 300급 Y-type 드론의 두 개의 arm

[그림A.39](a)는 양쪽 끝에 모터를 설치하는 삼각형의 밑변에 해당하는 240mm 길이의 front arm이고, (b)는 위와 아래에 모터를 설치하는 150mm 길이의 rear arm이다.

A.3.4 드론 조립

[그림 A.40]은 3D 프린터의 출력으로 만들어진 기체 부품들을 이용하여 조립한 기체이다. (a)는 rear arm 앞에서 찍은 사진이고, (b)는 front arm 앞에서 찍은 사진이다. 조립하여 만든 기체의 무게는 170g이므로 X-type과 H-type 드론의 기체보다는 약간 가볍다.

(a) 오른쪽 앞에서 본 그림

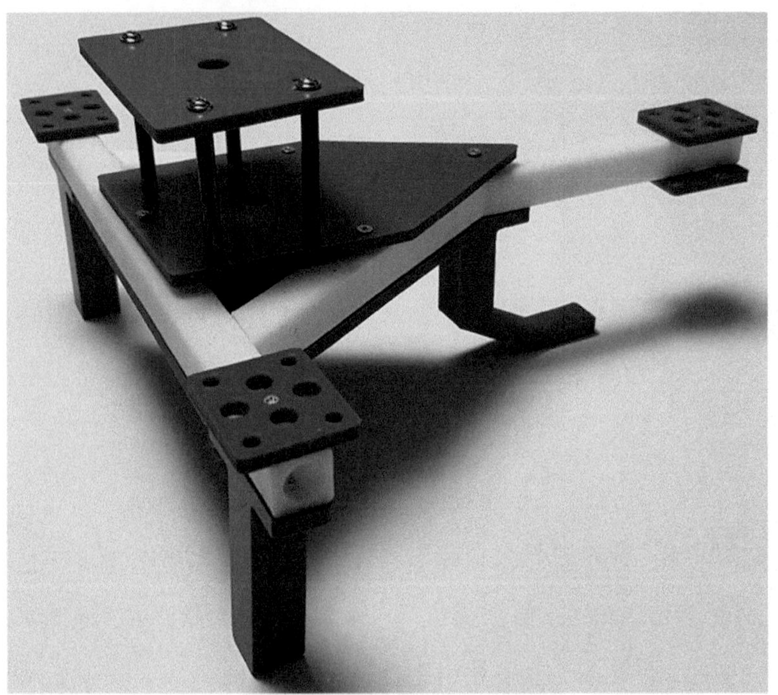

(b) 왼쪽 뒤에서 본 그림

[그림 A.40] 300급 Y-type 드론의 기체 조립 상태

[그림 A.41]은 기체에 기자재들을 설치하여 물리적 조립이 완료된 드론이다.

[그림 A.41] 300급 Y-type 드론의 완성된 모습

〈표 A.4〉 300급 Y-type 쿼드콥터의 부품 목록과 중량

번호	부품	수량	무게g	소계g	비 고
1	프레임	1	170	170	
2	배터리	1	140	140	3S 11.1V 1500mAh
3	모터	4	31	124	MT2204 2300kv
4	변속기	4	11	44	12A EMAX BLHeli
5	비행제어기	1	40	40	Arduino UNO
6	드론 실드	1	30	30	MPU6050으로 대체 가능
7	수신기	1	20	20	Rx701 for Devo7
8	프로펠러	4	4	16	5045 APC
9	배전반	1	4	4	
10	배터리 끈	1	4	4	벨크로 끈
11	기타	4	2	8	케이블 타이, 양면테이프,,
	합계			600	

<표 A.4>는 300급 Y-type 쿼드콥터 제작에 소요되는 기자재들의 목록과 무게이다. 드론의 무게가 600g이므로 앞에서 만들었던 X-type, H-type 드론보다 Y-type 쿼드콥터가 8% 정도인 50g이 가볍다.

A.4 300급 Hybrid 드론

3D 프린터로 만든 소재는 목재보다 재질이 치밀한 대신에 무게가 약 2배 정도 무겁다. 따라서 목재 드론보다 3D 프린터로 만든 드론이 무거울 수밖에 없다. 3D 프린터 출력으로 만든 arm이 20g이라면 목재로 만든 arm은 10g이다. 따라서 3D 프린터로 만드는 것이 유리한 복잡한 구조의 부품 등을 빼고 간단한 부품은 목재로 사용하면 양쪽의 장점을 모두 얻을 수 있다. 3D 프린터 소재와 목재 등과 같이 재질이 다른 소재를 함께 사용하여 만든 Hybrid-type 기체를 고익기와 저익기의 두 가지 형태로 만들기로 한다.

A.4.1 Hybrid X–type 고익기와 저익기

[그림 A.42]와 [그림 A.43]의 드론은 [그림 A.1]의 326급 X-type 설계도대로 만들었으며 다른 점은 arm을 목재로 대신하였다는 점이다. arm은 15*15*150mm의 목재이며 나머지 부재는 모두 3D 프린터로 만든 부품들이다. 이 절에서는 이 기체를 이용하여 고익기와 저익기로 구현한다. 배터리를 하판 아래에 부착하면 고익기이고 상판 위에 부착하면 저익기가 된다.

(1) 고익기

[그림 A.42]의 기체는 고익기이므로 배터리가 아래에 장착되므로 50mm 길이의 스키드를 arm 아래에 부착하였으며 무게는 150g이다. 3D 프린터 소재만 사용했을 때의 220g에 비교하면 약 32%의 중량 감소를 얻을 수 있었다.

[그림 A.42] 300급 Hybrid X-type 드론의 기체(고익기)

(2) **저익기**

[그림 A.43]의 기체는 저익기이므로 배터리를 상판 위에 설치하고, 배터리를 보호하기 위하여 스키드를 길게 만들 필요가 없다. 스키드는 쿠션이 좋은 고무나 스펀지 재료를 25mm 높이로 arm 아래에 설치한다. 3D 프린터 소재의 스키드의 무게가 4개에 30g이라면 스펀지 소재의 스키드 무게는 3-4g이었다. 무거운 3D 프린터 소재로 만든 arm과 스키드 대신에 가벼운 목재와 스펀지 소재를 사용하였기 때문에 [그림 A.43]의 기체의 무게는 125g이다.

[그림 A.43] 300급 Hybrid X-type 드론의 기체(저익기)

A.4.2 드론 조립

[그림 A.44]는 [그림 A.43]의 저익기 기체에 기자재들을 설치하여 물리적 조립이 완료된 상태의 드론이다. 저익기이므로 배터리를 상판에 올렸기 때문에 수신기를 중판 위에 설치하였다. 드론의 중량이 가볍기 때문에 5030 프로펠러를 장착하였다.

<표 A.5>는 이 드론에 소요되는 기자재들의 목록과 중량이다. 앞에서의 다른 드론들과 모두 동일하지만 arm과 스키드만 가볍다는 점이 다르다.

[그림 A.44] 300급 Hybrid X-type 드론의 완성된 모습

〈표 A.5〉 300급 Hybrid X-type 쿼드콥터의 부품 목록과 중량

번호	부품	수량	무게g	소계g	비 고
1	프레임	1	125	125	
2	배터리	1	140	140	3S 11.1V 1500mAh
3	모터	4	31	124	MT2204 2300kv
4	변속기	4	11	44	12A EMAX BLHeli
5	비행제어기	1	40	40	Arduino UNO
6	드론 실드	1	30	30	MPU6050으로 대체 가능
7	수신기	1	20	20	Rx701 for Devo7
8	프로펠러	4	4	16	5030 APC
9	배전반	1	4	4	
10	배터리 끈	1	4	4	벨크로 끈
11	기타	4	2	8	케이블 타이, 양면테이프,,
	합계			555	

참고 문헌

강신구 외3인, "항공인을 위한 항공전자실습," 성안당, 2018

공현철, 한기남, 김지연, 서동준 공저, "픽스호크의 정석, 성안당," 2019

김소영, 미래 항공기의 핵심기술, 항공전자(Avionics) 경쟁환경 및 연구개발동향 분석, 한국과학기술정보연구원 기술기회연구실. 2013.10

김용규, 고일한, "드론 제어실습," 서울: WisdomPL, 2018

김회진 · 김시준·패트릭 에릭슨, "드론 DIY 가이드," 경기도: 광문각, 2017

김훈, "항공전자실습," 성안당, 2016

나카무라 간지, 권재상 역, "알기 쉬운 항공역학," 서울: 북스힐, 2017

남명관, "항공기시스템," 서울:성안당, 2018

데이비드 맥그리피 지음 임지순 옮김, "Make: 드론," 서울: 한빛미디어(주), 2017

민진규 · 박재희, "드론학 개론," 서울: 세종홍익(주), 2018

서민우, "라즈베리 차이 드론 만들고 직접 코딩하기," 경기도: 엔씨북 출판사, 2018

서민우, "아두이노 드론 만들고 직접 코딩하기," 경기도: 엔씨북 출판사, 2016

성기정, 김응태, 김성필, "자율비행기술 동향, 항공우주산업기술동향," 6권 2호 (2008) pp. 143~153

신성식, 문정호, 노은정, 근접감시 무인항공기의 비행제어시스템 개발, 한국방위산업학회 제18권 제2호 2011년 12월

오인선 · 강창구, "무인 멀티콥터 드론," 서울: 복두출판사, 2018

이상종, "항공전기전자," 서울: 성안당, 2019

박범진, 강영신, 유창선, 조암, 스마트무인기 비행운용프로그램 개발, 韓國航空宇宙學會誌 第41卷 第10號 2013.

박춘배, 항공기의 디지털 제어, 제어 · 자동화 · 시스템공학회지, 제6권 제5호, 2000

양정환, “드론 제작 노트,” 정보문화사, 2018

이병욱, 황준, “드론 소프트웨어,” 21세기사, 2019

이상종, 최형식, 성기정, 유무인 겸용 비행체의 자동비행조종시스템 개발, 韓國航空宇宙學會誌, 第42卷 第11號, 2014. 11.

이시중, “항공기 기체,” 복두, 2018

이철재 외 4인, “항공기 구조설계 실무,” 좋은땅, 2018

정건호, “조립 드론 한 번에 끝내기,” 경기도 파주: 혜지원, 2019

정보환 저, “드론 비행제어기 펌웨어 파헤치기,” 영민, 2018

정성욱, 신재관, “무인 항공기 드론 소프트웨어를 만나다,” 서울: 크라운 출판사, 2018

조용욱, “항공기계,” 청연, 2006

조용욱, “항공역학,” 서울: 청연, 2015

존 베이치틀, 박성래 · 이지훈 옮김, “나만의 드론 만들기,” 경기: 에어콘출판주식회사, 2016

최준호, “드론의 기술,” 서울: 홍릉과학출판사, 2017

테리 킬비 · 베린다 킬비, “처음 시작하는 드론,” 서울: 한빛미디어, 2016

항공기개념설계교육연구회, “항공기개념설계,” 서울: 경운사, 2016

황인수, “항공전기전자개론,” 서울: 선학출판사, 2015

Barber, B., McLain, T., Taylor, C., and Beard, R., “Vision-based Landing of Fixed-wing Miniature Air Vehicles”, Proceedings of the AIAA Infotech@Aerospace Conference, Rohnert Park, CA, May, 2007

Burken, J. J., Lu, P., Wu, Z., and Bahm, C. "Two Reconfigurable Flight Control Design Methods: Robust Servomechanism and Control Allocation", Journal of Guidance, Control, and Dynamics, Vol. 24, No.3, 2001, pp.482~493.

E. P. Udartsev, S. I. Alekseenko and A. I. Sattarov, "Improvement of UAV navigation reliability at high angles of attack," Proc. of the 2014 IEEE 3rd International Conference on Methods and Systems of Navigation and Motion Control (MSNMC), Kiev, pp. 40-43, 2014.

Moon Jeung Joe, Jun Hwang, Woong Jae Lee, Byung Wook Lee, Tae In Park, "A Design of System Architecture for Autonomous Formation Flight of Drones", KSII The 12th Asia Pacific Conference on Information Science and Technology, 2017

Park, B. J., Kim, S. P., Kang, Y. S. and Yoo, C. S., "Development of Operational Flight Program for Small-Scaled Smart UAV", The Korean Society for Aeronautical and Space Sciences, pp. 484~487. 2007.4

Suncheol Park, Sungrok Jung, Myungjin Chung, "A UAV Flight Control Algorithm for Improving Flight Safety", Journal of KIISE, Vol.44, No.6, pp.559-565, 2017.6 https://doi.org/10.5626/JOK.2017.44.6.559

http://www.molit.go.kr/iatcro/USR/WPGE0201/m_16188/DTL.jsp

INDEX

I

J

K

L

M

N

O

◆저자소개

이병욱

- 연세대학교 공학사
- Georoge Washington University 전산학 석사
- 중앙대학교 전산학 박사
- 가천대학교 컴퓨터공학과 명예교수
- 한국인터넷정보학회 명예고문
- T&S 드론연구소 대표

〈개정 증보판〉 4차 산업혁명을 위한 자작 드론 설계와 제작

1판 1쇄 발행 2021년 03월 05일
1판 4쇄 발행 2024년 03월 04일
저 자 이병욱
발 행 인 이범만
발 행 처 **21세기사** (제406-2004-00015호)
경기도 파주시 산남로 72-16 (10882)
Tel. 031-942-7861 Fax. 031-942-7864
E-mail : 21cbook@naver.com
Home-page : www.21cbook.co.kr
ISBN 978-89-8468-883-4

정가 32,000원